养殖致富攻略·疑难问题精解

养鸡疑难

YANGJI YINAN
300 WEN

300问

第四版

席克奇 等 编著

中国农业出版社

北 京

内容简介

　　本书自 1999 年出版以来，历经 2 次修订、多次印刷，受到了广大读者的普遍欢迎。依据近年来养鸡科学技术的发展，以及读者知识更新的需要，编著者再次修订了这本书。全书内容包括：鸡的品种与繁育、孵化技术、鸡的营养与饲料、雏鸡的饲养管理、育成鸡的饲养管理、产蛋鸡的饲养管理、肉用仔鸡的饲养管理、肉用种鸡的饲养管理、无公害养鸡技术要点、鸡舍及饲养设备、家庭鸡场的经营管理、鸡常见病及防治。本书内容丰富，语言通俗易懂，简明扼要，注重实际操作，把生产技术与经营管理结合在一起，可供养鸡生产者及畜牧兽医工作人员参考。

编著者名单

编　著　席克奇　谢云鹏　吕　东
　　　　于伏国　薛红波　祁晓华
　　　　邱　菊　申　凤

本书有关用药的声明

　　随着兽医科学研究的发展、临床经验的积累及知识的不断更新，治疗方法及用药也必须或有必要做相应的调整。建议读者在使用每一种药物之前，参阅厂家提供的产品说明书以确认推荐的药物用量、用药方法、所需用药的时间及禁忌等，并遵守用药安全注意事项。执业兽医有责任根据经验和对患病动物的了解决定用药量及选择最佳治疗方案。出版社和作者对动物治疗中所发生的损失或损害，不承担任何责任。

中国农业出版社

第四版 前言

  《养鸡疑难300问》是一本将养鸡生产技术与经营管理知识融为一体的通俗读物，以农民乐于接受的问答形式回答了养鸡生产中存在的疑难问题。自2003年初版问世以来，历经2次修订、多次印刷，受到了广大读者的普遍欢迎。为了回应广大读者的呼声，满足当前养鸡技术更新的需要，使养鸡生产向高产出、低消耗、高效益方向迈进，能够经得起市场经济的考验，编者总结目前国内外最新技术，借鉴各地养鸡的成功经验，并结合自己多年的工作体会，再次修订了这本《养鸡疑难300问》。

  本书在写作上力求语言通俗易懂，简明扼要，注重实际操作，把生产技术与经营管理结合在一起，可供养鸡生产者及畜牧兽医工作人员参考。

  本书在编写过程中，曾参考一些专家、学者撰写的文献资料，在此向原作者表示谢意。本书能有机会修订再版，应感谢中国农业出版社的鼓励与支持，在此向为本书付出辛勤劳动的编辑致谢。

作 者

2019年10月

　　《养鸡疑难 300 问》是一本把养鸡生产技术与经营管理知识融为一体的通俗读物，以农民乐于接受的问答形式回答了养鸡生产中存在的疑难问题。自 1999 年初版问世以来，历经多次印刷，受到了广大读者的普遍欢迎。近年来，我国养鸡业发展极为迅速，涌现出一大批家庭鸡场，并逐步走上规模化、规范化、科学化养鸡的道路。但是，目前养鸡生产竞争激烈，高额利润不复存在，微利经营已成必然，科技含量日趋增加。归纳总结过去养鸡生产中的经验教训，给我们很多启示。引进高产品种是鸡群高产的前提，先进生产技术是鸡群高产的保证，而经营管理是占有市场、获得利润的必要条件。无论在哪一环节出现问题，都会给生产带来重大损失。因此，作为鸡场经营者，既要掌握生产技术，又要懂得经营管理，这样才能使自己永远立于不败之地。

　　为了适应我国养鸡业的发展，满足当前养鸡技术不断更新的需要，使养鸡生产向高产、低耗、高效方向迈进，能够经得起市场的考验，编著者总结目前国内外最新技术，借鉴各地养鸡的成功经验，并结合自己多年的工作体会，重新修订了这本《养鸡疑难300问》。

本书在写作上力求语言通俗易懂，简明扼要，注重实际操作，把生产技术与经营管理结合在一起，可供养鸡生产者及畜牧兽医工作人员参考。

本书在编写过程中，曾参考一些专家、学者撰写的文献资料，在此向原作者表示谢意。本书能有机会修订再版，应感谢中国农业出版社的鼓励与支持，在此向为本书付出辛勤劳动的编辑致谢。

这次修订，作者虽然做了很大努力，但因掌握的理论和技术水平有限，书中还可能出现一些疏漏和不妥，敬请广大读者批评指正。

作 者

2011年1月

　　《养鸡疑难300问》是一本把养鸡生产技术与经营管理知识融为一体的通俗读物，以农民乐于接受的问答形式回答了养鸡生产中存在的疑难问题。自1999年初版问世以来，历经一次修订、多次印刷，受到了广大读者的普遍欢迎。近年来，我国养鸡业发展极为迅速，涌现出一大批家庭鸡场，并逐步走上规模化、规范化、科学化养鸡的新道路。但是，目前养鸡生产竞争激烈，高额利润不复存在，微利经营已成必然，科技含量日趋增加。归纳总结过去养鸡生产中的经验教训，给我们很多启示。引进高产品种是鸡群高产的前提，先进生产技术是鸡群高产的保证，而经营管理是占有市场、获得赢利的必要条件。无论在哪一环节出现问题，都会给生产带来重大损失。因此，作为鸡场经营者，既要掌握生产技术，又要懂得经营管理，这样才能使自己永远立于不败之地。

　　为了适应我国养鸡业的发展，满足当前养鸡技术更新的需要，使养鸡生产向高产出、低消耗、高效益方向迈进，能够经得起市场经济的考验，编者总结目前国内外最新技术，借鉴各地养鸡的成功经验，并结合自己多年的工作体会，再次修订了这本《养鸡疑难300问》。

本书在修订过程中，对原稿中多个问答作了调整和替换，对有些内容作了修改，以适应目前养鸡生产的需要。在写作上力求语言通俗易懂，简明扼要，注重实际操作，把生产技术与经营管理结合在一起，可供养鸡生产者及畜牧兽医工作人员参考。

本书在编写过程中，曾参考一些专家、学者撰写的文献资料，在此向原作者表示谢意。本书能有机会修订再版，应感谢中国农业出版社的鼓励与支持，在此向为本书付出辛勤劳动的编辑致谢。

这次修订，作者虽然做了很大努力，但因掌握的理论和技术水平有限，书中还可能出现一些疏漏和不妥，敬请广大读者批评指正。

作　者

2016 年 6 月

目录

CONTENTS

1

5

七、肉用仔鸡的饲养管理 •••••••••••••••••••••••••••••••• 214

一、鸡的品种与繁育

1 什么叫商品杂交鸡？

杂交鸡泛指两个或两个以上品种或品系间交配所产生的鸡。一般来说，杂交鸡能集合双亲的优点，发挥出一定的杂种优势。商品杂交鸡又不同于一般的杂交鸡，因为它并不是这种简单的杂交所产生的鸡种，而是相同品种或不同品种的特定品系间的杂交。它是在现代育种理论指导下，采用先纯合后杂化的程序，经过严格的杂交组合试验（即配合力测定），筛选出最佳杂交组合方案，然后按此方案生产的商品鸡，即通常所说的配套杂交鸡或商品杂交鸡。这些鸡种具有以下特点：①多以培育该鸡种的育种公司的名称或编号命名。如海兰褐蛋鸡为美国海兰国际公司培育。②一般均综合了多品系的优点，表现出较高的群体生产性能，在商品生产中具有较强的竞争能力。③群体性状整齐，生产性能高，但遗传性不稳定，故不能再作为种用繁殖。

2 生产商品蛋、肉仔鸡为什么多用配套杂交鸡？

配套杂交鸡是指经过配合力测定确定的杂交组合所产生的杂交后代，这种杂交后代具有明显的杂种优势。在制种实验过程中，可能有多个杂交组合，而只有配合力强的杂交组合才能被筛选作为配套杂交组合。配套杂交组合中各个品系都有自己特定的位置，不能随意改变。若将各品系的位置调换或将其顺序颠倒，则不能称其为配套系，所产生的后代不具有该配套系的优点。如星杂288蛋鸡，其配套顺序为M、N、P、O，MN为父本，M为父本父系，N为父本母系；PO 为母本，P 为母本父系，O 为母本母系。

由于配套杂交鸡综合了双亲的优点并产生杂交优势，从而实现了真正高产。在目前养鸡生产中，生产商品蛋、肉仔鸡多采用饲养配套杂交鸡方案。

3 配套杂交鸡是怎样培育的？

配套杂交鸡是由多个品系或品种杂交育成的，通常具有较高的生产性能，但只能用于商品生产，不能作为种用。其繁育过程一般可分为以下 3 个阶段。

（1）培育纯系阶段　即进行纯种繁殖，纯化有利基因，提高纯系某些方面的生产性能。作为现代商品鸡，它的多方面生产性能均应该是优秀的，如既要产蛋多，还要蛋重且大、抗逆性强等。但多个生产性状之间往往是呈负相关的，若利用纯种进行生产，很难使鸡的多种生产性状均得到大幅度提高，而往往会导致此强彼弱的结果。因此，在杂交制种过程中，首先培育若干个纯系。在每个纯系中只注重培养某几个性状，纯化有利基因，消除有害基因，加大不同纯系间某些基因频率的差异，为商品鸡能获得较高的杂种优势打下基础。这一阶段多在育种场和原种鸡场进行。

（2）配合力测定阶段　在杂交制种过程中，不同种群间的配合力是不一样的，只有配合力好的种群间杂交，才能获得理想的杂种优势。因此，商品鸡的配套杂交，需要进行杂交组合试验即配合力测定，从大量的杂交组合中找出最佳杂交组合而形成配套对子，它们的配合力最好，杂种优势率最高。这一阶段多在原种鸡场进行。

（3）杂交繁殖阶段　杂交繁殖阶段也叫经济杂交阶段。通常采用经配合力测定的三元或四元杂交方式进行祖、亲两代系间杂交，在祖代鸡场进行一级杂交，生产亲代种雏或种蛋；在父母代鸡场进行二级杂交，生产商品代雏鸡或种蛋，为商品生产场提供种源。

4 鸡的繁育方式有哪些？

鸡的繁育方式，主要分为纯种繁育和杂交繁育两大类。

(1) 纯种繁育　纯种繁育是指同一品种的公、母鸡进行交配繁殖，其目的是使本品种的优良性状能够继代保存下来，或提高本品种原有的优良特性和生产性能，从而迅速增加优良个体的数量。

在实际工作中，下列几种情况均应采用纯种繁育方式：①某个品种的生产性能基本上能满足需要，不需要作重大改变。②某些性状具有特殊的经济价值和开发用途，必须予以保留和提高。③某品种生产性能虽然低，但对当地特殊的自然条件和饲养管理条件的适应性很强，不适于进行杂交而改变原有性状。

现代许多蛋鸡、肉鸡品种的生长性能提高很快，是和纯种繁育工作的进展分不开的。如来航鸡在 20 世纪 40 年代的年产蛋量为 150~160 个，到了 60 年代就提高到 200 个以上。有些品种经过长期选育又发展成新的品种，如洛岛红鸡在选育时强调早熟性和提高产蛋量，就选育出新汉县鸡。我国地方良种鸡也可以通过提纯和复壮来逐步提高其饲料报酬和产蛋量。

(2) 杂交繁育　不同品种或品系间种鸡的交配，称为杂交。遗传类型不同的种鸡间杂交而产生杂种的过程称为杂交繁育。一般认为，杂交的双方没有亲缘关系，或者交配产生的后代的亲缘关系低于群体平均亲缘程度。目前，育种上的杂交繁育不仅是指属间、种间和品种间的交配，也包括同一品种内不同品系间的交配。通过杂交，原来分别在父母种群内的基因集中到后代群体中去，丰富了后代的遗传基础，增加了后代的异质性。因此，杂交后代不仅表现出父母双方的优秀性状，而且群体的表现比较均匀一致，常表现出生命力强、成活率高、生长发育快、产蛋多、饲料报酬高等"杂种优势"。无论是商品生产，还是在育种工作中，杂交繁育都得到了广泛的应用。

根据鸡的杂交繁育的目的，可分为经济杂交、育成杂交、导入杂交和级进杂交。①经济杂交：通过两个或两个以上品种或品系间杂交，利用杂种优势获得一些生产性能高、生命力强的杂种用于商品生产，但不留种，以提高鸡的利用价值，这种方法称为经济杂交。经济杂交的形式有简单的二元杂交和比较复杂的多元杂交。经济杂交能明显地提高鸡的生产性能和繁殖性能，在生产上应用极为广泛。②育成杂交：利用两个或两个以上的品种或品系进行杂交，综合不同品种或品系的特点，创造和育成新品种或新品系的方法，称为育成杂交。目前世界上有许多著名的鸡种就是采用这种方法育成的。③导入杂交：当原有品种相当优良，只存在个别缺点，且这些缺点用一般的选育方法或种内杂交方法都不易得到改进时，用具有这种优良性状的另一品种，进行一次性杂交，这种方法称为导入杂交。导入杂交保留了原品种的优点，又改良了某些不易选育提高的性状。我国新狼山鸡在选育过程中，就是引入了澳洲黑鸡与狼山鸡杂交，导入了澳洲黑鸡性成熟早、蛋重较大等优良性状，结果既保留了狼山鸡的大部分品种特性，又提高了早熟性和产蛋性能。④级进杂交：若原有品种的生产性能比较低时，利用另一品种来改良，既保留了本地品种的良好适应性，又大大提高了生产性能，这种方法称为级进杂交。在级进杂交时，一般以本地品种为母本，引进性能优良的另一品种为父本，连续交配4代以上，使原来地方品种的性能接近引进品种的性能。第一代引进品种血统占50%，第二代占75%，第三代占87.5%，到第四代就占了93.75%，第五代占96.88%，第六代占98.44%，4代以上就接近于纯种了。

5 什么叫配合力？育种时为什么要进行配合力测定？

所谓配合力，是指某一种群（品种、品系或其他种用类群）与其他种群杂交产生的后代获得杂种优势的能力，分为一般配合力和特殊配合力。一般配合力是指其一种群与其他多个种群杂交时，杂种后代获得生产力的平均表现能力。所谓一般配合力良好，即说明该种群与其他不同种群杂交时均能获得较好的杂种优势。特殊配合力是指两个特定种群杂交时，杂种后代获得生产力的表现能力。所谓特殊配合力良好，即说明两个特定种群杂交时，能获得良好的杂种优势。

当两个品系鸡杂交时，若两个显性基因都十分纯合，则新的显性基因将集中于子代，子代的某些性状优于父母系。对配合力好的组合，应该连续测定 3～4 年，测定时每年要把场内外全部组合的材料加以综合系统分析，以便得出正确结论。配合力是可以遗传的，因此在鸡的育种工作上非常重要。

国外鸡的育种，普遍应用配合力测定，特别是特殊配合力的测定，培育出很多高产商品杂交鸡，如海兰蛋鸡、迪卡蛋鸡、艾维茵肉鸡、罗曼肉鸡等。

6 什么叫鸡的杂种优势？怎样利用？

鸡的不同品种、品系或其他种用类群杂交后，所产生的后代往往在生活力、生长势及生产性能等方面优于其亲本的纯繁类群，这种现象称为杂种优势。动物杂种优势的利用在我国早已引起注意，并具体应用于马与驴杂交产生了骡。近半个世纪以来，杂种优势在畜牧业生产中的应用更为广泛。目前在发达国家，肉仔鸡和商品蛋鸡几乎全部是杂种，商品肉猪百分之八九十是杂交化，利用杂种优势已成为工厂化畜牧业一个不可缺少的环节。

在杂交制种过程中，不同种群间的配合力是不一样的，只有配合力好的种群间杂交，才能获得理想的杂种优势。因此，商品鸡的配套杂交，需要进行配合力测定，从大量的杂交组合中找出最佳杂交组合而形成配套对子，它们的配合力最好，杂种优势率最高。

由于很多杂交组合的配合力测定比较麻烦，测定费用也比较高，因而在实际生产中，在配合力测定前进行估测是必要的，有利于把那些有希望获得明显杂种优势的组合列入配合力测定范围。一般认为，下列几种情况可获得较大的杂种优势：①分布地区距离较远，来源差别较大，类型、特长不同的种鸡间杂交。②长期与外界隔绝的种鸡间杂交。③主要经济性状变异系数小的种鸡间杂交。④某些遗传力较低、在近交中衰退严重的性状用于杂交。鸡的品系杂交形式主要有：

（1）二元杂交　即两个品系间杂交一次，获得的后代用于商品生产。亲代可以用品种内的品系，也可以用不同品种间的品系，杂交形式简单，虽然杂交效果不如三元杂交和四元杂交，但也能产生较好的杂种优势，易被群众所接受（图1-1）。

（2）三元杂交 即利用3个品系进行杂交。先用甲、乙两个品系鸡杂交，所得后代母鸡再与第三个品系的公鸡进行交配，其后代称为三元杂交鸡，用于商品生产（图1-2）。

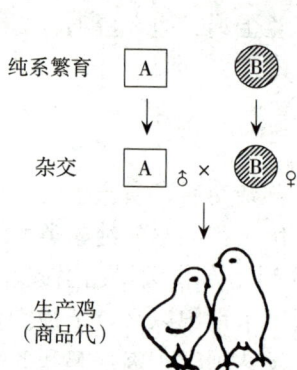

图1-1 二元杂交示意

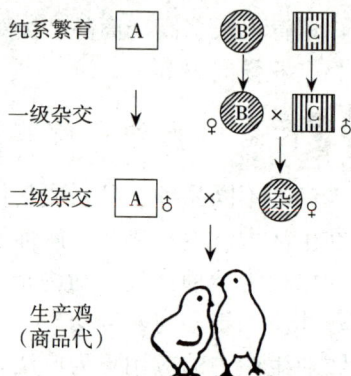

图1-2 三元杂交示意

（3）四元杂交 即利用品系进行杂交。目前生产中常采用双杂交，即先选用4个品系两两杂交，所得的后代再次杂交，生产的商品鸡成为具有4个品系特点且生活力很强的杂交鸡，称为四元杂交鸡，其杂交模式见图1-3。

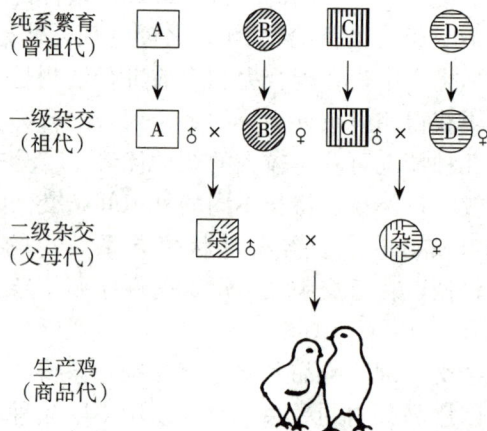

图1-3 四元杂交示意

7 现代商品鸡的繁育体系是怎样建立的？各类鸡场的主要任务是什么？

现代商品鸡繁育体系的建立是从培育专门化品系入手的，始于20世纪50年代。目前，人们采用多种方法来建立商品鸡的高产配套系，以促进其生产性能的不断改进。近几十年来，世界养鸡业的发展有力说明了育种技术进步所带来的巨大成果。现代商品鸡配套繁育体系包括保种、育种和制种三个环节，由品种场、育种场、配合力测定站、原种场、繁殖场、商品场组成。各场（站）的主要任务是：

（1）品种场　是收集、引进和保存品种资源的鸡场。其品种资源包括国内外优良的鸡种和地方良种。它为育种场培育新品系准备素材，是鸡种的基因库。育种场培育出来的新鸡种或新品系也由品种场保种。品种场主要采用纯种（系）繁育法。

（2）育种场　其主要任务是根据生产需要培育新品种或新品系。它要到品种场挑选育种素材，育成的新品种（系）送到品种场保存，或供配合力测定站作配合力测定用，参与育成新鸡种。育种场规模不一定很大，但要求技术力量雄厚，具备较好的设备和条件。

（3）配合力测定站　其任务是在相同的环境和条件下，比较各杂交组合的优劣，评定出优缺点，为育种场的改良和新品种（系）的推广提供依据。

（4）原种场（曾祖代鸡场）　它的任务是饲养由育种场提供的配套原种鸡，进行纯系繁育，扩大原种鸡规模，按照配套方案向一级繁殖场提供祖代种鸡。例如有A（父系）、B（母系）、C（父系）、D（母系）4个原种系，每系原种鸡数的多少，视一级杂交的规模而定，一般蛋鸡按1∶40配备，即向一级繁殖场每提供40只母鸡，原种场就必须配备1只母鸡。

（5）一级繁殖场（祖代鸡场）　它的任务是接受并饲养原种场提供的祖代配套种雏，按繁育要求进行单交，即第一次杂交制种，为二级繁殖场提供父母代雏鸡。如它接受的是四系配套祖代鸡，只需分别进行A（♂）×B（♀）和C（♂）×D（♀）的单杂交，为二级繁殖场提供父系（AB）和母系（CD）的父母代鸡。它的规模视二级繁殖场的规模而定，一般蛋鸡按1∶40配备；肉鸡按1∶30配备。

（6）二级繁殖场（父母代鸡场） 它的任务是接受并饲养一级繁殖场提供的父母代鸡，进行双杂交，即第二次杂交制种，为商品场提供商品鸡。如一级繁殖场提供的父母代鸡父系为AB，母系为CD，则二级繁殖场为商品场提供的是四系配套杂交商品鸡。

（7）商品场 饲养二级繁殖场提供的双杂交鸡进行商品鸡生产，为市场提供肉仔鸡和商品蛋。

现代商品鸡配套繁育体系的构成模式见图1-4。

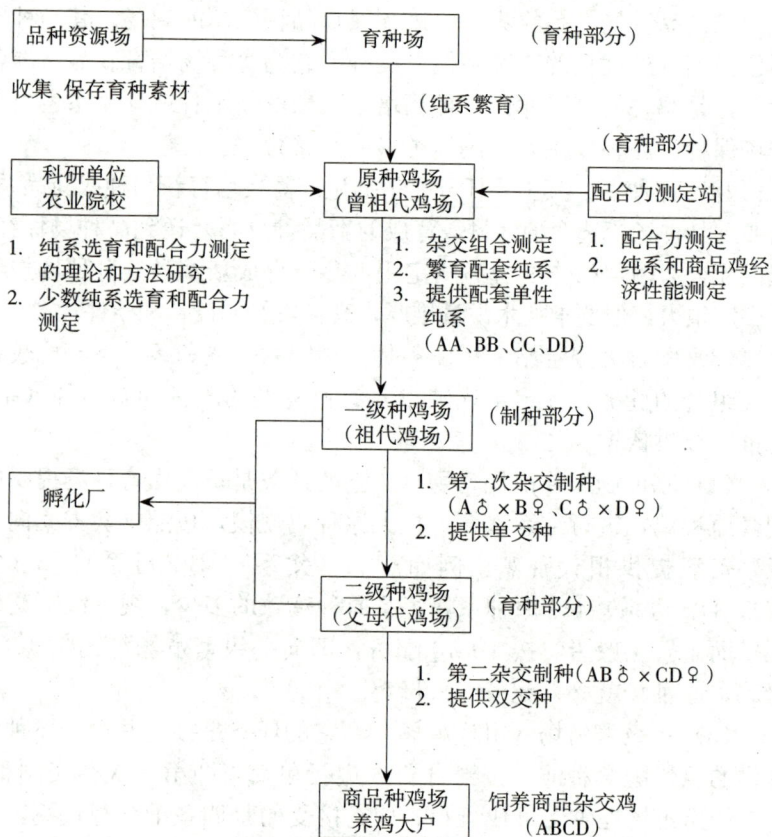

图1-4 鸡的繁育体系结构示意

8 鸡的自别雌雄品系是怎样培育的?

培育鸡自别雌雄品系的目的,就是利用鸡的伴性基因,在雏鸡出壳后即可根据伴性性状,准确地辨别出雌雄。雏鸡雌雄的自然鉴别,在生产中具有重要意义。

鸡的遗传性状受基因所控制,而基因存在于细胞内的染色体上。若控制某一性状的基因位于性染色体上,这类基因称为伴性基因。由于伴性基因的存在,有些性状总是伴随一定的性别而遗传,这种遗传方式称为伴性遗传。目前已知鸡的伴性遗传性状有4对:芦花羽毛对非芦花羽毛;银白色羽毛对金黄色羽毛;羽毛生长缓慢对羽毛生长迅速;某些鸡的淡色跖对黑色跖。目前,国内外育种工作者利用伴性遗传方法已培育出许多自别雌雄品系,其鉴别准确率高,实用价值大。

(1)银白色羽显性伴性基因 S 和金黄色羽隐性伴性基因 s 的利用　如四系配套的罗斯褐蛋鸡、迪卡褐蛋鸡、海兰褐蛋鸡等,首先培育出纯合基因型的金黄色绒羽品系和银白色绒羽品系,然后按照一定的配套杂交模式生产商品鸡。如 A、B 两系为金黄色绒羽,C、D 两系为银白色绒羽,按照下列配套杂交组合,其商品代雏鸡即可自别雌雄(杂交模式见图1-5),公雏为银白色绒羽,母雏为金黄色绒羽。

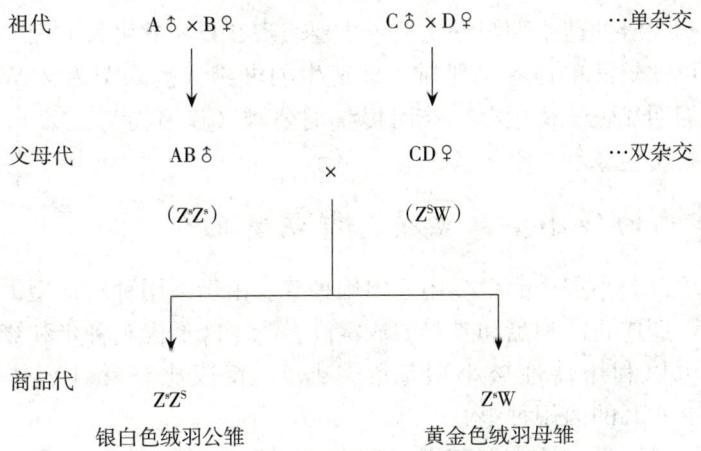

祖代	A♂×B♀		C♂×D♀	…单杂交

$$\downarrow \qquad\qquad\qquad\qquad \downarrow$$

父母代	AB♂	×	CD♀	…双杂交
	(Z^sZ^s)		(Z^sW)	

商品代	Z^sZ^s		Z^sW	
	银白色绒羽公雏		黄金色绒羽母雏	

图1-5　银白色羽基因和金黄色羽基因的应用示意

生产中的褐壳蛋鸡多利用这对基因来鉴别商品代鸡的雌雄。

（2）慢生羽显性伴性基因 K 和速生羽隐性伴性基因 k 的利用　如某种四系配套的白壳蛋鸡，A、B 两系为速生羽，C、D 两系为慢生羽，采用下列配套杂交组合，其商品代雏鸡就可自别雌雄（杂交模式见图1-6），速生羽者为母鸡，慢生羽者为公鸡。

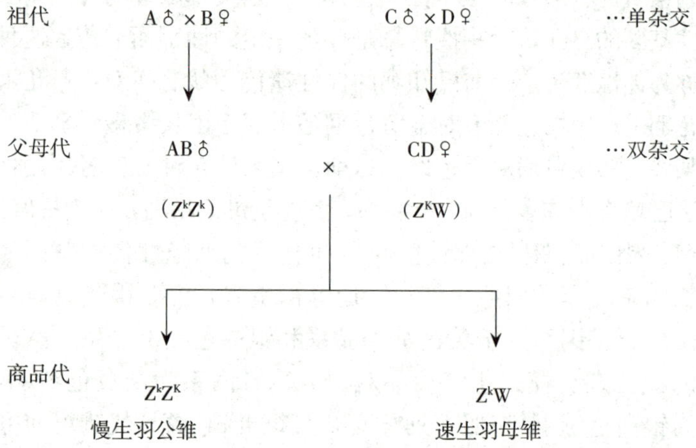

祖代	A♂×B♀	C♂×D♀	…单杂交

父母代　　　AB♂　　　　×　　　CD♀　　　…双杂交

（Z^kZ^k）　　　　　　　　（Z^kW）

商品代　　　Z^kZ^K　　　　　　　　　Z^kW

慢生羽公雏　　　　　　　速生羽母雏

图1-6　慢生羽基因和速生羽基因的应用示意

初生雏的速生羽与慢生羽，主要表现在翼羽的生长方面，所以据此可比较简单地鉴别雌雄，即速生羽母雏（基因型为 Z^kW）的主翼羽明显长于覆主翼羽；而慢生羽公雏（基因型为 Z^kZ^K）的主翼羽与覆主翼羽几乎等长。

9 鸡的矮小型品系是怎样培育的？

培育矮小型鸡品系多用于肉用种鸡。由于肉用种鸡体型大，耗料多，造成所产种蛋和雏鸡的成本高。为了降低肉鸡种蛋和雏鸡成本，可以利用伴性矮小型基因（dw），育成比正常种鸡体型小15%～30%的肉用种鸡。

通过育种，矮小型基因（dw）在种鸡群中纯化后，用矮小型种母鸡（基因型为 $Z^{dw}W$）与正常种公鸡（基因型为 $Z^{DW}Z^{DW}$）交配，其所生子代无论母雏（基因型为 $Z^{DW}W$），还是公雏（基因型为 $Z^{DW}Z^{dw}$）都能够正常生长发育。

由于矮小型种母鸡的体重为正常种母鸡的 2/3，因而饲养消耗量小，种蛋的生产成本低，雏鸡价格便宜。

10 鸡的品种类型是怎样进行划分的？

所谓鸡的品种，是指通过育种而形成的一个类群。这个类群具有大体相似的体型外貌和相对一致的生产性能，并且能够确实地把其特点和性状遗传给后代。世界各国人民在长期的生产劳动过程中，已培育出了许多优良鸡的品种，如来航蛋鸡、洛岛红鸡、狼山鸡、科尼什肉鸡、白洛克肉鸡等。现代商品化养鸡生产已很少采用纯种蛋鸡或肉鸡，而多采用两品种或多品种杂交，或配套品系繁育制种，以提高鸡的生产性能。

(1) 传统的品种分类法 根据鸡品种的经济用途，可分为蛋用型、肉用型、兼用型及专用型。①蛋用型鸡：主要用于产蛋。该类型鸡一般体型较小，外观清秀，性情活泼好动，羽毛紧凑，后躯发达，肌肉结实；性成熟早，产蛋量高。如来航鸡、仙居鸡等。②肉用型鸡：该类型鸡主要用于产肉。一般体型较大（成鸡体重 4～5千克），体躯宽厚、深而短，全身肌肉丰满，胸肌发达；冠小，颈粗而短；性情温顺，行动迟缓；生长迅速，尤其早期生长较快，便于用作肉仔鸡。如科尼什肉鸡、白洛克肉鸡、惠阳鸡等。③兼用型鸡：该类型鸡的体型、体重、生产性能都介于蛋用型和肉用型鸡之间，性情一般温顺，体质健壮，觅食力强，有就巢性，年产蛋100～180个。如洛岛红鸡、新汉县鸡、澳洲黑鸡、红育鸡、寿光鸡、狼山鸡等。④专用型鸡：这是一类具有特殊性能的鸡。无固定的体型。一般是根据特殊用途和特殊经济性能选育或由野生驯化而成的。如作药用、观赏用的泰和鸡；作观赏用的长尾鸡、矮脚鸡、斗鸡；供观赏、肉用的珍珠鸡、山鸡、火鸡等。

(2) 现代养鸡品种分类法 在现代养鸡生产中，主要按经济性能和生产方向分类，大体分为蛋鸡系和肉鸡系两类。

1）蛋鸡系　主要用于生产商品蛋和繁殖商品蛋鸡。按照所产蛋蛋壳颜色，又可分为白壳蛋鸡系、褐壳蛋鸡系、粉壳蛋鸡系和绿壳蛋鸡系。①白壳蛋系：该品系鸡主要以单冠白来航品种为素材，选育出各具不同特点的高产品系，利用这类品系进行品系间杂交所育成的白壳蛋商品杂交鸡。该类型鸡体型较小，故又称作轻型蛋鸡，有时用育种公司的名称命名，如迪卡白壳蛋鸡、海兰白壳蛋鸡等。②褐壳蛋鸡系：主要由一些兼用型品种如洛岛红鸡、新汉县鸡培育成的高产品系。用这些品系配套杂交后培育的商品蛋鸡，产褐壳蛋，如伊莎褐壳蛋鸡、迪卡褐壳蛋鸡、海兰褐壳蛋鸡等。这类鸡体型较来航鸡稍大，故又称中型蛋鸡。③粉壳蛋鸡系：该类鸡是近年来新推出的蛋鸡品系。它在集约化笼养中的使用时间晚于白壳蛋鸡和褐壳蛋鸡。这类鸡的体型介于白壳蛋鸡和褐壳蛋鸡之间，蛋壳颜色呈浅粉色。其父系和母系的一方是来航型白壳蛋鸡品种，另一方为洛岛红、新汉县、横斑洛克等兼用型褐壳蛋鸡品种。育种者试图通过综合白壳蛋鸡和褐壳蛋鸡的优点，培育出体重偏轻、产蛋量高、蛋重大、耗料较少的高产品种，如京白939蛋鸡、雅康蛋鸡等。④绿壳蛋鸡系：近年来各地利用乌骨型地方品种鸡选育成的不同品系。其特点是乌骨乌肉，肉、蛋营养价值较高。

2）肉鸡系　用于生产商品肉用仔鸡，如爱拔益加肉鸡、艾维茵肉鸡、罗曼肉鸡等。生产中肉鸡一般需具备两套品系，即培育出专门化的父系和母系，用作配套杂交。①父系：肉鸡生产用父系，要求产肉性能优越，早期生长速度快。目前生产肉仔鸡的父系，是从白科尼什鸡中培育的纯系，用它与母系杂交后产生的肉用仔鸡都是白羽，避免屠体上因有色残羽，影响屠体品质及外观。有些地方也用红科尼什鸡培育父系。②母系：肉鸡生产用母系，要求具有较高的产蛋量和良好的孵化率，孵出的雏鸡体型大、增重快等。培育肉鸡母系一般采用产蛋较多的肉用型品种或兼用型品种，目前生产中多采用白洛克鸡、浅花苏赛斯鸡等。

11 目前生产中主要有哪些良种蛋鸡?

目前生产中主要的良种蛋鸡,按其产蛋蛋壳颜色,可分为白壳蛋鸡系、褐壳蛋鸡系、粉壳蛋鸡系和绿壳蛋鸡系。

(1)白壳蛋鸡

1)迪卡白壳蛋鸡 迪卡白壳蛋鸡是美国迪卡布家禽研究公司培育的四系配套轻型高产蛋鸡。它具有开产早、产蛋多、饲养报酬高、抗病力强等特点,凭高产、低耗等优势赢得社会好评。

迪卡白壳蛋鸡父母代生产性能:育雏、育成期成活率 96%,产蛋期存活率 92%,19~72 周龄入舍母鸡产蛋 281 个,可提供合格母雏 101 只。

迪卡白壳蛋鸡商品代生产性能:育雏、育成期成活率为94%~96%,产蛋期成活率 90%~94%,鸡群开产日龄(产蛋率达 50%)为 146 天,体重1 320克,产蛋高峰为 28~29 周龄,产蛋高峰时产蛋率可达 95%,每羽入舍母鸡 19~72 周龄产蛋295~305 个,平均蛋重 61.7 克,蛋壳白色而坚硬,总蛋重 18.5 千克左右,产蛋期料蛋比为(2.25~2.35):1,36 周龄体重1 700克。

2)海兰白壳蛋鸡 海兰白壳蛋鸡是由美国海兰国际公司培育的。该鸡体型小,羽毛白色,性情温顺,耗料少,抵抗力强,适应性好,产蛋多,饲料转化率高,脱肛、啄羽发生率低。

海兰白壳蛋鸡父母代生产性能:每羽入舍母鸡 20~75 周龄产蛋 274 个,可提供鉴别母雏 90 只,母鸡 20 周龄和 60 周龄体重分别为1 320克和1 730克,公鸡 20 周龄和 60 周龄体重分别为1 500克和2 180克。

海兰白壳蛋鸡商品代生产性能:0~18 周龄成活率为 94%~97%,饲料消耗 5.7 千克,18 周龄体重1 280克,鸡群开产日龄(产蛋率达 50%)为 159 天,高峰期产蛋率为 92%~95%,19~72 周龄产蛋 278~294 个,成活率 93%~96%,32 周龄平均体重1 600克,蛋重 56.7 克,产蛋期料蛋比(2.1~2.3):1。商品代雏鸡以快慢羽辨别雌雄。

3）海赛克斯白壳蛋鸡 海赛克斯白壳蛋鸡又译为希赛克斯白壳蛋鸡，是由荷兰优布里德公司培育的。该鸡体型小，羽毛白色而紧贴，外形紧凑，生产性能好，属来航鸡型。

海赛克斯白壳蛋鸡父母代生产性能：0～20周龄成活率为95.5％，20周龄平均体重1 380克，耗料7.9千克/只，产蛋期月淘汰率0.5％～1％，日耗料114克/只，70周龄产蛋196个，入孵蛋孵化率87％。

海赛克斯白壳蛋鸡商品代生产性能：0～18周龄成活率为96％，18周龄体重1 160克，鸡群开产日龄为157天。20～82周龄平均产蛋率77％，每羽入舍母鸡82周龄产蛋314个，平均蛋重60.7克，总蛋重20.24千克，料蛋比2.34∶1，78周龄体重1 720克。

4）罗曼白壳蛋鸡 是由德国罗曼动物育种公司培育的。该鸡在历年欧洲蛋鸡随机抽样测定中，产蛋量和蛋壳强度均名列前茅。

罗曼白壳蛋鸡父母代生产性能：生长期成活率96％～98％，产蛋期存活率94％～96％，72周龄产蛋总数254～264个，每只母鸡可提供鉴别母雏91～95只。

罗曼白鸡商品代生产性能：0～20周龄成活率96％～98％，耗料量7.0～7.4千克/只，20周龄体重1 300～1 350克，鸡群开产日龄为150～155天，高峰期产蛋率92％～95％，72周龄产蛋290～300个，平均蛋重62～63克，产蛋期存活率94％～96％，产蛋期料蛋比为（2.1～2.3）∶1。

5）"伊利莎"白壳蛋鸡 "伊利莎"白壳蛋鸡是由上海新杨种畜场育种公司采用传统育种技术和现代分子遗传学手段培育的蛋鸡新品种。具有适应性强、成活率高、抗病力强、产蛋率高和自别雌雄等特点。

"伊利莎"白壳蛋鸡父母代生产性能：0～20周龄成活率为94％～97％，耗料7.3～7.6千克/只，20周龄体重1 400克，群体开产日龄为149～153天，高峰期产蛋率90％～92％，每羽入舍母鸡72周龄产蛋216～222个，可提供鉴别母雏91～93只，产蛋期存活率为92%～94%，72周龄母鸡体重1 710～1 800克。

"伊利莎"白壳蛋鸡商品代生产性能：0～20周龄成活率为95%～98%，耗料7.1～7.5千克/只，20周龄体重1 350～1 430克，达50%产蛋率日龄为150～158天，高峰期产蛋率92%～95%，每羽入舍母鸡80周龄产蛋322～334个，平均蛋重61.5克，总蛋重19.8～20.5千克，料蛋比（2.15～2.3）∶1，80周龄体重1 710克。

6）北京白壳蛋鸡 北京白壳蛋鸡是由北京市种禽公司培育的三系配套轻型蛋鸡良种。具有单冠白来航的外貌特征，体型小，早熟，耗料少，适应性强。目前优秀的配套系是北京白壳蛋鸡938，商品代可根据羽速自别雌雄。

北京白壳蛋鸡938父母代生产性能：0～20周龄成活率为92%，20周龄体重1 350～1 400克，21～72周龄存活率90%以上，72周龄产蛋量265～270个，每只母鸡可提供鉴别母雏80～85只。

北京白壳蛋鸡938商品代生产性：0～20周龄成活率94%～98%，20周龄体重1.29～1.34kg，72周龄产蛋量282～293个，蛋重59.42g，21～72周存活率94%，料蛋比（2.23～2.31）∶1。

（2）褐壳蛋鸡

1）伊莎褐壳蛋鸡 伊莎褐壳蛋鸡是由法国伊莎公司经过30多年从纯种品系中培育的四系配套杂交鸡，A、B系红羽，C、D系白羽，其商品代雏鸡可用羽色自别雌雄，商品代成年母鸡棕红色羽毛，带有白色基羽，皮肤黄色。伊莎褐壳蛋鸡以高产、适应性强、整齐度好而闻名。

伊莎褐壳蛋鸡父母代生产性能：0～22周龄成活率为96%，鸡群开产日龄（产蛋率达50%）为169天，27周龄达产蛋高峰，23～66周龄产蛋230个，种蛋孵化率80%，开产体重1 650克，成年体重1 950克，产蛋期成活率91.7%。

伊莎褐壳蛋鸡商品代生产性能：0～20周龄成活率为98%，鸡群22周龄开产，76周龄产蛋量298个，产蛋期存活率93%，料蛋比（2.4～2.5）∶1，产蛋期末体重2.25千克。

2）罗斯褐壳蛋鸡 罗斯褐壳蛋鸡是由英国罗斯家禽育种公司育成的四系配套蛋用型鸡，由 A、B、C、D 四个品系组成，A、B 系为红色羽毛，C、D 系为白色红斑羽，商品代公雏为银白羽，母雏为金黄羽。罗斯褐壳蛋鸡是我国近 20 年来从国外引进较早的蛋鸡品种，在优良蛋鸡大面积推广中曾做出较大的贡献。

罗斯褐壳蛋鸡父母代生产性能：AB 系成年鸡为红羽，蛋壳棕褐色，在四系配套中只利用公鸡；CD 系成年鸡白羽带有红斑点，在四系配套中只利用母鸡，初产日龄为 140～145 天，28～30 周龄达产蛋高峰，入舍母鸡 62 周龄产蛋 198～220 个，可提供商品代母雏 71 只，每只母鸡 21～62 周龄耗料 36 千克。20 周龄体重 1.4 千克，62 周龄体重 1.8～2.0 千克。

罗斯褐壳蛋鸡商品代生产性能：罗斯褐壳蛋鸡商品代为伴性遗传，能自别雌雄。雏鸡背、头金黄色羽为雌，雏鸡白色背带有金黄色羽为雄；成年鸡红色羽为雌，白色有红斑者为雄。鸡群初产日龄126～140 天，产蛋高峰期 25～27 周龄，入舍母鸡 72 周龄产蛋270～280 个，平均蛋重 62 克以上；18 周龄和 72 周龄体重分别为1.38 千克和 2.0 千克，产蛋期料蛋比为（2.4～2.5）：1。

3）海兰褐壳蛋鸡 海兰褐壳蛋鸡是由美国海兰国际公司培育而成的高产蛋鸡。该鸡生命力强，适应性广，产蛋多，饲料转化率高，生产性能优异，商品代可依羽色自别雌雄。

海兰褐壳蛋鸡父母代生产性能：0～18 周龄成活率为 95％，鸡群开产日龄（产蛋率达 50％）为 161 天，入舍母鸡 18～70 周龄产蛋 244 个（可孵化蛋 211 个），可提供鉴别母雏 86 只，18～70 周龄成活率 91％，入舍鸡平均每只每日耗料 112 克；母鸡 18 周龄和60 周龄体重分别为 1 620 克和 2 310 克；公鸡 18 周龄和 60 周龄体重分别为 2 410 克和 3 580 克。

海兰褐壳蛋鸡商品代生产性能：0～18 周龄成活率为 96％～98％，饲料消耗（限饲）5.9～6.8 千克，18 周龄体重 1 550 克，开产日龄 153 天，高峰期产蛋率 92％～96％。至 72 周龄，每只入舍母鸡平均产蛋 298 个，平均蛋重 63.1 克，总蛋重 19.3 千克，产蛋期成活率 95％～98％，料蛋比（2.2～2.4）∶1，72 周龄体重 2.25 千克。成年母鸡羽毛棕红色，性情温顺，易于饲养。

4）迪卡褐壳蛋鸡　迪卡褐壳蛋鸡是由美国迪卡布家禽研究公司培育的四系配套高产蛋鸡。该鸡适应性强，发育匀称，开产早，产蛋期长，蛋个大，饲料转化率高，其商品代雏鸡可用羽毛自别雌雄。

迪卡褐壳蛋鸡父母代生产性能：0～18 周龄成活率为 96％，18 周龄体重 1 480 克，鸡群开产周龄（产蛋率达 50％）为 22～23 周，72 周龄产蛋 275 个，每只入舍母鸡可提供鉴别母雏 98.5 只，产蛋期存活率 94％，21～72 周龄每只鸡耗料 41.05 千克。

迪卡褐壳蛋鸡商品代生产性能：0～18 周龄成活率为 97％，18 周龄体重 1 540 克，0～20 周龄每只鸡耗料 7.7 千克，达 50％产蛋率的日龄为 150～160 天，入舍母鸡 72 周龄产蛋 285～292 个，平均蛋重 64.1 克，产蛋期存活率 95％，料蛋比（2.3～2.4）∶1，72 周龄体重 2 175 克。

5）海赛克斯褐壳蛋鸡　海赛克斯褐壳蛋鸡是由荷兰优利希里德公司培育而成的高产褐壳蛋鸡。该鸡以适应性强、成活率高、开产早、产蛋多、饲料报酬高而著称。

海赛克斯褐壳蛋鸡父母代生产性能：0～20 周龄成活率为 96％，20 周龄母鸡体重 1 690 克。耗料 7.9 千克；入舍母鸡至 70 周龄产蛋 257 个，种蛋平均孵化率 80.6％，每只鸡平均日耗料 122 克，每 4 周母鸡淘死率 0.7％，70 周龄体重 2 210 克。

海赛克斯褐壳蛋鸡商品代生产性能：商品代公雏为银白羽，母雏为金黄羽。0～18 周龄成活率为 97％，18 周龄和 20 周龄体重分别为 1 490 克和 1 710 克，20～78 周龄每 4 周淘死率 0.4％，鸡群开产日龄 152 天，产蛋率 80％以上可持续 26～30 周，入舍母鸡至 78 周龄产蛋 307 个，平均蛋重 63.1 克，总蛋重 19.33 千克，产蛋期每只母鸡日耗料 116 克，料蛋比 2.36∶1，产蛋末期体重 2 150 克。

6）罗曼褐壳蛋鸡　罗曼褐壳蛋鸡是由德国罗曼动物育种公司培育而成的四系配套褐壳蛋鸡。该鸡适应性好，抗病力强，产蛋量多，饲料转化率高，蛋重适度，蛋的品质好。

罗曼褐壳蛋鸡父母代生产性能：0～18周龄成活率96%～98%，20周龄体重1 600～1 700克，开产周龄（产蛋率达50%）为23～24周，入舍母鸡72周龄产蛋265～275个，种蛋平均孵化率81%～83%，产蛋期存活率94%～96%，末期体重2.2～2.4千克。

罗曼褐壳蛋鸡商品代生产性能：0～18周龄成活率为97%～98%，20周龄体重1 500～1 600克，鸡群开产日龄152～158天，入舍母鸡72周龄产蛋285～295个，平均蛋重63.5～64.5克，总蛋重18.2～18.8千克，产蛋期存活率94%～96%，料蛋比(2.3～2.4)：1，72周龄体重2.2～2.4千克。商品代雏鸡可用羽毛自别雌雄。

7）雅发褐壳蛋鸡　雅发褐壳蛋鸡是以色列P.B.U公司采用高新科技选育出的优秀蛋用型鸡种。以色列系沙漠性气候，自然环境恶劣。在此环境中培育的雅发鸡，具有抗病力强、体型较小、耗料少、抗逆性强、成活率高等显著特色。

雅发褐壳蛋鸡父母代生产性能：生长期成活率为97%，产蛋期成活率96%，每只入舍母鸡72周龄产蛋275个，可提供鉴别母雏92～95只，产蛋期每只鸡日耗料（含公鸡）108～114克，22周龄和50周龄体重分别为1 600克和2 000克。

雅发褐壳蛋鸡商品代生产性能：生长期成活率为96%，产蛋期成活率95%～97%；18周龄体重1 470克，开产日龄（产蛋率达50%）为156～162天，每只入舍母鸡至78周龄产蛋317个，平均蛋重63～65克；1～150日龄耗料8.0～8.6千克，产蛋期每只鸡日耗料107～117克。

8）金慧星褐壳蛋鸡　金慧星褐壳蛋鸡是由美国哈伯德家禽育种有限公司培育而成的高产褐壳蛋鸡。该鸡具有体型小、饲料报酬好、抗病力强等特点，能适应各种不利的环境条件，易于饲养。

金慧星褐壳蛋鸡父母代生产性能：生长期成活率为96%，产蛋期存活率94%，每只入舍母鸡至72周产蛋280个，其中合格种蛋 250 个，平均孵化率 80%；24 周龄体重 1 750 克，72 周龄体重 2 050 克。

金慧星褐壳蛋鸡商品代生产性能：生长期成活率为 96%～98%，产蛋期存活率 94%～96%；开产日龄（产蛋率达 50%）154 天，每只入舍母鸡至 76 周龄产蛋 295～300 个，最高产蛋率 93.5%，平均蛋重 63 克，产蛋期每只鸡日耗料 111 克；18 周龄和 76 周龄体重分别为 1 450 克和 2 000 克。商品代雏鸡可通过羽毛自别雌雄。

9）伊利莎褐壳蛋鸡　伊利莎褐壳蛋鸡是上海市新杨种畜场利用从加拿大引进的 12 个纯系蛋鸡和自身长期积累的育种素材培育而成的褐壳蛋鸡新品种。该鸡体型适中，适应性好，抗病力强，成活率、产蛋量、种蛋孵化率高，料蛋比低，父母代、商品代均可自别雌雄。

伊利莎褐壳蛋鸡父母代生产性能：0～20 周龄成活率为 95%～98%，耗料 7.8～8 千克/只，20 周龄体重 1 580～1 700 克；23～24 周龄群体产蛋率达 50%，28～32 周龄达产蛋高峰期，入舍母鸡 68 周龄产蛋 252～260 个，种蛋平均孵化率 81%～84%，可提供鉴别母雏 91.8 只；产蛋期成活率 93%～95%，68 周龄母鸡体重 2 180～2 300 克。

伊利莎褐壳蛋鸡商品代生产性能：0～20 周龄成活率为 96%～98%，每只鸡耗料 7.8～8 千克；20 周龄体重 1 500～1 620 克，达 50% 产蛋率的日龄 153～160 天，高峰期产蛋率 92%～95%；入舍母鸡至 72 周龄产蛋 287～296 个，总蛋重 18.2～19 千克，平均蛋重 63.5～64.5 克；产蛋期每只鸡日采食量 115～120 克，料蛋比（2.25～2.4）：1，成活率 94%～95%。

（3）粉壳蛋鸡　粉壳蛋鸡是近年来新推出的蛋鸡品种，它在集约化笼养中的使用时间晚于白壳蛋鸡和褐壳蛋鸡。这类鸡体型介于白壳蛋鸡和红壳蛋鸡之间，蛋壳颜色呈浅粉色。其父系和母系的一方是来航型白壳蛋鸡品种，另一方为洛岛红、新汉县、横斑洛克等兼用型褐壳蛋鸡品种。育种者试图通过综合白壳蛋鸡和褐壳蛋鸡的优点，培育出体型偏小、产蛋量高、蛋重大、耗料较少的高效品种。

1）罗曼粉壳蛋鸡　罗曼粉壳蛋鸡是由德国动物育种公司培育而成的杂交配套高产浅粉壳蛋鸡。该鸡商品代羽毛白色，抗病力强，产蛋率高，维持时间长，蛋色一致。

罗曼粉壳蛋鸡父母代生产性能：0～20周龄成活率为96%～98%，产蛋期成活率为94%～96%，20～22周龄产蛋率达50%，产蛋高峰日产蛋率达89%～92%，入舍母鸡68周龄产蛋250～260个，72周龄产蛋266～276个。

罗曼粉壳蛋鸡商品代生产性能：0～20周龄成活率为97%～98%，20周龄体重1 400～1 500克，产蛋期体重1 800～2 000克，达50%产蛋率日龄为140～150天，产蛋高峰日产蛋率达92%～95%，入舍母鸡至72周龄产蛋300～310个，平均蛋重61～63克，0～20周龄耗料7.3～7.8千克，产蛋期日耗料110～118克，料蛋比为（2.1～2.2）∶1。

2）尼克珊瑚粉壳蛋鸡　该鸡是由美国尼克国际公司育成的配套杂交鸡。其特点是开产早、产蛋多、体重小、耗料少、适应性强。

尼克珊瑚粉壳蛋鸡父母代生产性能：0～20周龄成活率为95%～98%，产蛋期成活率为95%～96%，20～22周龄产蛋率达50%，产蛋高峰日产蛋率达89%～91%，入舍母鸡68周龄产蛋255～265个。

尼克珊瑚粉壳蛋鸡商品代生产性能：0～18周生长期成活率为97%～99%，达50%产蛋率日龄为140～150天，18周龄体重1 400～1 500克，0～18周龄耗料5.5～6.2千克，80周龄产蛋量325～345个，平均蛋重60～62克，料蛋比为（2.1～2.3）∶1，产蛋期成活率89%～94%。

3）雅康粉壳蛋鸡　雅康粉壳蛋鸡是由以色列P.B.U家禽育种公司培育而成的高产浅粉壳蛋鸡。其父系为来航型白鸡，母系为洛岛红型鸡，商品代雏鸡可用羽色自别雌雄。

雅康粉壳蛋鸡父母代生产性能：0～20 周龄成活率 94%～96%，20 周龄体重 1 500 克，24 周龄体重 1 650 克，入舍母鸡 26～74 周龄产合格种蛋 220 个，每只鸡可提供鉴别母雏 86 只，产蛋期成活率为 92%～94%。

雅康粉壳蛋鸡商品代生产性能：0～20 周龄成活率为 96%～97%，18 周龄体重 1 350 克，20 周龄体重 1 500 克，产蛋率达 50% 日龄为 160 天，入舍母鸡至 72 周龄产蛋 270～285 个，平均蛋重 61～63 克，平均每只鸡日耗料 99～105 克。

4）京白 939 蛋鸡　京白 939 蛋鸡是北京市种禽公司培育而成的浅粉壳蛋鸡高效配套系。该鸡体型介于白来航鸡和褐壳蛋鸡之间，商品代鸡羽毛红白相间。其特点是产蛋量高、存活率高、淘汰鸡残值高。

京白 939 蛋鸡商品代生产性能：0～20 周龄成活率为 95%～98%，20 周龄体重 1 450～1 455 克，21～72 周龄存活率 92%～94%，72 周龄日产蛋数 290～300 个，总蛋重 18.0～18.9 千克，平均蛋重 61～63 克，料蛋比（2.30～2.35）：1。

京白 939 现有两个配套系，其中一套商品代雏鸡为羽色自别雌雄。

（4）绿壳蛋鸡

1）华绿黑羽绿壳蛋鸡　华绿黑羽绿壳蛋鸡由江西省东乡绿壳蛋鸡原种场育成。该鸡体型较小，行动敏捷，适应性强，全身乌黑，具有黑羽、黑皮、黑肉、黑骨、黑内脏五黑特征。成年鸡体重 1 450～1 500 克，140～160 日龄开产，500 日龄产蛋 140～160 个，蛋重 46～50 克，蛋壳绿色，高峰产蛋率 75%～78%，种蛋受精率 88%～92%。

2）三凰青壳蛋鸡　三凰青壳蛋鸡由江苏省家禽科学研究所育成。该鸡羽毛红褐色，成年鸡体重 1.75～2.0 千克，纯系 72 周龄产蛋 190～205 个；商品代 72 周龄产蛋 240～250 个，蛋重 50～55 克，蛋壳青绿色，料蛋比为 2.3：1。

此外，我国地方蛋鸡品种还有仙居鸡、肖山鸡、边鸡、狼山鸡、庄河鸡等。国外引进品种还有来航鸡、星杂288蛋鸡、星杂579蛋鸡、洛岛红鸡、新汉县鸡、澳洲黑鸡等。

12 目前生产中主要有哪些良种肉鸡？

（1）快大型品种

1）艾维茵肉鸡 艾维茵肉鸡是由美国艾维茵国际有限公司育成的三系配套杂交鸡。该肉鸡体型较大，商品代肉用仔鸡羽毛白色，皮肤黄色而光滑，增重快，饲料利用率高，适应性强。

艾维茵肉鸡父母代生产性能：母鸡25周龄体重2 620～2 740克，65周龄体重3 400～3 550克；鸡群开产周龄（产蛋率达5%）为25～26周，31～33周龄达产蛋高峰；每只入舍母鸡生长期耗料（到24周龄）14.1～14.5千克，41周龄产蛋174～180个；产蛋期死亡率7%～10%，种蛋平均孵化率83%～85%。

艾维茵肉鸡商品代生产性能：混合雏42日龄体重1 678克，料肉比为1.88∶1；49日龄体重2 064克，料肉比为2∶1；56日龄体重2 457克，料肉比为2.12∶1；49日龄成活率为98%。

2）爱拔益加肉鸡 此肉鸡简称"AA"肉鸡，是由美国爱拔益加种鸡公司育成的四系配套杂交鸡。该肉鸡体型较大，商品代肉用仔鸡羽毛白色，生长速度快，饲养周期短，饲料利用率高，耐粗饲，适应性强，49日龄成活率达98%。

爱拔益加肉鸡父母代生产性能：母鸡20周龄体重2 070～2 280克，60周龄体重3 450～3 720克；鸡群开产周龄（产蛋率达5%）为25周，31～32周龄达产蛋高峰；每只入舍母鸡生长期耗料（到24周龄）12.2～12.8千克，66周龄耗料54.0～61.5千克；每只入舍母鸡产蛋（62周龄）174个，种蛋平均受精率94%，平均孵化率80%～81%。

爱拔益加肉鸡商品代生产性能：混合雏42日龄体重1 591克，料肉比为1.76∶1；49日龄体重1 987克，料肉比为1.92∶1；56日龄体重2 406克，料肉比为2.07∶1；49日龄成活率为98%。

3）罗曼肉鸡 罗曼肉鸡是由德国罗曼动物育种公司育成的四

系配套杂交鸡。该肉鸡体型较大,商品代肉用仔鸡羽毛白色,幼龄时期生长速度快,饲料转化率高,适应性强,产肉性能好。

罗曼肉鸡父母代生产性能:母鸡 22 周龄体重 1 970~2 130 克,62 周龄体重 3 170~3 300 克;鸡群开产周龄(产蛋率达 5%)为 26 周,30 周龄达产蛋高峰;每只入舍母鸡 63 周龄耗料 54.5 千克,产蛋 155 个,种蛋平均孵化率 85%。

罗曼肉鸡商品代生产性能:混合雏 6 周龄体重 1 650 克,料肉比为 1.90:1;7 周龄体重 2 000 克,料肉比 2.05:1;8 周龄体重 2 350 克,料肉比 2.2:1。

4)宝星肉鸡 宝星肉鸡是由加拿大谢弗种鸡有限公司育成的四系配套杂交鸡。该肉鸡商品代羽毛白色,生长速度快,饲料转化率高,适应性强。

宝星肉鸡父母代生产性能:母鸡 24 周龄体重 2 470~2 650 克,64 周龄体重 3 080~3 290 克;鸡群开产周龄(产蛋率达 5%)为 25 周,30~33 周龄达产蛋高峰;每只鸡 64 周龄耗料 41 千克(包括公鸡),生长期死亡率(1~24 周龄)3%~5%,产蛋期死亡率(24~64 周龄)6.5%~9.5%;每只入舍母鸡产蛋(64 周龄)158~166 个,种蛋平均孵化率 84.0%~86.5%。

宝星肉鸡商品代生产性能:混合雏 6 周龄体重 1 485 克,料肉比为 1.81:1;7 周龄体重 1 835 克,料肉比 1.92:1;8 周龄体重 2 170 克,料肉比 2.04:1。

5)伊莎明星肉鸡 伊莎明星肉鸡是由法国伊莎育种公司育成的五系配套杂交鸡。该肉鸡商品代羽毛白色,早期生长速度快,饲料转化率高,适应性较强,出栏成活率高。

伊莎明星肉鸡父母代生产性能:母鸡 22 周龄体重 1 860 克,鸡群开产周龄(产蛋率达 50%)为 27 周,29 周龄达产蛋高峰,每只入舍母鸡 24 周龄耗料 10 千克,66 周龄耗料 40 千克;每只入舍母鸡产蛋(64 周龄)167 个,种蛋平均孵化率 84.6%。

伊莎明星肉鸡商品代生产性能:混合雏 6 周龄体重 1 560 克,料肉比为 1.8:1;7 周龄体重 1 950 克,料肉比 1.95:1;8 周龄体重2 340克，料肉比2.1∶1。

6）红宝肉鸡　红宝肉鸡又称红波罗肉鸡，是由加拿大谢弗种鸡有限公司育成的四系配套杂交鸡。该肉鸡商品代为有色红羽，具有三黄特征，即黄喙、黄腿、黄皮肤，冠和肉髯鲜红，胸部肌肉发达。屠体皮肤光滑，肉味较好。

红宝肉鸡父母代生产性能：母鸡24周龄体重2 220～2 380克，64周龄体重3 000～3 200克；每只入舍母鸡产蛋（64周龄）185个，种蛋平均孵化率83％～85％。

红宝肉鸡商品代生产性能：混合雏40日龄体重1 290克，料肉比为1.86∶1；50日龄体重1 730克，料肉比1.94∶1；62周龄体重2 200克，料肉比2.25∶1。

7）海佩克肉鸡　海佩克肉鸡是由荷兰海佩克家禽育种公司育成的四系配套杂交鸡。该肉鸡有三种类型，即白羽型、有色羽型和矮小白羽型。有色羽型肉用仔鸡的羽毛掺杂一些白羽毛，白羽型和矮小白羽型肉用仔鸡的羽毛为纯白色。

三种类型的肉用仔鸡生长发育速度均较快，抗病力较强，饲料报酬高。矮小白羽型肉用仔鸡与白羽肉用仔鸡相似，比有色羽型肉用仔鸡高，而且饲养种鸡时可节省饲料，因而具有较高的经济价值。

有色羽型海佩克肉鸡父母代生产性能：母鸡64周龄体重3 500～4 500克，64周龄累计耗料量51.5～53.5千克；鸡群开产周龄（产蛋率达5％）为25周；每只入舍母鸡产蛋（64周龄）163个，种蛋平均孵化率82％～84％。

海佩克肉鸡商品代生产性能：①矮小白羽型、白羽型：6周龄体重1.650千克，料肉比为1.89∶1；7周龄体重2.040千克，料肉比为2.02∶1；8周龄体重2.445千克，料肉比为2.15∶1；9周龄体重2.850千克，料肉比为2.28∶1。②有色羽型：6周龄体重1.48千克，料肉比为1.90∶1；8周龄体重2.19千克，料肉比为2.15∶1。

8）海波罗肉鸡　海波罗肉鸡是由荷兰尤利德公司育成的四系

配套杂交鸡。该肉鸡商品代羽毛白色，黄喙、黄腿、黄皮肤，生产性能高，死亡率低。

海波罗肉鸡父母代生产性能：母鸡20周龄体重1 940克，64周龄体重3 520克；每只入舍母鸡产蛋（64周龄）172个。

海波罗肉鸡商品代生产性能：混合雏6周龄体重1 620克，料肉比为1.89∶1；7周龄体重1 980克，料肉比为2.02∶1；8周龄体重2 350克，料肉比为2.15∶1。

（2）优质型品种

1）石歧杂鸡 石歧杂鸡是香港渔农处根据香港的环境和市场需求而育成的一种商品鸡。该鸡羽毛黄色，体型与惠阳鸡相似，肉质好。

生产性能：每只入舍母鸡72周龄产蛋175个，蛋重45～55克，成年鸡体重2.2～2.4千克，仔鸡105日龄体重1.65千克，商品鸡成活率为98%，料肉比为3.0∶1。

2）新浦东鸡 新浦东鸡是由上海畜牧兽医研究所育成的我国第一个肉用鸡品种。是利用原浦东鸡作母本，红科尼什、白洛克作父本杂交选育而成。羽毛颜色为棕黄或深黄，皮肤微黄，胫黄色。单冠，冠、脸、耳、髯均为红色。胸宽而深，身躯硕大，腿粗而高。

生产性能：70日龄平均体重为1 500～1 750克，鸡群开产周龄（产蛋率达5%）为26周，31周龄达产蛋高峰；每只入舍母鸡24周龄耗料10千克，66周龄耗料40千克；每只入舍母鸡产蛋（50周龄）140～152个，受精蛋孵化率80%，70日龄料肉比为(2.6～3.0)∶1。

3）海新肉鸡 海新肉鸡是上海畜牧兽医研究所用新浦东鸡及我国其他黄羽肉鸡品种资源培育成的三系配套的快速型和优质型黄羽肉鸡。优质型海新201、海新202生长速度较快，饲料转化率高，肉质好，味鲜美。

海新肉鸡（优质型）父母代生产性能：8周龄平均体重890克，22周龄平均体重1 930克，64周龄平均体重1 930克，0～8周龄累计耗料2.6千克，9～22周龄累计耗料10.07千克，初产日龄为164天，31～34周龄达产蛋高峰；入舍母鸡500日龄产蛋140.2个，平均蛋重57.1克，入孵化种蛋孵化率73.6%。

海新肉鸡（优质型）商品代生产性能：①海新201：饲养90日龄公母鸡平均体重1 500克以上，料肉比为3.3：1。②海新202：饲养90日龄公母鸡平均体重1 500克以上，料肉比为3.5：1。

4) 苏禽85肉鸡　苏禽85肉鸡是由江苏省家禽科学研究所育成的三系配套杂交鸡。该肉鸡商品代羽毛黄色，胸肌发达，体质适度，肉质细嫩，滋味鲜美。

生产性能：混合雏42日龄体重933.4克，料肉比为2.21：1；56日龄体重1 469.0克，料肉比2.4：1；62周龄体重1 530.0克，料肉比2.5：1。

5) 新兴黄鸡　是由广东温氏食品集团南方家禽育种有限公司育成的黄羽肉鸡配套系。三黄特征明显，体型团圆，在尾羽、鞍羽、颈羽、主翼羽处有轻度黑羽。公鸡饲养60日龄，体重1 500克，料肉比为2.1：1，母鸡饲养72日龄，体重1 500克，料肉比为3.0：1。

（3）地方品种

1) 惠阳鸡　惠阳鸡原产于广东省东江中下游一带，又叫三黄胡须鸡或惠阳胡须鸡。具有早熟易肥、肉嫩、皮脆骨酥、味美质优等优点。鸡体呈方形，外貌特征是毛黄、嘴黄、腿黄，多数颌下具有发达松散的羽毛。冠直立、色鲜红，羽毛有深黄和浅黄两种。成年公鸡体重2 000～2 500克，母鸡1 500～2 000克。160～180日龄开产，年平均产蛋108个，蛋重40～46克，蛋壳褐色。仔鸡育肥性能好，100～120日龄可上市。

2) 桃源鸡　桃源鸡原产于湖南省桃源县一带，以肉味鲜美而驰名国内外。该鸡体型高大，体躯稍长，呈长方形。单冠，皮肤白色，喙、脚为青灰色。公鸡头颈高昂，勇猛好斗，体羽金黄色或红色，主翼羽和尾羽呈黑色，颈羽金黄色与黑色相间；母鸡体稍高，呈方形，性情温顺，分黄羽型和麻羽型，腹羽均为黄色，主翼羽和主尾羽为黑色。成年公鸡体重4 000～4 500克，母鸡3 000～3 500克，190～225 日龄开产，年产蛋 100～120 个，蛋重 55 克，蛋壳淡棕黄色或淡棕色。

3）北京油鸡　原产于北京市的德胜门和安定门一带，相传是古代给皇帝的贡品。该鸡冠毛（在头的顶部）、髯毛和跖毛甚为发达，因而俗称"三毛鸡"。北京油鸡的体躯较小，羽毛丰满而头小，体羽分为金黄色与褐色两种。皮肤、跖和喙均为黄色。成年公鸡体重2 500克，母鸡1 800克，初产日龄 270 天，年产蛋 120～125 个，蛋重 57～60 克。皮下脂肪及体内脂肪丰厚，肉质细嫩，鸡肉味香浓。

4）清远麻鸡　清远麻鸡原产于广东省清远县一代。该鸡体型较小，母鸡全身羽毛为深黄麻色，腿短而细，头小单冠，喙黄色。公鸡羽毛深红色，尾羽及主翼羽呈黑色。成年公鸡体重1 250克，母鸡1 000克左右。皮脆骨细，肉质细嫩，肉味香浓。

13 怎样选择优秀种公鸡？

有些人往往认为公鸡不能产蛋，对它的选择无关紧要，这种想法是不对的。其实，要想提高种蛋的受精率、孵化率，获得优质雏鸡，种公鸡的选择是关键。尤其种公鸡对鸡群的影响面较大，一只公鸡可配 10 只以上的母鸡，从某种意义上说，选择种公鸡比选择种母鸡还要重要。

（1）外貌选择　成年公鸡的选择一般从外貌来决定，选留的种公鸡具有明显的品种特征。如来航鸡有白羽、白耳、黄喙、黄腿、黄皮肤等特征；活泼好动，气宇轩昂，眼大有神，骨骼结实，羽毛丰满，富有光泽，冠大红润，手摸温暖，精力充沛，性欲旺盛。

（2）系谱和同胞选择　所谓系谱选择是指根据其亲代的表现值进行选择，而同胞选择是根据其同胞或半同胞的表型值进行选择。有些限性性状，如产蛋量等，公鸡本身没有表现，只能根据其亲代和姐妹的成绩来评定。

（3）选留比例 雏鸡孵出后约一半是公鸡，选择的基础比较大，为选择种公鸡创造了条件。第一次选种宜在6～7周龄时进行，通过称重，凡是低于标准或过重的个体均要淘汰。如白壳蛋鸡7周龄的体重一般是350克，那么低于这个水平或高于这个水平都不理想，差距过大的不能留作种用。这次选留小公鸡的数量应为母鸡的15%～20%。选留的小公鸡，要求外表无缺陷，龙骨正直，胸肌附着紧凑，胫部无畸形，脚趾不弯曲，精神活泼，眼大有神。另外，选择时要特别注意鸡冠的发育情况，把发育最好的留下来。鸡冠是第二性征，鸡冠发育好说明早熟、性欲旺盛。

第二次选种在20周龄时进行，经过培育，最后把体重过轻、性欲不强及体型外貌不符合品种要求的个体淘汰，按鸡群要求的公母比例选留公鸡数量。

在选种过程中，只有规模大，选择严，才能选出好公鸡。

14 怎样选择高产母鸡？

无论是留种还是商品生产，对母鸡的选择都是十分重要的，不仅低产鸡群需要选择，高产鸡群也同样需要选择，只有经常地进行选择和淘汰，即选优去劣，才能使鸡群维持较高的生产水平。

（1）选种时间

1）初选：一般在6～8周龄进行，根据其生长发育和外貌特征进行选择，要选留羽毛生长迅速，活泼好动、体重适宜的个体作种用。

2）第二次选种：一般在20～22周龄进行，主要根据其体型外貌、身体状况进行选择。选留特征明显、体型结构良好、身体健康的育成鸡作种用，不合格者一律淘汰。

3）第三次选种：蛋用种鸡一般在早春和晚秋进行。春天的鸡群经过选择淘汰后，有利于组织春季繁殖和分群配种工作；在秋季，对完成一个产蛋年或500日龄产蛋的成年鸡进行鉴定，通过选优去劣，选出的高产鸡群继续留作种用，把不理想的个体全部淘汰，以降低饲养成本。

（2）选种方法　主要根据体型外貌、生理特征和生产性能三个方面进行选择。

1）体型外貌：高产蛋用种鸡要求体型较小，身躯稍长，喙短粗、微弯曲、结实有力，头宽深而短，眼大有神，背平宽而长，胸肌发达，龙骨直，微向后下方倾斜，腹大柔软，皮肤滑润，富有弹性。

高产母鸡在产蛋换羽之前，羽毛平整而有光泽，黄色皮肤的鸡腿及喙部颜色鲜明，但到秋后，因产蛋多，营养、色素消耗大，而使羽毛稀拉不齐，常表现为光背秃头，或全身长满芽羽，喙、腿部色素消退，颜色苍白。反之，低产鸡头窄长，皮肤粗糙，腹小而硬，眼凹混浊，喙直细长，体质衰弱。

2）生理特征：

冠和肉髯：高产鸡的冠和肉髯大而丰满，色泽鲜红，光滑柔软，富有弹性，触感温暖。低产鸡冠质粗糙，苍白无光，触感冷凉，色泽不鲜。

泄殖腔：正在产蛋的鸡，泄殖腔大，湿润，松弛，呈半开状，颜色发白。不产蛋的鸡，泄殖腔小而紧缩，有皱褶，干燥。

耻骨间距：高产鸡耻骨柔软，有弹性，距离宽，能容纳3～4指。低产鸡耻骨较硬，距离小，仅能容纳1～2指。

腹部：高产鸡腹大柔软，耻骨与胸骨末端距离可容纳一掌。低产鸡腹小而硬，耻骨与胸骨末端仅容纳2～3指，在良好饲养管理条件下易沉积很厚的脂肪。

换羽：羽毛主要由蛋白质构成，当母鸡产蛋到一定时期，体内贮存的营养物质被耗尽时，羽毛便开始脱落。高产鸡多在秋末冬初换羽，速度快，更换时间短，一般1～2个月换完，有些鸡边产蛋边换羽。低产鸡换羽季节较早，多在夏末秋初，速度慢，更换时间长，常需3～4个月才能完成换羽，造成长期停产。

色素消失情况：皮肤、喙、腿呈黄色的鸡种，如海兰白鸡、迪卡白鸡、京白鸡等，因产蛋需要，饲料中色素供应不足，高产鸡往往动用体内的叶黄素，身体各部位将出现规律性的色素消退。褪色顺序为肛门→眼圈→耳叶→喙→脚底→跖前部→跖后部→趾尖端→踝关节。高产鸡由于产蛋多，叶黄素消耗多，黄色很快变淡；低产鸡由于产蛋少，色素消耗不多，褪色规律不明显，常保持黄色。

行动与性情：高产鸡活泼好动，勤于采食，常发出咯咯的叫声。低产鸡行动迟缓，安静，食欲不佳。

3）生产性能：提高鸡的生产性能是育种工作的首选目标，因而选种时主要以鸡的生产性能高低作为标准。鸡的生产性能指标主要包括产蛋力、繁殖力、生活力等，其衡量标准将在后面有关部分予以介绍。

15 蛋鸡饲养多长时间好？

这是一个关于蛋鸡的经济有效利用期的问题。它受蛋鸡的生产性能、饲料与产品价格的制约，即产蛋性能高或料价低而蛋价高时，蛋鸡可多养一段时间，相反，则缩短饲养期。

实践证明，新母鸡（性成熟后第一年）性机能强，卵巢、输卵管等生殖器官活动旺盛，产蛋最多，以后逐年下降。其规律是，若拟第一年产蛋量为100％，则以后逐年递减15％～25％。因此，对商品蛋鸡，多采用全进全出制，只养一年，即利用到500（或505）日龄，用周龄表示，为72周龄。但也有饲养到76～78周龄的。这是采用加强饲养管理的办法，延长了第一年的产蛋期，以便有利可图。

一般来说，育成一只青年母鸡约需10千克饲料，开产后养到72周龄，约需40千克饲料，全程每只鸡约需50千克饲料。鸡的育成期一般为4.5～5个月。按1万只产蛋鸡的规模计算，产蛋期12个月，2年需饲养2万只青年鸡。如果产蛋期延长到14个月，则7年需饲养6万只青年鸡就够了，也就是说7年中可少饲养1万只青年鸡，这样就减少了育雏成本。

目前，一般蛋鸡只利用到72周龄，有的只到68周龄产蛋率就低于50％，当饲料价格较高时（如蛋料比低于1∶4），便无利可图了，继续饲养只能亏本。但也有的优秀鸡种，即使饲养到 78 周龄，产蛋率仍达 60% 以上，在蛋价较高时仍有较好的经济效益。

16 鸡的配种方式有几种，怎样应用？

在养鸡生产中，鸡的配种方式大致可分为自然配种和人工授精两类。前者公母鸡直接接触，自然交配；而后者采用人工采精、人工输精等手段，公母鸡不直接接触。本部分仅介绍自然配种在生产中的应用，关于鸡人工授精技术的应用将在后面有关部分予以介绍。

由于鸡场的性质不同、育种目标不同、饲养方式不同，自然配种可分为自由交配、大群配种、小群配种、交换配种、个体控制配种等。目前，在自然配种中使用最普遍的为大群配种，特别是在饲养地方品种的家庭鸡场广泛使用。而在过去育种工作中，小群配种、交换配种、个体控制配种等方式常被采用。

（1）自由交配　这是一种原始的、随意性较强的配种方式，其特点是让公鸡与母鸡常年混养在一起，随意交配，无须花费人工，省时省力，公母鸡可全年配种。缺点是容易造成公母鸡过早交配，影响身体正常发育和后代健康；雏鸡的父母无法确定，选种选配工作难以开展；公鸡过多地追逐母鸡交配，浪费了公鸡精力；公鸡间为争配而发生的啄斗现象比较严重，大大影响了体力和降低了种蛋受精率。这种方式尚见于农户小规模养鸡，饲养的品种多以地方鸡、土种鸡为主。

（2）大群配种　是指在较大规模的母鸡群体中，根据母鸡的饲养数量，按适当的公母比例搭配一定数量的公鸡合群饲养，任其自由交配，使每一只公鸡和母鸡都有进行交配的机会。应用这种方式，鸡群的大小视鸡舍面积和繁殖规模而定，一般介于100～1 000只之间，规模过大对管理有影响。大群配种方式的优点是种群规模较大，一次可获得大量的种蛋；使用的公鸡与母鸡年龄相一致，且公母比例适宜，种蛋的受精率较高；管理也较为方便。其缺点是由于混交，雏鸡的父母难以确定，不能做系谱工作。

（3）小群配种　即小间配种，方法是在一个配种小间内的一小群母鸡中放入一只特定的公鸡进行配种。一个配种小间一般可容纳10～15只母鸡，公鸡、母鸡均编脚号或翅号（翼号），小间内配有自闭产蛋箱，还需及时做好种蛋的记载工作。通过自闭产蛋箱收集的种蛋可记上公鸡、母鸡的号码，以便知道种蛋孵出的雏鸡的父母，从而进行所需的后裔测定和品系繁殖，或专门繁殖某些优良品种。小群配种的优点是其父母易确认，给育种带来方便。其缺点是常因某些配种癖性和异常行为而使种蛋受精率低于大群配种，且管理比较麻烦。

（4）交换配种　即同雌异雄轮配，方法是在同一母鸡群（一般为10～15只）中用不同的种公鸡分期交换配种。例如，两只公鸡轮配时，首先将第一只公鸡放入养有10～15只母鸡的配种小间内，配种3周后将这只公鸡移出；第4周不放入公鸡，轮空一周。但第4周收取的种蛋仍然算作是第一只公鸡的种蛋。这样，用前4周收取的种蛋进行孵化，可获得第一只公鸡的后代。从第5周开始，放入第二只公鸡，直至到第8周末。第9周内，母鸡群中再一次没有公鸡。这样，第5周内收集的种蛋，大部分属于第二只公鸡的，但也能有一小部分属于第一只公鸡的，因而第5周收取的蛋不用于孵化。从第6周初到第9周末收集的种蛋用于孵化，可获得第二只公鸡的后代。如此循环往复，在一个配种季内，使用一个配种小间就可获得多批同母异父的雏鸡。交换配种能充分利用配种小间，便于对配种公鸡进行后裔测定，可鉴定出两只公鸡中哪一只更为优秀。此外，也可用3只乃至多只公鸡轮配，以排列它们的优劣。

（5）个体控制配种　是指将一只优秀的种公鸡单独关养在配种笼或配种小间内，先将一只母鸡放入，待公鸡与其交配一次后取出，然后放入另一只母鸡，如此轮流放入母鸡与这只公鸡交配。使用这种方式时，为了保证种蛋有良好的受精率，每周每只母鸡至少放入交配一次，每天也要控制公鸡与母鸡交配的次数，一般一只公鸡每天可与5～10只母鸡交配。个体控制配种方式的优点是能充分利用特别优秀的公鸡，配种母鸡数量确实，避免假配和漏配，其缺点是靠人工控制，费时费力。

大群配种、小群配种、交换配种、个体控制配种等均属于人工控制配种方式，这些方式与自由交配相比，能有效提高种鸡的利用率，有目的地进行选种选配，不断提高后代的质量。

17 鸡的生殖系统有哪些特点？

（1）公鸡的生殖系统 公鸡的生殖系统由睾丸、附睾、输精管和退化的阴茎组成（图1-7）。①睾丸和附睾：公鸡的睾丸为一对，呈豆形，位于腹腔内最后两肋骨的上端，以很短的系膜悬挂于肾脏两端的腹侧。幼鸡的睾丸有米粒大，淡黄色。鸡的附睾小，不发达，呈长纺锤形，位于睾丸背内侧缘。②输精管：位于脊柱两侧，是两条与输尿管并行的弯曲细管，末端开口于泄殖腔而形成射精管。③交接器：公鸡的交配器官不发达，其阴茎退化为一个能勃起的交接器。交接器由泄殖腔上壁的圆褶和白体组成，雏鸡呈突出乳头状，刚出壳时明显，凭此可鉴别雌雄。成年公鸡交配时，通过勃起的交接器与母鸡外翻的阴道接通，精液通过乳嘴流入母鸡的阴道。

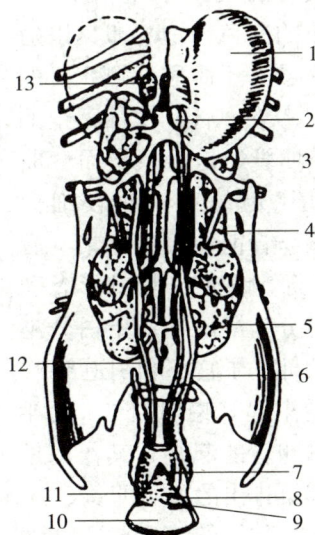

图1-7 公鸡的生殖系统（腹面）

1. 睾丸 2. 附睾 3. 肾前叶 4. 肾中叶
5. 肾后叶 6. 输尿管 7. 粪道 8. 泄殖腔
9. 射精管 10. 肛门 11. 输尿管口
12. 输尿管 13. 肾上管

鸡的射精量较少，一次为0.6~1.0毫升，但精子密度大，每毫升精液中含310万~340万个精子。

（2）母鸡的生殖系统 母鸡的生殖系统由左侧卵巢和输卵管组成（图1-8）。右侧卵巢和输卵管在孵化期内停止发育，出壳后仅留有痕迹，没有繁殖机能。

①卵巢：幼鸡的卵巢很小，为扁平椭圆形，表面呈颗粒状。随着年龄增长，卵泡不断发育并储积大量卵黄，突出于卵巢表面，致使卵巢外形呈葡萄状。产蛋鸡的卵巢通常含有5～6个正在发育的大卵黄（卵泡）和大量小的白色卵泡。卵巢以短的系膜悬吊于腹腔背侧、肾的前端。②输卵管：发育完全的左侧输卵管，是一条长而弯曲的管道，但幼鸡的比较细而直。输卵管前端接近卵巢，后端开口于泄殖腔。按其形态和功能可分为漏斗部、蛋白分泌部、峡部、子宫部和阴道部。

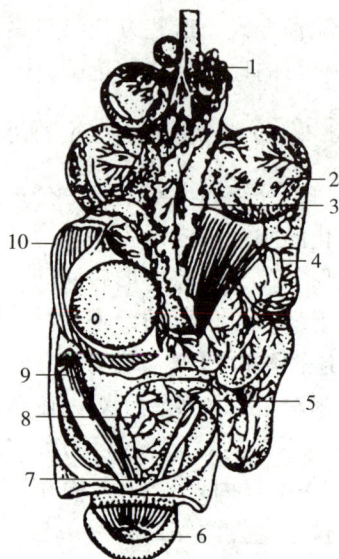

图1-8　母鸡的生殖系统（腹面）
1. 卵巢　2. 成熟卵泡　3. 漏斗部
4. 蛋白分泌部　5. 峡部　6. 泄殖腔
7. 阴道部　8. 子宫部　9. 直肠　10. 黏膜褶

漏斗部（喇叭部）：漏斗部是输卵管的起端，其作用是接纳卵巢排出的卵子卵黄，并在此与精子结合而受精。若该部位机能失调（如输卵管炎），卵巢排出的卵子就不能掉进漏斗部而落入腹腔，致使母鸡并发腹腔疾病（如腹膜炎）。

蛋白分泌部（膨大部）：此段前接漏斗部后连峡部，长而弯曲，内含丰富的腺体，其分泌物形成蛋白。

峡部：此段前接膨大部后连子宫部，管道比较狭窄。鸡卵在峡部形成内壳膜和外壳膜，同时补充蛋白的水分。

子宫部：此段前接峡部后连阴道部，比较宽敞，鸡卵在此处停留时间最长。子宫部黏膜含有蛋壳腺，分泌物沉积形成蛋壳。

阴道部：此段是输卵管的末端，弯曲成S形，最后开口于泄殖腔。鸡卵经过此处时包上一层保护性胶膜。此处也是公母鸡交配时接纳精液和贮存精液的地方。

18 什么是鸡的人工授精？有哪些优点？

鸡的人工授精，是利用人工方法将公鸡的精液采取出来，又以人工方法将精液注入母鸡生殖道内，使母鸡的卵子受精的方法。它是近代运用于鸡的繁育上的一项先进技术。随着种鸡笼养技术的普及，鸡的人工授精技术日益受到重视和应用。

鸡的人工授精具有下列优点：①可扩大配偶比例，以充分发挥优秀种公鸡的利用率，有利于淘汰劣质公鸡和减少非生产性公鸡的饲养量。如自然交配蛋用型公母鸡比例一般为1∶（10～15），而人工授精可扩大到1∶（30～50）。优秀种公鸡每次采精0.4～1毫升，1∶4稀释，可供150只母鸡受精，如一只公鸡隔日采精一次，则一周可给400～500只母鸡输精。②可提前收取种蛋，有利于提高种蛋受精率。如自然交配放入公鸡后需10～15天才能收留种蛋，网上平养时放入公鸡需30天后才能收留种蛋，而采用人工授精技术，输精后相隔1天就可收留种蛋。由于采用人工授精技术时，可对公鸡的精液品质进行检验，利用优质精液输精，同时也降低了母鸡的漏配率，因而使种蛋受精率大大提高。如自然交配的受精率一般在85％～90％，而采用人工授精技术，平均受精率在95％以上，高者达98％以上。③可以克服公母鸡由于体型相差悬殊，或品种差异，或母鸡笼养等造成的自然交配困难，保证了母鸡的配种。④当个别优秀种公鸡的腿部或其他部位有疾患时，采取人工授精，仍可继续使用。⑤自然交配时，若公鸡交配器官患病，其精液受到污染，交配过程中可传染给母鸡。采用人工授精，能及时发现公鸡病变，停止使用，从而减少了母鸡生殖道疾病。⑥人工授精可打破地域界限，采用良好的技术条件，运送精液较之运送种公鸡要方便可靠得多，还可节省费用。⑦由于人工授精人人减少了种公鸡的饲养量，从而降低了非生产性饲料消耗，提高了建筑利用率，有利于种鸡群饲养管理，降低了成本，提高了经济效益。

19 **怎样对种公鸡进行采精调教训练？**

用作人工授精的公鸡要采用笼养，最好单笼饲养，以免啄架和相互爬跨影响采精量。平时，群养的公鸡应在采精前一周转入笼内，熟悉环境，便于采精。开始采精前要进行调教训练。先把公鸡泄殖腔外周约1厘米宽的羽毛剪掉，并用生理盐水棉球擦拭干净，或用酒精棉球擦拭（待酒精挥发后方可采精），以防采精时污染精液；同时剪短两侧鞍羽，以免采精时挡住视线。

调教训练方法：操作人员坐在凳子上，双腿夹住公鸡的双腿，使鸡头向左、鸡尾向右。左手放在鸡的背腰部，拇指在一侧，其余4指在另一侧，从背腰向尾部轻轻按摩，连续几次。同时，右手辅助从腹部向泄殖腔方向按摩，轻轻抖动。注意观察公鸡是否有性感，即表现翘尾，出现反射动作，露出充血的生殖突起。每天调教1～2次，一般健康的公鸡经3～4天训练即可采出精液来。若是发育良好的公鸡，有时在训练当天就可采到精液。

种公鸡一般经过数次调教训练后，即可建立性条件反射。采精人员要固定，以使公鸡熟悉和习惯采精手势，培养和建立性反射。

初学者，可以选几只性欲旺盛和性反射好的种公鸡作练习用，主要是熟练掌握采精的方法，搞清楚由性反射到排精的过程及技术关键，然后再着手调教训练大群公鸡。这样，既能掌握采精的要领、排精的规律，又能采集到品质优良的精液。

20 **怎样采集种公鸡精液？**

用于采精的种公鸡，在采精前3～4小时断食，防止过饱和排粪便，影响精液品质。

采精一般需2人操作，1人保定，1人采精。

保定方法：保定人员用双手各握住种公鸡一只腿，自然分开，以拇指扣其翅，使种公鸡头向后，类似自然交配姿势。

采精方法：采精人员左掌心向下，拇指一方，其他4指一方，从背部靠翼基处向背腰部至尾根处，由轻至重来回按摩，刺激种公鸡将尾翘起，右手中指与无名指夹住集精杯，杯口朝外。待种公鸡有性反射时，左手掌将尾羽向背部拨，右手掌紧贴种公鸡腹部柔软处，拇指与食指分开，置于耻骨下缘，反复抖动按摩。当种公鸡泄殖腔翻开，露出退化的交接器时，左手立即离开背部，用拇指和食指捏住泄殖腔外缘，轻轻挤压，公鸡即射精。这时，右手迅速将集杯口朝上贴向泄殖腔开口，接收外流的精液(图1-9)。

人员不多时，也可一人采精。采精员坐在凳上，将种公鸡两腿夹于两腿间，种公鸡头朝左下侧。其他方法同上所述。

图 1-9　对种公鸡采精手法

注意事项：采精时按摩动作要轻而快，时间过长会引起种公鸡排粪；左手挤压泄殖腔时用力不用过大，以免损伤黏膜而引起出血，使透明液增多，污染精液。采到的精液要注意保温，最好立即放到装有30℃左右温水的保温杯里，切不可让水进入集精杯中。在采精过程中，防止灰尘、杂物进入精液。种公鸡两天采精一次为宜，配种任务大时可每天采精1次，采精3天后休息1天；采精出血的种公鸡应休息3~4天。

21 **在种公鸡采精过程中常遇到哪些问题？怎样处理？**

(1) 精液量极少或没有　其原因是多方面的，如饲养管理不善，饲料搭配不均，饲料更换或种公鸡患病等。在此情况下，应改善饲养管理，减少应激因素，保证饲料质量，稳定饲料种类，并搭配均匀。种公鸡发生疾病时，要及时治疗。更换采精人员或改变采精手势、操作不熟练等也能引起精液量极少。有时当构成排精条件时，用力不当，捏得过紧或过松都影响采精量。

（2）粪尿污染　在采精过程中，由于按摩和挤压，容易出现排粪尿现象，因此，按摩时，集精杯口不可垂直对着泄殖腔，应向泄殖腔左或右偏离一点，防止粪便直接排到集精杯内。一旦出现排粪尿时，要将集精杯快速离开泄殖腔。如果精液被粪尿污染严重，应连同精液一起弃掉；如果精液污染较轻，可用吸管将粪尿吸出弃掉。否则，给母鸡输入污染严重的精液，不仅影响受精率，而且会引起输卵管发炎。采精人员应动作敏捷，尽可能避免粪便污染精液。

（3）精液中带血　精液中带血往往是由于挤压用力过大，手势不对，使乳状突黏膜血管破裂，血液与精液一起混合流出。遇此情况，应用吸管将血液吸出弃掉，血液污染轻的精液，在输精时可加大输精量。

（4）性反射快　有的种公鸡在采精人员用手触其尾部或背部，甚至保定人员刚将其从笼内抓出时，精液立即射出。这类种公鸡要先标上记号，因公鸡排精时总是有一些排精先兆，应提前做好采精的准备工作，首先采此类种公鸡。

（5）性反射差　性反射差，排精慢，是由于泄殖腔或腹部肌肉松弛，无弹性。此类种公鸡按一般的按摩采精方法无反应或反应极差。遇此情况，按摩动作要轻，用力要小，并适当调整抱鸡姿势。当出现轻微性反应时，一旦泄殖腔外翻，立即挤压，便采出精液。

22 怎样鉴定种公鸡的精液品质？

精液品质检查的目的是了解精液是否符合输精要求。定期或不定期地开展精液品质检查是长期保持良好受精率的有效措施之一。精液品质检查的方法有外观检查、显微镜检查等，检查时力求操作迅速，取样具有代表性，评定结果尽量客观准确。

（1）外观品质检查　采到精液后，用肉眼观察每只公鸡的射精量、精液颜色、精液稠度、精液污染等情况，即为精液的外观品质检查。①颜色：正常、新鲜的精液为乳白色；精液混入血液为粉红色；被粪便污染为黄褐色；尿液混入呈粉白色棉絮状，凡受污染的精液，品质均急剧下降，受精率不高。②射精量：公鸡的射精量因品种、年龄、饲养条件、采精季节和熟练程度而异，且个体间差异较大。一般公鸡的射精量为 0.2～0.6 毫升，有的则多达 1.0～1.5 毫升。射精量应该以一定时间多次采精的平均量为准，可用带有刻度的吸管测量。

（2）精子活力检查　精子活力是评定精液品质优劣的重要指标，一般应对采精后、稀释后、冷冻精液解冻后的精液分别进行活力检查。检查时，取精液样品少许放在载玻片中央，然后再滴一滴 1％氯化钠溶液混合均匀，再压上玻片，在 37～38℃ 保温箱内、200～400 倍显微镜下观察，根据若干视野中所能观察到的前进运动精子占视野内精子总数的百分率，按十级评分法加以评定。例如：100％的精子为前进运动时，其活力为 1.0；90％的精子为前进运动时评为 0.9；以此类推。做圆周运动和就地摆动的精子均无受精能力。

（3）精子浓度检查　精子浓度指单位容积（1 毫升）所含有的精子数目。浓度检查的目的是为确定稀释倍数和输精量提供依据。

检查时，取样在显微镜下观察，一般把精液评为浓、中、稀三等（图 1-10）。浓，指整个视野完全被精子占满，精子间距离很小，呈云雾状，每毫升精子数约为 40 亿以上；中，指视野中精子之间有明显距离，每毫升 20 亿～40 亿精子；稀，指精子之间有很大空隙，每毫升精液约有精子 20 亿以下。精子浓度也可以采用细胞计数器计数法，这种方法与红细胞、白细胞的计算方法相同。

（4）pH 的测定　公鸡的精液呈中性反应（pH＝7.0）时最好，pH 小于 6.0 时呈酸性反应，会使精子运动减慢。pH 大于 8.0 时呈碱性反应，精子运动加快，但精子很快死亡。精液的 pH 使用精密试纸测定。

（5）畸形精子检查　取精液滴于载玻片上制备抹片，自然干燥后用 95％酒精固定 1～2 分钟，冲洗；再用 0.5％龙胆紫染色 3 分

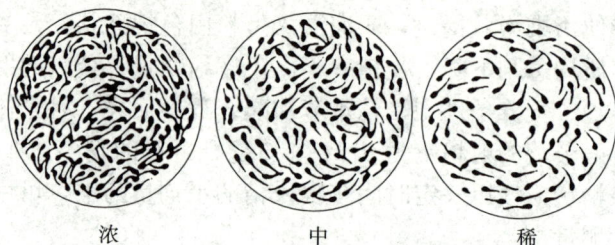

图 1-10　精子密度示意

钟，冲洗，干燥后即可在显微镜下观察。

23 怎样进行鸡精液的稀释和保存？

（1）精液的稀释　精液的稀释是指在精液里加入一定比例配制好的能保持精子受精力的稀释剂。鸡精液稀释液的配方很多，目前国内外认为较好的配方见表1-1。

表 1-1　国内外最佳稀释液配方

成　　分		中国 BJJX	美国 BPSE	苏联 ВИРГЖ-2	苏联 C-2	英国 LAKE
葡萄糖	（克）	1.4			1.0	1.0
果糖	（克）		0.5	1.8		
氯化镁	（克）		0.034			0.068
醋	（克）		0.430		1.0（特纯）	0.57
柠檬酸钾	（克）		0.064			0.128
柠檬酸钠	（克）					
谷氨酸钠	（克）	1.4	0.867	2.8		1.92
碳酸氢钠	（克）				0.15	
10%醋酸	（毫升）				0.2	
磷酸二氢钾	（克）	0.36	0.065		0.15	
磷酸氢二钾	（克）		1.270			
二碳酸钠	（克）				0.15	

（续）

成　　分		中国 BJJX	美国 BPSE	苏联 ВИРГЖ-2	苏联 C-2	英国 LAKE
二氢甲基氨基甲烷	（克）		0.195			
蒸馏水	（毫升）	100	100	100	100	100

　　此外，适于目前农村使用的简单方法还有以下几种。①葡萄糖稀释液：1 000毫升蒸馏水中加57克葡萄糖。②蛋黄稀释液：1 000毫升蒸馏水中加42.5克葡萄糖和15毫升新鲜蛋黄。③生理盐水稀释液：1 000毫升蒸馏水中加10克氯化钠。在1 000毫升稀释液中加40毫克双氢链霉素以预防细菌感染，效果较好。

　　（2）精液的低温保存　将采取的新鲜精液用刻度试管测量后，按1∶1或1∶2比例稀释，然后混匀。将稀释过的精液在15分钟内逐渐降至2～5℃，可以保存9～24小时，再给母鸡输精。

24 怎样给母鸡输精？

　　（1）输精方法　输精时由2人操作进行。助手左手伸入笼内抓住母鸡双腿，拉到笼门口，并稍提起，右手拇指与食指、中指在泄殖腔周围稍用力压向腹部；同时抓腿的左手一面拉向后，一面用中指、食指在胸骨后端处稍向上顶，泄殖腔即外翻，内有两个开口，右侧为直肠口，左侧为阴道口。这时将已吸有精液的注射器（也可用专用输精器）套在塑料管上插入阴道，慢慢注入精液（图1-11）。同时，助手右手缓缓松开，以防精液溢出。注意，不要将空气或气泡输入输卵管，否则将

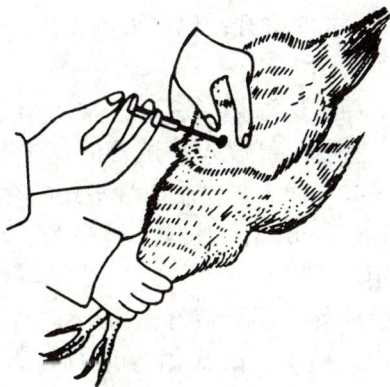

图1-11　母鸡输精手法

影响受精率。

（2）输精深度　生产中多采用浅部输精，输精深度以 2.5～3.0 厘米为宜。

（3）输精量　在一般情况下，每次输精量以 0.025～0.03 毫升和有效精子数 1 亿为最好。

（4）输精次数　一般每周输精 1～2 次。为获得较高的受精率，在不影响产蛋的情况下，最好每 4 天输精一次。输精后第三天开始收集种蛋。

（5）输精时间　在大部分母鸡产完了蛋，即在每天下午 4～5 点以后进行输精，最早不能早于下午 3 点。试验证明，下午 3 点前输精比下午 5 点以后输精，种蛋受精率低 4%。

25 鸡的人工授精应准备哪些器材和用品？

（1）集精杯　用于收集精液，有锥形和 U 形刻度两种（图 1-12），为棕色玻璃制品，杯口直径 2.5～2.8 厘米。

（2）贮精器　常用刻度试管，规格为 5～10 毫升，供贮存精液用。

（3）输精器　用于输精。多为带胶头的玻璃吸管，规格为 0.05～0.5 毫升；也可采用 1 毫升的注射器，前端连以塑料管和玻璃管（图 1-13）。

（4）保温杯（瓶）　常用小型保温杯。杯口配有相应的橡皮塞，并打上可放入小试管的 4 个孔，以便插入小试管。杯内盛入 35～40℃ 温水，作临时性短期贮存精液用。

（5）玻璃注射器　规格为 20 毫升，供吸取蒸馏水及稀释精液用。

此外，还要备好温度计、消毒盒、电炉、显微镜、剪毛剪、毛巾、脸盆、试管刷等用具，以及药棉、酒精、生理盐水、蒸馏水。

人工授精器具要消毒烘干备用。如无烘干设备，洗干净后用蒸馏水煮沸消毒，再用生理盐水冲洗 2～3 次才能使用。

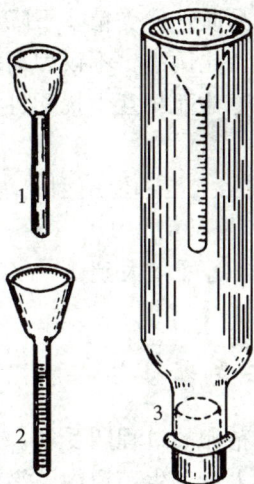

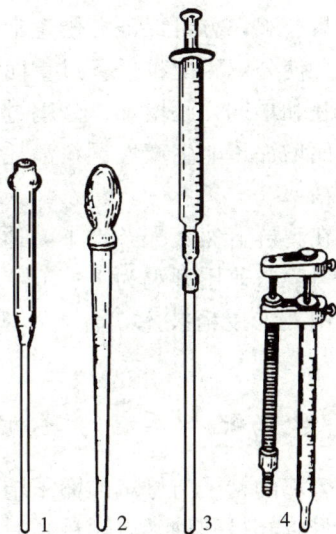

图 1-12　集精杯

1. 实心漏斗集精杯

2. 漏斗形集精杯

3. 可保温集精杯

图 1-13　输精器

1、2. 有刻度的玻璃吸管

3.1 毫升注射器前端玻璃管

4. 调节定量输精管

26 种鸡的配种年龄、配偶比例和利用年限是多少？

留作种用的鸡，生长发育到一定年龄，公鸡的睾丸发育成熟，能产生成熟的精子，冠、髯发达且红润并开始啼鸣；母鸡的卵巢发育成熟，能产生成熟的卵子并开始产蛋，即达到了性成熟。性成熟的公母鸡交配便能产生受精蛋。性成熟的年龄，一般蛋用型鸡4.5～5月龄，兼用型鸡6～7月龄，肉用型鸡8～9月龄。而配种年龄要晚于性成熟年龄，这是因为鸡虽已达性成熟，但身体的生长发育还未完成，过早配种会影响生长发育而使后代的生产力受到影响。因此，鸡的配种年龄，蛋用型鸡为6～7月龄；兼用型和肉用型鸡需到8月龄以后。

配偶比例是指1只公鸡能负担配种的能力，即多少只母鸡应配备1只公鸡，方可保证种蛋正常的受精率。公鸡太少，即配偶比例过大，使公鸡因配种任务过重而影响精液品质，使受精率下降或导致弱胚和早期死胚增加；公鸡过多，即配偶比例小，不仅因为多养公鸡而增加了非生产性饲料消耗，更会因啄斗而相互干扰配种，影响受精率。

在鸡群自然交配条件下，适宜的配偶比例是，蛋用型鸡为1：（12～15），兼用型鸡为1：（10～12），肉用型鸡为1：（8～10）。若采用人工授精技术，各类型鸡的配偶比例可增大到1：（30～50）。

27 母鸡配种后，多长时间能产受精蛋？

公鸡的精子与母鸡的卵子结合形成受精卵的过程叫受精。

母鸡经过配种（或输精）后，精子进入母鸡生殖道内，沿输卵管下行至输卵管漏斗部，当成熟的卵子排出被接纳在漏斗部，适遇精子即进行受精。否则卵子随输卵管的蠕动而下行进入蛋白分泌部（膨大部），便被蛋白包裹而失去受精能力。因而卵子只能在漏斗部受精，且维持受精的时间很短，约15分钟。

精子沿输卵管上行到达受精部位约需30分钟，除参与受精的部分精子外，其余可被较长时间贮存，仍具有受精能力。据研究，鸡群中取出公鸡后12天内仍有60%的母鸡可产受精蛋。精子在母鸡生殖道内保持受精能力的时间，有长达30～40天的，但受精率下降。据测定，母鸡在一次交配或输精后48小时即产受精蛋，但以4～5日内受精率最高。因此，母鸡群内配置公鸡的时间，需在收集种蛋的前5～7天。

二、孵化技术

28 鸡蛋的构造是怎样的？

鸡蛋由蛋壳、蛋白和蛋黄三大部分组成（图 2-1）。

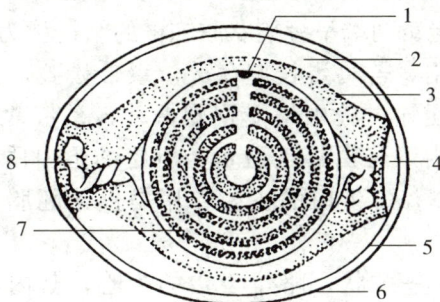

图 2-1　鸡蛋的构造
1. 胚　2. 浓蛋白　3. 稀蛋白　4. 气室
5. 内壳膜　6. 蛋壳　7. 蛋黄　8. 系带

（1）蛋壳　主要成分是碳酸钙，其厚度一般为 0.26～0.33 毫米。蛋壳从结构上看可分为三层。最外层为壳角质，薄而细致；中层为海绵状，由钙质纤维交织而成；最内层为乳头层，含有很多的钙质锥状体，锥状体之间有容纳空气的小空隙。蛋壳表面有很多微小气孔，以便于蛋内外的气体交换。同时，蛋内水分可通过气孔排出，微生物也可经气孔进入蛋内。蛋壳的作用主要是保护内容物，进行气体交换，并供给胚胎发育所需要的矿物质。

紧贴着蛋壳的是蛋壳膜。蛋壳膜分为内、外两层，外层称蛋外壳膜，厚而粗糙，微生物可以直接通过；内层称蛋内壳膜，薄而致密，微生物不能直接通过。蛋产出遇冷后，蛋内容物收缩，在蛋的锐端内外壳膜分离而形成气室。鸡蛋放置时间越长，内容物的水分散发越多，气室就越大。因此，气室的大小是蛋新鲜程度的标志之一。

蛋壳外面还有一层胶质状护壳膜（简称胶护膜），它具有防止蛋内水分蒸发和微生物侵入的作用。但是，如果鸡蛋受到粪便污染或长期存放，或经过洗涤，胶护膜很容易被破坏。

（2）蛋白　分为外稀蛋白、外浓蛋白、内稀蛋白、内浓蛋白四层。外稀蛋白层靠近蛋壳膜，约占蛋白的23%，为稍有黏性的液体；外浓蛋白层又简称为浓蛋白层，呈胶质状态，约占蛋白的57%；内稀蛋白层约占蛋白的17%；内浓蛋白层又称系带浓蛋白层，此层在蛋黄两端呈螺旋状胶冻样的结构称为系带，它起着固定蛋黄的作用。若鸡蛋长期存放，系带松弛，蛋黄可出现晃动；若种蛋在运输过程中遭受剧烈振动，系带常常受损，而使孵化率下降。内浓蛋白靠近蛋黄，所含的蛋白质相当浓厚，约占蛋白总量的3%。蛋白的主要作用是供给胚胎发育所需的蛋白质。

（3）蛋黄　呈球状，略位于蛋的中心，其内容物由一层薄而透明的蛋黄膜包裹，由于昼夜新陈代谢的节奏性而形成了深色与淡色相间、同心圆状的条纹。新鲜蛋的蛋黄膜弹性好，能维持蛋黄的一定形状，陈蛋的蛋黄膜弹性差，震动后易破裂而致散黄。

蛋黄膜包裹的蛋黄表面有一个白色圆点，受精后称为胚盘，直径2～3毫米；未受精者称为胚珠，结构松散。胚盘由片状细胞构成，胚胎即由此发育而来。

29 鸡蛋是怎样形成的？畸形蛋是怎样产生的？

（1）鸡蛋的形成　母鸡性成熟以后，体内左侧卵巢上有许多发育程度不同的卵泡，每个卵泡中都包含着一个卵子。卵泡成熟后，卵泡膜逐渐变薄，最后破裂排卵，排出的卵子在未形成蛋前称为卵黄，形成蛋后称蛋黄。一般母鸡在产蛋后 15～75 分钟进行排卵。卵子排出后即被输卵管伞所接纳。随着输卵管蠕动，卵黄在输卵管内沿长轴旋转前进，并在此与精子结合受精。受精后的卵子叫受精卵。随后受精卵进入膨大部并在此停留约 3 个小时。膨大部具有很多腺体，分泌蛋白，包裹卵黄。受精卵进入膨大部后，首先分泌浓蛋白来包裹卵黄，因机械旋转，引起这层浓蛋白扭转而形成系带；然后分泌稀蛋白，形成内稀蛋白层，再分泌浓蛋白形成浓蛋白层，最后再包上稀蛋白，形成外稀蛋白层。这些蛋白在膨大部时都呈浓厚黏稠状，其重量仅为蛋产出后的 1/2，但其蛋白质含量则为产出蛋相应蛋白含量的 2 倍。这说明卵离开膨大部后不再分泌蛋白，而主要是加水于蛋白，加上卵黄在输卵管内旋转运动所引起的物理变化，形成明显的蛋白分层。

膨大部蠕动，使卵进入输卵管峡部，在峡部分泌形成内外蛋壳膜，也可能吸入极少量的水分。

卵进入子宫部，在此存留 18～20 小时或更长一些时间。由于通过蛋内外壳膜渗入子宫分泌的子宫液（水分和盐分），使蛋白的重量几乎增加了一倍，同时使蛋壳膜膨胀成蛋形。蛋壳的形成速度，最初很缓慢，以后逐渐加快，一直保持到离开子宫为止。另外，在子宫内还能形成蛋壳上的胶护膜和有色蛋壳的色素。

卵在子宫部已成为完整的蛋，到达阴道部只待产出。因为蛋在输卵管停留的时间需要 24～26 小时，所以鸡连续产蛋时，产蛋时间依次往后延迟，当产蛋时间超过下午 2 点以后，则次日休产 1 天。

（2）畸形蛋的种类及成因　鸡蛋在形成过程中，由于饲料中营养素不全、饲养管理不当或患有寄生虫病等多种因素的影响而成为畸形蛋。鸡常常会产出各种各样的畸形蛋，现将常见的几种畸形蛋及其形成的原因介绍如下：①双黄蛋：正常蛋只有一个蛋黄，双黄蛋特别大，破壳后有两个蛋黄。这是因为在初产期或盛产季节，两个卵黄同时成熟排出，或者一个成熟排出，而上一个尚未完全成熟，但因母鸡受惊飞跃、物理压力迫使卵泡破裂而与上一个卵黄几乎同时排出，而被输卵管伞同时纳入，而后经过膨大部、峡部、子宫部，像正常蛋一样包上蛋白、蛋内外壳膜，渗入子宫液，包上蛋壳、胶护膜，最后经阴道部产出，形成较正常蛋大的双黄蛋。有时还可遇到比双黄蛋还大的三黄蛋，其形成机理与双黄蛋相同。②无黄蛋：母鸡有时产出特别小的蛋，破壳后没有蛋黄，但常见到一些异物，如浓蛋白凝块、蛋黄碎片、卵巢出血的血块、脱落的黏膜组织等。这是因为母鸡在产蛋旺季，膨大部分泌机能特别旺盛，当一种或几种异物进入膨大部后，随着输卵管蠕动，异物即被浓蛋白包围扭转，而后再包上继续分泌的蛋白、蛋壳膜、蛋壳而产出，形成特小的无黄蛋。如果卵巢发炎出血，卵泡组织部分脱落，被输卵管伞纳入后蠕动下行，按上述过程包上壳白、蛋壳膜、蛋壳而产出，也可形成无黄蛋。③软壳蛋：没有硬蛋而只有壳膜包裹的蛋称软壳蛋。鸡产软壳蛋，主要是由于饲养不良、缺乏钙质和维生素D引起的；其次是病理因素所造成的，如鸡注射新城疫疫苗后，因疫苗反应而产软壳蛋；病后恢复期产软壳蛋；磺胺类药物能抑制鸡体内碳酸酐酶的活性，故长期内服磺胺类药物可导致鸡群产软壳蛋或停产；母鸡受惊后输卵管壁肌肉收缩异常，母鸡体内脂肪过多或输卵管发生炎症，母鸡体质虚弱，均会产软壳蛋。④异物蛋：蛋内有血块、肉块、寄生虫等异物，统称为异物蛋。有时一个外形正常的鸡蛋打开后，可见到系带附近或蛋白中有血块、系膜、壳膜、凝固蛋白以及寄生虫等，这是因为卵巢出血或脱落的卵泡膜随蛋黄进入输卵管；或输卵管内反常分泌的壳膜、凝固蛋白随蛋黄下行；或肠道内寄生虫移行到泄殖腔，上爬进入输卵管后又随卵黄下行，包上蛋白所致。⑤蛋包蛋：鸡在盛产季节，有时可见到特大的蛋，破壳后内有一个正常蛋，外包裹着蛋白、蛋内外壳膜和蛋壳，故称为蛋包蛋。形成这种蛋的原因，是一个蛋已经形成即将产出时受到惊吓或生理反常现象，输卵管发生逆蠕动，又将蛋推至输卵管上部，当生理恢复正常后，蛋又向下蠕动，在蛋壳外又包上蛋白、蛋壳膜、蛋壳而产出体外，因而形成了蛋包蛋。

30 什么是种蛋？怎样进行种蛋的选择、保存、运输和消毒？

凡用作孵化的鸡蛋，称之为种蛋。种蛋在孵化前，要认真做好选择、保存、运输和消毒工作。

（1）种蛋的选择　种蛋品质的好坏，直接影响孵化成绩，而且还影响到以后雏鸡的成活率和成鸡的生产性能。因此，在孵化前对种蛋必须进行严格的选择。①种蛋来源：种蛋应来源于高产、健康无病的鸡群，受精率应在 $85\%\sim95\%$ 以上。千万不能在发生过鸡新城疫、禽流感、禽霍乱、马立克氏病、法氏囊炎、鸡白痢病的鸡群选留种蛋。②新鲜度：种蛋贮存期短、新鲜，孵化率高，雏鸡体质也好。种蛋保存的时间，视其气候和保存的条件而定。③蛋壳质量：蛋壳的组织结构要细致、厚薄适中，沙皮、沙顶、腰鼓蛋都要剔除。④蛋形：应选择卵圆形蛋。凡过长、短圆、锤把形、两头尖的蛋均要剔除。⑤洁净度：蛋面必须清洁，具有光泽，蛋面粘有粪便、污泥、饲料、蛋黄、蛋白、垫料等，均应剔除。⑥内部品质：用光照透视，应气室小，蛋黄清晰，蛋白浓度均匀，蛋内无异物。对蛋黄流动性大、蛋内有气泡、偏气室、气室移动的蛋都要剔除。

（2）种蛋的保存　种蛋应妥善保存，否则质量很快下降，必然影响孵化效果。种鸡场应有专门的房舍保存种蛋。保存种蛋的温度不要过高或过低，以 $8\sim18℃$ 为宜。为减少蛋内水分蒸发，室内相对湿度应在 $75\%\sim80\%$ 为宜。室内还应注意通风，使室内无特殊气味。种蛋的保存时间，春、秋季不超过 7 天，夏季不超过 5 天，冬季不超过 10 天。保存 1 周内不用翻蛋，超过 1 周则每天要以 $45°$ 翻蛋 $1\sim2$ 次，防止发生粘壳现象。

（3）种蛋的运输　运输种蛋，最好用专门的蛋箱包装。如用压型蛋托，每个蛋托上放 30 个种蛋，左右各 6 个蛋托，一箱共装 360 个种蛋。如无压型蛋托，箱中应有固定数量的厚纸隔，将每个蛋、每层蛋分隔开来，并装填充料（如草屑等）。若无专用蛋箱，也可用木箱、纸箱或箩筐，但应在蛋与蛋之间、层与层之间用清洁的碎纸或稻草隔开、填实。装蛋时钝端朝上竖放，因为蛋的纵轴抗压力大，不易破碎。运输的车、船应清洁卫生，通风透气，防雨防晒，在运输途中切忌震动。长距离运输最好选用飞机，既节省时间，又减少了震动。冬季运蛋时要注意保温防冻。种蛋运抵目的地后应及时打开包装检查，剔除破损蛋，并将种蛋装入蛋盘内，在入孵前重新消毒。

（4）种蛋的消毒　刚产下来的蛋，看起来表面清洁光滑，但蛋壳表面也附着许多微生物，这些微生物在蛋面污染、温度适宜、湿度较大时就会迅速繁殖。虽然蛋壳表面有一层保护膜，大量微生物仍可侵入蛋内影响种蛋孵化率和雏鸡质量。特别是鸡白痢、鸡支原体病等传染病，很容易通过种鸡传染给雏鸡。为了提高种蛋孵化率和雏鸡成活率。一般在种蛋产后和孵化前各进行一次消毒，常用的消毒方法有：①福尔马林熏蒸消毒法：采用此法首先要算出孵化器（或种蛋消毒室）的容积，按每立方米用福尔马林（即40%的甲醛原液或工业用甲醛）30毫升，高锰酸钾15克的药量准备好药物。消毒前将孵化器内的温度调至25～27℃，相对湿度保持在75%～80%，再把称好的高锰酸钾预先放在一个瓷容器内，容器的大小应为福尔马林用量的10倍以上。将容器放在孵化器的底部中央，然后按用量加入福尔马林，两种药混合后即产生甲醛气体，关闭孵化器机门及通风孔，熏蒸30分钟即可。这样，种蛋、孵化箱均得到了消毒。也可按每立方米容积30毫升的福尔马林溶液，加适量水直接放在加热器上加热熏蒸。消毒后打开机门和通风孔，充分放出气体。此法杀菌力强，但排除气体较慢，适用于大批量种蛋消毒。②高锰酸钾溶液消毒法：用高锰酸钾加水配制成0.01%～0.05%的水溶液（呈浅紫红色），置于大盆内，水温保持在40℃左右，然后将种蛋放入盆内浸泡3分钟，并洗去蛋壳上的污物，取出晾干即可。③新洁尔灭消毒法：用5%新洁尔灭原液加水配成0.05%～0.1%浓度的水溶液，对种蛋进行喷洒或将种蛋放入40～50℃的溶液中浸泡3分钟。切不可将新洁尔灭与碱、肥皂、碘和高锰酸钾混用。

种蛋消毒后放入蛋盘，蛋应直立或稍倾斜放置，钝端朝上，排列整齐，事先将蛋盘推入架上，置于25～27℃温室内预热6～8小时，最好一齐入孵，这样不仅种蛋入孵后升温较快，而且胚胎发育均匀一致。

31 种蛋为什么要预热？怎样预热？

(1) 种蛋预热的优点　①能增强胚胎的生活力。因为种蛋入孵前贮存于库房中，在温度较低、湿度较大的环境条件下，胚胎处于休眠状态，若将种蛋由低温直接进入孵化的高温环境中（37～39.5℃），对胚胎的刺激太大。如果经过预热，使种蛋的温度由低温缓缓进入高温，使胚胎慢慢复苏，对胚胎的发育极为有利。②有利于连续孵化。种蛋经预热后装入孵化机，要保证连续孵化温度的稳定性，避免孵化机温度大幅度下降影响其他批次的种蛋胚胎的正常发育。③有利于熏蒸消毒。种蛋经过预热，可避免种蛋表面凝结水珠，有利于对种蛋进行熏蒸消毒。

(2) 种蛋预热方法　①若手工孵化，一般采用的方法是，将种蛋装在竹筛或塑料筐内，放入45～50℃的温水锅中。浸泡5～6分钟，提高蛋温，然后入孵。②若机械孵化，可将种蛋上盘，放入蛋盘架上，室内维持在22～24℃，放置12～24小时进行增温。

32 鸡的胚胎是如何发育的？各发育阶段有何特征？

(1) 胚胎在卵形成过程中的发育　卵子在输卵管伞部受精后不久即开始发育，到鸡蛋产出体外为止，约经24小时的不断分裂而形成一个多细胞的胚盘。受精蛋的胚盘为白色的圆盘状，胚盘中央较薄的透明部分为明区，周围较厚的不透明部分为暗区。无精蛋也有白色的圆点，但比受精蛋的胚盘小，并没有明、暗区之分。胚胎在胚盘的明区部分开始发育并形成两个不同的细胞层，在外层的叫外胚层，内层的叫内胚层。鸡胚形成两个胚层之后蛋即产出，遇冷暂时停止发育。

(2) 胚胎在孵化过程中的发育　受精蛋入孵后，由于温度的上升，胚盘开始分裂，很快在内外胚层之间形成中胚层。3个胚层最终分别形成鸡胚所有的组织器官，即外胚层形成皮肤、羽毛、喙、爪、神经系统、眼的视网膜、耳以及口腔和泄殖腔上皮；中胚层形成肌肉、骨骼、循环系统、生殖及排泄器官、结缔组织；内胚层形成消化道、呼吸器官的上皮和内分泌腺体。21天长成完整的雏体（图2-2）。

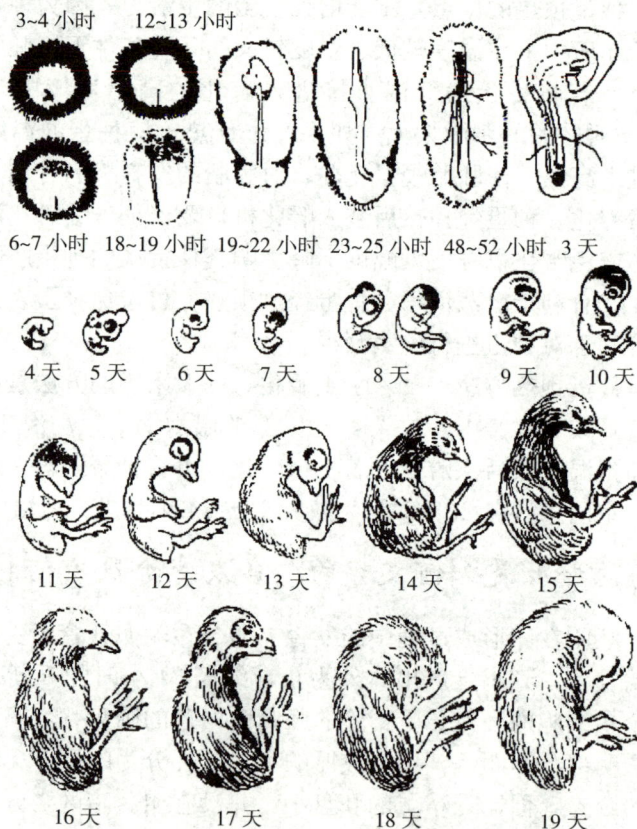

图2-2 鸡胚胎逐日发育解剖示意

①胚胎发育的外部特征：从形态上看，鸡胚胎发育大致分为以下几个阶段。

内部器官发育阶段：孵化的最初 4 天为内部器官发育阶段。

孵化第 1 天，胚胎重新开始发育。中胚层进入暗区，在胚盘边缘出现许多红点，称为"血岛"。照蛋时，在蛋黄表面出现一颗色深、四周透亮的圆点，称为"鱼眼珠"或"白光珠"。

孵化第 2 天，卵黄囊、羊膜和浆膜开始形成，心脏开始形成，血岛合并成血管，心脏的雏形开始跳动。胚胎血管与卵黄囊血管连接，开始血液循环。照蛋时可见卵黄囊血管区，形似樱桃，俗称"樱桃珠"。

孵化第 3 天，尿囊开始长出，胚胎的头、眼特大，颈很短，四肢在 3 天末呈丘状突，背部生长极为迅速而使胚体呈弯曲状。照蛋时，可见胚胎和伸展的卵黄囊血管，形似一只静止的蚊子，俗称"蚊子珠"。

孵化第 4 天，羊膜腔形成，胚胎与卵黄囊完全分离。由于中脑生长迅速，头部明显增大，胚体明显弯曲。照蛋时，蛋黄不易随蛋转动，俗称"钉壳"。又由于胚胎与卵黄囊的血管形似蜘蛛，故又称"小蜘蛛"。

外部器官形成阶段：孵化的第 5～14 天为外部器官形成阶段。

孵化第 5 天，外周神经系统、性腺、肝、脾等明显发育，形成口腔和四肢，蛋白逐渐减少，蛋黄逐渐膨大，胚胎极度弯曲，眼的黑色素大量沉着。照蛋时，可明显看到黑色的眼点，称为"起珠""单珠"或"黑珠"。

孵化第 6 天，喙及喙尖开始形成，腿和翅膀大致分化。尿囊到达蛋壳膜表面，卵黄囊分布在蛋黄表面的一半以上。由于羊膜壁平滑肌的收缩使胚胎有规律地运动，胚的躯干增大，胚体开始伸直。照蛋时可看到头部和增大的躯干部两个小圆团，俗称"双珠"。

孵化第 7 天，胚胎已显示鸟类特征，肌胃形成，绒毛开始形成，颈伸直，翼、喙明显。照蛋时，胚胎沉在羊水中难以看清，称为"沉"，这时半个蛋表面已布满血管。

孵化第 8 天，上、下喙明显分出，四肢完全形成，腹腔愈合，肋骨、肝、肺、胃明显可见，母雏的右侧卵巢开始退化。照蛋时，正面可见胚胎在羊水中浮动，俗称"浮"；背面可见蛋转动时两边卵黄不易晃动，俗称"边口发硬"。

孵化第9天，喙开始角质化，鼻孔明显，眼睑已达虹膜。软骨开始骨化，各趾完全分离。全身被覆羽乳头。胚胎解剖时，心、肝、胃、食道、肠和肾已发育良好。尿囊几乎包围整个胚胎。照蛋时，可见卵黄两边容易晃动，背面尿囊血管伸展越过卵黄囊，俗称"发边"或"窜筋"。

孵化第10天，龙骨突形成，尿囊血管到达蛋的锐端。照蛋时，可见尿囊血管在蛋的锐端合拢，除气室外，整个蛋布满血管，俗称"合拢"。

孵化第11天，胚胎背部有绒毛出现，冠出现冠齿，尿囊液达最大量。照蛋时，可见血管加粗，色加深。

孵化第12天，蛋白部分被吸收，躯体覆盖绒毛，趾完全形成。照蛋时，可见血管加粗，颜色加深。

孵化第13天，头部及躯体大部分覆盖绒毛，跖、趾上出现鳞片。照蛋时，蛋锐端发亮部分随胚龄增加而逐渐减少。

孵化第14天，全身覆盖绒毛，头朝向气室，胚胎与蛋的长轴呈平行位置。

胚胎生长阶段：孵化的第15～20天为胚胎的生长阶段。

孵化第15天，翅膀成形，喙接近气室，呈合闭状态。

孵化第16天，冠和肉髯明显，绝大部分蛋白被吸收。

孵化第17天，肺血管形成，但尚无血液循环，两腿紧抱头部，喙转向气室。羊水、尿囊液开始减少。照蛋时，蛋的锐端已看不到发亮的部分，俗称"封门"。

孵化第18天，羊水、尿囊液明显减少，胚胎成长已近完成。头弯右翼下，喙朝向气室，眼开始睁开。照蛋时，可见气室向一侧倾斜，这是胚胎转身的缘故，称为"斜口"。

孵化第19天，卵黄囊收缩，连同蛋黄一起被吸收到腹腔内。喙进入气室开始呼吸。尿囊动脉、静脉开始退化。照蛋时，可见气室中翅膀、喙和颈部的黑影闪动，俗称"闪毛"。

孵化第20天，尿囊完全枯萎，剩余蛋黄与卵黄囊全部进入腹腔。雏鸡啄穿气室，开始肺呼吸。可听到壳内雏鸡的叫声。雏鸡已经啄壳，啄壳时，先用"破壳器"在近气室处啄一个圆洞，然后边回转头部边在气室附近沿反时针方向圆形啄开蛋壳后，伸展头脚，破壳而出。部分雏鸡出壳。

②胎膜的发育及物质代谢：鸡胚发育包括胚内部分和胚外部分。胚胎本身的发育是胚内发育部分，胎膜的形成是胚外发育部分。鸡胚的营养和呼吸主要靠胎膜实现，因此，胎膜的发育对鸡胚的发育就显得特别重要。鸡胚胎发育早期形成四种胎膜，即卵黄膜、羊膜、浆膜和尿囊。

卵黄囊：卵黄囊是包在卵黄外面的一个膜囊。孵化第2天开始形成，逐渐生长覆盖于卵黄的表面，第4天覆盖1/3，第6天覆盖1/2，到第9天几乎覆盖整个卵黄的表面。卵黄囊由囊柄与胎儿连接，卵黄囊上分布着稠密的血管，并长有许多绒毛，有助于胎儿从卵黄中吸收营养物质。卵黄囊既是胚胎的营养器官，又是早期的呼吸器官和造血器官，孵化到第19天，卵黄囊及剩余卵黄开始进入腹腔，第20天完全进入腹腔。

羊膜：羊膜是包在胎儿外面的一个膜囊。在孵化后33小时左右开始出现，第2天即覆盖胚胎的头部并逐渐包围胚胎的身体，到第4天时羊膜合拢将胚胎包围起来，而后增大并充满透明的液体即羊水。在孵化中蛋白流进羊膜内，使羊水变浓，到孵化末期羊水量变少，因而羊膜又贴覆到胎儿的身体上，出壳后残留在壳膜上。羊膜上平滑肌细胞不断发生节律性收缩，由于羊膜腔中充满羊水起缓冲作用，使得鸡胚不受损伤，并防止粘连，起到促进胎儿运动的作用。

浆膜：浆膜与羊膜同时形成，孵化第6天紧贴羊膜和卵黄囊外面，以后由于尿囊发育而与羊膜分离，贴到内壳膜上，并与尿囊外层结合起来，形成尿囊浆膜。浆膜透明而无血管，因此打开孵化中的胚胎看不到单独的浆膜。

尿囊：尿囊位于羊膜和卵黄囊之间，孵化的第2天开始出现，而后迅速生长，第 6 天紧贴壳膜的内表面。在孵化第 10～11 天包围整个胚胎内容物并在蛋的锐端合拢。尿囊与肠相连，胎儿排泄的液体蓄积其中，然后经气孔蒸发到蛋外。尿囊的表面布满血管，胚胎通过尿囊血液循环吸收蛋白中的营养物质和蛋壳的矿物质，并于气室和气孔吸入外界的氧气，排出二氧化碳。尿囊到孵化末期逐渐干枯，内存有黄白色含氮排泄物，在出雏后残留于蛋壳里。

胚胎在孵化中的物质代谢主要取决于胎膜的发育。孵化头两天胎膜尚未形成，无血液循环，物质代谢极为简单，胚胎以渗透方式吸收卵黄中的养分，所需气体从分解碳水化合物而来。两天后卵黄囊血液循环形成，胚胎开始吸收卵黄中的营养物质和氧气。孵化5～6 天以后，尿囊血液循环也形成了，这时胎儿既靠卵黄囊吸收卵黄中的营养，又靠尿囊血管吸收蛋白和蛋壳中的营养物质，还通过尿囊循环经气孔吸收外界的氧气。当尿囊合拢后，胚胎的物质代谢和气体代谢大大增强，蛋内温度升高。当孵化 18～19 天后，蛋白用尽，尿囊枯萎，啄穿气室，开始用肺呼吸，胚胎仅靠卵黄囊吸收卵黄中的营养物质，脂肪代谢加强，呼吸量增大。

33 什么叫鸡的孵化期？其时间长短受哪些因素的影响？

胚胎在孵化过程中发育的时期称为孵化期。鸡的孵化期为 21 天，但胚胎发育的确切时间受许多因素的影响，而孵化期过长或过短对孵化率和雏鸡品质都有不良影响。

（1）经济类型　蛋用型鸡的孵化期短于肉用型品种。

（2）品种　品种不同，出雏时间有一定差异，一般白壳蛋鸡的孵化期短于褐壳蛋鸡。

（3）蛋形大小　一般小型蛋孵化时间要短于大型蛋。

（4）种蛋贮存时间　种蛋贮存时间越长，孵化率越低，出雏时间延长。

（5）孵化温度　孵化温度较高则缩短孵化期，反之，则延长孵化期。

34 什么是孵化制度？它包括哪些内容？

用电器孵化或手工孵化（如火炕、摊床孵化）等，虽然孵化形式不同，但都有一定的科学规律性，具备一定的操作规程，在生产实践中，任何人都不能改变，这就是孵化制度。

（1）温度 机器孵化量大，分批入，分批出，或初搞孵化经验不足，一般采用恒温孵化比较稳妥，保持孵化温度 37.8℃。

如机器孵化全进全出，或火炕、摊床等孵化，多采用变温孵化，1～6 天蛋温为 38.6～38.4℃；7～13 天为 38.2～38.0℃；14～19 天为 37.8℃；20～21 天为 37.5℃。

（2）湿度 孵化期间相对湿度为 60%，出雏时提高到 70%左右。

（3）翻蛋 机器孵化每两小时翻蛋一次，其他孵化方式每 4～6 小时翻蛋一次。

（4）凉蛋 冬季、早春、晚秋每天凉蛋一次；晚春、早秋、夏季每天凉蛋 2～3 次。

（5）通风换气 保持室内、机内空气新鲜，防止刺激性气体存在。

（6）照蛋 头照（5～6 天），检出无精蛋、死胚蛋、破蛋，调整蛋盘，计算种蛋受精率；二照（11～12 天，一般为抽查照蛋），检出死胚蛋，观察胚胎发育情况，以便调整孵化温度；三照（19天），检出死胚蛋，即行落盘。

（7）落盘 孵化 19 天，蛋内气室见斜口即可落盘。

（8）出雏 开始 3～4 小时拣一次雏，出雏高峰时 2～3 小时拣一次。现代大型孵化机结构设计科学，机内孵化温度调整精密，温差很小，若种蛋整齐，出雏时间集中，可在出雏结束后一次拣雏。

（9）扫摊 出雏结束后，打扫卫生、消毒，计算孵化成绩。

35 在孵化过程中，怎样掌握孵化温度？

温度是胚胎发育的首要条件，只有保持适宜的孵化温度才能确保胚胎正常的物质代谢和生长发育。适宜的孵化温度是 37.0～39.5℃，孵化温度过高或过低都会影响胚胎发育，严重时造成胚胎死亡。孵化温度高，则胚胎发育快，出壳时间提前，雏鸡软弱，如果孵化温度高于 42℃，经过 2～3 小时则造成胚胎的全部死亡。温度不足胚胎发育迟缓，如果低于 24℃，经 30 小时胚胎即全部死亡。在孵化过程中，除根据孵化设备、入孵日龄和温度计显示外还要按照胚胎的发育规律，通过照蛋对孵蛋进行生物学检查。根据胚胎的实际发育情况，适当调整孵化温度，这就是"看胎施温"。例如，在正常情况下，在孵化 5 天照蛋可以看出明显的"眼点"，血管布满蛋整个正面的 4/5。如果第 5 天照蛋还看不清胚胎的眼点，血管范围仅占蛋正面的 3/4 以下，则说明温度偏低。反之，胚胎的眼点第 4 天抽查验蛋清晰可见，第 5 天血管几乎布满整个蛋正面，则说明温度偏高。再如，孵化 10～11 天时，在适宜的温度等条件下，正常的种蛋尿囊血管颜色加深，并在蛋的锐端汇合，俗称"合拢"。在第 10～11 天验蛋，如果有 70％ 的胚胎尿囊血管已合拢，则说明胚胎发育正常。如果在第 9 天抽查验蛋，大部分鸡胚的尿囊血管已合拢，则说明温度偏高，若不采取降温措施，将会提前出雏，但出雏的时间拖长，弱雏较多，有些胚胎呈现"白屁股"（胚胎局部蛋白质变性）。反之，如果在第 12 天抽查验蛋，大部分鸡胚尿囊血管还未合拢，则说明温度偏低，若不提高温度，孵化结果是孵化期延长，雏鸡体大腹软，四肢无力，死胚增加。因此，在孵化过程中，应随时掌握胚胎发育情况，及时调整孵化温度，看胎施温，这样才能确保 21 天孵出好的鸡雏。

36 在孵化过程中，怎样掌握孵化湿度？

湿度也是孵化的一个重要条件。虽然鸡胚对湿度的适应范围较广，对湿度的要求不像温度那么严格，但孵化器和孵化室内必须维持一定的湿度，才能保证胚胎的正常发育。如果湿度过大，会阻止蛋内水分的正常蒸发，影响胚胎的发育，孵出的雏鸡肚子大，没精神，也不易成活。若湿度不够，蛋内水分蒸发过多，胚胎和胎膜容易粘在一起，影响新陈代谢的正常进行和胚胎的正常发育，并影响出雏，雏鸡体小而干瘦，毛短，毛梢发焦，难以饲养。因此，在孵化过程中要根据胚胎发育阶段施以不同的湿度，总的原则是"两头高，中间低"。孵化初期（1～6天），胚胎形成羊水和尿囊液，需要较高的温度；同时湿度也要偏高，相对湿度宜维持在65%～70%；中期（7～19天），为便于羊水和尿囊液的排出，相对湿度应降至50%～55%；后期（20～21天），为便于雏鸡出壳，防止绒毛粘在蛋壳上出雏困难，湿度应相应增加到65%～70%为宜。

湿度大小，可通过增减水盘和水温来调节。孵化室的空气湿度也会影响到孵化器内的湿度，孵化室内相对湿度应保持在60%左右。湿度不够时，在地面洒水，冬天洒温水，夏天洒凉水；湿度过高时，加强室内通风，使水分散发。

37 在孵化过程中，怎样进行通风换气？

通风换气的目的是排出孵化器内的污浊气体，换进新鲜空气，有利于胚胎的气体代谢，促进其正常发育。如果通风不良，孵化器内的二氧化碳含量达到1%时，则会造成胚胎发育迟缓，胎位不正或畸形，或引起胚胎中途死亡。

通风量大小要根据胚胎发育阶段而定，孵化初期，胚胎需要氧气不多，此时孵化机通风孔打开一点即可，一般孵化的头几天，每天换气两次，每次3小时。孵化中后期，胚胎代谢旺盛，需要氧气和排出二氧化碳增多，通气量应加大。一般是孵化7天后，或者连续孵化，孵化机内有各期胚胎时，应打开进出气孔，不停地通风换气。尤其当机内的种蛋胚胎即将破壳出雏的状况下，更应持续换气，否则易闷死雏鸡。此外，孵化室内也要注意通风。

采用其他孵化方式，胚胎直接暴露在室内空气之中，应注意孵化室内的通风换气，保持室内空气新鲜。

38 为什么在孵化过程中要翻蛋？怎样翻蛋？

翻蛋的目的在于变换胚胎的位置，使胚胎受热均匀，防止胚胎与蛋壳粘连，促进胚胎活动，提高胚胎生命力。通过翻蛋还可以增加卵黄囊血管、尿囊血管与蛋黄、蛋白的接触面积，有助于胚胎营养的吸收。

翻蛋次数与温差有关，当机内温差在 0.28℃ 之内时，每昼夜翻蛋 4~6 次即可；如果温差在 ±0.55℃ 时，翻蛋次数要增加到每 2 小时一次。如有自动翻蛋装置的孵化机，每 1~2 小时翻蛋一次为好。翻蛋角度要大，一般不小于 90°。如果用火炕、平箱、摊床、电褥子等孵化方法，根据蛋温确定翻蛋次数，一般每 4 小时翻蛋一次，如刚入孵后 1~2 天内，蛋温偏高，可每 2 小时翻蛋一次。

翻蛋方法：民间土法孵化，就是将上层蛋翻到下层，下层蛋翻到上层；边缘蛋翻到中央，中央蛋翻到边缘。翻蛋时，孵化室温度要提高到 27~30℃，电孵机孵化的翻蛋转换蛋盘的角度即可。

39 为什么在孵化过程中要照蛋？怎样照蛋？

照蛋又称验蛋，即用照蛋器的灯光透视胚胎的发育情况和蛋的内部品质。常用的照蛋器具见图 2-3。种蛋入孵后，在整个孵化过程中，一般照蛋 3 次，也可 2 次。

第一次为头照：入孵后第 5~6 天进行，主要目的是观察种蛋受精情况，检出无精蛋、死胚蛋、破壳蛋等。发育正常的胚胎，血管粗大，分支多，颜色鲜红，蛋黄下沉，胚胎眼点明显；发育弱的胚胎（弱精蛋），血管纤细，色淡，血管网扩散面小，但可清楚地看到胚胎；无精蛋，俗称"白蛋"，整个蛋光亮、透明，什么也看不见，只能看到蛋黄的影子；死胚蛋，呈现不规则的血圈或血线，胚胎很小，有时呈现黑点。

第二次照蛋：一般在入孵后第 11~12 天进行。主要是剔除死胚蛋。发育良好的胚胎变大，蛋内布满血管，气室大而边界分明，有活动胚胎的阴影。死胚蛋黑影明显，周围血管模糊，或无血管，蛋内混浊，颜色发黄。

第三次照蛋：入孵后第 18~19 天进行，主要结合落盘检查胚胎发育是否正常。发育正常的胚胎，蛋的钝端气室边缘呈波浪状，

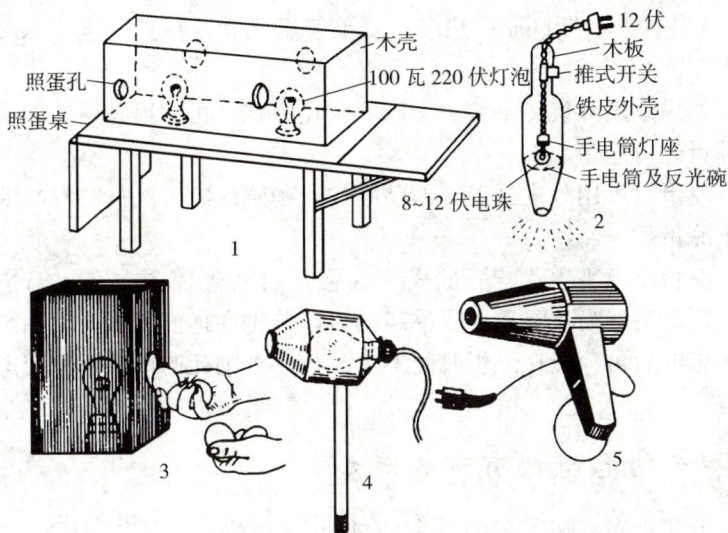

图 2-3　常用照蛋器
1. 照蛋桌　2. 手电筒照蛋器　3. 坐灯照器　4、5. 手提式照蛋器

气室下血管明显，锐端有黑影，胚胎闪动，用手摸发热。死胚蛋靠近气室边缘颜色灰暗，血管模糊不清，用手摸发凉。

照蛋时，为了不影响胚胎发育，室温升高到 28～30℃，照蛋操作力求快、准、稳、安全。

40 为什么在孵化过程中要凉蛋？怎样凉蛋？

凉蛋的主要目的是散发多余的热量，调节温度，防止孵蛋超温。胚胎发育到中、后期，胚体增大，代谢加强，产生大量的热量，若温度偏高，对胚胎发育不利。只有通过凉蛋，调节机内空气，降低机温，排出机内污浊气体，让鸡胚得到更多的新鲜空气，才能促进胚胎代谢，增强鸡胚的活力。

凉蛋的时间和方法：根据孵化方法、日期及季节而定。如果是早期胚胎及寒冷季节，不宜多凉或不凉；如果是后期胚胎，又在夏季时，应多凉。因为早期胚胎本身产热量少，寒冷季节凉蛋时间过长容易使胚胎受凉，在这种情况下，一般每天凉蛋1～2次，每次5～15分钟。后期胚胎产热多，夏季气温又高，每天凉蛋2～3次，每次30～40分钟。

如果采用火炕、平箱、摊床等孵化方式，可用增减覆盖物或结合翻蛋进行凉蛋。

凉蛋时可用眼皮试温，即贴眼皮，稍感微凉（30～33℃）即可停止凉蛋。

凉蛋注意事项：若胚胎发育缓慢，可暂停凉蛋；在超温情况下，不可突然喷水降温；夏季高温时，首先在地面洒水，增加孵化室的湿度后再凉蛋；凉蛋时间不可太长，否则死胎增多，脐带愈合不良。

41 中国电孵机有哪些类型？

近些年来，随着我国养禽业的迅猛发展，生产电孵机厂家很多，各种类型和型号的孵化机（器）很多，但缺乏统一的分类，生产中常见的孵化机外形结构见图2-4。一般来说，孵化机（器）大致可分为平面孵化机和立体孵化机两大类。根据孵化机的外壳形式，分为平面式、平面多层式、箱式、房间式、巷道式；依据翻蛋方式，又可分为平翻式、跷板式和滚筒式；按控制系统又分为全自动式和半自动式。目前，普遍采用的立体孵化机，按其容量分为大（容纳12 500～50 000个蛋）、中（容纳

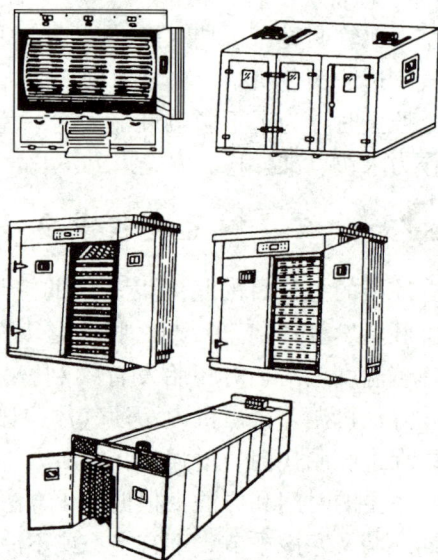

图2-4　常见的孵化器外形结构示意

3 600～12 000个蛋）、小（容纳 800～3 000个蛋）三种类型。虽然孵化机的种类很多，但其结构大体相同。

42 电孵机的构造是怎样的？

电孵机是利用电能作热源孵化雏禽的机器，根据不同时期胚胎发育所需条件不同，分为孵化和出雏两部分，统称为孵化器。孵化部分是从种蛋入孵至出雏前 3～4 天胚胎生长发育的场所，称入孵器。出雏部分是胚蛋从出雏前期 3～4 天至出雏结束期间发育的场所，称出雏器。两者最大的区别是出雏部分没有转蛋装置，温度也低些，但通风换气比孵化部分要严格。

孵化器质量好坏的首要指标是孵化器内部的左右、前后、上下、边心各点的温度误差。如果温差在 ±0.28℃ 范围内，说明孵化器质量较好。此温差主要受孵化器外壳和保温性能、风扇的均温性能、热源功率大小和布局、进出气孔的位置及大小等因素的影响。

（1）**主体结构** ①机壳：机壳由机顶、机底、前后壁和左右侧壁 6 个面组成。对机壳总的要求是隔热（保温）性能好，防潮能力强，坚固美观。一般壳厚 50～60 毫米，中间为框架，内外面钉胶合板或纤维板等，夹层填绝热材料，如泡沫塑料、玻璃纤维、短纤维、珍珠岩粉等。在前后壁各开一对机门，以便于蛋盘的取放。机门上要开设双层玻璃小窗，以便于观察孵化器内的温度计、湿度计等情况。②种蛋盘：种蛋盘分孵化蛋盘（移蛋前用）、出雏盘（移蛋后用）两种。目前孵化蛋盘有铁丝木框栅式、木质栅式、塑料栅式等几种；出雏盘主要是木质、钢网及塑料制品。

（2）**控温系统** 控温系统是孵化器的关键部分，主要包括热源、温度调节装置和均温装置。①热源：立体孵化器一般用电热丝供温，能孵 1 万个蛋左右的孵化器常装设有 800 瓦电热丝，其中 200 瓦为基本热源，600 瓦为辅助热源。辅助热源只在新上蛋后或孵化室室温偏低时使用。②温度调节装置：孵化器内电热丝供电与否由温度调节装置控制。常用的温度调节装置有金属膨胀饼、水银导电温度计、浮沉式水银继电器、可控硅、晶体管和电子继电器等。③均温装置：多为长叶风扇设在孵化器两侧（侧吹式）、顶部（顶吹式）或后部（后吹式），一般风扇的转速为160～240转/分钟。孵化器里温度是否均匀，除备有均温风扇外，还与热源进出气孔的布局、孵化器门的密闭性能等有很大关系，因而需统一考虑。

（3）控湿系统　控湿系统装置种类繁多，较早采用滴水式或槽式水分蒸发器，因管理不便，易出故障，现在很少使用。目前一些大型孵化场多采用叶片式供湿轮（或卧式圆轮）供湿，即通过水银导电表及电磁阀对水源进行控制，当孵化器内湿度不足时，电磁阀打开，水经喷嘴喷到转动的叶片轮的叶片上，加速水分蒸发，提高湿度。对一般小型孵化场来说，多在孵化器底部放置浅水盆，令其自然蒸发供湿。

（4）通风换气系统　孵化器的通风换气系统由进气孔、出气孔和均温电机、风扇叶等组成。顶吹式风扇叶设在机顶中央部内侧，进气孔设在机顶近中央位置左右各1个，出气孔设在侧壁；侧吹式进气孔设在靠近风扇轴处，由风扇转动产生负压吸入新鲜空气，出气孔设在机顶中央位置。在进气孔设有通风孔调节板，以便调节进气量，在出气孔装有抽板，以调节出气量。后吹式风扇设在后壁，进气孔设在靠近风扇轴处，出气孔设在机顶中央。隧道式孵化器进气孔设在孵化器尾部机顶，出气孔设在孵化器入口处机顶。

（5）转蛋系统　过去滚筒式孵化器的转蛋系统，由设在孵化器外侧壁的连接滚筒的扳手及扇形厚铁板支架组成。采用人工扳动扳手，使"圆筒"向前或向后转动45°；八角式活动转蛋的孵化器，转蛋系统由安装在中轴一端的90°的扇形蜗轮与蜗杆装置组成。可采用人工转蛋，将可卸式摇把插入涡轮轴套，摇动把手，使固定在中轴上的八角蛋盘架向后或向前倾斜45°～50°时，涡轮碰到限止架而停止转动。若采用自动转蛋时，需增加1台微型电机、1台减速箱及定时自动转蛋仪。蛋车跷板式的转蛋系统，均为自动转蛋。

（6）机内照明和安全系统　为了观察方便和操作安全，机内设有照明设备及启闭电机装置，一般采用手动控制，有的将开关设在机门框上，当打开机门时，机内照明灯亮，电机停止转动；关门时，机内照明灯熄灭，电机转动。

（7）报警系统　用温度调节装置调节，但控制的不是热源，而是警铃警报器。一般多设高温报警，也有的设有低温报警，即在机内温度偏离规定 0.5～1.0℃时发出报警警报，以便孵化管理人员及时排除故障。

43 电孵机使用前应做哪些准备工作？

使用电孵机孵蛋，是一项技术性很强的工作，孵化人员必须经过严格训练，才能熟练掌握孵化技术。

（1）制订孵化计划　首先根据设备条件、孵化能力、种蛋供应、雏鸡销售信息等情况，周密、妥善考虑，编制适宜的孵化计划。同时安排好孵化工作人员及勤杂人员。

（2）孵化室、电孵机的消毒　入孵前一周，在检修机械各部位的同时，要对孵化室和电孵机进行清理消毒。室内屋顶、地面、各个角落都要清扫干净，机内刷洗干净后，用高锰酸钾、甲醛熏蒸消毒，或与入孵种蛋一起消毒。

（3）检查蛋盘　检查蛋盘框是否牢固，铁丝是否有脱位、弯曲、折断等现象，蛋盘必须逐个仔细检查。

（4）机体检查　反复开、关机门，仔细观察是否严密，机体四壁、上顶、底板是否因受潮变形或开缝，如有毛病要及时修补。

（5）校正检修机器　在孵化前一周，要检查电孵机各部件安装是否妥当、牢固，各电器系统是否接好、灵敏、准确。检测温度计准确度的方法：将体温计与孵化用温度计插入 38℃温水中，观察温差，如温差超过 0.5℃以上，更换或用胶布贴上温差标记。

接通电源，扳动电热开关，观察供温、供湿、警铃等系统的接触点，看是否接触失灵。调节控温、控湿水银导电温度计至所需温度、湿度，再关门反复测试数次。扳动警铃开关，将控温水银导电温度计调至 36℃（低温计）和 38.5℃（高温计），分别观察能否自动报警。还要检查电机及传动系统是否正常，风扇皮带是否松弛，翻蛋装置是否安装牢固。上述均无问题，要试机运转1～2天，一切正常后再正式入孵。

(6) 检查线路 检查电线是否老化、漏电，及断线和连线等情况。

(7) 备好各种备件 如电热丝、感温元件、电阻、电容、风扇皮带等，以备急需。

44 电孵机孵化时，怎样操作管理？

(1) 种蛋入孵 上盘后的种蛋，经过预热、消毒即可入孵。为了种蛋码盘后很快达到孵化温度，种蛋应在入孵前12小时左右装入蛋盘中，移入孵化室内预热，然后将蛋盘装入电孵机内的蛋架上，经熏蒸消毒后开机孵化，要注意保持蛋架的平衡，防止蛋车翻倒。开孵时间最好安排在下午4点以后，这样大批出雏的时间正好是白天，便于出雏操作。一般立体电孵机每5～7天入孵一次，可在同一台电孵机内进行多批次孵化。为了便于区别，在分批上蛋时，每次上的蛋盘要记上特殊显眼的标记，并使各批入孵的蛋盘一套间一套地交错放置，这样"新蛋"和"老蛋"能相互调节温度，既省电，孵化效果又好。

(2) 温度调节 温度经过设定之后，一般不要轻易变动。刚入孵时，由于开门放蛋，散失部分热量，种蛋和蛋盘又要吸收部分热量，而使电孵机内温度骤然下降，这是正常现象，过一段时间会逐渐恢复正常。在孵化期间，要随时注意孵化温度的变化。当温度偏离给温要求0.5℃以上时，就应进行调节。每次调节的幅度要小，逐步调至机内温度允许波动的范围内。当整批孵化采用"前高、中平、后低"的孵化温度时，逐渐降温也应遵循小幅度调节的原则。孵化机内的温度要每隔半小时观察一次，每隔2小时记录一次。

(3) 湿度调节 将干湿球湿度计放置在电孵机内，工作人员通过机门玻璃窗观察了解机内的相对湿度。如果机器没有调湿装置，湿度的调节主要靠增减水盘、升降水温等措施。当湿度偏低时，应增加水盘，提高水温，加速蒸发速度，或向孵化室地面洒水，必要时可直接喷雾提高湿度。北方的大部分地区应注意防止湿度偏低，沿海及降雨量较大的地区要注意防止湿度过高。一般每天加水一次，外界气温低时应加温水。

（4）通风与翻蛋 如电孵机没有自动通风装置，应采取人工通风。一般入孵后第一天可不进行通风，但从第二天起就要逐渐开大风门，增加通风量，夏季高温高湿，机内热量不易散出，应增大通风量。在孵化过程中，要正确处理好温度、湿度和通风三者的关系，在管理上掌握下列原则：绿灯常亮时，加大风量；红灯常亮时，稍闭风门；红绿灯交替时，正常工作。在孵化时，每2小时翻蛋一次，并记住翻蛋方向，注意手工翻蛋要"轻、稳、慢"。目前生产中使用的立体孵化器一般均有自动通风系统和翻蛋装置，因而省去了不少麻烦。

（5）照蛋 一般于孵化第5～6天和第18～19天进行两次照蛋，也可在孵化第11～12天再进行抽查照蛋，以便及时检出无精蛋和死胚蛋，并观察胚胎的发育情况。

在进行照蛋时，要提高孵化室温度，照蛋尽量缩短时间，要稳、准、快。

（6）移盘与拣雏 在孵化第18～19天最后一次照蛋后，剔出死胚，把发育正常的活胚蛋移入出雏箱的出雏盘中准备出雏，称为移盘或落盘。移盘时间可根据胚胎发育情况灵活掌握。如发育得好，此时气室已斜口，下部黑暗，应及时移盘。如果气室边界平整，下部发红，则为发育迟缓，应稍晚些时间移盘。移盘时要轻、快，尽量缩短操作时间，以减少破蛋或蛋温下降。移盘前出雏箱内的温度要升至36.6～37.2℃，移盘后要停止翻蛋，增加水盘，提高湿度，保证顺利出雏。

鸡蛋孵化满20天就开始出雏，孵至20.5天时大批出雏。见有30%以上雏鸡出壳时，开始拣出羽毛基本干了的雏鸡，同时拣出空壳，每隔4小时拣雏一次。拣雏时不要同时打开前后机门，以免出雏器内温度、湿度下降过快，影响出雏。

（7）清扫与消毒 出雏完毕，必须对出雏器、孵化器、孵化室等进行清扫和消毒。出雏盘、水盘冲洗干净后放入出雏箱内，进行熏蒸消毒。

（8）孵化记录 在孵化期间，工作人员要认真做好记录工作。每次照蛋后，应将检出的无精蛋、死胚蛋、破蛋的数量，以及出雏数、毛蛋数分别统计。记录填写要及时、准确，以便统计孵化成绩，为孵化工作积累经验。常用的孵化记录表见表2-1。

表 2-1 孵化记录

批次	上蛋日期	种蛋来源	上蛋数量	头照			二照			三照			出雏				毛蛋数	受精蛋数	受精率（%）	孵化率（%）		备注
				合计	无精	死胚	破损	合计	死胚	破损	合计	死胚	落盘数	健雏	弱雏	死亡	出雏总数				受精蛋	入孵蛋	

45 怎样调节好电孵机温度？

孵化温度是指挂在电孵机观察窗（玻璃窗）内的温度计所显示的温度，孵化给温是指孵化机内的感温原件（如水银导电温度计）所控制的温度，这是由人工调整确定的，确定后它便能自动调节，当机内温度超过确定温度时，它能自动断电，停止给温；当温度低时，又能自动接通电源，恢复供温。

电孵机内温度是用挂在电孵机窗口的温度计来测定的，为了使温度计测温准确，首先把校对好的温度计挂在电孵机的观察窗内，然后用数支经过校对的人用体温计，同时放在箱内蛋盘架的前、后、上、下、左、右各部位测温，如果各温度计温差超过1℃时，可用增减风扇转速或改变风扇转向等措施来调节。必要时可做高低温控制试验，确定灵敏度，温差不大于±0.5℃时方可定温。以后每隔7天检测一次，以防发生变故。

温度的确定，如果孵化量大，又是整批入孵全进全出，一般采用变温孵化。如果采用分批入孵的，多采用恒温孵化。

46 **怎样排除电孵机的故障？**

电孵机在使用过程中，经常遇到的故障有下列几种：

（1）风扇转速低　主要是风扇皮带老化松弛，致使风扇转速减慢，机内气流搅拌不匀，出现高温和低温死角。有时皮带断裂，风扇停止工作，电热丝附近机壁易烤坏，甚至引起火灾。平时，对皮带要经常检查，发现老化松弛或有裂痕，应及时更换。

（2）风扇摩擦机壁　风扇固定不牢，左右摇摆，发出"吱吱"噪声，应及时维修固定。

（3）蛋架颤动、摇晃　蛋架长轴的固定螺丝松动或脱出，严重时发生蛋架翻车事故，损失巨大。蛋架长轴上的固定螺丝一定要对准中轴管上的凹窝，螺丝要紧固。

（4）机内温度失控　主要是由于继电器性能不佳，灵敏度低，不能及时准确控制温度升降。

（5）机内温度只升不降　主要是水银导电温度计失灵。其原因是受强烈震动引起动点部分水银柱断开，或动点与定点不能准确接触，造成控温失灵，机内温度只升不降。这样必须及时更换水银导电温度计。

（6）电动机故障　应经常注意电动机运转情况及机壳是否烫手，一旦发现异常，立即维修或更换。

（7）漏电　电孵机内外的电线，由于久用不换，电线绝缘层老化或断裂，导致漏电，要及时维修或更换。

47 **在电孵机工作时，遇到停电怎么办？**

在孵化时，为了预防停电，必须预先准备一些应急措施。

（1）要有两套供热设备。一是自备发电机，遇到停电，马上发电。二是孵化室内要有火炉或火墙，遇到停电，立即提高室温，保持在 27～30℃，不能低于 25℃，同时地面洒温水调节湿度。

（2）对电孵机内温度的掌握，要根据季节、室温和胚龄因时制宜。若是孵化前期的胚蛋，要注意保温，而孵化后期的胚蛋则要注意散热。在早春，电孵机的进出气孔全是关闭的，如果停电在4小时之内，可不必采取措施；如果停电超过4小时，就应将室温升至32℃；如果出雏箱内胚蛋多，则要注意防止中心部位和顶上几层胚蛋超温，发现蛋烫眼皮，就要立即倒盘。气温超过25℃，电孵机内种蛋胚龄在10天以内，停电时也不必采取措施；胚龄超过13天时，应先打开机门，当内部上几层蛋温下降2~3℃后再关上机门。每隔2小时检查一次顶上几层蛋温，保持不超温即可。如果胚蛋在出雏箱内，开门降温的时间要延长，到温度下降3℃后便将门关上。每隔1小时检查一次顶上几层蛋温，发现有超温趋向时，进行倒盘，特别要注意中心部位的蛋温升高趋向。气温超过30℃时停电，孵化器内如果是早期入孵胚蛋，可以不采取措施；若是中、后期胚蛋，必须打开机门和进出气孔，将孵化器内温度降到35℃左右，门留一小缝，每1小时检查一次顶上几层蛋温。

48 影响种蛋孵化率的因素有哪些？

影响种蛋孵化率的因素很多，但总的来说，有两方面的原因，一是种蛋质量，二是孵化技术。

（1）鸡的品种不同，孵化率表现不同。在同一品种内，近交种蛋孵化率低，杂交种蛋孵化率高。

（2）8~13月龄和高产鸡产的蛋，孵化率高，孵出的雏鸡体质壮，成活率也高。刚开产的鸡和3年以上的老鸡产的蛋孵化率低，孵出的雏鸡体质弱，成活率也低。

（3）公母鸡配合比例得当，孵化率高。公鸡过多或过少，都会影响种蛋受精率。

（4）饲料营养齐全，孵化率高。如日粮中蛋白质品质不良，缺乏维生素A、维生素B_1、维生素B_2、维生素B_{12}、维生素D、维生素E等，不仅孵化率低，而且初生雏体质弱，畸形雏也多。

（5）种蛋贮存时间过长，或贮存温度过高（30℃以上）或过低（0℃以下），均易造成死胚多，孵化率低。另外，在种蛋运输过程中震动过大，严重污染，入孵时不消毒或消毒不严，也易造成死胚多、弱雏多，孵化率也低。

（6）种鸡因受外界刺激，如严寒（低于5℃）、酷暑（高于30℃）、暴风雨的袭击、噪声干扰、营养失调、喂饲方法突变、捕捉、驱虫和接种疫苗，均会影响受精率，从而影响孵化率。

（7）种鸡患白痢、支原体等疫病，种蛋被污染，胚胎后期残废率高，降低了孵化率。

（8）种鸡日粮中食盐含量偏高，孵化中、后期死胚增加，导致孵化率明显降低。

（9）种蛋个头过大、过小、形状过长、过圆，蛋壳过薄、过厚等均降低孵化率。

（10）孵化期间不按操作规程，较长时间的温度过高或过低，湿度过高或过低，通风不良，翻蛋或凉蛋不当，也易降低孵化率。

49 怎样分析孵化效果？

在孵化工作中，如果遇到一些不正常现象，要认真分析，找出原因，拿出对策，以提高种蛋孵化率。

（1）孵化前期死胚多 主要原因是孵化温度过高或过低，种蛋贮存时间过长，运输途中震荡太大，种鸡日粮营养不全，或鸡群感染慢性疾病等。

（2）孵化后期死胚多 主要是孵化中期温度过高或过低，通风不良，种鸡日粮营养缺乏等所致。

（3）雏鸡出壳晚 由于种蛋贮存时间过长，孵化温度偏低或温度变化大，种蛋个头过大等原因造成。

（4）雏鸡出壳提前 由于孵化温度一直偏高、种蛋个头小等原因所致。

（5）死胚蛋气室大 主要由于孵化时湿度过低、温度太高等原因造成。

（6）死胚蛋气室小 由于孵化时湿度过大、通风不良等原因所致。

（7）雏鸡大小不齐　由于种蛋大小不一致、种蛋贮存时间长短不一等原因造成。

（8）弱雏多　由于孵化温度不稳定，太高或太低，或湿度过大，种鸡日粮营养不全等原因造成。

（9）初生雏体小　由于种蛋个头小，或种蛋贮存期间湿度过低，或孵化期湿度偏低、温度偏高等原因造成。

（10）啄壳后死雏多　由于种蛋钝端向下，出雏机湿度偏低，通风不良或落盘时温度变化太大等原因造成。

（11）初生雏粘连蛋白或蛋壳　由于出雏时温度、湿度不合适或通风不良等原因造成。

（12）初生雏腹部大而柔软　若大量发生，多为温度低、湿度大所致；若个别出现，视为疾病。

（13）初生雏脐部充血　由于孵化温度太高、温度变化大，出雏机湿度太大或胚胎受感染所致。

（14）初生雏脐部干枯　由于孵化期温度偏高，而湿度偏低所致。

（15）初生雏脱水　由于孵化湿度过低，出壳后停留在出雏机内时间太长所致。

（16）畸形雏比例大　由于种蛋贮存过久或贮存条件不好，种蛋污染或消毒不严，种鸡日粮营养不良，孵化时温度变化太大所致。

50 提高种蛋孵化率的措施有哪些？

（1）提高种蛋受精率　种蛋受精率直接影响其孵化率，受精率高，孵化率也高，反之亦然。要提高种蛋受精率，首先要选好种公鸡，要选择健康无病、体质发育好、精液量多、品质好、符合品种要求的公鸡作种公鸡，并搭配适宜的公母比例，自然交配蛋用型鸡以1∶（12～15）、肉用型鸡以1∶（8～10）为宜。

（2）净化鸡群　凡经种蛋传播的疾病，都不同程度地影响孵化率。只有保持鸡群的净化，才能防止疾病经蛋传递。

（3）提高种蛋质量，喂鸡全价日粮　据试验，70%的死胚属于种鸡饲料不良造成。对种鸡的日粮，要加大维生素给量，矿物质不能缺乏，多种维生素添加量要超过该品种鸡推荐量的1～2倍。另外，种蛋的选择也不能忽视，蛋形、蛋重、蛋壳质量及蛋表面清洁度要严格选择。

（4）提高孵化技术和管理水平　孵化人员要定期培训，制定切实可行的奖罚制度及承包方法，以充分调动积极性。

（5）孵化室设计　要求冬季有保温、增温设备，夏季有隔热、降温设备。

（6）其他措施　如种蛋入孵18～24小时，用30瓦紫外线灯照射10～20分钟，可提高孵化率6%～12%。

51 怎样换算华氏温度为摄氏温度？

摄氏温度与华氏温度换算方法很简单，只要记住下列公式即可。

$$℃=（℉-32）×\frac{5}{9}$$

$$℉=℃×\frac{9}{5}+32$$

如：100℉等于多少摄氏度？

其换算方法是：

$$（100-32）×\frac{5}{9}≈37.78℃$$

又如：35℃等于多少华氏度？

其换算方法是：

$$35×\frac{9}{5}+32=95℉$$

52 怎样计算种蛋受精率、孵化率和健雏率？

（1）受精率　受精率是指受精蛋数与入孵蛋数的百分比。

$$受精率（\%）=\frac{受精蛋数}{入孵蛋数}\times100\%$$

（2）孵化率 孵化率有两种计算方法。一种是出雏数与受精蛋数的百分比，称受精蛋孵化率。一般养鸡场多采用这种方法计算受精蛋的实际孵化率。

$$受精蛋孵化率（\%）=\frac{出雏数}{受精蛋数}\times100\%$$

另一种是出雏数与入孵蛋数的百分比，称入孵蛋孵化率，大型孵化场计算成本时常采用这种方法。

$$入孵蛋孵化率（\%）=\frac{出雏数}{入孵蛋数}\times100\%$$

（3）健雏率 是指健雏数与出雏数的百分比。

$$健雏率（\%）=\frac{健雏数}{出雏数}\times100\%$$

53 怎样鉴别初生雏公母？

鉴别初生雏公母的方法，主要有外形鉴别法，羽色、羽速鉴别法，肛门鉴别法等，生产中常用羽色、羽速鉴别法和肛门鉴别法。

（1）羽色、羽速鉴别法 ①羽色鉴别法：我国近年来从国外引进的四系配套褐壳蛋鸡品种，如海兰褐、迪卡褐、伊莎褐、罗斯褐、海赛克斯褐、罗曼褐等众多品种都有自别雌雄的特征，雏鸡一出壳即可鉴别出雌雄。雏鸡中金黄色羽的均为母鸡，银白色羽的为公鸡。②羽速鉴别法：雏鸡中凡快生羽（主翼羽长于覆主翼羽的为快生羽）的都是母鸡，慢生羽（主翼羽短于或等长于覆主翼羽的为慢生羽）的都是公鸡，如海兰 W-36 白壳蛋鸡、京白 938 鸡等，都可根据羽速自别雌雄。

（2）肛门鉴别法 出壳后的雏鸡经 4～5 小时毛干后，即可进行鉴别，以出壳后 12～24 小时鉴别完为合适。否则，超过 24 小时，鉴别准确率低。

鉴别步骤及手法：右手抓住雏鸡，迅速递给左手，雏鸡背部紧贴手掌心，肛门朝上，雏鸡轻夹在小指与无名指之间，用其拇指在雏鸡的左腹侧直肠向下轻压，使之排出直肠内积存的胎粪，迅速移向有聚光装置40～100瓦乳白灯泡的光线下，这时用右手食指顺着肛门向背部推，右手拇指顺着肛门略向腹部拉，同时左手拇指协同作用，将3个手指一起向肛门口靠拢挤压，肛门即可翻开，露出生殖突起部分。整个操作过程的关键在于抓鸡、握鸡、排粪、翻肛的手势要快而轻巧。否则，不但影响鉴别的准确性，而且对雏鸡的健康也有影响。

肛门翻开后，即可根据雏鸡生殖突起的形状、大小及生殖突起的八字皱襞的形状，识别公母。

公雏生殖突起大而圆，长0.5毫米以上，并与外皱襞断绝联系；生殖突起两旁有两个粒状体突起。母雏生殖突起小而扁，形状不饱满，有的仅留有痕迹；八字皱襞退化，并与外皱襞相连；在生殖突起两旁没有两粒突起，中间生殖突起不明显。

上述生殖突起类型都是标准型，占雏鸡的大多数。也有少数雏鸡的生殖突起不是标准型的，有的小突起，直径0.5毫米以下；有的突起扁平型和八字皱襞不规则；有的突起肥厚，与八字皱襞连成一片；有的突起呈纺锤纵立状，八字皱襞分布不规则；有的突起分裂成纵沟或两半，能与八字皱襞区分开。这些不规则的突起只有通过多次实践鉴别才能掌握其规律。雏鸡的翻肛手法及公雏生殖突起形状见图2-5。

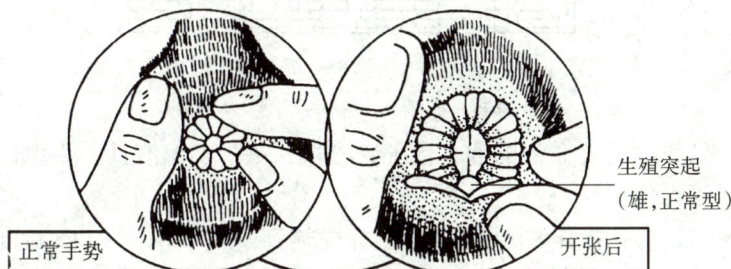

正常手势　　　　　　　　开张后

生殖突起
（雄，正常型）

图2-5　雌鸡的翻肛手法

54 怎样用火炕孵鸡？

火炕孵鸡是我国北方民间传统的孵鸡方法，其设备简单，投资少，适用于农村缺电的地方。

（1）建炕 宜选择背风朝阳、保温良好的房屋作孵化室，将炕建在室内中央。火炕一般用土坯或砖砌成，炕高65～75厘米，宽180～200厘米，长度依孵化数量和房屋状况而定。炕灶烟道的搭法以好烧、炕温均匀、不倒烟为原则。炕上铺一层黄土，再铺一层麦草和席子。

（2）搭设摊床 摊床为孵化中后期放置种蛋继续孵化和出雏的地方，一般设在炕的上方，即在离炕面1米左右用木柱（或木棒）搭成棚架。摊床可搭1～3层，若搭2层或3层，两层间的距离以作业不碰头为宜。摊床上用秫秸（高粱秸）铺开，再铺稻草或麦秸，上面铺苇席或棉被。摊床的四周用木板做成围子，以防止胚蛋滚落。摊床架要牢固，防止摇晃（图2-6）。

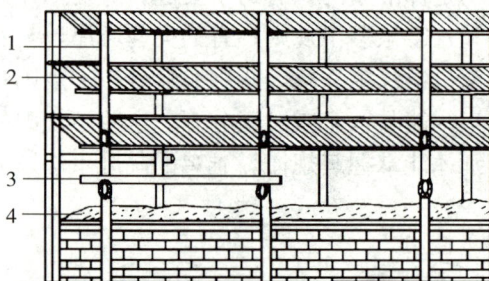

图2-6 火炕孵化示意
1. 支架 2. 摊床 3. 脚木 4. 火炕

另外，还要准备棉被、毯子、被单、火炉、温度计、手电、照蛋器等孵化用具。

（3）孵化操作 孵化前先把炕烧热到40～41℃，炕面温度要均匀，室温达到25～27℃，种蛋经过选择、消毒后，用40℃温水浸泡5分钟，即可上炕入孵。摆蛋的方法：钝端朝上或平放均可，摆 2 层，要摆整齐、靠紧，盖上棉被即可入孵。一般头两天炕温保持在 39℃，以后保持在 38～39℃，直到上摊。蛋间插一支温度计，以备经常检查温度。如果蛋温偏高或偏低，可用增减棉被或开闭门窗来调节。入孵第 1、2 天应特别注意观察温度变化，及时翻蛋，一般每 2～3 小时翻蛋一次，使蛋面受热均匀，胚胎发育一致；第 2 天后，炕温稳定，可 4～6 小时翻蛋一次。翻蛋方法：即上层蛋翻至下层，下层蛋翻至上层，中央蛋翻至边缘，边缘蛋翻至中央。

湿度调节，可在墙角放一盆水，保持室内湿度在 65% 左右即可。

孵化 5～6 天，进行头照；孵化 11～12 天进行二照，然后把胚蛋移至摊床上继续孵化。这以后主要靠胚胎自身产生的热量和室温来维持孵化温度。上摊床前，蛋温应提高到 39℃，以免上摊后温度下降幅度太大，影响孵化效果。摊床上与火炕上孵化同样管理，蛋温靠增减棉被（毯子、被单）、翻蛋、凉蛋来调节。

在正常情况下，孵化至 19 天，停止翻蛋，提高室温至 27～30℃，湿度增大到 70%～75%。20 天开始出雏，在大批啄壳时除去覆盖物，以利于胚蛋获得新鲜空气。每隔 2～4 小时将绒毛已干的雏鸡与蛋壳一起拣出，并将剩余的活胚蛋集拢在一起，以利于保温，促进出雏。

55 怎样用塑料膜热水袋孵鸡？

用塑料膜热水袋孵化，热源方便，温度均匀，孵化效果好，且成本低，适于农户小批量生产，便于掌握应用。

（1）准备工作　首先准备好水袋和套框。水袋用市售筒式塑料膜即可，其规格为 80 厘米×240 厘米，两端不必封口；用木板做一个长方形木框套在水袋的外面，起保温和保护水袋的作用，水袋开口搭在高出水面的框檐外，以防漏水和便于换水。

其次是烧好火炕，做好孵化室保温工作，再准备几支温度计和湿度计及棉被 2～3 条。

（2）操作技术　入孵前先把炕烧热，然后把木框平放在火炕上，框底铺一层麻袋片或牛皮纸，塑料膜水袋平放在木框内。然后往袋里加40℃温水，水量以水袋鼓起12厘米左右即可。框内四周与水袋之间用棉花或软布塞上，以利于保温和防止水袋磨破。

把种蛋放入蛋盘或直接平摆于水袋上面，在蛋的中间平放一支温度计，盖上棉被即可开始孵化。塑料膜热水袋孵化模拟参见图2-7。

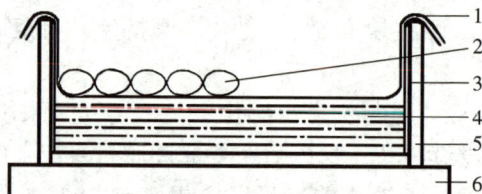

图2-7 塑料膜热水袋孵化模拟示意
1. 塑料膜 2. 种蛋 3. 棉被 4. 水 5. 木框 6. 火炕

蛋面温度：1～7天为38.5～39℃，8～18天为38～38.5℃，19～21天为37.5℃。室温保持在27℃左右。

孵化温度的掌握，主要靠往水袋里加冷热水来适度调节。为了便于工作，从入孵当天开始，要使炕面温度保持相对稳定，这样可以延长水袋里水温的保持时间，减少加温水次数。每次换水时，先从水袋里放出一定量的水，然后加入等量的温水，使水袋里的水量保持不变。

翻蛋：每昼夜翻蛋4～6次，孵化到第19天，停止翻蛋，注意检查温度，准备出雏。

三、鸡的营养与饲料

56 鸡有哪些生物学特性？

（1）性情温顺，群居性强　鸡的性情安静、温顺，具有明显的合群性，适合大群饲养。相同日龄的鸡群，终日饮食、栖息相伴，群体习性明显，而且按个体强弱排列有序，无论采食、饮水、栖息，强者占据有利地位，弱者尾随其后。如果饲料、饮水供应不足，弱者往往难以吃饱饮足，势必造成强弱分化更为悬殊。因此，饲养肉用仔鸡或限制饲养种鸡，要合理分群，尽量消除强弱差距，并改进饲喂方式，不仅要提供充足的饲料、饮水设备，而且应做到大量、快速、一次性投料，使每一只鸡群都有均等的采食和饮水机会，以利于全群生长发育一致。在良好的饲养管理条件下，利用鸡的群居性，可以将几千只肉用仔鸡共养于一舍，保持旺盛的采食能力，获得最佳的经济效益。

（2）代谢旺盛，体温高　鸡的体温为 41.5℃（40.9～41.9℃），高于任何家畜的体温。体温来源于体内物质代谢过程的氧化作用所产生的热能，其数量的多少决定于代谢强度。鸡的营养物质来自所供给的日粮，因而要利用它代谢旺盛的特点，供给充足的营养物质，维持鸡体健康、高产、稳产，并要提供冬暖夏凉、通风透光、干爽清洁的环境条件，以利于调节体温，维持旺盛的代谢作用。

（3）生长迅速，成熟期早　肉用仔鸡一般初生重 38～40 克，养至 7～8 周龄，体重可达 2 千克，增重 49 倍；肉用种鸡的产蛋日龄为 170～180 天，商品蛋鸡更早，养到 140～150 日龄就可开产。

因此，在生产中要充分发挥鸡生长迅速、成熟期较早的特性，供给足够的全价日粮，科学饲养，加强管理，并根据肉用仔鸡、商品蛋鸡及种鸡不同的环境要求，适当调节光照和饲养密度，以保证获得较高的生产性能。

（4）饲料利用率高，饲料报酬高　由于鸡的代谢旺盛，日粮以精料为主，因而长肉快、产蛋多、耗料少、饲料报酬高。例如，目前饲养肉用仔鸡的肉料比为 1：（1.8～2.2）；饲养商品蛋鸡的蛋料比为 1：（2.4～2.8）。饲料报酬的高低取决于鸡的品种、饲料以及饲养管理条件的优劣。

（5）消化道短，粗纤维消化率低　鸡的消化道长度仅为体长的 6 倍，与牛（20 倍）、猪（14 倍）相比要短得多。鸡的消化道短，以致食物通过快，消化吸收不完全；口腔无牙齿咀嚼食物；腺胃消化性差，只靠肌胃与沙粒磨碎食物；盲肠只能消化少量的粗纤维，对粗饲料的消化率远远不及其他家畜。

（6）具有自然换羽的特性　通常当年鸡有 4 次不完全的换羽现象，1 年以上鸡，每年秋冬换羽一次。在换羽期间，母鸡多数停止产蛋，而且换羽需要相当长的时间。因此，为了集中换羽，提高鸡的产蛋量和蛋的质量，生产中可采取人工强制换羽，通过增减日粮数量与质量或者服用药物以及改变生活条件来控制换羽时间及换羽速度。

（7）抗干扰能力差　无论是商品蛋鸡、肉用仔鸡，还是种鸡，对外来的刺激反应都非常敏感，奇怪的音响、突然的亮光、移动的阴影或异常的颜色等，均能引起鸡群骚动和混乱，轻者影响鸡的生长、产蛋，重者大批猝死。因此，在管理上要注意保持鸡舍周围环境的安静。开放式鸡舍内的电灯要避免风吹摇晃；饲养员穿的工作服要颜色平淡，色泽统一；饲养员在鸡舍内工作时动作要轻稳；平时要对雏鸡、肉用仔鸡进行适应黑暗环境的训练，以防止夜间突然断电造成鸡群大批堆压的现象；要防止野兽、猛禽突然闯进鸡舍。

57 鸡的消化生理有哪些特点？

鸡的消化系统包括消化管和消化腺，如喙、口腔、咽、食管、嗉囊、腺胃、肌胃、小肠、大肠、泄殖腔、肝脏、胆囊、胰腺等（图3-1）。

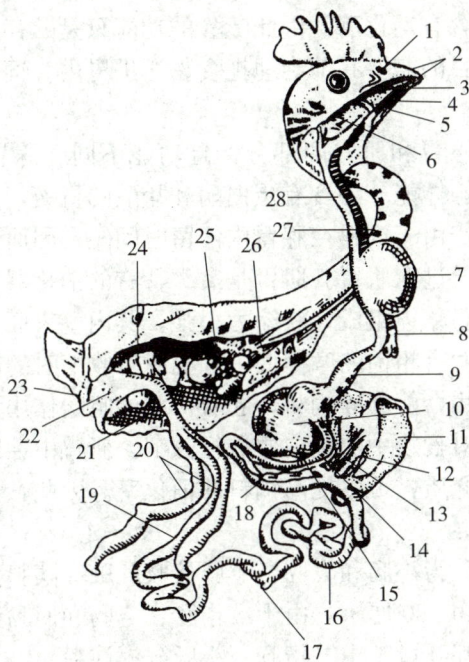

图 3-1 鸡的消化系统

1. 鼻孔 2. 喙 3. 口腔 4. 舌 5. 咽 6. 喉 7. 嗉囊
8. 鸣管 9. 腺胃 10. 肌胃 11. 肝 12. 胆囊 13. 胆管、
肝管 14. 胰管 15. 十二指肠 16. 空肠 17. 卵黄囊憩室
18. 胰 19. 回肠 20. 盲肠 21. 直肠 22. 泄殖腔 23. 肛门
24. 输卵管 25. 卵巢 26. 肺 27. 气管 28. 食管

（1）口腔中没有牙齿，无咀嚼能力 鸡嘴没有软的唇部，只有呈锥形的角质喙，用于啄食细碎饲料并能撕碎较大的食物和幼嫩的青饲料；口腔中无牙齿、软腭和颊，因此无咀嚼功能，饮水需仰头才能流入食管，食物在口腔内停留时间短；舌黏膜上的味蕾数量少，味觉能力差，寻找食物主要靠视觉和嗅觉；口腔中唾液腺不发达，能分泌含少量淀粉酶的酸性黏液，消化作用不大，只能起润滑饲料便于吞咽的作用。

（2）食管上连有发达的嗉囊，可贮存、软化饲料　鸡的食管宽大且富有弹性，在胸腔连接膨大的嗉囊，末端与腺胃相通。嗉囊黏膜分泌液中不含有消化酶，因此嗉囊的功能只是贮存、湿润和软化饲料，并根据目的需要有节奏地把食物送进胃内。饲料在嗉囊内停留 3～4 小时。

（3）胃分腺胃和肌胃两部分，且功能不同　腺胃容积小但壁厚，黏膜层的腺体能分泌含有蛋白酶和盐酸的胃液，对饲料主要起浸润软化作用。由于饲料在腺胃内停留时间短，因而饲料在腺胃内基本上不消化便进入肌胃。肌胃是禽类特有的消化器官，由坚厚的平滑肌束与腱膜相连组成，收缩力很强，其内壁表面有一层坚韧的黄色角质膜，并有粗糙的摩擦面，加上肌胃收缩时的压力及肌胃内存留的沙砾作用，能磨碎饲料，起着口腔的咀嚼作用。此时，来自腺胃的蛋白酶对食物中的蛋白质进行分解。肌胃中存留的沙砾是磨碎食物的重要介质，可以提高饲料的消化率。因此，养鸡必须要提供足够的沙砾。

（4）肠道分为小肠和大肠，小肠接收肝脏、胰腺分泌的消化液　鸡的小肠长约 180 厘米，由十二指肠、空肠和回肠组成，胰腺和胆囊的输出管都开口于十二指肠。小肠分泌淀粉酶、蛋白酶；胰腺分泌淀粉酶、蛋白酶、脂肪酶，由胰腺输出管进入小肠；肝脏分泌的胆汁先存于胆道中，然后由胆管进入小肠，起到中和酸性食糜和乳化脂肪作用。小肠中的食糜在这些消化液的共同作用下，将其中的蛋白质分解成氨基酸，将脂肪分解成甘油和脂肪酸，将淀粉分解成单糖，经肠壁吸收后由血液运至肝脏。经肝脏的贮存、养分的转化、过滤血液以及解毒等作用，再把养分运送至心脏，通过血液循环分配到全身组织和器官。

鸡的大肠由两条发达的盲肠和一条很短的直肠组成。盲肠主要将食糜中少量的粗纤维进行微生物发酵分解。但小肠内容物只有少量通过盲肠，微生物分解的能力也很有限。直肠能吸收水分和无机盐等，其末端和泄殖腔相通。

（5）具有结构独特的泄殖腔　泄殖腔是直肠末端的连续部分，是盲肠、输尿管、输卵管（或输精管）共同开口的空腔。因此，在鸡粪表面常见有一层白色的尿酸盐。

58 鸡体需要哪些营养成分？

鸡为了保证健康、进行正常的生长发育，必须不断地从外界摄取食物（即饲料），并从这些食物中吸取各种营养物质，其中包括水、蛋白质、碳水化合物、脂肪、矿物质和维生素等。这些营养物质进入消化道后大部分被消化、吸收，一部分不能消化、吸收、利用的，变成粪尿排出体外。通过饲料分析得知，鸡饲料中含有的营养成分，可用图 3-2 表示。

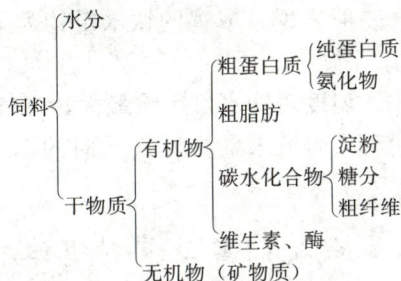

图 3-2　饲料中的营养物质

59 水对鸡体有什么作用？

各种饲料与鸡体内均含有水分。但因饲料的种类不同，其含量差异很大，一般植物性饲料含水量在 5％～95％之间，禾本科子实饲料含水量为 10％～15％。在同一种植物性饲料中，由于其收割期不同，水分含量也不尽相同，随其成熟而逐渐减少。

饲料中含水量的多少与其营养价值、贮存密切相关。含水量高的饲料，单位重量中含干物质较少，其中养分含量也相对减少，故其营养价值也低，且容易腐败变质，不利于贮存与运输。适宜贮存的饲料，要求含水量在14％以下。

鸡体内含水量在50％～60％之间，主要分布于体液（如血液、淋巴液）、肌肉等组织中。

水是鸡生长、产蛋所必需的营养素，对鸡体内正常的物质代谢有着特殊的作用。它是各种营养物质的溶剂，鸡体内各种营养物质的消化、吸收、代谢废物的排出、血液循环、体温调节等离不开水。如果饮水不足，饲料消化率和鸡群产蛋率就会下降，严重时会影响鸡体健康，甚至引起死亡。试验证明，产蛋母鸡24小时饮不到水，可使产蛋率下降30％，并且需要25～30天才能恢复正常；如果雏鸡10～12小时不饮水，会使其采食量减少，而且增重也会受到影响。

鸡的饮水量依季节、年龄、产蛋水平而异，一般每只鸡每天饮水150～250克。当气温高、产蛋率高时饮水量增加，当限制饲养时饮水量也增加。一般来说，成鸡的饮水量约为采食量的1.6倍，雏鸡的比例更大些。

在环境因素中，温度对饮水量影响最大，当气温高于20℃时，饮水量开始增加，35℃时饮水量约为20℃时的1.5倍，0～20℃时饮水量变化不大。

60 什么是粗蛋白质？蛋白质对鸡体有什么作用？

粗蛋白质是饲料中含氮物质的总称，包括纯蛋白质和氨化物。氨化物在植物生长旺盛时期和发酵饲料中含量较多（占含氮量的30％～60％），成熟子实含量很少（占含氮量的3％～10％）。氨化物主要包括未结合成蛋白质分子的个别氨基酸、植物体内由无机氮（硝酸盐和氨）合成蛋白质的中间产物和植物蛋白质经酶类和细菌分解后的产物。鸡体只能消化吸收纯蛋白质，而难以消化吸收由饲料中无机氮组成的氨化物。纯蛋白质由多种氨基酸组成，氨基酸有20多种，由于种类、数量和组合排列方式不同，就构成了多种性质不同的蛋白质。其营养价值也就不尽相同。凡含有全部必需氨基酸的蛋白质，其营养价值较高，如肉、蛋、奶等。凡含有部分必需氨基酸的蛋白质，其营养价值较低，如玉米、马铃薯等。

在鸡的生命活动中，蛋白质具有重要的营养作用。它是形成鸡肉、鸡蛋、内脏、羽毛、血液等的主要成分，是维持鸡的生命、保证生长发育和生产的极其重要的营养素，而且蛋白质的作用不能用其他营养成分来代替。如果日粮中缺少蛋白质，雏鸡生长缓慢，成鸡产蛋减少，蛋重减轻，严重时体重下降，甚至引起死亡。相反，日粮中蛋白质过多也是不利的，它不仅造成浪费，而且还会使鸡体发生代谢紊乱，出现中毒现象。

要知道哪种饲料含有多少粗蛋白质，首先要测定该饲料的含氮量，再换算成粗蛋白质含量。换算时，因一般饲料的粗蛋白质平均含氮量是 16%，所以饲料中粗蛋白质含量等于饲料含氮量乘以 6.25。根据饲料分析测定结果，各种饲料含粗蛋白质的数量，以动物性饲料最多，为 40%～70%；其次是植物性饲料中的油饼类，为 35%～45%；豆类子实为 18%～40%。

61 鸡对蛋白质的需要与哪些因素有关？

在饲养标准中，具体规定了鸡在生长发育不同阶段对蛋白质的需要量，但在生产实践中，还需根据具体情况做适当调整。影响鸡对蛋白质需要量的主要因素有以下几个方面：

（1）蛋白质品质　如果日粮中动、植物性蛋白质比例适当，各种必需氨基酸平衡，则蛋白质利用率高，用量也少。

（2）蛋白能量比　蛋白能量比是指饲粮中每兆焦代谢能所含有的粗蛋白质克数，用粗蛋白质克数/兆焦代谢能的比值来表示。鸡饲粮中能量与蛋白质含量的关系极为密切，其采食量在一定范围内依饲粮能量浓度的变化而变化，饲粮能量浓度高，采食量相对减少；相反，则相对增加。因此，日粮中蛋白质含量与能量比例必须适当，高能量的日粮必须与高蛋白配合使用。

（3）品种类型　鸡的品种类型不同，对蛋白质需要量也有差异。例如，优秀杂交肉用仔鸡生长发育迅速，其日粮中蛋白质含量要高于纯种肉用仔鸡。

（4）生理状况　雏鸡需要蛋白质较多，随着日龄增长，育成期内蛋白质需要量相应减少，蛋鸡的产蛋率越高，需要摄入的蛋白质就越多；在鸡患球虫病期间，可适当降低日粮中蛋白质含量，以利于药物对球虫的作用。

（5）环境温度　环境温度超过一定限度（如酷暑季节），鸡的采食量下降，这时应提高日粮中蛋白质含量，以弥补其不足。

（6）其他因素　如日粮中维生素、矿物质不足，则应提高蛋白质含量，以改善饲料利用率。

62 **什么是氨基酸？鸡的必需氨基酸有哪些？**

氨基酸是组成蛋白质的基本单位，由碳、氢、氧、硫等元素组成，是一种含氨基的有机酸。鸡采食后，饲料中的蛋白质在胃肠中被蛋白酶分解为氨基酸，并进入血液循环，参与体内代谢过程，合成鸡体蛋白质。

构成蛋白质的氨基酸有20多种，分为必需氨基酸和非必需氨基酸两大类。必需氨基酸是指在鸡体内不能合成或合成的速度很慢，不能满足鸡的生长发育的需要，必须由饲料供给的氨基酸。鸡的必需氨基酸有11种，即蛋氨酸、赖氨酸、精氨酸、苏氨酸、异亮氨酸、亮氨酸、色氨酸、苯丙氨酸、组氨酸、缬氨酸和甘氨酸。虽然在鸡体内胱氨酸可由蛋氨酸合成，酪氨酸可由苯丙氨酸合成，但这意味着日粮中胱氨酸与酪氨酸不足时，就增加了日粮中蛋氨酸与苯丙氨酸的需要量。因此，肉鸡日粮中的胱氨酸与苯丙氨酸也称为半必需氨基酸。鸡的非必需氨基酸是指在鸡体内能够合成的氨基酸，如丝氨酸、丙氨酸、脯氨酸等。

在养鸡实践中，用一般禾本科植物子实及油饼类饲料配合日粮时，蛋氨酸、赖氨酸、精氨酸、苏氨酸和异亮氨酸往往达不到营养需要标准的数量，它们的缺乏将影响其他氨基酸的利用率，因而这几种氨基酸又称为限制性氨基酸。

蛋白质本身好比一个木桶，氨基酸是组成木桶的每一块木板，鸡对饲料中蛋白质的利用能力好像木桶里装的水，若构成木桶的木板（氨基酸）都同样高，可以装满水；若其中一两块木板只相当于其他木板的70％高，那么这个木桶只能装其容量70％的水（7分桶），高出的木板（多出的氨基酸）也就不起作用了。因此，鸡对蛋白质的需要应当量质并重。也就是说，鸡日粮中蛋白质的需要量，首先应考虑必需氨基酸是否得到充分满足营养需要，在日粮中所有必需氨基酸都达到或超过需要量时，蛋白质才算满足需要。那么，怎样才能满足鸡对氨基酸的需要呢？这就要求配合日粮时应采用多种蛋白质饲料搭配，使各饲料蛋白质的氨基酸起到互补作用。如玉米中的赖氨酸和色氨酸比豆饼含量少，而各种动物性饲料中所含必需氨基酸就比较完善。若用玉米、碎米、小麦、麦麸、豆饼、鱼粉、蚕蛹等多种饲料配合成鸡的日粮，日粮中的氨基酸就可能趋于平衡，有利于提高增加饲料报酬和鸡的生产性能。

63 鸡常用的蛋白质饲料有哪些？

蛋白质饲料一般指饲料干物质中粗蛋白质含量在20％以上，粗纤维含量在18％以下的饲料。蛋白质饲料主要包括植物性蛋白质饲料和动物性蛋白质饲料及酵母。

（1）植物性蛋白质饲料　主要有豆饼（豆粕）、花生饼、葵花饼、芝麻饼、菜子饼、棉子饼等。

①豆饼（豆粕）：大豆因榨油方法不同，其副产物可分为豆饼和豆粕两种类型。用压榨法加工的副产品叫豆饼，用浸提法加工的副产品叫豆粕。豆饼（粕）中含粗蛋白质40％～45％，含代谢能10.04～10.88兆焦/千克，矿物质、维生素的营养水平与谷实类大致相似，且适口性好，经加热处理的豆饼（粕）是鸡最好的植物性蛋白质饲料，一般在饲粮中用量可占10％～30％。虽然豆饼中赖氨酸含量比较高，但缺乏蛋氨酸，故与其他饼粕类或鱼粉配合使用，或在以豆饼为主要蛋白质饲料的无鱼粉饲粮中加入一定量合成氨基酸，饲养效果更好。

在大豆中含有抗胰蛋白酶、红细胞凝集素和皂角素等，前者阻碍蛋白质的消化吸收，后者是有害物质。大豆榨油前，其豆胚经130～150℃蒸汽加热，可将有害酶类破坏，除去毒性。用生豆饼（用生榨压成的豆饼）喂鸡是十分有害的，生产中应加以避免。

②花生饼：花生饼中粗蛋白质含量略高于豆饼，为42%～48%，精氨酸含量高，赖氨酸含量低，其他营养成分与豆饼相差不大，但适口性好于豆饼，与豆饼配合使用效果较好，一般在饲粮中用量可占15%～20%。生花生仁和生大豆一样，含有抗胰蛋白酶，不宜生喂，用浸提法制成的花生饼（生花生饼）应进行加热处理。此外，花生饼脂肪含量高，不耐贮藏，易染上黄曲霉菌而产生黄曲霉毒素，这种毒素对鸡危害严重。因此，生长黄曲霉的花生饼不能喂鸡。

③葵花子饼（粕）：葵花子饼的营养价值随含壳量多少而定。优质的脱壳葵花子饼粗蛋白质含量可达40%以上，蛋氨酸含量比豆饼多两倍，粗纤维含量在10%以下，粗脂肪含量在5%以下，钙、磷含量比同类饲料高，B族维生素含量也比豆饼丰富，且容易消化。但目前完全脱壳的葵花子饼很少，绝大部分是含一定量的子壳，从而使其粗纤维含量较高，消化率降低。目前常见的葵花子饼的干物质中粗蛋白质平均含量为22%，粗纤维含量为18.6%；葵花子粕含粗蛋白质24.5%，含粗纤维19.9%，按国际饲料分类原则应属于粗饲料。因此，含子壳较多的葵花子饼（粕）在饲粮中用量不宜过多，一般占5%～15%。

④芝麻饼：芝麻饼是芝麻榨油后的副产物，含粗蛋白质40%左右，蛋氨酸含量高，适当与豆饼搭配喂鸡，能提高蛋白质的利用率。一般在饲粮中用量可占5%～10%。由于芝麻饼含脂肪多而不宜久贮，最好现粉碎现喂。

⑤菜子饼：菜子饼粗蛋白质含量高（38%左右），营养成分也比较全面，与其他油饼类饲料相比突出的优点是：含有较多的钙、磷和一定量的硒，B族维生素（尤其维生素B_2）的含量比豆饼含量丰富，但其蛋白质生物学价值不如豆饼，尤其含有芥子毒素，有辣味，适口性差，生产中需加热处理去毒才能作为鸡的饲料，一般

在饲粮中含量占 5% 左右。

⑥棉子饼：机榨脱壳棉子饼含粗蛋白质 33% 左右，其蛋白质品质不如豆饼和花生饼；粗纤维含量 18% 左右，且含有棉酚。如喂量过多不仅影响蛋的品质，而且还降低种蛋受精率和孵化率。一般来说，棉子饼不宜单独作为鸡的蛋白质饲料，经去毒后（加入 0.5%~1% 的硫酸亚铁），添加氨基酸或与豆饼、花生饼配合使用效果较好，但在饲粮中量不宜过多，一般不超过 4%。

⑦亚麻仁饼：亚麻仁饼含粗蛋白质 37% 以上，钙含量高，适口性好，易于消化，但含有亚麻毒素（氢氰酸），所以使用时需进行脱毒处理（用凉水浸泡后高温蒸煮 1~2 小时），且用量不宜过大，一般在饲粮中用量不超过 5%。

（2）动物性蛋白质饲料　主要有鱼粉、肉骨粉、蚕蛹粉、血粉和羽毛粉等。

①鱼粉：鱼粉中不仅蛋白质含量高（45%~65%），而且氨基酸含量丰富而完善，其蛋白质生物学价值居动物性蛋白质饲料之首。鱼粉中维生素 A、维生素 D、维生素 E 及 B 族维生素含量丰富，矿物质含量也较全面，不仅钙、磷含量高，而且比例适当；锰、铁、锌、碘、硒的含量也是其他任何饲料所不及的。进口鱼粉颜色棕黄，粗蛋白质含量在 60% 以上，含盐量少，一般可占饲粮的 5%~15%；国产鱼粉呈灰褐色，含粗蛋白质 35%~55%，盐含量高，一般可占饲粮的 5%~7%，否则易造成食盐中毒。

②肉骨粉：肉骨粉是由肉联厂的下脚料（如内脏、骨骼等）及畜体的废弃肉经高温处理而制成的，其营养物质含量随原料中骨、肉、血、内脏比例不同而异，一般蛋白质含量为 40%~65%，脂肪含量为 8%~15%。使用时，最好与植物性蛋白质饲料配合，用量可占饲粮的 5% 左右。

③血粉：血粉中粗蛋白质含量高达 80% 左右，富含赖氨酸，但蛋氨酸和胱氨酸含量较少，消化率比较低，生产中最好与其他动物性蛋白质饲料配合使用，用量不宜超过饲粮的 3%。

④蚕蛹粉：蚕蛹粉含粗蛋白质 50%~60%，各种氨基酸含量

比较全面，特别是赖氨酸、蛋氨酸含量比较高，是鸡良好的动物性蛋白质饲料。由于蚕蛹粉内含脂量多，贮藏不好极易腐败变质发臭，因而蚕蛹粉要注意贮藏，使用时最好与其他动物性蛋白质饲料搭配，用量可占饲粮的5%左右。

⑤羽毛粉：水解羽毛粉含粗蛋白质近80%，但蛋氨酸、赖氨酸、色氨酸和组氨酸含量低，使用时要注意氨基酸平衡问题，应与其他动物性饲料配合使用，一般在饲粮中用量可占2%～3%。

（3）酵母　目前，我国饲料生产中使用的酵母有饲料酵母和石油酵母。

①饲料酵母：生产中常用啤酒酵母制作饲料酵母。这类饲料含粗蛋白质较多，消化率高，且富含各种必需氨基酸和B族维生素。利用饲料酵母配合饲粮，可补充饲料中蛋白质和维生素营养，用量可占饲粮的5%～10%。

②石油酵母：石油酵母是利用石油副产品生产的单细胞蛋白质饲料，其营养成分及用量与饲料酵母相似。

64 什么叫碳水化合物？它有什么营养价值？

碳水化合物是植物性饲料的主要成分，也是组成鸡饲料中数量最多的营养物质，在各种鸡饲料中占50%～85%。碳水化合物主要包括淀粉、纤维素、半纤维素、木质素及一些可溶性糖类。它在鸡体内分解后（主要指淀粉和糖）产生热量，用以维持体温和供给体内各器官活动时所需的能量。日粮中碳水化合物不足时，会影响鸡的生长和产蛋；过多时，会影响其他营养物质的含量，也会造成鸡体过肥。此外，粗纤维（指纤维素、半纤维素、木质素）可以促进胃肠蠕动，帮助消化。饲料中缺乏粗纤维时会引起鸡便秘，并降低其他营养物质的消化率。但由于饲料在鸡消化道内停留时间短，且肠内微生物又少，因而鸡对日粮中的粗纤维几乎不能消化吸收，如果日粮中粗纤维含量过多，会降低其营养价值。一般来说，在鸡的日粮中，粗纤维含量不宜超过5%。

65 什么是粗脂肪？它有什么营养价值？

在饲料分析中，凡是能够用乙醚浸出的物质统称为粗脂肪，包括真脂和类脂（如固醇、磷脂等），脂肪和碳水化合物一样，在鸡体内分解后产生热量，用以维持体温和供给体内各器官运动需要的能量。其热量是碳水化合物或蛋白质的 2.25 倍；脂肪是体细胞的组成成分，也是脂溶性维生素的携带者，脂溶性维生素 A、维生素 D、维生素 E、维生素 K 必须以脂肪作溶剂在体内运输，若日粮中缺乏脂肪时，则影响这一类维生素的吸收和利用。例如用高糖、高蛋白质饲料喂肉鸡，在维生素不足的情况下易发生因维生素 A、维生素 E 缺乏而引起生长较快的小公鸡大批死亡，若预先加入植物油或维生素 E 就能预防这种情况的发生。另外，脂肪酸中的亚麻油酸、次亚麻油酸和花生油酸对雏鸡的生长发育有重要作用，称之为必需脂肪酸。若日粮缺乏这三种脂肪酸就会阻碍雏鸡的生长，甚至引起死亡。试验证明，在肉用仔鸡日粮中添加 1%～5% 的脂肪，对肉用仔鸡生长及提高饲料利用率，都有良好的效果。

66 什么叫能量饲料？鸡常用的能量饲料有哪些？

饲料中的有机物都含有能量，而这里所谓能量饲料是指那些富含碳水化合物和脂肪的饲料，在干物质中粗纤维含量在 18% 以下，粗蛋白质含量在 20% 以下。这类饲料的消化率高，每千克饲料干物质代谢能为 7.11～14.6 兆焦；粗蛋白质含量少，仅为 7.8%～13%，特别是缺乏赖氨酸和蛋氨酸；含钙少、磷多。因此，这类饲料必须和蛋白质饲料等其他饲料配合使用。

（1）玉米　玉米含能量高、纤维少，适口性好，消化率高，是养鸡生产中用得最多的一种饲料，素有饲料之王的称号。中等质地的玉米含代谢能 12.97～14.64 兆焦/千克，而且黄玉米中含有较多的胡萝卜素，用黄玉米喂鸡可提供一定量的维生素 A，可促进鸡的生长发育、产蛋及卵黄着色。玉米的缺点是蛋白质含量低、质量差，缺乏赖氨酸、蛋氨酸和色氨酸，钙、磷含量也较低。在鸡的饲粮中，玉米可占50%～70%。

（2）高粱　高粱中含的能量与玉米相近，但含有较多的单宁（鞣酸），使味道发涩，适口性差，饲喂过量还会引起便秘。一般在饲粮中用量不超过10%～15%。

（3）粟　俗称谷子，去壳后称小米。小米含的能量与玉米相近，粗蛋白质含量高于玉米，为10%左右，维生素B_2含量高（1.8毫克/千克），而且适口性好，一般在饲粮中用量占15%～20%为宜。

（4）碎米　是加工大米筛下的碎粒。含能量、粗蛋白质、蛋氨酸、赖氨酸等与玉米相近，而且适口性好，是鸡良好的能量饲料，一般在饲粮中用量可占30%～50%或更多一些。

（5）小麦　小麦含的能量与玉米相近，粗蛋白质含量高，且含氨基酸比其他谷实类完全，B族维生素丰富，是鸡良好的能量饲料。但优质小麦价格昂贵，生产中只能用不宜做口粮的小麦（麦秕）作饲料。麦秕是不成熟的小麦，子粒不饱满，其蛋白质含量高于小麦，适口性好，且价格也比较便宜。小麦和麦秕在饲粮中用量可占10%～30%。

（6）大麦和燕麦　大麦和燕麦含能量比小麦低，但B族维生素含量丰富。因其皮壳粗硬，不易消化，需破碎或发芽后少量搭配饲喂。在肉用种鸡饲粮中含量不宜超过15%，肉用仔鸡应控制在全部饲料量的5%以下。

（7）小麦麸　小麦麸粗蛋白质含量较高，可达13%～17%，B族维生素含量也较丰富，质地松软，适口性好，是肉鸡的常用饲料。由于麦麸粗纤维含量高，容积大，且有轻泻作用，故用量不宜过多。一般在饲粮的用量上，雏鸡和成鸡可占5%～15%，育成鸡可占10%～20%，肉用仔鸡可占5%～10%。

（8）米糠　米糠是稻谷加工的副产物，其成分随加工大米精白的程度而有显著差异。米糠含能量低，粗蛋白质含量高，富含B族维生素，磷、镁和锰含量高，钙含量低，粗纤维含量高。由于米糠含油脂较多，故长期贮存易变质。一般在饲粮中米糠用量可占 5%～10%。

（9）高粱糠　高粱糠粗蛋白质含量略高于玉米，B 族维生素含量丰富，但含粗纤维量高、能量低，且含有较多的单宁（单宁和蛋白质结合发生沉淀，影响蛋白质的消化，适口性差）。一般在饲粮中用量不宜超过 5%。

（10）油脂饲料　油脂含能量高，其发热量为碳水化合物或蛋白质的 2.25 倍。油脂可分为植物油和动物油两类，植物油吸收率高于动物油。为提高饲粮的能量水平，可添加一定量的油脂。据试验，在肉用仔鸡饲粮中添加 2%～5% 的脂肪，对加速增重和提高饲料转化率都有较好的效果。

67 鸡日粮中的粗纤维有什么作用？其含量过多有什么害处？

粗纤维是鸡饲粮中不可缺少的营养物质，它具有填充嗉囊和胃肠，刺激胃肠蠕动，帮助消化，增进食欲，促进新陈代谢等功能。如果日粮中粗纤维含量过低，会引起鸡的消化道疾病，羽毛生长发育不良，出现啄癖等。但日粮中粗纤维含量过高，对鸡的生长发育和产蛋也是不利的。鸡对粗纤维的消化能力比家畜差得多，纤维素构成植物细胞壁，细胞壁不破坏，细胞的内容物（营养物质）也就不能和消化酶接触而被消化。如果鸡的日粮中粗纤维过多，日粮容积是够了，但其他营养物质则相对减少了。而且，由于粗纤维过多的影响，各种营养物质消化率降低，其结果是被消化吸收的营养不足，能量不够，而造成鸡生长发育不良，鸡体消瘦，产蛋率下降。粗纤维在糠麸类饲料中含量较多（麦麸 12.6%、统糠 21.7%）；干草粉含粗纤维量视草的品质而定，一般为 23%～36%；子实类饲料中粗纤维含量较少（2%～9%）。

在鸡的日粮中，粗纤维含量不宜超过 5%，一般标准是：雏鸡、肉用仔鸡 2.5%～3.0%，育成鸡 4%～5%，产蛋鸡、种鸡 3.0%～4.5%。

68 什么叫维生素？鸡需要哪些维生素？

维生素是维持生命和健康不可缺少的化合物，虽然它不是能量来源，也并非构成动物机体组织的主要物质。需要量仅占日粮的万分之一或更少，却具有高度的生物学特性，其营养价值不亚于蛋白质、脂肪、碳水化合物等。有些维生素是酶的组成成分，有些维生素（如维生素 B_1、维生素 B_2、烟酸）与其他物质一起构成辅酶，这些酶和辅酶参与体内各个代谢过程。如果日粮中某些维生素缺乏，就会导致新陈代谢紊乱，影响营养物质的吸收，健康水平下降，体质衰弱，并发种种疾病，甚至引起死亡。

鸡体需要的维生素有多种，可分为脂溶性和水溶性两大类。其中脂溶性维生素包括维生素 A、维生素 D、维生素 E 和维生素 K；水溶性维生素包括 B 族维生素和维生素 C，B 族维生素又包括维生素 B_1、维生素 B_2、维生素 B_5、吡哆醇（维生素 B_6）、叶酸（维生素 B_9）、维生素 B_{12}、烟酸（维生素 PP 或维生素 B_3）、胆碱和生物素等。

在一般饲料中，鸡最易感不足的维生素是维生素 A、维生素 D、维生素 B_2、维生素 B_{12} 及维生素 E 和维生素 K。

69 维生素 A 对鸡有什么作用？哪些饲料中含量丰富？

维生素 A 是一种脂溶性维生素，其功用非常广泛，可维持视觉和黏膜，特别是呼吸道和消化道上皮的完整性，并促进机体骨骼的生长，增强对疾病的抵抗力和繁殖功能。如缺乏维生素 A，易导致干眼病或失明，生长迟缓，产蛋率低，种蛋孵化率下降。

维生素 A 只存在于动物性饲料中。植物性饲料中不含维生素 A，但含有胡萝卜素，黄玉米中含有玉米黄素，它们在动物体内都可以转化为维生素 A。胡萝卜素在青绿饲料中含量比较丰富，在谷物、油饼、糠麸中含量很少。一般配合饲料，每千克含胡萝卜素及玉米黄素大约相当于维生素 A 1 000 国际单位左右，远远不能满足鸡的需要，所以对于不喂青绿饲料的鸡来说，维生素 A 主要依靠多种维生素添加剂来提供。

70 维生素 D 对鸡有什么作用？哪些饲料中含量丰富？

维生素 D，又叫抗佝偻病维生素，是一种脂溶性维生素。它在鸡的肠道内可造成一种酸性环境，促使钙、磷盐类易于溶解而被肠壁吸收，并能促进钙、磷在骨骼中沉积和减少磷从尿中排出。如果维生素 D 缺乏，即使日粮中钙、磷充足且比例适当，其吸收和利用也会受到影响，鸡表现出一系列缺钙、缺磷症状：如雏鸡、肉用仔鸡生长发育不良，羽毛松散，喙、爪变软或弯曲，胸骨弯曲、内陷，腿骨变形，种鸡产蛋率和孵化率下降。

维生素 D 主要有维生素 D_3 和维生素 D_2 两种，维生素 D_3 是由动物皮肤内的 7-脱氢胆固醇经阳光紫外线照射而生成的，主要贮存于肝脏、脂肪和蛋白中。维生素 D_2 是由植物中的麦角固醇经阳光紫外线照射而生成的，主要存在于青绿饲料和晒制的青干草中。对于鸡来说，维生素 D_3 的作用要比维生素 D_2 强 30~40 倍，但鱼粉、肉粉、血粉等常用动物性饲料含维生素 D_3 较少，谷物、饼粕及糠麸中维生素 D_2 的含量也微不足道，鸡从这些饲料中得到的维生素 D 远远不能满足需要。

鸡所需要的维生素 D 主要有两个来源。第一是自身合成。幼雏合成较少，青年鸡每日在阳光下活动 50 分钟以上，种鸡经常到运动场上晒太阳，合成量都可以满足需要。透过玻璃的阳光因为紫外线已被滤去，起不到此种作用。第二是由维生素添加剂提供，这对于室内养鸡和雏鸡尤为重要。

71 维生素 E 对鸡有什么作用？哪些饲料中含量丰富？

维生素 E 又叫抗不育维生素或生育酚，是一种脂溶性维生素，可保持鸡的正常生育机能。缺乏时，鸡的配种能力、精液品质、种蛋受精率及受精蛋孵化率均降低；维持肌肉和外周血管正常机能。维生素 E 缺乏时，肌肉营养不良，外周血管的血管壁渗透性改变，血液成分渗出；具有抗氧化作用。可保护饲料中维生素 A 等多种营养物质，减少其被氧化破坏；与微量元素硒起协同作用。当饲料中缺乏硒时，只要维生素 E 充足有余，可以减轻缺硒的不利影响。

维生素 E 在植物油、谷物胚芽及青绿饲料中含量丰富。相对来说，米糠、大麦、小麦、棉仁饼中含量也稍多。豆饼、鱼粉次之，玉米及小麦麸中较贫乏。虽然维生素 E 具有抗氧化作用，但本身很不稳定，在酸败脂肪、碱性物质中以及在光线下易被破坏。青草在晒制过程中维生素 E 可损失 90% 左右，饲料在贮存期间，6 个月维生素 E 可损失 30%~50%。

72 维生素 B_1 对鸡有什么作用？哪些饲料中含量丰富？

维生素 B_1 又叫硫胺素，是组成消化酶的重要成分，参与体内碳水化合物的代谢，维持神经系统的正常机能。幼鸡对维生素 B_1 敏感，当用缺乏维生素 B_1 的日粮饲喂肉用仔鸡时，10 天后可出现多发性神经炎——头向后仰，羽毛蓬乱，运动器官和肌胃衰弱或变性，两腿无力等；食欲减退，消化不良，生长发育缓慢。

维生素 B_1 在自然界中分布比较广泛，多数饲料中都含有，在糠麸、酵母中含量丰富，在豆类饲料、青绿饲料中的含量也比较多。但在根茎类饲料中含量很少。

维生素 B_1 在酸性饲料中相当稳定，但遇热、遇碱易被破坏。

鸡对维生素 B_1 的需要量与饲粮组成有关，日粮中能量主要来源是碳水化合物时，维生素 B_1 的需要量增加。

73 维生素 B_2 对鸡有什么作用？哪些饲料中含量丰富？

维生素 B_2 又叫核黄素，它构成细胞黄酶辅基，参与碳水化合物和蛋白质的代谢，是鸡较易缺乏的一种维生素。若日粮中含量适当，可提高饲料利用率。缺乏时，雏鸡生长缓慢，足趾弯曲，行走困难；产蛋种鸡的产蛋量减少，种蛋孵化率降低。

维生素 B_2 在碱性环境中易被光破坏，但对热和酸相当稳定，在产蛋种鸡体内不能大量贮存，需经常补给。

维生素 B_2 在青绿饲料、苜蓿粉、酵母粉、蚕蛹粉中含量丰富，鱼粉、油饼类饲料及糠麸次之，子实饲料（如玉米、高粱、小米）等含量较少。

74 维生素 B_5、烟酸、维生素 B_6、维生素 H、维生素 B_9、维生素 B_{12} 和胆碱对鸡有什么作用？哪些饲料中含量丰富？

（1）维生素 B_5　维生素 B_5 又称泛酸，是辅酶 A 的组成成分，与碳水化合物、脂肪和蛋白质的代谢有关。缺乏时，幼鸡生长发育受阻，羽毛粗糙，眼内有黏性分泌物流出，使眼睑边有颗粒物，上下眼睑粘到一起，喙角和肛门有硬痂，脚爪有炎症。

维生素 B_5 在各种饲料中均有一定含量，在苜蓿粉、糠麸、酵母及动物性饲料中含量丰富，但在植物子实中的含量相对较少，尤其是玉米中含量极少，通常以玉米为主要成分的配合饲料，除商品蛋鸡外，维生素 B_5 不能满足需要，必须用添加剂补充。

（2）烟酸　烟酸又称维生素 B_3 或维生素 PP，是某些酶类的重要成分，与碳水化合物、蛋白质和脂肪的代谢有关。

维生素 B_3 的性质稳定，不易受酸、碱、热的破坏，是维生素中最稳定的一种。烟酸在青绿饲料、糠麸、酵母及花生饼中含量丰富，在鱼粉、肉骨粉中含量也比较多。

（3）维生素 B_6　维生素 B_6 也叫吡哆醇，其作用是作为氨基移换酶及脱羧酶的组成成分，参与体内含硫氨基酸和色氨酸的代谢。缺乏时，鸡出现神经障碍，从兴奋至痉挛，雏鸡生长缓慢，食欲减退。

维生素 B_6 主要存在于酵母、糠麸及植物性蛋白质饲料中，动物性饲料及根茎类饲料中相对贫乏，子实饲料中每千克含 3 毫克左右。

（4）维生素 H　维生素 H 又叫生物素，是一种辅酶，参与脂肪和蛋白质的代谢，有利于不饱和脂肪酸的合成，促进鸡胚发育和雏鸡生长。缺乏时，鸡喙、趾发生皮炎，生长缓慢，种蛋孵化率低，胚胎畸形。

生物素在蛋白质饲料中含量丰富，在青绿饲料、苜蓿粉和糠麸中比较多，但鸡对禾谷类子实中的生物素吸收利用率不同，有些子实饲料中的生物素，鸡只能利用 1/3 左右。

（5）维生素 B_9　维生素 B_9 又叫叶酸，它可促进新细胞的形成和红细胞、白细胞的成熟，具有防治鸡恶性贫血，加速肌肉、羽毛发育的作用。缺乏时，鸡生长发育不良，羽毛不正常，种蛋孵化率低。

维生素 B_9 在酵母、苜蓿粉中含量丰富，在麦麸、青绿饲料中也比较多，但在玉米中较贫乏。

（6）维生素 B_{12}　维生素 B_{12} 又叫氰酸钴维素或氰钴维素。它参与酶的构成，对核酸和甲基的合成、碳水化合物和脂肪的代谢起重要作用，还可加速血液细胞的成熟。缺乏时，体内脂肪代谢障碍，雏鸡生长缓慢，发育不良，消瘦，贫血，因而有不同程度的死亡。笼养鸡易患脂肪肝；成鸡产蛋量减少，蛋重减轻，种蛋孵化率低。

维生素 B_{12} 只存在于动物性饲料中，鸡的肠道内能合成一些维生素 B_{12}，但合成后吸收率很低。在含有鸡粪的垫草中以及牛羊粪、淤泥中，含有大量由微生物繁殖所产生的维生素 B_{12}，因而地面平养鸡可以通过扒翻垫料、啄食粪便而获取维生素 B_{12}，但笼养鸡或网上平养鸡就无法从垫料中得到维生素 B_{12} 的补充。

（7）胆碱　胆碱广泛存在于动、植物体内，是卵磷脂和乙酰胆碱的组成成分。卵磷脂参与脂肪代谢，对脂肪的吸收转化起一定作用，可防止脂肪在肝脏中沉积。乙酰胆碱可维持神经的传导功能。胆碱还是促进雏鸡生长的维生素。饲料中胆碱充足可降低蛋氨酸的需要量，因为胆碱结构中的甲基可供机体内合成蛋氨酸，蛋氨酸中的甲基也可供合成胆碱。甲基的转移过程需要维生素 B_{12} 和叶酸参与，所以胆碱的需要量与饲料中蛋氨酸、维生素 B_{12} 和叶酸的含量有关。

天然饲料中均含有胆碱，动物性蛋白质饲料中含量较多，禾本科子实饲料中含量较少。大多数蛋白质饲料每千克含胆碱 2～4 克，而禾本科子实饲料每千克仅含 0.5～1 克。

75 维生素 C 对鸡有什么作用？哪些饲料中含量丰富？

维生素 C 又叫抗坏血酸，其作用是促进肠道内铁的吸收；增加鸡的免疫力，缓解鸡的应激反应。缺乏时，幼鸡生长停滞，体重减轻，关节变软，严重时身体各部位出血或贫血；产蛋种鸡在高温骤升时期，蛋壳硬度降低。

在大部分饲料中均含有维生素 C，青绿饲料中含量丰富，鸡体内也能合成一些，因而在正常情况下，鸡很少出现维生素 C 缺乏症。但在高密度集约化饲养或高温季节及其他逆境中，鸡体内维生素 C 的合成能力降低，需要量增加，则应适当补充，这样有利于减轻逆境因素对鸡体的影响。

76 维生素 K 对鸡有什么作用？哪些饲料中含量丰富？

维生素 K 的主要功能是促进肝脏合成凝血酶原和凝血活素，维持正常的凝血机能。当血管破损时，在凝血酶的作用下，流出的血液迅速凝固，封住伤口，阻止出血。缺乏时，鸡皮下出血形成紫斑，而且受伤后血液不易凝固，流血不止以致死亡。

维生素 K 在青绿饲料中含量丰富，鱼粉等动物性饲料中也有一定的含量，其他饲料中比较贫乏。动物肠道内的微生物能少量合成维生素 K，鸡粪与垫料中的微生物也能合成一些，若地面平养鸡，当鸡扒翻垫料啄食鸡粪时可获取。

77 怎样扩大维生素饲料来源？

目前，多数养鸡场均使用维生素添加剂来满足鸡对维生素的需要，而家庭小规模养鸡，青绿饲料是鸡日粮中维生素的主要来源，经济实惠，容易采集。人工栽培的禾本科、豆科牧草，如苜蓿、三叶草等，都是优质的青绿饲料。无毒的嫩野草，水生植物中的浮萍、水藻、水葫芦，蔬菜中的胡萝卜、白菜、甘蓝、苦荬菜和牛皮菜，树叶中的松针、紫槐叶、洋槐树叶以及草木樨等，均可作为维生素饲料。青绿饲料可占雏鸡饲粮的15%～20%、成鸡饲粮的20%～30%。树叶粉、草粉虽富含维生素，粗蛋白质含量也比较高，由于粗纤维含量多，用量只能占饲粮的2%～5%。

78 鸡需要哪些矿物质？它们各有什么作用？

矿物质是构成骨骼、蛋壳、羽毛、血液等组织不可缺少的成分，对鸡的生长发育、生理功能和繁殖系统具有重要作用。鸡需要的矿物质元素有钙、磷、钠、钾、镁、硫、氯、铁、铜、钴、碘、锰、锌、硒等，其中前七种是常量元素（占体重0.01%以上），后七种是微量元素。

（1）钙　钙是鸡体内含量最多的元素，鸡所需要的钙大约有99%用于构成骨骼和蛋壳，其余分布在细胞和体液中，对维持神经、肌肉和心脏的正常功能，维持酸碱平衡和细胞渗透性，以及促进伤口血液凝固具有重要作用。缺乏时，雏鸡和青年鸡生长缓慢，骨骼发育不良，质脆易折断，或变软易弯曲，严重时两腿变形外展，站立不稳，胸廓变形，形成佝偻病，与缺乏维生素D的症状相似；种鸡食欲减退，产蛋减少，蛋壳变薄，严重时产软壳蛋、无壳蛋。日粮中钙过多对鸡也是有害的，可造成雏鸡和青年鸡在肾脏沉积钙盐，损害肾脏，阻碍尿酸排出，引起痛风病。成年鸡日粮含钙量如超过4.5%，则适口性降低，使采食与产蛋减少，蛋壳上有钙质颗粒，蛋的两端粗糙。

钙在一般谷物、糠麸中含量很少，而在贝粉、石粉、骨粉等矿物质饲料中含量丰富。

鸡缺钙的原因，除日粮含钙不足外，就是日粮中钙、磷比例不当或维生素 D 缺乏，影响钙的吸收利用。若日粮中钙、磷比例略有不当，但维生素 D 充足，能够进行调节，可以维持钙、磷的正常代谢。

（2）磷　磷在鸡体内含量仅次于钙，鸡所需要的磷约有 80% 同钙一起构成骨骼，其余分布在软组织和体液中，参与机体代谢。缺乏时，鸡食欲减退，精神不振，易发生异食癖。雏鸡生长缓慢，骨骼发育不良，严重时像缺钙一样发生软骨病和佝偻病，成年鸡产蛋减少。

饲料中磷过多会影响钙的吸收利用，所以钙和磷要保持一定的比例。由于生长鸡与产蛋鸡对钙的需要量有很大差别，不同产蛋水平的产蛋鸡对钙的需要量也有一定差异，而它们对磷的需要量差别较小，因此，钙、磷的适宜比例是因鸡而异的。在生产中，如果骨粉在日粮中占的比例太大（2.5%～3%），就会造成磷过量，此时尽管日粮中钙很充足，也会出现缺钙症状。

磷的主要来源是矿物质饲料、鱼粉、饼粕类和糠麸，而饲料中全部的磷称为总磷，其中鸡可以吸收利用的称为有效磷。鱼粉等动物性饲料和骨粉等矿物性饲料中的磷，鸡体能够充分吸收，而植物性饲料中的磷，鸡只能利用其 30% 左右。因此，配合饲料中的有效磷＝动物磷＋矿物磷＋植物磷×30%。

（3）钾　钾在鸡体内主要存在于细胞中，是进行代谢的必需物质，对调节渗透压、维持正常生理机能等方面起重要作用。鸡缺乏时，表现为厌食，羽毛松乱，消瘦，共济失调。病鸡生长缓慢，全身无力，动作不灵敏，肌肉常有强直性收缩；血检时，血钾量低下、血清钾亦降低，心率下降；全身肌肉虚弱，心力衰竭，最后出现呼吸困难。

因为钾广泛分布于动植物饲料中，所以在一般情况下不需要补充。但在机体代谢异常，并长期进食困难时可考虑补钾。

（4）钠　钠在鸡体内主要分布于血液和体液中。它在肠道里能使消化液保持碱性，有助于消化酶的活动，另外，还具有调节血液酸碱度、维持心脏的正常活动等功能。缺乏时，鸡生长发育滞缓，消化不良，食欲减退，精神沉郁，骨质变软，角膜角质化，体重下降，心脏输出血量减少。异嗜，出现啄爪、啄肛和啄羽等恶癖。产蛋种鸡产蛋减少，蛋重减轻。

鸡对钠的需要量，主要以食盐（氯化钠）的形式供给，鱼粉中含有一定量的食盐，添加食盐时应予考虑。

（5）氯　氯与钠的作用相似，主要有维持体内渗透压与酸碱平衡等功能，在胃内可形成胃酸。缺乏时，鸡生长发育滞缓，死亡率高，脱水，血液浓缩，并出现神经症状。当病鸡受到惊吓时，两腿向后直伸，体躯向前倒，突然倒地，不能站起，但瞬间可消除，恢复较快。

鸡对氯的需要，主要以食盐（氯化钠）的形式供给，在日粮中补加食盐，既可提供鸡所需要的钠，同时又提供了氯。

（6）铁　铁是鸡体内血红蛋白和某些酶类的组成成分，是造血和形成羽毛色素所必需的物质。缺乏时，鸡消化不良，生长缓慢，羽毛不整，冠、髯苍白，贫血。严重缺铁时羽毛褪色。

铁在血粉、鱼粉、骨肉物中含量丰富，植物性饲料的含铁量与土壤有关，差别较大。一般来说，配合饲料的含铁量可以满足鸡的需要，但不是很可靠，应按鸡的实际需要量的1/3～1/2添加硫酸亚铁，即每千克饲粮添加硫酸亚铁130～200毫克（含在微量元素添加剂中），折合为纯铁27～40毫克。若日粮中缺乏铜或维生素B_6，可影响铁的吸收利用，易发生铁缺乏症。

（7）铜　铜是鸡体内某些酶的组成成分，对血红蛋白的形成起催化作用，体内缺铜则影响铁的吸收。缺乏时，鸡表现贫血，羽毛褪色，骨骼变形，动脉血管弹性减退易于破裂。成年鸡产蛋量减少，种蛋孵化率低。

鸡对铜的需要量很少（每千克饲粮4毫克），除玉米的含铜量为3～4毫克/千克外，其他常用饲料的含铜量都高于鸡的需要量，所以一般不会发生缺铜问题。只是为了保险起见，微量元素添加剂中应含有硫酸铜。

（8）钴　钴是维生素 B_{12} 的组成成分，在蛋白质代谢中起重要作用，是动物成长和健康必不可少的。饲料中缺乏钴会影响动物消化道内合成维生素 B_{12}，引起恶性贫血症。当日粮含有足够的维生素 B_{12} 时，可不必在饲粮中再添加钴。如维生素 B_{12} 不足，添加钴是有益的。

（9）锰　锰在鸡体内主要存在于血液和肝脏中，其他器官及皮肤、肌肉、骨骼中含量极少，它是某些酶的组成成分，参与碳水化合物、蛋白质和脂肪的代谢。缺乏时，雏鸡易发生粗骨症和滑腱症，即腿骨短粗，飞节肿大、扭转，其上下骨骼（胫骨下端、跖上端）弯曲变形，发展到一定程度时，腓肠肌腱从关节后面的骨突上滑脱，离开正常位置，使患肢不能站立；成年鸡产蛋量显著减少，蛋壳变薄易破碎。种蛋入孵后胚胎发生短肢性营养不良症，表现为腿短而粗，翼骨变短，下喙不成比例地缩短而形成"鹦鹉嘴"，出雏前 $1\sim2$ 天大批死亡。

鸡的常用饲料，如谷物、油饼、糠麸、鱼粉等，由于产地不同，含锰量差别很大。

（10）锌　锌是鸡体内多种酶类、激素和胰岛素的组成成分，参与碳水化合物、蛋白质和脂肪的代谢，与羽毛的生长、皮肤健康和伤口愈合密切相关。缺乏时，雏鸡体质虚弱，食欲消失。刺激受惊时呼吸困难；青年鸡生长缓慢，羽毛生长不良，飞节肿大，骨短粗，皮肤形成鳞片，尤其脚部更为严重；种鸡产薄壳蛋，孵化率低，胚胎出现畸形。

锌在鱼粉、肉骨粉和糠麸中含量较多，但植物性饲料的含锌量与土壤有关，差别比较大。虽然配合饲料的含锌量一般可以满足鸡的需要，但不是很可靠，需要添加适量的锌，即可在每千克饲粮中添加 $0.1\sim0.2$ 克的硫酸锌（含在微量元素添加剂中）。如果饲料本身含锌不足，微量元素添加剂质量又差，或饲料中含钙过多，或喂给生黄豆粉，影响锌的吸收利用，则易造成锌缺乏症。

（11）碘　碘是构成鸡体甲状腺的重要成分，它参与体内各种物质代谢过程，对能量代谢、生长发育和繁殖等多种生理功能具有促进作用。缺乏时，鸡易患甲状腺肿大病，雏鸡和青年鸡生长缓慢，骨骼发育不良，羽毛不丰满，成年鸡产蛋量减少，种蛋孵化率降低。

海鱼粉和海产贝壳粉中含有丰富的碘，沿海地区的土壤和饮水，以及这些地区生产的饲料也含有微量的碘，但最为可靠地满足鸡对碘的需要，应通过微量元素添加剂，向每千克饲粮中添加碘化钾0.46毫克；在我国一些内陆地区，饲料中往往缺碘，因此，除使用含碘的微量元素添加剂外，配料所用的食盐应是碘化食盐。

（12）硒　硒是谷胱甘肽过氧化酶的组成成分，与维生素E协同阻止体内某些代谢产物对细胞膜的氧化，保护细胞膜不受损害。在这一点上，硒与维生素E如果一方缺乏，另一方充足有余，引起的症状就比较轻，双方都缺乏则症状加重，所以二者有一定的互补作用。但维生素E在生殖机能方面的功用，硒是不能补偿的。若饲粮中缺乏硒，患鸡表现精神不振，食欲减退，呆立少动，行动困难，两腿内外叉开，有的用飞节触地行走，趴在地上站立困难。严重者缩颈，羽毛蓬乱，翅膀下垂，腿后伸，冠苍白，胸部、腹部、头颈部、翅内侧、大腿内侧皮下水肿，腹部膨大，外观呈绿色或蓝黑色，有的翅部皮肤出现溃烂。

在一般情况下，要求鸡饲粮含硒0.1毫克/千克。植物性饲料的含硒量与土壤有很大关系，我国大部分地区土壤含硒量较少，因而大部分配合饲料含硒量不足。

（13）镁　鸡体内的镁约有70%与钙、磷共同构成骨骼，其余分布在体液中，与神经机能有密切关系。缺乏时，雏鸡和青年鸡生长缓慢，骨骼发育不良，严重时呈昏睡状态，时而发生痉挛，可导致死亡；成年鸡产蛋减少，骨质疏松。

一般饲料中镁的含量都可以满足鸡的需要，在正常情况下不必另外添加。

（14）硫　硫存在于体蛋白、羽毛及蛋内，如羽毛中含硫2%。缺乏时，雏鸡和育成鸡生长缓慢，食欲不振，虚弱，脱羽；成年鸡产蛋减少，种蛋孵化率低。

79 鸡常用的矿物质饲料有哪些？怎样饲用？

矿物质饲料是为了补充植物性和动物性饲料中某种矿物质不足而利用的一类饲料。大部分饲料中都含有一定量矿物质，在散养和低产的情况下，看不出明显的矿物质缺乏症，但在舍饲、笼养、高产的情况下矿物质需要量增多，必须在饲料中添加。

（1）食盐　食盐主要用于补充鸡体内的钠和氯，保证鸡体正常新陈代谢，还可以增进鸡的食欲，用量可占日粮的 $0.3\%\sim0.5\%$，一般为 0.37%。

（2）贝壳粉、石粉、蛋壳粉　三者均属于钙质饲料。一般在配合饲料中用，雏鸡、育成鸡、肉用仔鸡占 $1\%\sim2\%$，产蛋鸡占 8%。贝壳粉是最好的钙质矿物质来源，含钙量高，又容易吸收；石粉价格便宜，含钙量高，但鸡吸收能力差；蛋壳粉可以自制，将各种蛋壳经水洗、煮沸和晒干后粉碎即成。蛋壳粉的吸收率也较好，但要严防传播疾病。

（3）骨粉　骨粉含有大量的钙和磷，而且比例合适。添加骨粉主要用于饲料中含磷量不足，在配合饲料中用量可占 $1\%\sim2\%$。

（4）沙砾　沙砾有助于肌胃中饲料的研磨，起到"牙齿"的作用。舍饲鸡或笼养鸡要注意补饲，不喂沙砾时，鸡对饲料的消化能力大大降低。

（5）沸石　沸石是一种含水的硅酸盐矿物，在自然界中达 40 多种，沸石中含有磷、铁、铜、钠、钾、镁、钙、锶、钡等 20 多种矿物质元素，是一种质优价廉的矿物质饲料。在配合饲料中用量可占 $1\%\sim3\%$。

80 什么叫饲料添加剂？它们分哪几类？

饲料添加剂是用于改善基础日粮、促进生长发育、防治某些疾病的微量成分，它们的功效是多方面的，正确使用可提高鸡的生产性能。饲料添加剂虽然品种繁多，但可归结为两大类，一类是营养性饲料添加剂，包括维生素添加剂、氨基酸添加剂、矿物质添加剂等；另一类是非营养性饲料添加剂，包括生长促进剂（抗生素、抗菌药物、激素、酶制剂等）、驱虫保健剂（驱虫药物、防虫药物等）、饲料保藏剂（抗氧化剂、防毒剂等），增进食欲和禽产品质量改进添加剂（调味剂、颗粒黏合剂、着色剂等）。

目前国内生产中应用较多的品种主要是维生素、微量元素及部分氨基酸（蛋氨酸、赖氨酸）等营养性添加剂；非营养性添加剂则以抗菌药物、驱虫药物添加剂为多。

81 怎样使用各种营养性饲料添加剂？

（1）维生素、微量元素添加剂　这类添加剂可分为雏鸡、育成鸡、产蛋种鸡、肉用仔鸡等多种，添加时按其说明决定用量，饲料中原有的含量只作为安全剂量不予考虑，鸡处于逆境时，如运输、转群、注射疫苗、断喙时对这类添加剂需要量加大。

（2）氨基酸添加剂　目前人工合成而作为饲料添加剂进行大批量生产的是赖氨酸和蛋氨酸。以大豆饼为主要蛋白质来源的日粮，添加蛋氨酸可以节省动物性饲料用量，豆饼不足的日粮添加蛋氨酸和赖氨酸，可以大大强化饲料的蛋白质营养价值，使用时按基础日粮与饲养标准的差额进行添加，添加量一般占日粮的0.2%～0.55%。

82 怎样使用各种非营养性饲料添加剂？

（1）抗生素添加剂　抗生素添加剂不仅具有防病健身的效果，有些还能促进生长发育，对1月龄雏鸡可提高增重10%～15%，并改善饲料报酬。在防疫卫生条件差和饲料不完善情况下使用效果更明显。但不宜过量和长期投喂，一般在产蛋期和肉用仔鸡上市前7～10天应停止添喂。常用的抗生素添加剂有金霉素（添加量为100～500克/吨）、土霉素钙（添加量为100～200克/吨）、硫酸新霉素（添加量为35～55克/吨）、莫能菌素（添加量为5.5～11克/吨）、北里霉素（添加量为5.5～11克/吨）等。

（2）驱虫保健剂　主要指添加于肉用仔鸡和其他雏鸡饲料中的抗球虫药物。目前用于防治球虫的药物很多，如氯苯胍、克球粉、腐殖酸钠等，这类药物要严格按使用说明控制药量，否则易发生药物中毒。

（3）防霉剂　为防止饲料在高温、高湿环境中霉烂变质而使用的添加剂。主要有丙酸钙、丙酸钠等，添加量占饲料的0.1%～0.2%。

（4）抗氧化剂　其作用是缓和或降低配合饲料中的脂肪、维生素和色素的氧化分解过程，从而增加其稳定性和使用效果。用于鸡饲料的抗氧化剂主要有山道喹、乙氧基喹啉等，添加量占饲料的0.015%～0.025%。

（5）调味剂　生产中常用茴香油，每千克饲粮中宜加入浓度为5%的茴香油14毫克。农户可在饲料中加入用一定量的大蒜、辣椒粉等，以促进鸡的食欲。

（6）着色剂　为使肉用仔鸡的喙、胫、皮肤呈黄色，可在饲粮中添加一定量的着色剂，如叶黄素、胡萝卜醇等。

83 使用饲料添加剂时要注意哪些问题？

饲料添加剂的作用已逐渐被人们认识，使用越来越普遍，但因其种类多，使用量小而作用很大，且多易失效，所以使用时应注意以下几点：

（1）正确选择　目前饲料添加剂的种类很多，每种添加剂都有自己的用途和特点。因此，用前应充分了解它们的性能，然后结合饲养目的、饲养条件、鸡的品种及健康状况等选择使用。

（2）用量适当　若用量少，达不到预期目的，用量过多会引起中毒，增加饲养成本。用量多少应严格遵照生产厂家在产品包装上的说明使用。

（3）搅拌均匀　搅拌的均匀程度与效果直接相关。在手工拌料时，具体做法是先确定用量，将所需添加剂加入少量的饲料中搅拌均匀，即为第一层次预混料；然后再把第一层次预混料掺到一定量

（饲料总量的 1/5～1/3）饲料中，再充分搅拌均匀，即为第二层次预混料；最后再次把第二层次预混料掺到剩余的饲料中，搅拌均匀即可。这种方法称为饲料三层次分级拌和法。由于添加剂的用量很少，只有多层次分级搅拌才能混匀。如搅拌不均匀，即使是按规定的用量饲用，也往往起不到作用，甚至出现中毒现象。

（4）混于干粉料中　饲料添加剂只能混于干粉料中、短时间贮存待用，才能发挥它的作用。不能混于加水的饲料和发酵的饲料中，更不能与饲料一起加工或煮沸使用。

（5）贮存时间不宜过长　大部分饲料添加剂不宜久放，特别是营养性饲料添加剂、特效添加剂，久放后容易受潮发酵变质或氧化还原而失去作用，如维生素添加剂、抗生素添加剂等。

（6）配伍禁忌　多种维生素最好不要直接接触微量元素和氯化胆碱，以免降低药效。在同时饲用两种以上的添加剂时，应考虑有无颉颃、抑制作用，是否会产生化学反应等。

84 什么叫饲养标准？应用饲养标准时要注意哪些问题？

（1）饲养标准的产生及表示方法　在科学养鸡过程中，为了充分发挥鸡的生产能力又不浪费饲料，必须对每只鸡每天应该给予的各种营养物质的量规定一个大致的标准，以便实际饲养时有所遵循，这个标准就叫饲养标准。饲养标准的制订是以鸡的营养需要为基础的，所谓营养需要就是指鸡在生长发育、繁殖、生产等生理活动中每天对能量及蛋白质、维生素和矿物质等营养物质的需要量。在变化的因素中，某一只鸡的营养需要我们是很难知道的，但是经过多次试验和反复验证，可以对某一类鸡在特定环境和生理状态下的营养需要得到一个估计值，生产中按照这个估计值，供给鸡的各种营养，这就产生了饲养标准。

鸡的饲养标准很多，比较常见的有美国国家研究委员会制订的NRC 饲养标准，日本农林省农业技术委员会制订的日本家禽饲养标准及苏联制订的苏联家禽饲养标准，我国结合自己的实际也制订了中国家禽饲养标准。另外，一些国际著名的大型育种公司，如加拿大谢弗育种公司、英国罗斯种畜公司、美国爱拔益加种鸡公司、德国罗曼公司等，根据各自向全球范围提供的一系列优良品种，分别制订了其特殊的营养规范要求，按照这一饲养标准进行饲养，便可达到该公司公布的某一优良品种的生产性能指标。

在饲养标准中，详细地规定了鸡在不同生长时期和生产阶段，每千克饲粮中应含有的能量、粗蛋白质、各种必需氨基酸、矿物质及维生素含量。有了饲养标准，可以避免实际饲养中的盲目性，对饲粮中的各种营养物质能否满足鸡的需要，与需要量相比有多大差距，可以做到胸中有数，不至于因饲粮营养指标偏离鸡的需要量或比例不当而降低鸡的生产水平。

在常用的饲养标准中，各种营养物质需要量表示如下：

①能量：以代谢能（兆焦/千克）表示鸡对能量的需要。

②蛋白质：以粗蛋白质（$N\times6.25$）占饲粮的百分比表示。

③蛋白能量比：指每千克饲粮中含有的粗蛋白质克数与代谢能兆焦数之比，用克/兆焦表示。为了满足鸡的能量需要，按日粮的能量浓度调节它的采食量，即日粮能量在一定范围内与鸡采食量保持相对恒定，而日粮蛋白质浓度对鸡采食量没有影响。因此，粗蛋白质的百分比浓度随能量而变化。若粗蛋白质的百分比浓度不变，当鸡采食量增减时，可能造成粗蛋白质的浪费或不足。在配合日粮时，可根据当地条件选择一个经济的能量水平，然后根据蛋白能量比确定对应的粗蛋白质的百分比。

④能量与必需氨基酸：蛋白质由多种氨基酸组成，因而鸡对蛋白质的需要，实际上就是对各种必需氨基酸的需要，饲粮中粗蛋白质的百分比浓度随能量而变化，那么饲粮中的必需氨基酸浓度也随能量变化。在饲养标准中，氨基酸的需要量用占饲粮的百分比来表示；必需氨基酸与能量的比例关系用采食每兆焦代谢能所需的必需氨基酸克数表示。

（2）应用饲养标准时需注意的问题　①饲养标准来自养鸡生产，然后服务于养鸡生产。生产中只有合理应用饲养标准，配制营养完善的全价饲粮，才能保证鸡群健康并很好地发挥生产性能，提高饲料利用率，降低饲养成本，获得较好的经济效益。因此，为鸡群配合饲粮时，必须以饲养标准为依据。②饲养标准本身不是永恒不变的指标，随着营养科学的发展和鸡群品质的改进，饲养标准也应及时进行修订、充实和完善，使之更好地为养鸡生产服务。③饲养标准是在一定的生产条件下制订的，各地区以及各国制订的饲养标准虽有一定的代表性，但毕竟有局限性，这就决定了饲养标准的相对合理性。

鸡的营养需要是个极其复杂的问题，饲料的种类、产地、保存好坏都会影响其中的营养含量；鸡的品种、类型、饲养管理条件等也都影响营养的实际需要量，温度、湿度、有害气体、应激因素、饲料加工调制方法等也会影响营养的需要和消化吸收。因此，在生产中原则上既要按标准配合饲粮，也要根据实际情况做适当的调整。

85 用配合饲料喂鸡有什么好处？配合日粮时应遵循哪些原则？

配合饲料是根据饲养标准，将各类饲料按比例配合在一起，以满足不同年龄或不同生产性能的营养需要。用配合饲料喂鸡，既能保证鸡吃到营养完善的日粮，使鸡群达到健康和高产，又可节省劳力，便于机械送料。在配合日粮时应遵循以下原则：

（1）营养原则 ①配合日粮时，必须以鸡的饲养标准为依据，并结合饲养实践中鸡的生长与生产性能状况予以灵活应用。发现日粮中的营养水平偏低或偏高，应进行适当调整。②配合日粮时，应注意饲料的多样化，尽量多用几种饲料进行配合，这样有利于配制成营养完全的日粮，充分发挥各种饲料中蛋白质的互补作用，有利于提高日粮的消化率和营养物质的利用率。③配合日粮时，接触的营养项目很多，如能量、蛋白质、各种氨基酸、各种矿物质等，但首先要满足鸡的能量需要，然后再考虑蛋白质，最后调整矿物质和维生素营养。能量是鸡生活和生产最迫切需要的，鸡按日粮含能量的多少调节采食量，如果日粮中能量不足或过多，都会影响其他养分的利用；提供能量的养分在日粮中所占数量最多，如果首先满足了鸡对能量的需要，其他营养物质（如矿物质、维生素的量不足）不需费很大的事，只需增加少量富含这类营养的饲料便可得到调整。如果先考虑其他营养的需要，一旦能量不能满足鸡的需要量，则需对日粮构成进行较大的调整，相当费事。

（2）生理原则 ①配合日粮时，必须根据各类鸡不同的生理特点，选择适宜的饲料进行搭配，尤其要注意控制日粮中粗纤维的含量，使之不超过5％为宜。②配制的日粮应有良好的适口性。所用的饲料应质地良好，保证日粮无毒、无害、不苦、不涩、不霉、不污染。③配合日粮所用的饲料种类力求保持相对稳定，如需改变饲料种类和配合比例，应逐渐变化，给鸡一个适应过程。

（3）经济原则 在养鸡生产中，饲料费用占很大比例，一般要占养鸡成本的60％～70％。因此，配合日粮时，应尽量做到就地取材，充分利用营养丰富、价格低廉的饲料，以降低生产成本，提高经济效益。

86 在配合日粮时应注意哪些问题？

（1）关于能量与采食量问题 家禽自由采食时，为满足其能量需要而调节采食量。因此，在应用鸡的饲养标准时，应以能量为基础，其他营养素的添加量随着日粮能量浓度的改变而改变。如配合日粮时经常要考虑"蛋白能量比"，就是为了保证蛋白质的适宜进食量，任何其他营养素的代谢都需要相应的能量，能量不足时蛋白质就会脱氨供能，这样一方面浪费蛋白质，另一方面会增加肝、肾负担，造成肝、肾损害。若日粮能量过高，就会在鸡体内蓄积脂肪，影响肉的品质。但也要注意到，鸡调节饲料进食量、保持进食能量稳定的能力有一定限度。低能饲料，含纤维多，体积大，适口性差，受到胃容积限制；鸡很难以采食量的增加来调节能量进食量；采食高能量浓度饲粮时，鸡往往有过量采食能量的现象。一般来说，如果饲粮能量浓度较高，则造成鸡体过肥，产蛋量减少。

111

（2）关于环境温度问题 动物对能量的需要量明显地受环境温度的影响，目前 NRC 饲养标准所提供的推荐量是 22℃适宜温度情况下的需要量，当温度改变的时候，母鸡每只每天能量的需要量可用以下公式进行校正。

$$ME=W^{0.75}（723.14-8.15T）+22.99\Delta W+8.68EE$$

其中，ME＝代谢能（千焦），$W^{0.75}$＝代谢体重（千克），T＝环境温度（℃），ΔW＝体重变化量（克/天），EE＝日产蛋量（克）。

公式表明，能量需要量随温度的上升而下降，环境温度升高时，母鸡因能量需要量下降而降低采食量，为保证必需的蛋白质、氨基酸、矿物质及维生素等的需要，则应增加日粮中这些养分的浓度，反之，温度下降时，则应适当降低它们的浓度，以免造成浪费。

（3）关于各种氨基酸间的相互关系问题 ①蛋氨酸与胱氨酸：蛋氨酸的需要量只能靠蛋氨酸供应来满足，而胱氨酸的需要量则可由胱氨酸或蛋氨酸的供应得到满足。经代谢，蛋氨酸很快地转换成胱氨酸，但不能逆转换。因此，饲养标准中氨基酸需要量规定了蛋氨酸＋胱氨酸和蛋氨酸两个指标。②苯丙氨酸与酪氨酸：苯丙氨酸的需要量只能靠苯丙氨酸供应来满足，而酪氨酸的需要量可由酪氨酸或苯丙氨酸的供应来满足。③氨基酸间的颉颃作用与不平衡：几种特定的氨基酸之间的相互作用可能影响蛋白质和氨基酸的需要量，这种作用称为颉颃作用。目前已发现，赖氨酸与精氨酸之间、亮氨酸、异亮氨酸与缬氨酸之间存在颉颃作用。氨基酸之间的相互作用与它们的结构有关，精氨酸和赖氨酸属碱性氨基酸，亮氨酸、异亮氨酸和缬氨酸同属脂肪族氨基酸，提高一组中一种或两种氨基酸在日粮中的水平，可能会增加对该组氨基酸中另一种氨基酸的需要量。在日粮补充限制性氨基酸时，重要的是首先补充最缺乏的一种，继而补充第二位缺乏的限制性氨基酸。仅仅过量地补充第二位缺乏的限制性氨基酸，会造成氨基酸不平衡，并加重原有的缺乏。④氨基酸利用率：在一般情况下，畜禽日粮都根据饲料分析的氨基酸含量数据来配合，但动物对各种饲料氨基酸的利用率不可能是百分之百，且天然蛋白质在消化率方面的差异非常大，饲粮加工也可能影响饲料中氨基酸的利用率。目前，为了使配合出的日粮更符合鸡的需要，采用可利用氨基酸为指标配合日粮势在必行。

目前常用的饲养标准，如我国的饲养标准和美国 NRC 饲养标准，多是以玉米-豆饼型饲料为基础进行研究得到的结果。因此，在使用其他消化率较低的饼粕类饲料时，就应以豆饼为基准进行校正，即乘以一个校正系数，再以此为氨基酸的标准进行配制，以便符合实际。

（4）有效磷问题　植物中所含的磷有植酸磷和非植酸磷之分，在鸡的胃肠道内没有植酸酶，不能利用植酸磷，所以对鸡来说非植酸磷为有效磷。在计算日粮的可利用磷含量时，无机的补充磷和动物性饲料中的磷按 100％计算，而来自植物性饲料中的磷则按 30％计或用其实测值。

目前在饲料生产中，由于测试条件的限制，不可能对使用的饲粮原料经常进行测定，多以查表值或某次测定值为配合日粮的依据。因此，在按照某一饲养标准进行日粮配方计算时，要考虑"安全系数"或称"余量"。一般根据对饲粮原料成分的掌握程度，确定 5％～10％的余量，如当饲养标准要求赖氨酸浓度为 1.00％时，加 5％的余量则为 1.05％。这样做可以确保所配的日粮能够满足鸡的需要量。

87 各种饲料在鸡日粮中应占多大比例？

（1）谷实类饲料　谷实类饲料至少应选 2～3 种，占日粮比例，雏鸡为 40％～60％；成鸡为 50％～60％；肉用仔鸡为 50％～70％。

（2）糠麸类饲料　糠麸类饲料应选 1～2 种以上，占日粮比例，雏鸡及肉用仔鸡为 15％～25％；成鸡为 10％～30％。

（3）饼粕类饲料　饼粕类饲料应选 1～2 种以上，占日粮比例，雏鸡及肉用仔鸡为 15％～25％；成鸡为 10％～20％。

（4）动物性蛋白质饲料　动物性蛋白质饲料应选 1～2 种，占日粮比例，雏鸡及肉用仔鸡为 8%～15%；成鸡为 5%～8%。

（5）叶粉、干草粉　占日粮比例，雏鸡及成鸡占 2%～5%。

（6）矿物质饲料　矿物质饲料应选 2～4 种，占日粮比例，雏鸡及肉用仔鸡为 2%～3%；成鸡为 3%～10%。如骨粉占日粮的 1%～2%，食盐占日粮的 0.3%～0.5%。贝壳粉、石粉占日粮比例，雏鸡及肉用仔鸡为 1%～2%，产蛋鸡为 3%～8%。

（7）维生素、微量元素等添加剂　按药品说明添加，一般占日粮的 1%～2%。

（8）青绿饲料　一般占精饲料的 25%～30%。

88 怎样利用"试差法"设计鸡的日粮配方？

配合日粮首先要设计日粮配方，有了配方，然后"照方抓药"。设计日粮配方的方法很多，如四方形法、试差法、线性规划法、计算机法等。目前养鸡专业户和一些小型鸡场多采用试差法，而大型鸡场多采用计算机法。

所谓试差法就根据经验和饲料营养含量，先大致确定一下各类饲料在饲粮中所占的比例，然后通过计算看看与饲养标准还差多少再进行调整。下面以产蛋高峰期的蛋鸡设计饲粮配方为例，说明试差法的计算过程。

第一步：根据配料对象及现有的饲料种类列出饲养标准及饲料成分表（表3-1）。

第二步：试制饲粮配方，算出其营养成分。如初步确定各种饲料的比例为鱼粉 3%、花生饼 5%、豆饼 13%、碎米 10%、麦麸 6%、食盐 0.37%、骨粉 1%、石粉 7%、添加剂 0.5%、玉米 54.13%。饲料比例初步确定后列出试制的饲粮配方及其营养成分表（表3-2）。

第三步：补足配方中粗蛋白质和代谢能含量。从以上试制的饲粮配方来看，代谢能比饲养标准多 0.184 兆焦/千克（11.474－11.29），而粗蛋白质比饲养标准少 0.336%（16.5%－16.164%），这样可利用豆饼代替部分玉米进行调整。若粗蛋白质高于饲养标准，同样也可用玉米代替部分豆饼进行调整。从饲料营养成分表中可查出豆饼的粗蛋白质含量为 41.8％，而玉米的粗蛋白质含量为8.7％，豆饼中的粗蛋白质含量比玉米高 33.1％（41.8％－8.7％）。在这里，每用 1％豆饼代替玉米，则可提高粗蛋白质0.331％。这样，我们可以增加 1.02％（0.336/0.331）豆饼代替玉米就能满足蛋白质的饲养标准。

表 3-1　产蛋鸡饲养标准及饲料成分表

项　目	代谢能（兆焦/千克）	粗蛋白（％）	钙（％）	总磷（％）	蛋氨酸+胱氨酸（％）	赖氨酸（％）	食盐（％）
饲养标准							
产蛋率＞85％	11.29	16.5	3.5	0.6	0.65	0.75	0.37
饲料成分							
鱼粉	11.80	60.2	4.04	2.90	2.16	4.72	—
豆饼	10.54	41.8	0.31	0.50	1.22	2.43	—
花生饼	11.63	44.7	0.25	0.53	0.77	1.32	—
玉米	13.56	8.7	0.02	0.27	0.38	0.24	—
碎米	14.23	10.4	0.06	0.35	0.39	0.42	—
麦麸	6.82	15.7	0.11	0.92	0.39	0.58	—
骨粉	—	—	29.80	12.50	—	—	—
石粉	—	—	35.84	0.01	—	—	—

注：矿物质钠、氯主要以食盐的形式补充，食盐按占饲粮的 0.37％计算。

第一次调整后的饲粮配方及其营养成分见表 3-3。

第四步：平衡钙磷，补充添加剂。从表 3-3 可以看出，饲粮配方中的钙尚缺 0.492％（3.5％－3.008％）、磷缺 0.057％（0.6％－0.543％）、蛋氨酸和胱氨酸缺 0.111％（0.65％－0.539％），这样，可用 0.46％（0.057/0.125）骨粉和 0.99％〔（0.492－0.46％×29.8）/0.358〕石粉代替玉米，另外添加 0.11％的蛋氨酸和胱氨酸添加剂，维生素、微量元素添加剂按药品说明添加。

这样，经过调整的饲粮配方中的所有营养已基本满足要求，调整后确定使用的饲粮配方见表 3-4。

表3-2　初步确定的饲粮配方及其营养成分

饲料种类	饲料比例(%)	代谢能(兆焦/千克)	粗蛋白(%)	钙(%)	总磷(%)	蛋氨酸+胱氨酸(%)	赖氨酸(%)
鱼粉	3	0.03×11.80=0.354	0.03×60.2=1.806	0.03×4.04=0.121	0.03×2.90=0.087	0.03×2.16=0.065	0.03×4.72=0.142
豆饼	13	0.13×10.54=1.370	0.13×41.8=5.434	0.13×0.31=0.040	0.13×0.50=0.065	0.13×1.22=0.159	0.13×2.43=0.316
花生饼	5	0.05×11.63=0.582	0.05×44.7=2.235	0.05×0.25=0.013	0.05×0.53=0.027	0.05×0.77=0.039	0.05×1.32=0.066
玉米	54.13	0.541×13.56=7.336	0.541×8.7=4.707	0.541×0.02=0.011	0.541×0.27=0.146	0.541×0.38=0.206	0.541×0.24=0.130
碎米	10	0.1×14.23=1.423	0.1×10.4=1.040	0.1×0.06=0.006	0.1×0.35=0.035	0.1×0.39=0.039	0.1×0.42=0.042
麦麸	6	0.06×6.82=0.409	0.06×15.7=0.942	0.06×0.11=0.007	0.06×0.92=0.055	0.06×0.39=0.023	0.06×0.58=0.035
骨粉	1	—	—	0.01×29.80=0.298	0.01×12.50=0.125	—	—
石粉	7	—	—	0.07×35.84=2.509	0.07×0.01=0.001	—	—
食盐	0.37	—	—	—	—	—	—
添加剂	0.5	—	—	—	—	—	—
合计	100	11.474	16.164	3.005	0.541	0.531	0.731

表3-3 第一次调整后的饲粮配方及其营养成分

饲料种类	饲料比例(%)	代谢能(兆焦/千克)	粗蛋白(%)	钙(%)	总磷(%)	蛋氨酸+胱氨酸(%)	赖氨酸(%)
鱼粉	3	0.03×11.80 $=0.354$	0.03×60.2 $=1.806$	0.03×4.04 $=0.121$	0.03×2.90 $=0.087$	0.03×2.16 $=0.065$	0.03×4.72 $=0.142$
豆饼	14.02	0.14×10.54 $=1.476$	0.14×41.8 $=5.852$	0.14×0.31 $=0.043$	0.14×0.50 $=0.070$	0.14×1.22 $=0.171$	0.14×2.43 $=0.340$
花生饼	5	0.05×11.63 $=0.582$	0.05×44.7 $=2.235$	0.05×0.25 $=0.013$	0.05×0.53 $=0.027$	0.05×0.77 $=0.039$	0.05×1.32 $=0.066$
玉米	53.11	0.531×13.56 $=7.200$	0.531×8.7 $=4.620$	0.531×0.02 $=0.011$	0.531×0.27 $=0.143$	0.531×0.38 $=0.202$	0.531×0.24 $=0.127$
碎米	10	0.1×14.23 $=1.423$	0.1×10.4 $=1.040$	0.1×0.06 $=0.006$	0.1×0.35 $=0.035$	0.1×0.39 $=0.039$	0.1×0.42 $=0.042$
麦麸	6	0.06×6.82 $=0.409$	0.06×15.7 $=0.942$	0.06×0.11 $=0.007$	0.06×0.92 $=0.055$	0.06×0.39 $=0.023$	0.06×0.58 $=0.035$
骨粉	1	—	—	0.01×29.80 $=0.298$	0.01×12.50 $=0.125$	—	—
石粉	7	—	—	0.07×35.84 $=2.509$	0.07×0.01 $=0.001$	—	—
食盐	0.37	—	—	—	—	—	—
添加剂	0.5	—	—	—	—	—	—
合计	100	11.444	16.495	3.008	0.543	0.539	0.752

表3-4 最后确定使用的饲粮配方及其营养成分

饲料种类	饲料比例（%）	代谢能（兆焦/千克）	粗蛋白（%）	钙（%）	总磷（%）	蛋氨酸+胱氨酸（%）	赖氨酸（%）
鱼粉	3	0.03×11.80 =0.354	0.03×60.2 =1.806	0.03×4.04 =0.121	0.03×2.90 =0.087	0.03×2.16 =0.065	0.03×4.72 =0.142
豆饼	14.02	0.14×10.54 =1.476	0.14×41.8 =5.852	0.14×0.31 =0.043	0.14×0.50 =0.070	0.14×1.22 =0.171	0.14×2.43 =0.340
花生饼	5	0.05×11.63 =0.582	0.05×44.7 =2.235	0.05×0.25 =0.013	0.05×0.53 =0.027	0.05×0.77 =0.039	0.05×1.32 =0.066
玉米	51.66	0.517×13.56 =7.011	0.517×8.7 =4.498	0.517×0.02 =0.010	0.517×0.27 =0.140	0.517×0.38 =0.197	0.517×0.24 =0.124
碎米	10	0.1×14.23 =1.423	0.1×10.4 =1.040	0.1×0.06 =0.006	0.1×0.35 =0.035	0.1×0.39 =0.039	0.1×0.42 =0.042
麦麸	6	0.06×6.82 =0.409	0.06×15.7 =0.942	0.06×0.11 =0.007	0.06×0.92 =0.055	0.06×0.39 =0.023	0.06×0.58 =0.035
骨粉	1.46	—		0.015×29.80 =0.447	0.015×12.50 =0.188	—	—
石粉	7.99	—		0.080×35.84 =2.867	0.080×0.01 =0.001	—	—
食盐	0.37	—					
蛋氨酸添加剂	0.11					0.110	
其他添加剂	0.39	—					
合计	100	11.255	16.373	3.514	0.603	0.644	0.749

89 怎样利用计算机设计鸡的日粮配方？

随着电子工业的发展，电子计算机也被广泛应用于饲粮配方设计之中。利用电子计算机设计饲粮配方，其原理是把饲粮配方设计的计算抽象为简单目标线性规划问题，饲粮配方设计过程，就是求解相应线性规划问题最优解的过程，即利用高级计算机算法语言编出程序，将饲粮配方问题抽象成线性规划模型后，准确适当地列出输入数据，相应利用各种微机的程序求解。在实际生产中，人们可以利用电脑公司提供的计算机软件设计日粮配方。与一般方法相比，用电子计算机设计饲粮配方有以下优点：①可以满足鸡所有营养物质的需要。利用手工设计，只能确定几种主要技术指标，计算简单的饲粮配方。使用电子计算机后，利用线性规划和计算机语言，可以将鸡饲养标准中规定的所有指标一一满足，使全面考虑营养与成本的愿望变为现实。②操作简单，快速及时。利用计算机设计日粮配方，全部计算工作都由计算机完成，且速度相当快，仅需几分钟。计算内部程序固定化，操作起来极为简单。③可计算出高质量、低成本的日粮配方。利用计算机设计出来的日粮配方都是最优化的，它既保证原料的最佳配比，又追求最低成本，这样可充分利用饲料资源，提高饲料转化率，获取最大的经济效益。④提供更多的参考信息。计算机不仅能设计日粮配方，还有能进行经济分析、经营决策、生产管理、市场营销、信息反馈等多种非常重要的作用。

当然，再先进的电子计算机也仅是一种为人类服务的工具，并不是万能的，要设计出好的日粮配方，还必须掌握营养学、饲料学原理，且具有丰富的实践经验。

90 什么是预混料？使用预混料应注意哪些问题？

预混料是采用不同种类的饲料添加剂，按照某种特定配方而制作的匀质混合物。这里所采用的饲料添加剂包括维生素添加剂、微量元素添加剂等。

目前国内养鸡生产，尤其是肉鸡生产，绝大多数是一条龙方式生产，饲料由作为龙头的厂家供给，不需要自己配制。但也有一些产品直接面向市场的小型鸡场和个体户，他们在为降低饲养成本而自己配制全价饲料时，乐于使用预混料。因为这样既省去了为满足肉鸡生理需要而选择购买各种维生素、微量元素等添加剂的烦恼，也避免了因这些原料用量过少而购买的包装规格较大造成的积压、浪费，从而可实现配合日粮营养全价、成本低廉的目标。

在使用预混料时，应注意以下几点：①要选择质量可靠的厂家。②要选择适当浓度和相应饲养阶段的预混料。③要准确计算用量，妥善保存，避免长时间积压造成某些成分变化而失去全价性。④在配合饲料时，要混拌均匀。

91 什么是浓缩料？使用浓缩料应注意哪些问题？

浓缩料是由蛋白质饲料、维生素、矿物质及其他营养性添加剂所组成，它不包括占饲料60%～80%的谷物饲料（能量饲料），特别适合有广泛谷物饲料来源的地区使用，因为这样可减少很大一笔运输费用，降低了生产成本。

在使用浓缩料时，应注意以下几点：①选好厂家。目前生产浓缩料的厂家很多，假冒伪劣产品时有出现，所以要选择信誉好的厂家，避免上当受骗，要从正规渠道购进。②选好规格型号。浓缩料种类很多，不同生产阶段有不同的浓缩料，如30%、20%等，购买时一定要看好说明书，按说明书要求的比例、品种适量添加，千万不要弄错。③适量购买，注意保管。购买时要看好生产批号，注意生产日期和有效期。根据存栏鸡只数，计算出需要的购买量。浓缩料中维生素与微量元素是经过特殊处理之后混合在一起的，超过有效期后，维生素会发生严重损失，引起鸡群的维生素缺乏症，严重时会造成死亡。所以一次购买量不宜过多，要确保在有效期内用完。④与添加料混合均匀。这一点非常重要，因为只有充分混匀后，才会使每只鸡采食到等量的营养，满足鸡只生长的需要。不然一方面营养浪费，另一方面营养不足，造成不应有的损失。

92 拌料时，怎样把多种饲料混合均匀？

饲粮使用时，要求鸡采食的每一部分饲料所含的养分都是均衡的、相同的，否则将使鸡群产生营养不良、缺乏症或中毒现象，即使你的日粮配方非常科学，饲养条件非常好，仍然不能获得满意的饲养效果。因此，必须将饲料搅拌均匀，以满足鸡的营养需要。饲料拌和有机械与手工两种方法，只要使用得当，都能获得满意的效果。

（1）机械拌和　采用搅拌机进行。常用的搅拌机有立式和卧式两种。立式搅拌机适用于拌和含水量低于14％的粉状饲料，含水量过多则不易拌和均匀。这种搅拌机所需要的动力小，价格低，维修方便，但搅拌时间较长（一般每批需10～20分钟），适于养鸡大户和小型鸡场使用。卧式搅拌机在气候比较潮湿的地区或饲料中添加了黏滞性强的成分（如油脂）情况下，都能将饲料搅拌均匀。该机搅拌能力强，搅拌时间短，每批3～4分钟，主要在一些饲料加工厂使用。无论使用哪种搅拌机，为了搅拌均匀，装料量都要适宜，装料过多或过少都无法保证均匀度，一般以容量的60％～80％装料为宜。搅拌时间也是关系到混合质量的重要的因素，混合时间过短，质量肯定得不到保证，但也不是时间越长越好，搅拌过久，使饲料混合均匀后又因过度混合而导致分层现象，同样影响混合均匀度。时间长短可按搅拌机使用说明进行。

（2）手工拌和　这种方法是家庭养鸡饲料拌和的主要手段。拌和时，一定要细心、耐心，防止一些微量成分打堆、结块或拌和不均，影响饲用效果。

手工拌和时特别要注意的是一些在日粮中所占比例小但会严重影响饲养效果的微量成分，如食盐和各种添加剂。如果拌和不均，轻者影响饲养效果，严重时会造成鸡群产生疾病、中毒，甚至死亡。对这类微量成分，在拌和时首先要充分粉碎，不能有结块现象，块状物拌和不均匀，被鸡采食后有可能发生中毒。其次，由于这类成分用量少，不能直接加入大宗饲料中进行混合，而应采用预混合的方式。其做法是：取 10％～20％的精料（最好是比例大的能量饲料，如玉米、麦麸等）作为载体，另外堆放，将后一锨饲料压在前一锨放下的饲料上，即一直往饲料顶上放，让饲料沿中心点向四周流动成为圆锥形，这样可以使各种饲料都有混合的机会。如此反复 3～4 次即可达到拌和均匀的目的，预混合料即制成。最后再将这种预混合料加入全部饲料中，用同样方法拌和 3～4 次，即能达到目的。

手工拌和时，只有通过这样多层次分级拌和，才能保证配合日粮品质，那种在原地翻动或搅拌饲料的方法是不可取的。

93 怎样保管好饲料？

由于鸡代谢旺盛，生长迅速，其采食的配合饲料都是高能量高蛋白的全价配合饲料，如果保管不当，很容易发生霉变，造成饲料浪费或鸡发生中毒。因此，饲料应储存在阴凉干燥、无阳光直射的地方，以免饲料中的维生素在阳光或高温作用下致使效价降低或失效。为了防止霉变，要将饲料放在通风的地方，最好不与地面直接接触，可用木头或其他东西先垫一下，然后再放饲料，但也不要码得太高。在梅雨季节或三伏天时以及潮湿不通风的条件下霉菌会大量繁殖，一定要做好饲料的防霉工作。饲料一旦霉变后就不能喂鸡。另外，进料要有计划，做到先进先吃，后进后吃，以免保存期过长，降低维生素的效价。保存饲料的库房，应防止野禽进入，有网罩在窗户上，还要有防鼠害的措施。农户养鸡，一定要把饲料与农药分开保管。在饲料运输中要防止雨淋受潮，雨淋后饲料极易发生霉变。

94 鸡的每日饲料用量怎样确定？

每只鸡一天所吃的配合饲料称为日粮。鸡的日粮是根据饲养标准所规定的各种营养物质的种类、数量和鸡的不同类型、不同品种、不同生理状态与生产水平，选用适当的饲料配合而成。如果日粮中各种营养物质的种类、数量及相互比例符合鸡的营养需要，则称之为平衡日粮或全价日粮。在生产实践中，单独喂饲的鸡极少（一般只有在试验情况下），绝大多数是合群饲养。因此，实际工作中，为同一生产目的的群养鸡，按日粮要求的营养比例配合大批混合饲料，然后按日分顿喂给，这种混合饲料称之为饲粮。目前，生产中人们常说的日粮往往指的是饲粮。

在养鸡生产中，确定每只鸡每日饲料的原则是，既能维持鸡体正常代谢，满足生长发育和产蛋的需要，又不使鸡过食而造成过肥和浪费饲料。具体确定每日饲料用量要考虑鸡的品种、品系、年龄、体重、产蛋量以及环境气温与其他状况等，一般中等重的蛋用型鸡每日需要配合饲料 100～120 克；地方品种肉用种鸡每日需要配合饲料 130～150 克；大体型的引进品种肉用种鸡 140～160 克；雏鸡和育成鸡及肉用仔鸡每日饲料用量依周龄和生长速度而定。各类型鸡耗料量见第四、五、六、七、八部分有关内容。

95 怎样检查鸡群的饲养效果？

鸡群的饲养效果是饲养及日粮配合是否合理的客观反映，而饲养检查是判断饲养效果的重要方法。一般饲养检查应着重注意以下 5 个方面：①饲料转化率：饲料转化率是指饲料喂鸡后获得的单位增重量或产蛋量与所消耗的饲料量的比例。所消耗的饲料量越少，则饲料转化率越高。饲料转化率低，除鸡群品质差和疾病等因素外，主要是饲养水平低或日粮不平衡所致。低饲养水平仅能用于维持生命的消耗，从而提高了生产每单位产品的饲料消耗量。此外，因缺少某种必要的营养物质而引起的日粮不平衡性，使机体不能维持正常的生理机能，同样也会降低饲料的转化率。因此，可以根据饲料的消耗量、增重、发育及产蛋量等记录进行分析，计算饲料转化率，检查饲养效果。②增重：生长与育肥鸡增重的速度，是衡量肉鸡饲养好坏的指标之一。大群饲养时，可从鸡群中挑出有代表性的数只或数十只鸡进行称重，根据典型称重了解整个鸡群的生长与发育情况。在良好的鸡群中，大约有 75% 的公鸡和 78% 的母鸡应该在该性别平均体重上下 10% 的范围之内，这样的鸡群称为整齐的鸡群。③产蛋量和蛋的品质：种鸡产蛋量的增长或下降也是检查日粮是否合理的指标之一。饲养因素可直接影响到产蛋量、蛋重、蛋壳品质等。日粮中缺钙，易产软壳蛋，或蛋壳不硬、易碎；日粮中能量、蛋白质不足，或氨基酸不平衡，或维生素缺乏，鸡群产蛋率就会明显下降。其他因素如管理、气候等也会影响产蛋量。④繁殖指标：除品种与个体特点因素外，饲养水平与日粮的全价性，常常会影响种蛋的受精率和孵化率。⑤食欲：鸡食欲旺盛是健康的一个重要表现。不正确饲养会引起鸡的代谢紊乱，表现食欲不振、异食等。鸡群中大多数鸡拒绝采食，或大量剩余饲料。可能是饲料品质不好，有异味或霉烂所致，应及时检查饲料。对于鸡不习惯采食的某些饲料，应逐渐增加喂量。异食的原因很多，饲养方面通常是由于缺乏某些营养物质而引起，如长期缺乏食盐或某些矿物质，特别是缺乏钙、磷，更易出现异食。

饲养管理人员应经常巡视鸡群，仔细观察鸡群动态、采食和粪便等情况，随时记录所观察到的现象，分析饲养条件所造成的影响，以作为调整日粮、提高饲养水平的依据。

96 降低养鸡饲料成本的有效措施有哪些？

在农户养鸡过程中，饲料成本要占养鸡总成本的 70%～80%，如何降低饲料成本，是提高养鸡经济效益的关键环节。在生产中，降低饲料成本，主要应注意以下几个方面：

(1) 饲喂全价饲粮，发挥饲粮营养互补作用　各种饲料所含营养成分不同，而饲喂任何一种饲料，都不能满足鸡的营养需要，只有把多种饲料按一定比例配合一起，才能使不同饲料中不同营养成分起到相互补充作用。在生产中，应按鸡的不同品种、用途、生理阶段，确定饲粮中蛋白质、能量、矿物质等营养成分的比例，选用多种饲料配制全价饲粮喂给。此外，使用蛋氨酸、赖氨酸等饲料添加剂，也能提高饲料的利用率。

(2) 改平养为笼养，提高鸡的饲料利用率　鸡的营养消耗分两部分，一部分维持消耗，即维持其生理活动（如基础代谢、自由活动、维持体温）营养消耗，另一部分才是生产消耗（如产蛋、生长等），笼养鸡限制了鸡的运动，从而减少了维持消耗。实践证明，成年蛋鸡笼养比散养每天每只可节省饲料20～30克。

（3）自配饲粮，降低全价饲粮的价格　若条件具备，养鸡户也可自己选购饲料原料，尽量选用质优价廉的饲料，按饲粮配方配制全价料，从而可降低全价料成本。

（4）改善饲喂方法，减少饲料浪费　饲槽结构要合理，以底尖、肚大、口小为好，尽量少给勤添，每次添料量以半槽为宜。

蛋鸡育成期最好采取限制饲养，即7～9周龄每天喂自由采食量的85%～90%，10～15周龄喂75%～80%，16～18周龄喂90%。限饲后不会影响鸡的生产性能。

（5）搞好鸡病预防，减少饲料非生产性消耗　要保持舍内外清洁卫生，为鸡群创造适宜的环境条件，并按时对鸡群进行防疫，根据鸡群状况搞好预防性投药，确保鸡群健康无病。对病弱鸡和长时间不产蛋的鸡，及时进行淘汰，保证鸡群高产而低耗。

（6）合理贮藏饲料，防止饲料发霉变质和鼠耗　饲料贮藏时间要尽量缩短，根据不同饲料的性质，采取相应的贮藏方法。对贮藏时间较长的饲料，应及时倒垛，使其改变存放状态。在饲喂时注意饲料的色泽、手感、气味、温度等变化情况。发现带有滞涩感、发闷感、散落性降低、气味异常、料温高于室温等现象应引起注意，立即采取相应的措施，防止霉变恶化。另外，鸡场内要经常灭鼠，防止鼠啃咬、消耗饲料。

97 什么叫饲料报酬？如何计算？

饲料报酬是衡量养鸡生产经济效益的重要指标，它标志着鸡利用饲料的能力，也是检查饲料营养水平、种鸡优劣以及制订各种生产指标的依据，无论是养蛋鸡、肉用种鸡，还是肉用仔鸡，我们总希望饲料报酬高一些。所谓饲料报酬是指在养鸡生产中投入单位重量的饲料所获得的产品（蛋、肉）的多少。我们国家用料蛋比或料肉比来衡量养鸡的饲料报酬，料蛋比（或料肉比）的比值越大，饲料报酬越低。

$$料蛋比（或料肉比）=\frac{某阶段饲料总消耗量}{该阶段总产蛋量（或总增重）}$$

料蛋比（或料肉比）表示要消耗多少千克饲料才能获得 1 千克蛋（或体重）。例如，某养鸡场养鸡 40 000 只，全年共用配合料 145 600 千克，产蛋 56 000 千克，则料蛋比为：

$$\frac{145\,600}{56\,000}=2.6$$

即用 2.6 千克配合饲料使鸡产蛋 1 千克。

98 什么叫蛋白能量比？怎样计算？

蛋白能量比是衡量饲料中蛋白质与代谢能之间关系的单位，用克/兆焦表示，即每千克饲料内含的粗蛋白质克数与含的代谢能兆焦数之比。也可以说蛋白能量比是每兆焦代谢能的饲料里所含粗蛋白质的克数。例如，我国鸡的饲养标准中规定：0～8 周龄雏鸡，每千克饲料中代谢能 11.91 兆焦，粗蛋白质 19%（210 克），蛋白能量比是 15.95 克/兆焦，计算方法是 190 克÷11.91 兆焦＝15.95克/兆焦。

饲料的蛋白能量比因鸡的品种、生长阶段、生产状况及环境条件不同而有差异。

保持饲料中一定的蛋白能量比十分重要，因为能量和蛋白质是鸡重要的营养素，二者缺一不可，不能相互代替。鸡的采食特点是在一定范围内依据饲料的能量浓度调节采食量，若饲料的能量浓度高，鸡的采食量就少。反之，饲料的能量浓度低，鸡的采食量就多。一般来说，饲料中代谢能每增加 100 千焦/千克，鸡的来食量就减少 3.5%。因此，当饲料能量浓度变化时，蛋白质水平也要随着调整。若能量浓度提高，蛋白质含量要相应提高，反之则降低，以保持一定的比例关系。如果不是这样，实际中会产生两种不良后果：对于低能高蛋白饲料，鸡的采食多，导致因满足能量的需要而食入过量的蛋白质，从而增加了机体的负担，易引起痛风病。喂低能高蛋白饲料既增加了饲料成本，又没有好的效果。对于高能低蛋白饲料，鸡的采食量相对减少，能量得到满足时蛋白质尚未满足需要，久喂这种饲料，同样会影响鸡的生长发育和产蛋，降低其生产性能，也不会获得好的经济效益。

99 什么叫代谢能？什么叫卡[①]、千卡、兆卡、千焦、兆焦？

鸡的一切生理活动，如呼吸、循环、吸收、排泄、繁殖和体温调节等都需要能量，而能量来源主要是饲料中的碳水化合物、脂肪和蛋白质等营养物质。饲料中各种营养物质的热能总值称为饲料总能，饲料中的营养物质在鸡的消化道内不能全部被消化吸收，不能消化的物质随粪便排出，粪中也含有能量，食入饲料的总能减去粪中的能量，才是被鸡消化吸收的能量，这种能量称消化能。食物在肠道消化时还会产生以甲烷为主的气体，被吸收的养分有些也不能被利用而以尿中的各种形式排出体外，这些气体和尿中排出的能量未被鸡体利用，饲料消化能减去气体能和尿能，余者便是代谢能。在一般情况下，由于鸡的粪尿排出时混在一起，因而在生产中只能去测定饲料的代谢能而不能直接测定其消化能，故鸡饲料的能量都以代谢能来表示。营养学中所采用的能量单位是热化学上的卡，在生产中为了方便起见，常用千卡或兆卡来表示，目前已改用焦耳、千焦、兆焦作为能量单位。1毫升水在标准大气压下，从 $14.5℃$ 升高到 $15.5℃$ 所需要的热量称为 1 卡。换算公式为：1 千卡（kcal）＝1 000卡（cal），1 兆卡（Mcal）＝1 000千卡（kcal），1 千卡（kcal）＝4.184 千焦（kJ），1 千焦（kJ）＝1 000焦耳（J），1 兆焦（MJ）＝1 000千焦（kJ）。

[①] 卡为非许用单位，1 卡＝4.1840 焦。

四、雏鸡的饲养管理

100 雏鸡有哪些生理特点？

（1）雏鸡体温调节机能不完善，既怕冷又怕热 鸡的羽毛有防寒作用并有助于体温调节，而刚出壳的雏鸡体小，全身覆盖的是绒羽且比较稀短，体温比成年鸡低。据研究，幼雏的体温在10日龄以前比成年鸡低3℃左右，10日龄以后到3周龄才逐渐恒定到正常体温。当环境温度较低时，雏鸡的体热散发加快，就会感到发冷，导致体温下降和生理机能障碍；反之，若环境温度过高，因鸡没有汗腺，不能通过排汗的方式散热，雏鸡就会感到极不舒适。因此，在育雏时要有较适宜的环境温度，刚开始时需供给较高的温度，第2周起逐渐降温，以后视季节和房舍设备等条件于4～6周龄脱温（即不再人工加温）。

（2）雏鸡生长发育快，短期增重极为显著 在鸡的一生中，雏鸡阶段生长速度最快。据研究，蛋用型雏鸡的初生重量为40克左右，2周龄时增加2倍，6周龄时增加10倍，8周龄时则增加15倍。因此，在供给雏鸡饲料时既要力求营养完善，又要充足供应，这样才能满足雏鸡快速生长发育的需要。

（3）雏鸡胃肠容积小，消化能力弱 雏鸡的消化机能尚不健全，加之胃肠道的容积小，因而在饲养上要精心调制饲料，做到营养丰富，适口性好，易于消化吸收，且不间断供给饮水，以满足雏鸡的生理需要。

（4）雏鸡胆小，对环境变化敏感，合群性强 雏鸡胆小易惊，外界环境稍有变化都会引起应激反应。如育雏舍内的各种声响、噪声和新奇的颜色，或陌生人进入等，都会引发鸡群骚动不安，影响生长，甚至造成相互挤压致死致伤。因此，育雏期间要避免一切干扰，工作人员最好固定不变。

（5）雏鸡抗病力差，且对兽害无自卫能力　雏鸡体小娇嫩，免疫机能还未发育健全，易受多种疫病的侵袭，如新城疫、马立克氏病、白痢病、球虫病等。因此，在育雏时要严格执行消毒和防疫制度，搞好环境卫生。在管理上保证育雏舍通风良好，空气新鲜；经常洗刷用具，保持清洁卫生；及时使用疫苗和药物，预防和控制疾病的发生。同时，还要注意关紧门窗，防止鼠、黄鼠狼、犬、猫等进入育雏舍而伤害雏鸡。

101 怎样划分生长鸡的养育阶段？

根据鸡的生长发育规律和饲养管理上的特点，可将它的培育过程大致分为育雏期和育成期。幼鸡从出壳到离温前需要人工给温的阶段称为育雏期，这一阶段的幼鸡称为雏鸡或幼雏，一般所指的育雏期为 0～6 周龄。从脱温后到产蛋前这一阶段称之为育成期，此阶段的青年鸡称为育成鸡，留作种用的叫后备鸡，一般所指的育成期为 7～20 周龄，种用鸡为 7～22 周龄。

102 在育雏前应做哪些准备工作？

为了顺利完成育雏计划，育雏前必须做好各方面的准备工作。其内容是明确育雏人员及其分工，制订育雏计划，准备好饲料、垫料及所需药品，做好育雏舍及用具的维修消毒，制订免疫计划等。

（1）育雏计划的拟定　育雏计划是指育雏批次、时间，雏鸡品种、数量及来源等。每批育雏数量应与育雏舍、种鸡舍的容量相一致。不能盲目进雏，否则数量多，密度大，设备不足，会使鸡群发育不良，死亡率增加。以当年新母鸡的需要量来确定进雏数，一般计算方法为：进母雏数＝种母鸡需要量÷育雏、育成率÷初生雏雌雄鉴别准确率，公雏按母雏配套数量购进。

（2）育雏季节的选择　在人工完全控制鸡舍环境的条件下，全年各季节都可育雏，但开放式鸡舍，由于人工不能完全控制环境，则应选择合适的育雏季节。育雏可分为春雏（3～5月）、夏雏（6～8月）、秋雏（9～11月）和冬雏（12月至翌年2月）。开放式鸡舍育雏以春季育雏效果最好，秋、冬季育雏次之，盛夏育雏效果最差。

春季气候转暖，白天渐长，空气干燥，疫病容易控制，因此，春季育雏时雏鸡生长发育决，体质强健，成活率高，过渡到育成期正处于夏秋季节，在室外有充分活动的机会，待8～10月开始产蛋，第一个产蛋期长，产蛋多，蛋大，种蛋合格率高。夏季育雏，虽然可充分利用自然给温和丰盛的饲料条件，但气温高，湿度大，如果饲养管理稍差，则雏鸡就会表现出食欲不佳，易患球虫病、白痢病等，发育明显受阻，成活率低。育成期天气变冷，舍外活动机会少，当年不易开产，第一个产蛋期短，产蛋量少。

（3）房舍及设备的修缮　为获得较好的育雏成绩，首先要选择好育雏舍。育雏舍的基本要求是：保温良好，能够适当调节通风换气，使舍内空气清新干燥，光照充足，强度适中。育雏前要对育雏舍进行全面检查，对破损、漏风的地方要及时修好，窗户上角要留有风斗，以便通风换气。老鼠洞要堵严，灯光照度要均匀（白炽灯以40～60瓦为宜）。育雏笼、保温设备（如火炉、暖气、电热伞等）要事先准备好，食槽、饮水器等用具要准备充足，保证鸡只同时吃食和饮水。设备和用具经检查确认正常或维修后方可投入使用。

（4）育雏舍及设备消毒　育雏舍及舍内所有的用具设备应在进雏前进行彻底的清洗和消毒。先将育雏舍打扫干净，墙壁及烟道等可用3％克辽林溶液消毒后，再用10％生石灰乳刷白。水泥地面要充分刷洗，然后用2％～3％的氢氧化钠溶液喷洒消毒。食槽、饮水器可用2％～3％热克辽林乳剂或1％氢氧化钠溶液（金属用具除外）消毒，再用清水冲洗干净后放在阳光下晒干备用。若育雏舍密封性能好，最好是用熏蒸消毒，将清洗晒干的育雏用具放入育雏舍，密封所有门窗，按每立方米育雏舍用福尔马林15毫升、高锰酸钾 7.5 克的剂量，先把高锰酸钾放入陶瓷器内，然后倒入福尔马林（陶瓷器的容积为福尔马林用量的 10 倍以上，以防药液溢出），两药接触后立即产生大量烟雾，工作人员迅速撤离，预先在地面上喷些水，提高空气的湿度可增强甲醛的消毒作用。密闭 24 小时以上时打开门窗通风，换入新鲜空气后再关闭待用，消毒后的鸡舍需闲置 7 天左右再进雏。

（5）舍内垫料铺置与网、笼安装　地面育雏需要足够的优质垫草，才能为雏鸡提供舒适温暖的环境。垫草质量与雏鸡发病率密切相关，不清洁的垫草可能携带大量的霉菌和其他病原微生物，很容易感染鸡曲霉菌病和呼吸系统疾病，这些疾病的发生可引起雏鸡大批死亡。垫料要求干燥、清洁、柔软、吸水性强、灰尘少，切忌使用霉烂、潮湿的垫料，常用的垫料有稻草、麦秸、锯木屑等。长的垫料在用前要切短，以 10 厘米左右为宜。优质的垫料对雏鸡腹部有保护作用。垫料铺设的厚度一般为在 5～10 厘米。

网上育雏时，最好先在舍内水泥地面上焊成高 50～60 厘米的支架，然后在支架上端铺带有坚固框架的铁丝网片，一般长 2 米，宽 1 米，网眼 1.25 厘米×1.25 厘米。带框架的铁丝网片要能稳固、平整地放在支架上，并易于装卸。网片安装完毕，底网四周用高 40～45 厘米的尼龙网或铁丝网做成围栏。

我国生产的育雏笼有半阶梯式和叠层式两种，以叠层式为主。育雏笼应在育雏前安装于舍内，经消毒后备用。

（6）饲料、药械的准备　育雏前必须按雏鸡的营养需要配制饲料，或购进市售雏鸡料，每只雏鸡应准备 1.2～1.5 千克配合料。育雏前还需备好常用药品、疫苗、器械，如消毒药、抗生素、抗球虫药、抗白痢药、多种维生素制剂、微量元素制剂，防疫用的疫苗、注射器等。

（7）育雏人员的安排　要求育雏人员熟悉和掌握饲养品种的技术操作规程，了解雏鸡的生长发育规律，能识别疾病和掌握疾病防治方法。育雏人员要准备好各类记录表格。

（8）育雏舍的预温　接雏前2天要安装好育雏笼、育雏器，并进行预热试温工作，使其达到标准要求，并检查能否恒温，以便及时调整。若采取地面平养方式，将温度计挂于离垫料5厘米处，记录舍内昼夜温度变化情况，要求舍内夜温32℃，日温31℃。经过2个昼夜测温，符合要求后即可放入雏鸡进行饲养。

103 怎样选择优质健雏？

挑选优质健康的雏鸡，剔除病、弱雏，是提高育雏率、培育出优良种鸡和高产蛋鸡的关键一环。因种蛋的品质有好有坏，初生雏就必然有强有弱。生产中可通过检查外表形态的办法来鉴别雏鸡的强弱优劣，准确地挑选出健雏，其方法是"一看、二听、三摸"。

一看，就是看雏鸡的精神状态。即用肉眼观察雏鸡的动态，羽毛整洁程度，喙、腿、趾、眼等有无异常，肛门有无粪便粘连，脐孔愈合是否良好等，来区分健弱雏。健雏一般活泼好动，眼大有神，羽毛整洁而有光泽，肛门清洁无污物，脐孔闭合正常，腹部柔软，卵黄吸收良好，喙、翅正常。弱雏则眼小无神或缩头闭眼，不爱活动或呆立不动，甚至站立不稳，羽毛蓬乱无光泽、不清洁，肛门周围黏附白便，腹部松弛，脐孔愈合不良、带血，喙歪，腿软，趾卷曲等。

二听，就是听雏鸡的叫声。健雏叫声响亮而清脆；弱雏叫声微弱而嘶哑，或鸣叫不休，喘气困难。

三摸，就是摸雏鸡的膘情和体温等。将雏鸡握于手中，触摸其膘情、骨架发育状态、腹部大小及松软程度，体会卵黄是否吸收良好及雏鸡活力大小等。健雏体重适宜，手感温暖、有膘、饱满，体态匀称，有弹性，挣扎有力，腹部柔软、大小适中，脐部愈合良好、干燥、有绒毛覆盖；弱雏体轻，手感身凉、无膘、松软，挣扎无力，腹部膨大，脐部愈合不良，脐孔大，有黏液和血迹或卵黄附着，无绒毛覆盖。

初生雏的分级标准见表4-1。

表 4-1　初生雏的分级标准

级别	精神状态	体重	腹部	脐部	绒毛	两肢	畸形	脱水	活力
强雏	活泼健壮，眼大有神	符合本品种要求	大小适中，平整柔软	收缩良好	长短适中	两肢健壮，站得稳	无	无	挣扎有力
弱雏	眼小、细长，呆立，嗜睡	过小或基本符合本品种要求	过大或过小，肛门污秽	收缩不良，大肚脐，潮湿	长或短、脆，色浅或深污	站立不稳，喜卧，行动蹒跚	无	有	软绵无力，似棉花团
残次雏	不睁眼或单眼、瞎眼	过小、干瘪青色	过大，软或硬	蛋黄吸收不完全，血脐、疔脐	火烧毛、卷毛、无毛	弯趾、跛腿，站不起来	有	严重	无

104 怎样接运初生雏?

　　雏鸡的接运是一项技术要求高的细致性工作。随着蛋鸡商品化生产的发展，雏鸡长途运输频繁发生。对于孵化场和养鸡户来说，都要掌握运雏技术，做到及时、卫生、安全地完成运雏工作。否则，稍有不慎就会给养鸡户或鸡场带来经济损失。

　　接雏人员要求有较强的责任心，具备一定的专业知识和运雏经验。接雏时应剔除体弱、畸形、伤残的不合格雏鸡，并核实雏鸡数量，请供方提交有关的资料。如果孵化场有专门的送雏车，养鸡户应尽量使用，因为孵化场的车辆发送初生雏，相对符合疫病预防和雏鸡质量控制的要求。如果孵化场没有运雏专车，养鸡户应自备。自备车辆时，要达到保温、通风的要求，适于雏鸡运输。接雏车使用前应冲洗消毒干净，符合防疫卫生标准要求。装雏工具最好选用纸质或塑料专用运雏箱，箱长为 50~60 厘米，宽 40~50 厘米，高 18~20 厘米，箱子四周有直径 2 厘米左右的通气孔若干。箱内分 4 小格，每个小格放 25 只雏鸡，每箱共放 100 只（指冬、春季，秋季90只、夏季80只左右）。专用运雏箱适用于各种交通工具，一年四季皆可使用。尤其纸质箱通风、保温性能良好；塑料箱受热易变形，受冻易断裂，装鸡后箱内易潮湿，一般用于场内周转和短途运输，但塑料箱容易消毒和能够反复使用。没有专用运雏箱时可采用矮纸箱、木箱、竹筐或柳条筐等，但都要留有一定数量的通气孔，不可使用农药或残存粉末的箱子，以免中毒或诱发呼吸道疾病。夏季运雏要带遮阳防雨用具，冬、春季运雏要带棉被、毛毯等。

从保证雏鸡的健康和正常生长发育考虑，适宜的运雏时间应在雏鸡绒毛干燥后，至出壳48小时前（最好不超过36小时）进行。冬天和早春应选择在中午前后气温相对较高的时间启运；夏季运雏最好安排在早晚进行。

在运雏途中，一是要注意行车的平稳，启动和停车时速度要缓慢，上下坡宜慢行，以免雏鸡挤到一起而受伤；路面不平时宜缓行，减少颠簸震动。二是掌握好保温与通气的关系。运雏中保温与通气是一对矛盾，只保温不通气，会使雏鸡发闷、缺氧，严重时会导致窒息死亡；反之，只注重通气，而忽视保温，易使雏鸡着凉感冒。运雏箱内的适宜温度为24～28℃。在运输途中，要经常检查，观察雏鸡的动态。若雏鸡张口呼吸，说明温度高了，可上下前后调整运雏箱，若仍不能解决问题，可适当打开通风孔，降低车厢温度；若雏鸡发出"叽—叽—"的叫声，说明温度偏低，应打开空调升温或加盖床单甚至棉被，但不可盖得太严。在检查时若发现雏鸡挤堆，就要用手轻轻地把雏鸡堆推散。

雏鸡箱卸下时应做到快、轻、稳，雏鸡进舍后应按体质强弱分群饲养。冬季舍内外温差太大时，雏鸡接回后应在舍内放置30分钟后再分群饲养，使其适应舍内温度。

105 怎样给初生雏鸡饮水、喂料？

（1）饮水　初生雏鸡体内还残留一些未吸收完的蛋黄，给雏鸡饮水可加速蛋黄物质被机体吸收利用，增进食欲，并帮助饲料的消化与吸收。此外，育雏舍内温度较高，空气干燥，雏鸡呼吸和排粪时会散失大量水分，需要靠饮水来补充水分。因此，雏鸡进入育雏舍后应先饮水，后开食。

让雏鸡第一次饮水习惯上称作"开饮"。在雏鸡到达前几小时，应将水放入饮水器内，使水温与舍温接近（16～20℃）。饮水器可用塔式饮水器或水槽，乃至自做简易饮水器。饮水器数量要充足，要保证每只雏鸡至少有 1.5 厘米的饮水位置，或每 100 只雏鸡有 2 个装水 4.5 千克的塔式饮水器。饮水器或水槽要尽量靠近光源、保温伞等。其高度随雏鸡日龄增长而调整，使饮水器的边缘高于鸡背 2 厘米左右。雏鸡所需饮水器数量可以按表 4-2 所列数值推算。保持饮水终日不断。

表 4-2　雏鸡应占饮水器和饲槽位置（自由采食）

周龄	饮水器（厘米/只）	饲槽（厘米/只）	干料桶	备注
0～6	1.5	2.5	1 个/35 只	
6～12	2.0	5.0	1 个/25 只	干料桶底盘直径为 30～40 厘米
12～20	2.5	7.5	1 个/20 只	

为消毒饮水，清洗胃肠，促进雏鸡胎粪排出，在最初几天的饮水中，通常可加入万分之一左右的高锰酸钾。经过长途运输的雏鸡，可在饮水中加 5% 左右的葡萄糖或蔗糖，以增加能量，帮助恢复体力。还可在饮水中加 0.1% 维生素 C，让雏鸡饮用。

在育雏期中，要保持饮水终日不断。若要将小饮水器换成大饮水器时，应将大饮水器预先放下，并将小饮水器留在原位 2～3 天，以便让小鸡逐渐熟悉在大饮水器上饮水后才能取走小饮水器。饮水器应每天清洗一次。

舍内供水的供水系统要经常检查，并除去污垢，因为贮水箱和管道很容易滋生细菌，必须经常处理，并用高锰酸钾等药物进行消毒。对于中小鸡场和养鸡户，应尽量饮用自来水或清洁的井水，尽量避免饮用河水，以防污染水源或感染疾病。

（2）喂料

①开食：给初生雏初次喂料俗称"开食"。应把握好雏鸡开食时间，最好在孵出后12～24小时开食，经过长途运输最好不超过36小时。开食过早，雏鸡无食欲，并影响卵黄的吸收；开食过晚，会使雏鸡过多消耗体力，发生失水而虚弱，也影响以后的生长和成活。当雏鸡羽毛干后能站立活动，有60%～70%的雏鸡寻觅啄食时就应开食。

开食饲料要求新鲜、颗粒大小适中（粒度为1.5～2.0毫米），便于雏鸡啄食，营养丰富且易于消化。农户常用碎玉米、碎米、碎小麦、小米等，大规模养鸡多用雏鸡混合料拌湿或直接饲用干粉料。

②喂饲方法：头三天喂饲，可将饲料直接撒布在开食盘或已消毒过的牛皮纸、深色塑料布上，诱其吃食。第一次喂饲时有些雏鸡不知吃食，应采用人工引诱的办法使雏鸡学会吃食。经过2～3次训练后，雏鸡就能学会采食。笼育雏鸡不便训练，只要将饮水和开食饲料放在较醒目且易啄食的地方就可以了。4～7天后应逐步过渡到使用料槽或料桶喂料。一般来说，1～3周龄使用幼雏料槽，3～6周龄使用中型料槽，6周龄以后改用大型料槽。

开食饲料喂养3天左右，就应逐步改用配合饲料进行饲喂。喂料有两种方法：一是干粉料自由采食，二是湿拌料分次饲喂。一般大、中型鸡场和规模较大的养鸡户宜采用前一种方法，而小型鸡场和规模较小的养鸡户可采用后一种方法。湿拌料应拌成半湿状（手握成团，手松即散），第一天喂给2～3次，以后每天喂5～6次，6周以后逐步过渡到4次。

在整个育雏阶段，不论是白壳蛋鸡，还是褐壳蛋鸡或浅粉壳蛋鸡，都不限制饲喂，采取自由采食，喂料时要少喂勤添。育雏期雏鸡每天饲料量见表4-3。

表4-3　蛋用型雏鸡饲料需要量

周龄	轻型鸡 [克/（只·日）]	中型鸡 [克/（只·日）]
1	7	12
2	14	20
3	22	25
4	28	30
5	36	36
6	43	43

106 怎样给雏鸡配合日粮？

　　雏鸡生长发育快，代谢旺盛。以蛋用型鸡为例，2月龄体重是初生重的15倍左右。在这一时期要求给雏鸡提供的营养物质，着重注意的是日粮中蛋白质、维生素和矿物质的含量。蛋白质是雏鸡生长发育不可缺少的营养成分，除前3天外（因雏鸡卵黄没有吸收完全，还可供给其丰富的营养），雏鸡日龄越小，对蛋白质养分的要求越高。因此，蛋用型鸡日粮中的粗蛋白质含量在5周龄前应是20％左右，5～8周龄应含18％左右；肉用仔鸡日粮中粗蛋白质含量在3周龄前应为21.5％，4～6周龄应为20％。此外，日粮中蛋白质含量除按饲养标准配制外，还应根据蛋白质的品质好坏有所增减。雏鸡日粮中还必须有足够的维生素和矿物质，维生素中与雏鸡生长发育关系密切的有维生素A、维生素D_3、维生素B_1、维生素B_2和维生素B_{12}等。若日粮中使用一定量的青绿饲料（或干草粉）和动物性饲料，这些维生素基本上可以满足，如仍不满足时，用多种维生素添加剂给予补充。矿物质主要考虑钙、磷和食盐的含量，微量元素常以锰、锌、碘、铁、铜和硒比较重要。一般贝壳粉（或石粉、蛋壳粉等）、骨粉等要占日粮的2％～3％，食盐占0.3％～0.5％。要精确计算日粮中总的食盐含量，以防食盐中毒。考虑饲料的来源，在土壤中缺硒的地区，要注意补硒，可在日粮中添加10毫克的硒酸钠或亚硒酸钠。

　　综上所述，给雏鸡配合日粮时要考虑多方面因素，根据不同周龄雏鸡的营养需要（查饲养标准）和现有的饲料种类，因地因时搭配，这样才能取得较好的饲养效果。下面介绍几个育雏期使用的日粮配方（表 4-4），以供参考。

表 4-4 幼雏鸡的日粮配方

配方编号		1	2	3	4	5
饲料名称及比例（％）	玉 米	62	53.4	60.1	57.5	62.8
	高 粱	—	6.0	—	—	—
	大 麦	—	7.0	—	—	—
	小 麦	—	—	—	—	6.0
	麦 麸	10	5.0	15.0	12.0	8.95
	豆 饼	17	16.5	10.0	20.7	8.5
	国产鱼粉	9	10.0	—	—	—
	进口鱼粉	—	—	10.0	5.0	9.0
	苜蓿草粉	—	—	—	—	3.0
	槐叶粉	—	—	4.0	2.0	—
	骨 粉	2	1.5	—	2.5	—
	石 粉	—	0.3	—	—	1.5
	贝 粉	—	—	0.3	—	—
	磷酸氢钙	—	—	0.4	—	—
	食 盐	—	0.3	0.2	0.3	0.25
营养成分	代谢能（兆焦/千克）	12.01	12.13	11.80	11.51	12.09
	粗蛋白（％）	17.8	20.3	17.5	18.7	18.0
	粗纤维（％）	3.1	2.9	3.6	3.7	3.2
	钙（％）	1.22	0.95	0.81	1.11	1.12
	磷（％）	0.91	0.73	0.77	0.6	0.75
	赖氨酸（％）	0.95	1.18	1.01	1.21	0.95
	蛋氨酸（％）	0.31	0.41	0.34	0.76	0.35
	胱氨酸（％）	0.29	0.31	0.36	—	0.21

107 怎样掌握育雏温度和湿度？

（1）育雏温度的控制　适宜的温度是育雏的首要条件。温度是否得当，直接影响雏鸡的活动、采食、饮水和饲料的消化吸收，关系到雏鸡的健康和生长发育。

刚出壳的雏鸡绒毛稀而短，胃肠容积小，采食有限，产热少，易散热，抗寒能力差，特别是 10 日龄前雏鸡体温调节功能还不健全，必须随着羽毛的生长和脱换才能适应外界温度的变化。因此，在开始育雏时，要保证较高的环境温度，以后随着日龄的增长再逐渐降至常温。

育雏温度是指育雏器下的温度。育雏室内的温度比育雏器下的温度低一些，这样可使育雏室地面的温度有高、中、低三种差别，雏鸡可以按照自身的需要选择其适宜温度。培育雏鸡的适宜温度见表 4-5。

表 4-5　适宜的育雏温度

周　龄	室温（℃）	育雏器温度（℃）
进雏 1～2 日龄	24	35
1	24	35～32
2	24～21	32～29
3	21～18	29～27
4	18～16	27～24
5	18～16	24～21
6	18～16	21～18

平面育雏时，若采用火炉、火墙或火炕等方式供温，测定育雏温度时要把温度计挂在离地面或炕面 5 厘米处。育雏温度，进雏后 1～3 天为 35～34℃，4～7 天降至 33～32℃，以后每周下降 2～3℃，直至降到 20～18℃为止。

测定室温的温度计应挂在距离育雏器较远的墙上，高出地面 1

米处。

育雏温度因雏鸡品种、气候等的不同和昼夜更替而有差异，特别是要根据雏鸡的动态来调整。夜间外界温度低，雏鸡歇息不动，育雏温度应比白天高1℃。另外，外界气温低时育雏温度通常应高些，气温高时育雏温度应低些；弱雏的育雏温度比强雏高一些。

给温是否合适也可从观察雏鸡的动态获知。温度正常时，雏鸡神态活泼，食欲良好，饮水适度，羽毛光滑整齐，白天勤于觅食，夜间均匀分散在育雏器的周围。温度偏低时，雏鸡靠近热源，拥挤打堆，时发尖叫，闭目无神，采食量减少，有时被挤压在下面的雏鸡发生窒息死亡。温度过低，容易引起雏鸡感冒，诱发白痢病，使死亡率增加。温度高时，雏鸡远离热源，展翅伸颈，张口喘气，频频饮水，采食量减少。长期高温，将会引起雏鸡呼吸道疾病和啄癖等。

（2）育雏湿度的控制　湿度也是育雏的重要条件之一，但养鸡户不够重视。育雏室内的湿度一般用相对湿度来表示，相对湿度越高，说明空气越潮湿；相对湿度越低，则说明空气越干燥。雏鸡出壳后进入育雏室，如果空气的湿度过低，雏鸡体内的水分会通过呼吸而大量散发出去，就不利于雏鸡体内剩余卵黄的吸收，雏鸡羽毛生长亦会受阻。一旦给雏鸡开饮后，雏鸡往往因饮水过多而发生下痢。

适宜的湿度要求：10日龄前为60%～65%，以后降至55%～60%。育雏初期，由于垫料干燥，舍内常呈高温低湿，易使雏鸡体内失水增多，食欲不振，饮水频繁，绒毛干燥发脆，脚趾干瘪。另外，过于干燥也易导致尘土飞扬，引发呼吸道和消化道疾病。因此，这一阶段必须注意室内水分的补充。可在舍内过道或墙壁上面喷水增湿，或在火炉上放置一个水盆或水壶烧水产生蒸汽，以提高室内湿度。10日龄以后，雏鸡发育很快，体重增加，采食量、饮水量、呼吸量及排泄量与日俱增，舍内温度又逐渐下降，特别是在盛夏和梅雨季节，很容易发生湿度过大的情况。雏鸡对潮湿的环境很不适应，育雏室内低温高湿时，会加剧低温时对雏鸡的不良影响，雏鸡会感到更冷，甚至冷得发抖，这时易患各种呼吸道疾病；当育雏室内高温高湿时，雏体的水分蒸发和体热散发受阻，感到更加闷热不适，雏鸡易患球虫病、曲霉菌病等。因此，这段时期要注意勤换垫料，加强通风换气，添加饮水时要防止水溢到地面或垫料上。

108 在育雏舍，对雏鸡的饲养密度和通风换气有什么要求？

（1）雏鸡的饲养密度　雏鸡的饲养密度是指育雏室内每平方米地面或笼底面积所容纳的雏鸡数。饲养密度与雏鸡的生长发育密切相关。鸡群密度过大，吃食拥挤，抢水抢食，饥饱不均，雏鸡生长缓慢，发育不整齐；密度过大还会造成育雏室内空气污浊、二氧化碳含量增加，氨味浓，卫生环境差，雏鸡易感染疾病，易产生恶癖。鸡群密度过小，虽然雏鸡发育好，成活率高些，但房舍利用率降低，不易保温，育雏成本增加，经济上不合算。肉用种鸡育雏阶段的饲养密度参见表4-6。

表4-6　不同饲养方式的饲养密度

单位：只/米²

周龄	地面平养	网上平养	多层笼养
0～1	20	24	60
2～3	20	24	40
4～6	20	24	34

育雏群的大小，要根据设备条件和饲养目的而定。每群数量不宜过多，小群饲养效果较好，但太少不经济。如商品鸡育雏，可采取大群饲养，每群1 000～2 000只，甚至可达3 000～5 000只，但饲养种鸡仍以小群饲养为好，通常每群400～500只，公母雏分群饲养。

（2）育雏舍的通风换气　雏鸡虽小，生长发育却很迅速，新陈代谢旺盛，需氧气量大，排出的二氧化碳也多，单位体重排出的二氧化碳量也比大家畜高 2 倍以上。此外，在育雏室的温湿度条件下，粪便和垫料经微生物的分解产生大量的氨气和硫化氢等不良气体。育雏舍内这些气体积蓄过多，就会造成空气污浊，从而影响雏鸡的生长和健康。如育雏舍内二氧化碳含量过高，雏鸡的呼吸次数显著增加，严重时雏鸡精神萎靡，食欲减退，生长缓慢，体质下降。氨气的浓度过高，就会引起雏鸡肺水肿、充血，刺激眼结膜引起角膜炎和结膜炎，并可诱发上呼吸道疾病的发生。硫化氢气体含量过高也会使雏鸡感到不适，食欲降低等。因此，要注意育雏舍的通风换气，及时排除有害气体，保持舍内空气新鲜，使舍内有害气体氨气、硫化氢、二氧化碳含量分别不超过 20 毫克/千克、10 毫克/千克和 0.3%，即人进入育雏舍后无刺鼻、刺眼感觉。在通风换气的同时也要注意舍内温度的变化，防止间隙风吹入，以免引起雏鸡感冒。

育雏舍通风换气的方法有自然通风和强制通风两种。开放式鸡舍的换气可利用自然通风来解决。其具体做法是：每天中午 12 点左右将朝阳的窗户适当开启，应从小到大最后呈半开状态，切不可突然将门窗大开，让冷风直吹雏鸡，开窗的时间一般为 0.5～1 小时。为防止舍温降低，通风前应提高舍温 1～2℃，待通风完毕后再降到原来的温度。密闭式鸡舍通常通过动力机械（风机）进行强制通风。其通风量的具体要求是：冬季和早春为每分钟每只0.03～0.06 米^3，夏季为每分钟每只 0.12 米^3。

109 怎样安排育雏舍的光照？

育雏舍内的光照包括自然光照（太阳光）和人工光照（电灯光）两种。光照对雏鸡的采食、饮水、运动和健康生长都有很重要的作用，与成年后的生产性能也有着密切的关系。不合理的光照对雏鸡是极为有害的。光照时间过长，会使雏鸡提早性成熟，小公鸡早鸣，小母鸡过早开产。过早开产的鸡，体重轻，蛋重小，产蛋率低，产蛋持续期短，全年产蛋量不高。光照过强，雏鸡显得神经质，易惊群，容易引起啄羽、啄趾、啄肛等恶癖。而光照时间过短、强度过小，会影响到雏鸡的活动与采食，还会使鸡性成熟推迟。异常光色如黄光、青光等易引起雏鸡的恶癖。

合理的光照方案包括光照时间和光照强度两个方面。对于商品蛋鸡，应在育雏期和育成期采取人工控制光照来调节性成熟期。其具体方法如下。

（1）光照时间　雏鸡出壳后头3天视力较弱，为保证采食和饮水，每天可采用23～24小时的光照。从第4天起，按鸡舍的类型和季节采取不同的光照方案。密闭式鸡舍，雏鸡从孵出后的第4天起到20周龄（种鸡22周龄），每昼夜恒定光照8～10小时。有条件的开放式鸡舍（有遮光设备，能控制光照时间），在制订4日龄以后的光照方案时，要考虑当地日照时间的变化。我国处于北半球，4月上旬到9月上旬孵出的雏鸡，其育成后期正处于日照时间逐渐缩短的时期，故本批鸡4日龄以后至20周龄（种鸡22周龄）均可采用自然光照。9月中旬到翌年3月下旬孵出的雏鸡，其大部分生长时期中日照时数不断增加，故本批鸡从4日龄至20周龄（种鸡22周龄）可控制光照时间。控制的方法有两种：一种是渐减法，即查出本批鸡达到20周龄（种鸡22周龄）的白天最长时间（如15小时），然后加上3小时作为出壳后第4天应采用光照时间（18小时）。以后每周减少光照20分钟，直到21周龄（种鸡23周龄）以后按产蛋鸡的光照制度给光。另一种是恒定法，即查出本批鸡达到20周龄（种鸡22周龄）时的白天最长的时间（不低于8小时），从出壳后第4天起就一直保持这样的光照时间不变，到21周龄（种鸡23周龄）以后，则按产蛋鸡的光照制度给光。

（2）光照强度　第1周龄内应稍亮些，每15米² 鸡舍用一只40瓦的白炽灯悬挂于离地面2米高的位置即可，第2周龄开始换用25瓦的灯泡就可以了。

人工光照常用白炽灯泡，其功率以25～45瓦为宜，不可超过60瓦。为使照度均匀，灯泡与灯泡之间的距离应为灯泡高度的1.5倍。舍内如安装两排以上的灯泡，应错开排列。缺电地区人工给光时，可使用煤油罩灯、蜡烛、气灯等。

110 育雏方式有哪几种？各有什么优缺点？

雏鸡从出壳到6周龄的这段时期叫育雏期，这个时期的饲养管理方式称育雏方式。人工育雏按其占用地面和空间的不同可分为平面育雏和立体育雏两大类。人工育雏按其占用地面和空间的不同可分为平面育雏和立体育雏两大类，各有其优缺点，现分别介绍如下。

（1）平面育雏　指把雏鸡饲养在铺有垫料的地面上或饲养在具有一定高度的单层网平面上的育雏方式。多数农户常采用这种方式育雏。在生产中，又将平面育雏分为更换垫料育雏、厚垫料育雏和网上育雏三种方式。

①更换垫料育雏：将雏鸡养在铺有垫料的地面上，地面可以是水泥地面、砖地面、泥土地面或炕面，垫料厚3～5厘米并经常更换，以保持舍内清洁、温暖。此方式育雏比较简单，无须特别设备，但雏鸡与粪便经常接触，容易感染疾病，特别是易发生球虫病，且占用房舍面积较多，付出的劳动量较大。更换垫料育雏的供温方式有保温伞、红外线灯、火炕、烟道、火炉、热水管等。

②厚垫料育雏：这是育雏过程中只加厚而不更换垫料，直至育雏结束才清除垫料的一种平面育雏方式。其具体做法是：先将育雏舍打扫干净后，再撒一层生石灰（每平方米撒布1千克左右），然后铺上5～6厘米的垫料，垫料要求清洁干燥、质地柔软，禁用霉变、腐烂、潮湿的垫料。育雏2周后，开始增铺新垫料，直至厚度达到15～20厘米为止。垫料板结时，可用草杈子上下抖动，使其松软。育雏结束后将所有垫料一次性清除掉。厚垫料育雏因免换垫料而节省了劳动力，且由于厚垫料发酵产热而提高了舍温；在微生物的作用下垫料中能产生维生素B_{12}，可被雏鸡采食；雏鸡经常扒翻垫料，可增加运动量，增进食欲，促进生长发育。厚垫料育雏的供温方式有保温伞、红外线灯、烟道、

火炉、热水管等。

③网上育雏：其方法是将雏鸡饲养在离地面50～60厘米的铁丝网或塑料网上，网眼为1.25厘米×1.25厘米。网上育雏与垫料育雏相比，可节省大量垫料，降低育雏成本，而且雏鸡与粪便接触的机会大大减少，有利于雏鸡健康生长。其供温方式有热水管、热气管、排烟管等。

（2）立体育雏（笼育）　即将雏鸡饲养在层叠式的育雏笼内。育雏笼一般分为3～5层。电热育雏笼是采用电热加温的育雏笼具，有多种规格，能自动调节温度，一些条件较好的地方已经采用。大多数农户在立体育雏时，为降低成本，常用毛竹竹片、木条或铁丝等制成栅栏，底网大多采用铁丝网或塑料网。鸡粪从网眼落下，落到层与层之间的承粪板上，而后定时清除。供温方法可采用热水管、热气管、排烟管道、电热丝、红外线灯等。

立体育雏与平面育雏相比，其优点是能充分利用育雏舍空间，提高了单位面积利用率和生产效率；节省了垫料，热能利用更为经济；与网上育雏一样，雏鸡不与粪便直接接触，有利于对白痢病、球虫病的预防。但投资较多，在饲养管理上要控制好舍内育雏所需条件，供给营养完善的饲粮，保证雏鸡生长发育的需要。

111 什么叫保温伞育雏法？有什么优缺点？

保温伞是一种外形似伞状的保温设备，由热源和伞体部件组成。其热源可用电热丝、煤油、液化石油气或煤火炉等（图4-1）。伞体可用铁皮或铝皮，也可用木板或纤维板制作成方形、多角形或圆形等形状。电热伞内附有乙醚膨胀饼和微动开关或由电子继电器与水银导电表组成的控温装置，使用时可按雏鸡不同日龄对温度的需要来调整调温旋钮。保温伞容纳雏鸡的只数根据其热源面积而定，一般为300～1 000只。保温伞育雏法的优点是：育雏量大，雏鸡可在伞下自由活动选择适温区，换气良好，使用方便。其缺点是育雏费用高，热量不大，需有保温性好的育雏舍或在育雏舍内另设加温设施如火炉等帮助升高舍温。如用电热伞育雏，则需准备其他加温设备，以防停电时温度迅速下降。

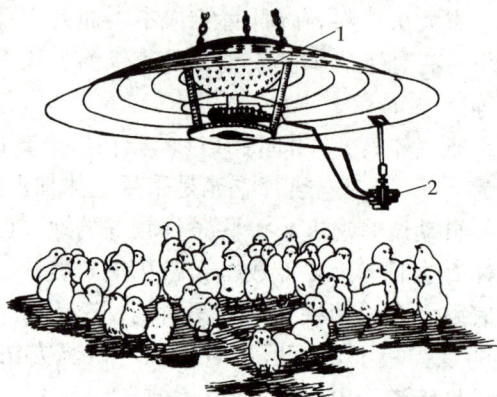

图 4-1 液化石油气保温伞育雏
1. 加温部分 2. 控温部分

112 什么叫烟道育雏法？有什么优缺点？

烟道有地上烟道和地下烟道两种。地上烟道的具体砌法是将加温的地炉砌在育雏舍的外间，炉子走烟的火口与烟道直接相连。舍内烟道靠近墙壁10厘米，距地面高30～40厘米，由热源向烟囱方向稍有坡度，使烟道向上倾斜。烟道上方设置保温棚（如搭设塑料棚），在棚下离地面5厘米处悬挂温度计，测量育雏温度（图4-2）。这种育雏方式设备简单，取材方便，但有时漏烟。地下烟道一般用砖或土坯砌成，其结构多样，规模大的育雏舍烟道的条数相对多些，采用长烟道，小的育雏舍可采用田字形环绕烟道。其原理都是烧煤或利用当地其他燃料，使热气通过烟道而对地面和育雏舍空间进行加温。地下烟道的优点主要有：一是育雏舍的实际利用面积大；二是没有煤炉加温时的煤烟味，舍内空气较为新鲜；三是散热比较均衡，地面和垫料干燥，雏鸡腹部受热，感觉较为舒适；四是节省燃料，管理方便，育雏效果好。

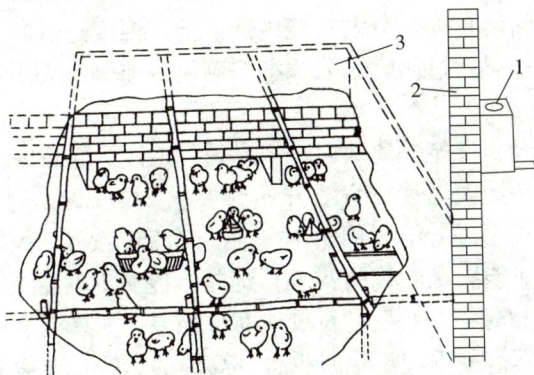

图 4-2　地上烟道育雏示意
1. 灶　2. 墙　3. 塑料棚

113 什么叫煤炉育雏法？有什么优缺点？

煤炉可用铁皮制成或用烤火炉改进而成，炉上设有铁皮制成的伞形罩或平面盖，并留有出气孔，以便接上通风管道，管道接至舍外以排出煤烟。煤炉下部有一进气孔，并用铁皮制成调节板，以调节进气量和炉温。若采用市售小型烤火炉，每只火炉可供温育雏舍面积 15 米^2 左右。煤火炉供温育雏的优点是经济实用，成本低，保温性能较稳定；缺点是调温不便，升温慢，且要防止管道漏烟而发生一氧化碳中毒。

114 笼育雏鸡的饲养管理特点有哪些？

用分层笼育雏时，必须实行全进全出制。在饲养管理中，要从笼育的实际出发，注意鸡舍保温、舍内密度适宜、通风良好和清洁卫生等事项。

（1）笼温　指笼内热源区，即离底网 5 厘米高处的温度，可在笼内热源区离底网 5 厘米处挂一个温度计，以测笼温。笼育时给温标准主要根据舍温及雏鸡健康状态而定，育雏初期一般维持在30～

32℃，而后随雏鸡日龄增长而逐渐降低，每周下降2～3℃，直至离温为止。注意观察雏鸡的表现，以确定温度是否适宜。当温度适宜时，雏鸡活动自如，分散在笼内网面上；温度过低时，雏鸡拥挤到笼内一角；温度过高时，雏鸡拥挤到笼内前侧，表现出抬翅、张嘴、喘气。

（2）舍温　指笼外离地面1米高处的温度。笼育时舍温应稍高些，以便保持笼内温度。育雏开始时要求24～22℃，以后笼温与舍温的温差逐渐缩小，3周龄时笼温与舍温接近，舍温应不低于18℃，这样才能满足雏鸡的需要。但是，笼育时舍温也不宜过高，因雏鸡在网上饲养，羽毛生长较地面平养差，如果温度过高，更易引起雏鸡啄癖。夏季应尽量减少舍外高温的影响，要设有足够的通风装置，采取必要的措施防止舍温偏高。

（3）饮水与喂食　初生雏放入育雏笼后立即给予饮水，为加快体质恢复，可在饮水中加入适量的葡萄糖、复合B族维生素，6小时后换为清水。在整个育雏期不能断水。最初几天可用塔式饮水器，1周龄改用其他形式的饮水器，其高度随鸡日龄调整。

雏鸡开饮后3小时开食，可在底网上铺粗糙厚纸或塑料布，然后撒些碎料让雏鸡啄食。最初2天都采用这种喂食方法，以后改在笼外料槽饲喂。6周龄前每只雏鸡需槽位2.5厘米，让其自由采食。

（4）密度与分群　笼内活动面积有限，饲养密度一定要适宜。如果密度过大会影响雏鸡的生长发育，并易发生恶癖，因而密度要随雏鸡日龄增长而不断地进行调整。对出现的强弱雏要经常分群，将弱雏放在上层笼内饲养。

（5）清洁卫生　要保持笼养设备的清洁卫生，料槽、饮水器要经常刷洗、消毒，底网和承粪板及整个笼体都要定期拆卸进行彻底消毒。

115　雏鸡为什么要断喙？怎样断？

所谓断喙就是用断喙机或剪刀断掉鸡的喙端，俗称"断嘴"。

适时断喙有利于加强雏鸡的饲养管理。如果鸡舍通风不良，光照过强，饲养密度过大，饲粮营养不平衡（特别是缺乏动物性蛋白饲料和矿物质）等，均会造成鸡群出现啄羽、啄趾、啄肛等恶癖。恶癖一旦发生，需要查明原因，改善饲养管理。但最有效防止恶癖发生的措施是断喙，而且断喙还能避免雏鸡勾抛饲料，减少饲料浪费。

（1）断喙时间和方法 鸡的断喙一般进行 2 次，第一次断喙在育雏期内，时间安排在 7～10 日龄；第二次断喙在育成期内，时间在 10～14 周龄之间，目的是对第一次断喙不成功或重新长出的喙进行修整。大、中型鸡场的雏鸡断喙多采用专用的电动断喙器。在电动断喙器上有一个直径为 0.44 厘米的小孔，断喙时将喙切除部分插入孔内，由一块热刀片（温度 815℃）从上往下切，接触 3 秒钟后，切除与止血工作即行完毕。操作时，鸡头向刀片方向倾斜，使上喙比下喙多切些，切除的部分是上喙从喙端至鼻孔的 1/2 处，下喙是喙尖至鼻孔的 1/3 处，形成上短下长。

断喙前后一天，饲料中可适当添加维生素 K（4毫克/千克），有利于凝血，加抗应激药物，以防应激。断喙后 2～3 天内，料槽内饲料要加满些，以利于雏鸡采食。

断喙前后喙的形态见图 4-3。

图 4-3 断喙前后雏鸡喙的形态
1. 未断喙 2. 断喙后

（2）在给雏鸡和育成鸡断喙时应注意的问题 ①鸡群受到应激时不要断喙，如刚接种过疫苗的鸡群等，待恢复正常时再进行。②在用磺胺类药物时不要断喙，否则易引起出血不止。③在育成期（10～12 周龄）第二次断喙前 24～48 小时，每吨饲料中要加入 2 克维生素 K，以减少应激。④在操作方法上应注意轻按紧靠喙底的咽喉处，使鸡缩舌，切勿把舌尖断掉。⑤断喙后的鸡喙上短下长才符合要求，防止上下喙一齐断。⑥断喙后要供应充足的清凉饮水，加强饲养管理。

116 怎样安排育雏期的投药和免疫？

雏鸡饲养的好坏，成活率的高低，除受饲养管理水平的影响外，还与疾病的防治密切相关。育雏期间鸡群的常发病和多发病主要有雏鸡白痢、大肠杆菌病、球虫病、禽流感、鸡新城疫、鸡传染性法氏囊病以及其他一些呼吸道病及营养缺乏症。雏鸡的免疫与投药，应根据鸡的品种、种蛋来源、孵化场的孵化条件以及本地区经常流行的疾病等进行综合分析，科学判定，制订出合理的投药措施和免疫程序。下列的投药措施和免疫程序可供参考。一般可在雏鸡开饮至 3 日龄，饮水中加入 3%～5% 的葡萄糖或白糖、维生素 C 针剂（每 100 只用量 20 毫升）、抗生素（如青霉素，每天 4 000 国际单位/只），以防应激，促进雏鸡卵黄吸收和预防白痢、脐炎及大肠杆菌感染；1 日龄用马立克氏病疫苗颈背皮下注射接种；3～5 日龄用传染性支气管炎疫苗 H_{120} 饮水；7～8 日龄用传染性法氏囊病疫苗滴鼻或饮水；同时于 3～9 日龄在饮水中加入 20～60 毫克/升硫酸黏菌素；10～14 日龄用新城疫Ⅳ系苗点眼或滴鼻；12～15 日龄用 0.05%～14% 土霉素拌料；15 日龄进行禽流感疫苗首免；15 日龄以后在饲料中间断性添加一些抗球虫药物；23～25 日龄用传染性法氏囊病疫苗饮水二免；27～28 日龄用鸡痘疫苗刺种（成鸡的半量）；30 日龄可用传染性喉气管炎弱毒苗点眼滴鼻；35 日龄和 45 日龄分别用新城疫Ⅳ系或Ⅱ系苗和禽流感疫苗进行二免。

117 怎样安排雏鸡的日常管理？

科学地安排雏鸡的日常管理，可以更好地适应雏鸡的生物学特性，促进生长，增强体质，降低成本和提高成活率。在育雏期内，其日常管理工作应遵循以下细则。①进门换鞋消毒，注意检查消毒池内的消毒药物是否有效，是否应该更换或添加。②观察鸡群活动规律，查看舍内温度计，检查温度是否合适。③观察鸡群健康状况，有没有"糊屁股"（多为白痢所致）的雏鸡，有无精神不振、呆立缩脖、翅膀下垂的雏鸡，有无腿部患病、站立不起的雏鸡，有无大脖子的雏鸡。④仔细观察粪便是否正常，有无拉稀、绿便或便中带血等异常现象。一般来说，刚出壳尚未采食的幼雏排出的胎粪为白色和深绿色稀薄液体，采食以后排出的粪便呈圆柱形、条状，颜色为棕绿色，粪便的表面有白色的尿酸盐沉着。拉稀便可能是肠炎所致；粪便绿色可能是吃了变质的饲料，或硫酸铜、硫酸锌中毒，或患鸡新城疫、霍乱、伤寒等病；粪便棕红色、褐色，甚至血便，可能是发生了球虫病；黄色、稀如水样粪便，可能是发生了某些传染病，如法氏囊病、马立克氏病。发现异常现象后及时分析原因，采取相应措施。⑤检查饮水器或水槽内是否有水，饮水是否清洁卫生。⑥检查垫料是否干燥，是否需要添加或更换，垫草有无潮湿结块现象。⑦舍内空气是否新鲜，有无刺激性气味，是否需要开窗通气。⑧食槽高度是否适宜，每只鸡食槽占有位置是否充足，饲料浪费是否严重。⑨鸡群密度是否合适，要不要疏散调整鸡群。⑩笼养雏鸡有无跑鸡现象，并查明跑鸡原因，及时抓回，修补笼门或漏洞。⑪检查笼门是否合适，有无卡脖子现象，及时调换笼门。⑫及时分出小公鸡，进行淘汰或肥育。⑬检查光照时间、强度是否合适。⑭检查有无啄癖现象发生，如有被啄雏鸡，应及时抓出，涂上紫药水。⑮按时接种疫苗，检查免疫效果。⑯抽样检查体重，掌握雏鸡生长发育状况。⑰将病鸡、弱鸡隔离治疗，加强饲养，促使鸡群整齐一致。⑱检查用药是否合理，药片是否磨细，拌和是否均匀。⑲掌握鸡龄与气温，确定离温时间，检查离温后果。⑳加强夜间值班工作，细听鸡群有无呼吸系统疾病，鸡群睡觉是否安静，防止意外事故发生。

118 怎样分析雏鸡发病及死亡原因？

幼雏期（0～4周龄）的小鸡对疾病抵抗力弱，常常发生一些疾病甚至死亡，其原因是多方面的，概括起来有以下几点。

（1）传染性胚胎病　白痢病、副伤寒、败血支原体病、马立克氏病等可经种蛋传给后代；葡萄球菌、肠道杆菌、绿脓杆菌及许多霉菌等可通过破损、甚至不破损的蛋壳从外源侵入蛋内，这些微生物在种蛋的收集、贮存、运输等过程中进行传播。以上原因可致胚胎残废或出壳后发病，可引起雏鸡脐炎、白痢病、慢性呼吸道病、大肠杆菌病等。

（2）消毒不严格和孵化不良引发的疾病　育雏舍、孵化室、种蛋及各种用具消毒不严格，大肠杆菌、沙门氏菌、葡萄球菌等可因脐孔闭合不好而侵入卵黄囊，引发脐炎。患此病雏鸡有一半死于育雏头3天，绝大多数死于10天以内。孵化中温度过高或过低，通风换气不足等原因均可导致胚胎出壳过早或过迟，易患各种疾病，成为弱雏，多在出壳5天后死亡。

（3）育雏温湿度不适宜　有些农户育雏舍保温不好，加温不正常，易使育雏温度偏低，引发感冒和消化系统疾病，发病率和死亡率均很高。有的单纯强调保温，通风不好，缺氧和有毒气体增加，易使雏鸡闷死和中毒死亡。还有的育雏温度过高，湿度不够，而使雏鸡脱水，偶尔开窗换气又易发生感冒而患呼吸道病。

（4）饲料营养不平衡　因饲料品种单一，饲粮中常缺乏蛋白质（特别是必需氨基酸）、矿物质、维生素等营养物质，易使雏鸡患营养缺乏症和其他传染病，治疗措施不及时常大批死亡。

（5）防疫措施不力　有的鸡场和养鸡户防疫不及时；或没有系统的免疫程序，防疫不规范；或免疫接种方法不当，防疫效果不理想；或未建立正常的消毒制度，均易造成传染病大面积发生并引发雏鸡死亡。

（6）雏鸡中毒、中暑　常见的有农药中毒，兽药中毒（用兽药防治疾病时剂量过大），发霉饲料中毒，棉子饼、菜子饼中毒等；夏季气温高，雏鸡易发生热应激而出现中暑死亡。

（7）饲养管理不完善引发啄食癖　饲粮营养不全、饲养密度大、光照紊乱、多批鸡混养、运动场地小及其他一些因素易引起啄肛、啄趾、啄羽癖，严重时有的雏鸡可被活活啄死。

发现致病因素，应及时改善饲养管理条件，采取有效的防治措施，确保雏鸡健壮生长。

119 怎样计算育雏率?

育雏率是衡量育雏效果好坏的一个标准,是指育雏末(6周龄)成活雏鸡与1日龄入舍雏鸡数之比。用公式表示为:

$$育雏率 = \frac{育雏期末成活雏鸡数}{1 日龄入舍雏鸡数} \times 100\%$$

例如:某种鸡场3月4日购进种雏6 000只,至6周龄育雏期满时即4月16日成活雏鸡5 880只,则该鸡场本批雏鸡在育雏期的育雏率为:5 880/6 000×100%=98%。

五、育成鸡的饲养管理

120 育成鸡有何生理特点？应怎样合理饲喂？

7 周龄到 20 周龄这个阶段叫育成期，处于这个阶段的鸡叫育成鸡（也叫青年鸡、后备鸡）。育成鸡生长发育旺盛，抗逆性增强，疾病也少。因此，鸡进入育成期后，在饲养管理上可以粗放一点，但必须在培育上下工夫，使其在以后的产蛋期保持良好的体质和产蛋性能，种用鸡发挥较好的繁殖能力。

（1）育成鸡的生理特点　育成鸡仍处于生长迅速、发育旺盛的时期，尤其是各类器官已发育完善，机能健全。骨骼和肌肉生长速度比较快，但体重增长速度不及雏鸡；机体对钙质的沉积能力有所提高；羽毛几经脱换，最终长出了成羽；随着日龄增加，蓄积脂肪能力增强，易引起躯体过肥，将对其后产蛋量和蛋壳质量有重要影响；育成鸡的中、后期生殖系统开始发育至性成熟。若在育成期让鸡自由采食，供给丰富营养，特别是喂给高蛋白饲粮，则会加快性腺发育，使育成鸡过早开产，而这类早开产的鸡，产蛋持久力差，蛋重小，总产量不高，种用价值和经济效益低。若育成鸡饲粮中蛋白质水平适当低一些，既可使性腺发育正常，又可促进骨骼生长和增强消化系统的机能。因此，在育成鸡饲养管理中，要正确处理好"促"与"抑"的关系。

（2）育成鸡的限制饲养　限制饲养是根据育成鸡的营养特点，限制其饲料采食量，适当降低饲料营养水平的一种特殊的饲养措施。其目的是提高饲料利用效率，控制适时开产，保证高产、稳产，提高经济效益。

1）限制饲养的意义 ①通过限饲可使性成熟延迟5～10天，使卵巢和输卵管得到充分的发育，机能活动增强，从而增加整个产蛋期的产蛋量。②保持鸡有良好的繁殖体况，防止母鸡过肥，体重过大或过小，提高种蛋合格率、受精率和孵化率，使产蛋高峰持续时间长。③可以节省饲料（一般为10%～15%），提高成鸡产蛋的饲料效能。④可以降低产蛋期死亡率，因为健康状况不佳的病弱鸡，难以忍受自然淘汰这一过程，由于限饲反应在开产前就已被淘汰，从而提高了产蛋期的存活率。

2）限制饲养的要求 ①应根据本单位具体情况采用最简便的方法，减少麻烦与负担，少费工时。②采用限制饲养要以增加经济效益为主要宗旨，加大产品成本则意味着失败。③其限制量不能有损鸡群健康，各种死亡率不能超过正常死亡率。④营养限制不能降低鸡蛋的品质；限饲前需进行断喙，以防止发生啄癖。

3）限制饲养方法 限制方法有多种，如限时法、限量法和限质法等。①限时法：就是通过控制鸡的采食时间来控制采食量，从而达到控制体重和性成熟的目的。具体分为以下几种：A. 每日限喂：每天喂给一定量的饲料和饮水，规定饲喂次数和每次采食时间，此法对鸡的应激较小。有人采用每2～3小时给饲15～30分钟的方法，能提高饲料转化率。B. 隔日限喂：就是喂1天，停1天，把两天（48小时）的饲料量集中在一天喂给，给料日将饲料均匀地撒在料槽内，停喂日撤去槽中的剩料，也不给其他食物，但供足饮水，尤其热天更不能断水。此法对鸡的应激较大，可用于体重超标的鸡群限饲，常用于肉用种鸡7～11周龄的限喂。C. 每周限喂：即每周停喂1天或两天。停喂两天的做法是：星期日、三停喂，将一周中限喂料量均衡地在5天中喂给。此法既节省了饲料，又减少应激，常用于蛋用型鸡育成期的限喂。②限量法：就是规定鸡群每日、每周或某阶段的饲料用量。在实行限量饲喂时，蛋用鸡一般喂给正常饲喂的80%～90%，而肉用种鸡只喂给自由采食时的60%～80%。此法易操作，应用比较普遍，但饲粮营养必须全价，不限定鸡的采食时间。③限质法：就是限制饲粮营养水平，使某种营养成分低于正常水平。一般采用的有低能饲粮、低蛋白饲粮、低能低蛋白饲粮、低赖氨酸饲粮等，从而使鸡生长速度降低，性成熟延迟。农村粗放养鸡常采用此法。

121 育成鸡的限制饲养应注意什么？

（1）定期称测体重，掌握好给料量　限饲开始时，要随机抽样30～50只鸡称重并编号，每周或两周称重一次，其平均体重与标准体重比较，10周龄以内的误差最大允许范围为±10％，10周龄以后则为±5％，超过这个范围说明体重不符合标准要求，就应适当减少或增加饲料喂量。每次增加或减少的饲料量以5克/（只·日）为宜，待体重恢复标准后仍按表中所列数量喂给。育成鸡的大致给料标准和体重应达到的范围见表5-1。

表5-1　育成鸡7～20周龄体重和给料量

周龄	白壳蛋鸡品种		褐壳蛋鸡品种	
	每日每只给料（克）	体重范围（克）	每日每只给料（克）	体重范围（克）
7	45	420～520	50	560～680
8	49	500～600	55	650～790
9	52	570～710	59	740～900
10	54	660～820	63	830～1 010
11	55	770～930	67	920～1 120
12	57	860～1 040	70	990～1 220
13	59	940～1 120	73	1 070～1 310
14	60	1 010～1 190	76	1 130～1 390
15	62	1 070～1 250	79	1 200～1 460
16	64	1 120～1 300	82	1 260～1 540
17	67	1 160～1 340	85	1 320～1 620
18	68	1 190～1 370	88	1 390～1 690
19	74	1 210～1 410	91	1 450～1 770
20	83	1 260～1 480	95	1 500～1 840

（2）确定起限时间　目前，生产中对蛋鸡的限制饲养多从 9 周龄开始，常采用限量法。

（3）设置足够的料槽　限饲时必须备足料槽，而且要摆布合理，防止弱鸡采食太少，鸡群饥饱不均，发育不整齐。要求每只鸡都要有一定的采食位置，最好留有占鸡数 1/10 左右的余位。

（4）限饲前应对母鸡断喙，以防相互啄伤　对公鸡可剪冠，用于自然交配的公鸡断内侧趾及后趾。

（5）限饲中特殊情况的处理　限饲过程中，如果鸡群发病、接种疫苗或转群时，可暂时停止限饲，待消除影响后再行限饲。

（6）应与控制光照相配合　实施限饲时，要与控光相结合，效果会更好。

（7）限饲应以增加总体经济效益为主要宗旨　不能因限饲而加大产品成本，造成过多的死亡或降低产品质量。如鸡场的饲养条件不好，育成鸡体重又比标准轻，切不可进行限制饲养。

（8）笼养育成鸡的限饲　笼养育成鸡，控制饲养的技术措施比较容易实施，应激较小，如果管理正常，可获得 85% 甚至更高的均匀度。但由于笼养时鸡的运动量减少，应考虑适当降低饲养标准中的能量含量。另外，笼养时采取限制时间可适当提前。

122 育成鸡有哪几种饲养方式？

育成鸡的饲养方式有平养、笼养和网养等多种。

（1）地面平养　指地面全铺垫料（稻草、麦秸、锯末、干沙等），料槽和饮水器均匀地布置在舍内，各料槽、水槽相距在 3 米以内，使鸡有充分采食和饮水的机会。这种方式饲养育成鸡较为落后，稍有条件和经验的养鸡者已不再采用这种方式。

（2）栅养或网养　指育成鸡养在距地面 60 厘米左右高的木（竹）条栅或金属网上，粪便经栅条之间的间隙或网眼直接落于地面，有利于舍内卫生和定期清粪。栅上或网上养鸡，其温度较地面低，应适当地提高舍温，防止鸡相互拥挤、打堆，同时注意分群，准备充足的料槽、水槽（或饮水器）。栅上或网上养鸡，取材方便，成本较低，应用广泛。

（3）栅地结合饲养 以舍内面积 1/3 左右为地面，2/3 左右为栅栏（或平网）。这种方式有利于舍内卫生和鸡的活动，也提高了舍内面积的利用，增加鸡的饲养只数。这种方式应用不很普遍。

（4）笼养 指育成鸡养在分层笼内，专用的育成鸡笼的规格与幼雏笼相似，只是笼体高些，底网眼大些。分层育成鸡笼一般为 2～3 层，每层养鸡 10～35 只。这种方式应提倡发展。

笼养育成鸡与平养相比，由于鸡运动量减少，开产时体重稍大，母鸡体脂肪含量稍高，故对育成鸡应采取限制饲养，定期称重，测量胫长，以了解其生长发育和饲养是否合适，以便及时调整。

123 怎样完成育雏期和育成期两阶段的过渡？

从育雏期到育成期，饲养管理技术有一系列变化，这些变化要逐渐进行，避免突然变化。

（1）脱温 雏鸡达到 4～6 周龄以后，新羽基本长出，对环境适应能力增强，要逐步停止给温。一般早春育雏可在 6 周龄左右离温，晚春、初夏育雏 3～4 周龄即可离温。但是具体脱温的时间，还应考虑季节性、雏鸡体质状况及外界气温变化等因素灵活掌握。当室外气温还比较低，且昼夜温差较大时，需延长给温时间，一般过渡期为 1 周左右，脱温后夜间要注意观察鸡群动态，防止挤堆压死。

（2）转笼或下笼 笼育的雏鸡进入育成期后，可转入育成鸡笼或者改为地面平养，这就要下笼。刚下笼时鸡不太习惯，容易引起密集挤堆，因此需要仔细观察鸡群（特别在夜间），防止挤堆而造成伤亡。

（3）更换日粮 育雏期和育成期因为鸡生理特点不同，对日粮的需求也不一样，特别是蛋白质在日粮中的比例，育成期要比育雏期低，所以在过渡期后要更换日粮。更换日粮不能突然改变，要逐渐进行，以便逐渐适应。

124 怎样给育成鸡配合日粮？

在育成期的主要任务是培育健康、匀称、体重符合正常生长曲线的鸡群，以保证适时开产。因此，在生产中必须充分重视育成鸡的饲粮配合。根据育成鸡的发育特点，其营养需要与雏鸡有较大区别，饲料中蛋白质和能量水平都应降低，尤其是蛋白质水平应比雏鸡低得多，且随鸡的体重增加而减少。否则，育成鸡会大量积聚脂肪而过肥，同时过早性成熟，进而影响以后的产蛋量。因此，在日粮配方中，粗蛋白质的含量，可从育雏期的18％～19％逐渐减少为15％～16％。同时，降低饲粮中的能量浓度。配合饲粮时，可选用稻糠、麦麸等低能饲料替代一部分玉米等高能饲料，以利于锻炼胃肠，提高对饲料的消化能力，使育成鸡有一个良好的体况。下面介绍育成鸡几个日粮配方（表5-2）供参考。

表 5-2　育成鸡日粮配方

周　　龄		6～24			15～开产（5％）		
配方编号		1	2	3	1	2	3
饲料种类	玉　　米	55.25	59.6	55.7	69.2	68.3	67.0
	高　　粱	—	—	8.0	—	—	—
	大　　麦	12.0	—	10.0	—	—	—
	小　　麦	—	10.0	—	—	—	—
	麦　　麸	10.0	13.0	11.0	14.9	16.0	15.0
	豆　　饼	10.0	10.0	7.5	2.0	2.5	1.3
	苜蓿草粉	5.0	—	—	8.0	8.0	11.8
	鱼　　粉	5.0	5.0	5.0	3.8	3.0	2.6
	骨　　粉	2.0	1.0	1.5	1.0	1.0	2.0
	蛎　　粉	0.5	—	—	—	—	—
	贝　　粉	—	1.0	—	—	—	—
	石　　粉	—	—	1.0	1.0	1.0	—
	食　　盐	0.25	0.4	0.3	0.1	0.2	0.3

（续）

周 龄		6～24			15～开产（5%）		
配方编号		1	2	3	1	2	3
营养成分	代谢能（兆焦/千克）	11.51	11.84	11.92	11.84	11.84	11.38
	粗蛋白（%）	16.1	15.5	15.0	12.2	12.4	12.1
	粗纤维（%）	4.1	3.2	3.2	6.4	6.6	7.2
	钙（%）	0.97	0.74	1.02	0.90	0.90	1.23
	磷（%）	0.98	0.62	0.70	0.66	0.66	0.60
	赖氨酸（%）	0.81	0.75	0.59	0.49	0.51	0.55
	蛋氨酸（%）	0.31	0.28	0.23	0.17	0.15	0.20
	胱氨酸（%）	0.27	0.21	0.24	0.18	0.23	0.17

125 怎样掌握适宜的光照制度？

鸡育成期每天的光照时间要保持恒定或稍减少，不能增加。因为光照时间过长或逐渐增加，会使鸡提前性成熟，过早开产的鸡，产蛋持续期短，蛋重小，产蛋率低。因此，合适的光照制度是使鸡群适时开产、提高产蛋量的重大技术措施之一，必须运用得当，严格执行。密闭式鸡舍内的鸡群，可完全利用人工光照。方法是：雏鸡 1 周龄以内，每天光照 23～24 小时，2 周龄至 18～20 周龄每天保持光照 8 小时。

开放式鸡舍内的鸡群，可以充分利用自然光照。但自然光照的时间各地随季节不同有很大的变化，所以要维持育成鸡对光照的需要，就要根据不同季节的自然规律，制定人工补光的管理制度。

我国绝大部分地区位于北纬 20°～45°之间，一般冬至前后日照时间较短，以后逐渐延长。到夏至前后，日照时间较长，从夏至到冬至又逐渐缩短。因此，4～8 月间孵出的鸡，育成后期处于日照渐短时期，放到 20 周龄时，只要利用自然光照即可满足其需要。9 月底至翌年 3 月孵出的鸡，其育成后期处于日照渐长时期，若完全利用自然光照，通常会刺激母雏过早性成熟。为防止这种情况的产生，应控制光照时间，通常可采用人工补充光照。其具体方法是：先查出本批鸡达到 20 周龄（种鸡 22 周龄）的昼长时数（如为 11 小时），然后加 7 小时作为出壳后第 4 天的光照时间（18 小时），以后每周减少光照 20 分钟，直到 21 周龄（种鸡 23 周龄）逐渐过渡到产蛋鸡的光照制度。光照强度以 5～10 勒克斯为宜，即每平方米鸡舍安装 2～3 瓦电灯，灯泡距地面高 2 米。

126 怎样做好育成鸡免疫接种和驱虫工作？

为了保证育成鸡正常生长发育，使其健康地进入产蛋期。一般在育成鸡 60～65 日龄进行鸡新城疫Ⅰ系疫苗接种；在 70～80 日龄进行鸡痘疫苗接种；在 100～110 日龄进行禽霍乱菌苗和鸡新城疫Ⅰ系疫苗接种；在 110～130 日龄进行禽流感加强免疫和鸡减蛋综合征油佐剂灭活苗接种；在鸡群开产前还要进行驱虫和灭虱、灭螨。

127 育成鸡如何转群？

由于鸡的品种、品系不同，其性成熟有早有迟，当然鸡转群的时间亦有前后，一般性成熟早的在 17～18 周龄就应转群，晚的可在 20 周龄转群，褐壳蛋鸡最晚不超过 22 周龄转群。转群过早、过晚均不利，过早转群，鸡体过小，会从笼网空隙钻出，到外乱跑，不便管理；过晚转群，由于鸡群临近或已经开产，会使鸡的体质受到削弱而影响产蛋，造成鸡群不能适时达到应有的产蛋高峰，使年产蛋量受到影响。

转群前应搞好产蛋鸡舍内的清扫、消毒，安装好供料、供水、照明、通风等设备，并能正常运转。

转群时要检查鸡群，淘汰病、弱、小、瘫、瘸、瞎眼或伤残鸡。注意检查鸡喙，遇到漏断或断喙不良的，应重新断喙或修剪。捉鸡时应减弱照明或夜间进行，捉放鸡的动作要轻，应捉鸡腿，不可捉鸡颈或双翅。做好鸡的计数工作，以计算喂料量和产蛋率。

转群后最初2～3天连续照明23小时，使育成转群的鸡能找到饲槽和饮水器。转群鸡由于受到环境变化的应激，容易引起挤压，造成伤亡，应注意看护。

128 蛋鸡多少日龄产蛋合适？

母鸡开产日龄也叫性成熟期，即母鸡长到开始产蛋的日龄，通常商品鸡群以全群产蛋率达50%的日龄（目前趋于5%）作为该鸡群的开产日龄。

开产日龄的长短与鸡的品种、品系、孵化季节和饲养管理条件等因素有关。在正常的饲养管理条件下，不同类型鸡种的适宜开产日龄是：商品蛋鸡（轻、中型）为150～160日龄；蛋用种鸡（轻、中型）为160～170日龄；肉用种鸡为180～190日龄。

129 育成鸡的管理要点有哪些？

（1）育成期前的准备　①鸡舍和设备：转群前必须做好育成鸡舍的准备，如鸡舍的维修、清刷、消毒等，准备充足的料槽和水槽。②淘汰病弱鸡：在转群过程中，挑选健康无病、发育匀称，外貌符合本品种要求的鸡转入育成鸡舍，淘汰病弱鸡、残鸡及外貌不符合本品种要求的鸡。

（2）精心转群过渡　笼育或网育雏鸡进入育成期后，有的需要下笼改为地面平养，以便加强运动；有的需要转入育成鸡笼，以便于加强管理。这一转变使小鸡不太习惯，转群后有害怕表现，容易引起拥挤，必须提供采食、饮水的良好环境，注意观察鸡群，尤其是在夜间要加强值班，防止意外事故的发生。

（3）保持适宜的饲养密度　育成鸡无论是平养还是笼养，都要保持适宜的饲养密度，才能使鸡只个体发育均匀。密度过大，再加上舍内空气污浊，鸡的死亡率高，体重的均匀度较差，残鸡较多，合格鸡减少，影响育成计划。育成鸡的饲养密度见表5-3和表5-4。

表5-3　育成鸡在垫料上的密度

品系和性别	每平方米容鸡数量（只）
白壳蛋系蛋用母鸡	
到 18 周龄	8.3
到 22 周龄	6.2
褐壳蛋系蛋用母鸡	
到 18 周龄	6.3
到 22 周龄	5.4
白壳蛋系种用母鸡	5.4
白壳蛋系种用公鸡	5.4
褐壳蛋系种用母鸡	4.9
褐壳蛋系种用公鸡	4.3

注：栅养时所需面积为地面平养的 60％；栅养与平养结合时，为地面平养的 75％。

表5-4　笼养育成鸡密度

品种类型	每只鸡所需面积（厘米²）
白壳蛋系蛋用母鸡	
到 14 周龄	232
到 18 周龄	290
到 22 周龄	389
褐壳蛋系蛋用母鸡	
到 14 周龄	277
到 18 周龄	355
到 22 周龄	484

　　对群养育成鸡还要进行分群，防止群体过大而不便管理，每群以不超过 500 只为宜。

　　（4）控制性成熟　育成鸡过早或过迟性成熟，均不利于以后产蛋力的发挥。性成熟过早，就会早开产，产小蛋，持续高产时间短，出现早衰，产蛋量减少。但性成熟过晚，则将推迟开产时间，产蛋量减少。因此，要合理控制育成鸡的性成熟，做到适时开产。

控制育成鸡性成熟的方法主要有：一是限制饲养，二是控制光照。关键是把限制饲养与光照管理结合起来，只强调某个方面都不会取得很好的效果。按限制饲养管理，鸡的体重符合标准，但延迟了开产日龄，原因是光照时间不足，体重较轻；如果增加光照时间，而忽视了饲料的营养和给量，达不到标准体重，结果是开产蛋重小，产蛋高峰期延迟。

（5）合理设置料槽和水槽　育成期的料槽位置，每只鸡为8厘米左右，水槽的位置为料槽的一半。料槽、水槽在舍内要均匀分布，相互之间的距离不应超过3米。其高度要经常调整，使之与鸡背的高度基本一致。

（6）加强通风　通风的目的，一是保持舍内空气新鲜，给育成鸡提供所需要的氧气，排除舍内的二氧化碳、氨气等污浊气体；二是降低舍内气温；三是排除舍内过多的水分，降低舍内湿度。开放式鸡舍要注意打开门、窗通风，封闭式鸡舍要加强机械通风。

（7）添喂沙砾　为提高育成鸡的胃肠消化机能及饲料利用率，育成期内有必要添喂沙砾，沙砾的直径以2～3毫米为宜。添喂方法，可将沙砾拌入饲料喂给，也可以单独放入沙槽内饲喂。沙砾要求清洁卫生，最好用清水冲洗干净，再用0.1%的高锰酸钾溶液消毒后使用。

（8）避免啄癖　笼养育成鸡容易发生啄癖。为减少啄癖造成的损失，一定要做好笼养鸡的断喙工作。鸡群出现啄癖后，要及时分析原因，并采取针对性措施，消除发病因素。

（9）预防疾病　由于育成鸡饲养密度大，要注意及时清除粪便，保持环境卫生，加强防疫，做好疫苗接种和驱虫工作。一般在育成鸡70～90日龄进行鸡城疫Ⅰ系疫苗接种，每年6～7月进行一次鸡痘疫苗接种，在120～130日龄进行驱虫、灭虱。

（10）做好记录　在育雏和育成阶段都要有记录，这也是鸡群管理的必要组成部分。做好认真全面的记录，可使管理者随时了解鸡群状况，为即将采取的决策提供依据，记录的主要内容应包括以下几方面：①雏鸡的品种（系）、来源和进雏数量；②每周、每日的饲料消耗情况；③每周鸡群增重情况；④每日或某阶段鸡群死亡数和死亡率；⑤每日、每周鸡群淘汰只数；⑥每日各时的温湿度变化情况；⑦疫苗接种，包括接种日期、疫苗生产厂家和批号、疫苗种类、接种方法、接种鸡日龄及接种人员姓名等；⑧每日、每周用药统计，包括使用的药物、投药日期、鸡龄、投药方法、疾病诊断及治疗反应等；⑨日常物品的消耗及废物处理方法等；⑩其他需要记载的事项。

（11）分析育成记录　①分析育成鸡群生长及死亡淘汰情况，计算每日或每周鸡群增重率和育成率；②分析育成期饲料利用情况，计算饲料利用率；③分析传染病或其他疾病的发生情况，总结防疫和用药效果；④计算成本，包括育雏期成本和育成期成本。如雏鸡价格、进雏数量、各期饲料价格和用量、疫苗及药品用量和所用款项、人员工资、易耗品支出、设备及鸡舍折旧、付款利息支付、水电费用及其他用于养鸡生产的支出等。

130 笼养育成鸡的饲养管理有什么特点？

（1）笼养育成鸡的饲养特点　笼养育成鸡的营养需要均来自供给的日粮，因而对日粮中各种营养物质含量的要求比较严格。在给笼养育成鸡配合日粮时，要充分满足蛋白质、矿物质、维生素需要，促进母鸡卵巢进一步发育，为多产蛋打下基础。

另外，由于笼养鸡缺乏运动，在性成熟时体重往往大于平养鸡，体脂肪沉积能力比平养鸡多 3‰～5‰。因此，饲喂时要严格掌握饲养标准，防止体重超过标准或沉积脂肪过多，否则将影响到笼养鸡的产蛋量和健康水平。在生产中，要按不同品种类型鸡的生长发育标准，经常抽测、对比育成鸡的实际体重。如果育成鸡体重过重，就应减少饲料用量；反之，体重过轻就增加饲料量。

（2）笼养育成鸡管理特点　育成鸡笼有两种，一种是专用育成笼，另一种是育雏与育成鸡兼用笼。专用育成笼安置在专门的育成舍内，其尺寸大小不一，60 厘米×45 厘米笼一般每笼可养 16 周龄轻型蛋鸡 4 只。14 周龄时白壳蛋鸡笼底面积平均 232 厘米^2 左右，褐壳蛋鸡为 277 厘米^2；18 周龄时白壳蛋鸡为 290 厘米^2，褐壳蛋鸡为 355 厘米^2。若育成笼过于拥挤，育成鸡生长发育受阻，容易诱发啄癖，影响鸡群产蛋量。

　　育雏与育成鸡兼用笼，从育雏开始一直养到接近性成熟为止。多采用三层笼。雏鸡达 6 周龄以后，将其中一部分雏鸡逐渐分养到其他笼里。

　　饮水器、饲槽是鸡笼组成部分，饮水与投料方式基本与育雏相同。

　　笼养育成鸡的光照非常重要，必须严格控制，严防一开始给光时间过长或光照强度过大，否则容易引起脱肛或啄癖。

　　对育雏期漏断或断喙不良的育成鸡，应重新断喙或修剪。在管理上力求笼舍安静，消除应激因素。

六、产蛋鸡的饲养管理

131 什么叫厚垫料养鸡法？

所谓厚垫料养鸡法，就是把鸡饲养在厚垫料地面的一种平面饲养方式。其优点是：平时不清除粪便，不更换垫料，省工省时；由于粪便在垫料中发酵产热，可使冬季舍内温度保持在 0℃ 以上；不必供暖而节约燃料，降低养鸡成本；鸡在垫料上活动，寻找食物，增加了运动量，减少啄癖的发生；由于微生物的作用，鸡粪中可产生一些维生素 B_{12}，提高了鸡对植物性蛋白质的利用率。缺点是：舍内空气污浊、潮湿，氨气含量高，易诱发眼病和呼吸道疾病，窝外蛋较多，蛋表亦不够清洁，因而需要加强舍内通风，以排除污浊气体，降低舍内湿度。

垫料应选择柔软、干燥、吸水性强的原料，如锯末、秸秆、稻壳等。对作物秸秆，如稻草、麦草等，要切短，长度为 10 厘米左右，锯末要清除木刺和杂质。

厚垫料的铺垫方法是先在舍内地面铺一层生石灰，每平方米用 1 千克，然后铺 10～20 厘米厚的垫料，也可先铺 5～6 厘米厚，随着垫料的脏污，再继续增铺新垫料，直至厚度达 20～25 厘米为止。平时的管理是局部更换脏污的垫料，保持垫料干燥。

厚垫料养鸡消耗的垫料量大，适于北方垫料充足的地区采用。

132 什么叫网上（或栅上）养鸡法？

网上（或栅上）养鸡法就是将鸡饲养在离地 60～70 厘米高的金属网上（或竹、木栅上）的一种平面饲养方式，即所谓离地饲养。鸡在金属网上或板条栅上生活，粪便通过网孔落于网下，由机械刮走或积压至期末集中清理。网上饲养，鸡不与粪便接触，防止和减少了由粪便传染疾病的机会；饲养密度比较大，比地面饲养增加50%～60%；适于雏鸡、成年鸡和种鸡。缺点是鸡在网上生活不自由，破壳蛋较多。

金属网：网的结构分网片和托架两部分。网片采用直径3毫米的冷拔钢丝焊成，并进行镀锌防腐处理。成年鸡一般用2.5厘米×5厘米的长方形空格，雏鸡用2.0厘米×2.0厘米的菱形格，网片的规格可根据需要决定。网片下由与网片同等大小的托架支撑，安装高度距地面60～70厘米。网上安装饲喂饮水设备，人可以在网上进行管理。若在网上育雏，1周龄以前垫一层牛皮纸，以后撤去，雏鸡就能适应网上生活。

塑料网：在目前养鸡生产中，网上养鸡所需的网片多采用塑料网，网片上的网眼多为六角形。网架搭设方法与金属搭设相同。

木板条栅：用3～5厘米宽、1～2厘米厚的木板钉成栅栏，板条之间的距离为2.5厘米，将每块栅栏离地面60厘米架起即成。利用竹片、竹竿扎成成块的栅栏，在我国产竹地区，也很经济实用。施工要求地面平整，空隙等距，无锐边与毛刺。中国南方地区炎热潮湿，应用这种方法养鸡较多。

133 什么叫笼式养鸡法，有哪些优点？

所谓笼式养鸡法，就是用鸡笼来养鸡的一种方法。由于鸡体被固定在鸡笼里，没有选择环境条件的可能，完全靠人工为其提供各种生存、生产条件，因此，笼养鸡要求更高的饲养管理技术。

笼养鸡是养鸡生产中应用最普遍的一种立体饲养方式，也是离地饲养的主要形式。国外发达出家有80%以上蛋鸡实施笼养，国内近年来采用笼养的形式逐渐普及，并取得了较好的效果。随着鸡笼材料和结构的改进，不论是商品蛋鸡、雏鸡、育成鸡还是种鸡和肉用仔鸡，笼养是今后的发展方向。这是因为笼养具有平养无法比拟的优点：①饲养密度大，在相同面积的鸡舍内比平养多养3～5

倍的鸡，因而节省房舍和土地。②鸡在笼内饲养，便于防疫。③管理方便，省工，劳动生产率高。④环境条件容易控制，鸡群生长均匀，产蛋率高而稳定。⑤容易观察鸡群和淘汰不良鸡只，确保鸡群健康高产。⑥鸡只不与地面接触，患寄生虫病少，可节省用药费用。⑦舍内不必铺设垫料，可节省垫料开支。⑧鸡舍干净，环境卫生，鸡蛋不受粪便污染，提高了产品质量。⑨鸡的活动受到限制，饲料消耗少，转化率高，经济效益好。⑩鸡粪便于收集，发酵后是猪、鱼的良好饲料。

至于笼养鸡易发生的营养缺乏症、脂肪肝综合征、产蛋疲劳症、胸部囊肿、骨骼脆而易折等缺点，通过改善饲养管理和笼体材料等办法，均能得到不同程度的改善。

134 家庭养鸡采用哪种饲养方式好？

家庭养鸡所采用的饲养方式，应根据当地气候、饲养规模、鸡舍类型和经济条件等综合考虑。

若饲养规模小，鸡舍利用其他房舍如用厢房或柴房等改建，气候比较温暖的地区可采用开放式平养，尤其是种鸡或肉用仔鸡。这种方式通风换气效果好，对养鸡设备和技术的要求比较低，适合于家庭小规模饲养。在北方，为解决鸡群安全越冬问题，可把开放式鸡舍和塑料暖棚结合起来，建成塑料暖棚对接鸡舍。

若饲养规模较大，资金比较充裕，就可建造正规鸡舍，采用笼养方式，配以饲喂、饮水、通风换气、光照等设备，以提高饲养密度，扩大饲养规模。随着农村商品经济的发展，笼养鸡是一种必然趋势，规模养鸡越来越显示出其优越性。由于市场竞争，必然导致每只鸡获利减少，因此，一方面要靠提高生产水平，降低消耗，另一方面要靠一定的饲养规模来获得较高的整体效益。

135 怎样给产蛋鸡配合日粮？

蛋鸡生产水平高，因而要求日粮营养全价而均衡。目前我国蛋鸡实施的饲养标准，按鸡的产蛋周龄结合产量水平分为两个档次，各种营养水平均有不同。产蛋鸡从饲料中摄取的营养物质多少主要取决于采食量，而采食量的多少则主要受季节温度变化。产蛋量高低和所处的生理阶段（初产期、产蛋高峰期、产蛋后期）等有关，所以在应用饲养标准配合日粮时应根据季节变化、所处生理阶段等进行适当调整（即按产蛋率水平、采用阶段供料），调整粗蛋白质等营养水平。

因各地气候、饲料资源不同很难找到一个适合各地需要的统一配方。各地应根据当地条件、饲养标准等制定符合本地需要的日粮配方。下面介绍几个蛋鸡日粮配方（表6-1至表6-3）供参考。

表6-1　产蛋期两阶段（按产蛋周龄分段）饲粮配方

饲料种类及营养含量	开产至高峰期（＞85%）			高峰期后期(＜85%)		种鸡	
	配方1	配方2	配方3	配方1	配方2	配方1	配方2
玉米（%）	66.1	60.00	53.70	63.00	61.00	64.20	51.00
麸皮（%）	—	10.00	—	—	5.00	—	—
豆粕（%）	20.00	—	—	—	—	21.00	18.00
豆饼（%）	—	10.00	28.00	23.80	18.00	—	—
棉粕（%）	2.00	—	—	2.00	—	—	—
棉饼（%）	—	—	—	—	3.00	—	—
高粱（%）	—	—	5.00	—	—	—	15.00
菜子饼（%）	—	—	1.00	—	4.00	—	—
葵子饼（%）	—	—	1.00	—	—	—	—
槐叶粉（%）	—	2.00	2.00	—	—	—	—
苜蓿粉（%）	—	—	—	—	—	—	1.00
鱼粉（%）	—	10.00	—	—	—	4.00	5.00
骨粉（%）	—	—	2.50	—	1.70	—	—
贝壳粉（%）	—	6.70	5.30	—	—	—	—
石粉（%）	8.30	—	—	8.40	6.00	7.20	7.00
磷酸氢钙（%）	1.50	—	—	1.50	—	1.50	1.50
动物油（%）	—	—	—	—	—	0.80	—

（续）

饲料种类及营养含量	开产至高峰期（>85%）			高峰期后期(<85%)		种鸡	
	配方1	配方2	配方3	配方1	配方2	配方1	配方2
植物油（%）	0.80	—	—	—	—	—	0.20
预混料（%）	1.00	1.00	1.00	1.00	1.00	1.00	1.00
食盐（%）	0.30	0.30	0.50	0.30	0.30	0.30	0.30
代谢能（兆焦/千克）	11.27	11.34	11.26	11.15	10.38	11.43	11.14
粗蛋白质（%）	16.73	16.50	16.90	15.80	15.30	18.50	18.00
蛋白能量比（克/兆焦）	14.84	14.55	15.01	14.17	14.74	16.19	16.15
钙（%）	3.51	3.20	3.46	3.55	3.07	3.27	3.30
总磷（%）	0.67	0.70	0.65	0.65	0.58	0.77	0.79
有效磷（%）	0.47	—	—	0.48	—	0.58	0.61
赖氨酸（%）	0.70	0.91	0.96	0.76	0.69	0.85	0.81
蛋氨酸（%）	0.25	0.32	0.24	0.24	0.27	0.32	0.30
蛋氨酸+胱氨酸（%）	0.51	0.59	0.55	0.50	0.54	0.57	0.54

表6-2 三阶段饲养法饲粮配方

饲料种类	比例（%）			营养成分	含量		
	前期	中期	后期		前期	中期	后期
玉米	59	60	61	代谢能（兆焦/千克）	11.51	11.46	11.46
豆饼	21	20	19	粗蛋白质（%）	18.2	17.10	16.29
麸皮	4.5	5	6	钙（%）	3.40	3.51	3.63
进口鱼粉	6	5	4	有效磷（%）	0.55	0.56	0.54
骨粉	2	2	1.5	蛋氨酸（%）	0.34	0.34	0.30
贝壳粉	7	7.5	8	蛋氨酸+胱氨酸（%）	0.62	0.55	0.53
食盐	0.3	0.3	0.3	赖氨酸（%）	0.99	0.90	0.84
微量元素	0.2	0.2	0.2	色氨酸（%）	0.24	0.23	0.22
多维素	0.04	0.04	0.04				
蛋氨酸	0.06	0.06	0.06				

表 6-3　产蛋鸡日粮配方

饲料种类 \ 产蛋率 / 配方编号	小于65%			65%～80%			大于80%		
	1	2	3	1	2	3	1	2	3
玉　米	65.5	56.7	65.0	63.5	68.25	61.45	60.0	58.5	63.25
高　粱	—	5.0	4.0	—	—	2.0	—	—	—
大　麦	—	15.0	—	—	—	—	—	—	—
麦　麸	7.0	—	2.75	7.98	—	5.0	5.0	6.0	—
豆　饼	14.0	9.0	7.0	15.0	16.0	14.0	18.0	21.0	19.5
棉子饼	—	—	5.0	—	—	—	—	—	—
菜子饼	—	—	5.0	—	—	—	—	—	—
苜蓿草粉	—	—	2.0	—	1.5	—	—	—	1.5
槐叶粉	—	—	—	—	—	3.25	—	—	—
鱼　粉	5.0	5.5	4.0	6.0	7.0	8.0	8.0	5.0	7.0
骨　粉	1.0	2.5	2.0	—	—	—	1.0	1.35	1.5
贝壳粉	—	6.0	—	—	—	—	—	—	—
石　粉	7.4	—	—	7.5	—	—	8.0	8.0	—
蛎　粉	—	—	—	—	4.0	6.0	—	—	—
无机盐添加剂	—	—	3.0	—	3.0	—	—	—	3.0
蛋氨酸	0.1	—	—	—	0.02	0.05	0.01	0.05	—
食　盐	—	0.3	0.25	—	0.25	0.25	—	0.1	0.25
营养成分　代谢能（兆焦/千克）	11.30	11.46	11.84	11.51	11.72	11.46	11.38	11.30	11.30
粗蛋白（%）	13.7	15.0	15.0	14.8	16.4	16.4	16.8	16.9	18.0
粗纤维（%）	2.8	2.5	3.7	2.77	2.51	2.83	2.7	2.9	2.7
钙（%）	2.91	3.26	1.99	3.46	3.40	3.60	3.79	3.58	3.29
磷（%）	0.52	0.80	0.46	0.65	0.64	0.60	0.70	0.71	0.92
赖氨酸（%）	0.77	0.77	0.67	0.77	0.86	0.82	0.89	0.87	0.97
蛋氨酸（%）	0.35	0.30	0.52	0.26	—	0.30	0.29	0.26	0.57
胱氨酸（%）	0.25	0.24	—	0.26	—	0.24	0.20	0.30	—

136 什么是鸡的分段饲养法？

根据鸡群周龄和产蛋率将产蛋期分为若干阶段，不同阶段喂给含不同水平蛋白质、能量和钙的饲粮，使饲养较为合理且节省了一部分蛋白质饲料，这种方法就叫分段饲养。

分段饲养分为两阶段饲养（即产蛋前期和产蛋后期）和三阶段饲养，而三阶段法又可分为按鸡群周龄分段和按鸡群产蛋率分段两种方法。

（1）两阶段饲养法　按鸡群产蛋周龄并结合产蛋率的升降变化分产蛋前期和产蛋后期，即从鸡群开产（鸡群产蛋率达 5％）至产蛋高峰期（鸡群产蛋率达 85％）过后为产蛋前期，产蛋过后至鸡群淘汰这段时期为产蛋后期。两阶段饲粮营养水平参见表 6-4。

表 6-4　产蛋鸡主要营养成分的需要量

项　　目	产蛋阶段		
	开产～高峰期 （产蛋率大于 85％）	高峰后期 （产蛋率小于 85％）	种鸡
代谢能（兆焦/千克）	11.29	10.87	11.29
粗蛋白质（％）	16.5	15.5	18.0
蛋白能量比（克/兆焦）	14.61	14.26	15.94
钙（％）	3.5	3.5	3.5
总磷（％）	0.60	0.60	0.60
有效磷（％）	0.32	0.32	0.32
钠（％）	0.15	0.15	0.15
氯（％）	0.15	0.15	0.15
蛋氨酸（％）	0.34	0.32	0.34
蛋氨酸＋胱氨酸（％）	0.65	0.56	0.65
赖氨酸（％）	0.75	0.70	0.70

（2）按鸡群周龄划分的三段饲养法 按鸡群周龄把产蛋期分为产蛋前期（20～42周龄）、产蛋中期（43～62周龄）和产蛋后期（63周龄以后）三个阶段。

如果在育成期鸡群饲养管理得当，一般可在20周龄至22周龄开始产蛋，在28～32周龄产蛋率达90%左右，到40～42周龄仍在80%以上，体重也由20周龄的1.7千克左右增加到42周龄时的2.1千克左右（42周龄后体重只增加少许）。因此，加强鸡产蛋前期的饲养非常关键。要注意提高饲粮中蛋白质、矿物质和维生素的含量，促使鸡群产蛋率迅速上升达到高峰，并能持续较长时间。在产蛋前期，来航母鸡每天每只需摄入蛋白质18.9克，代谢能1 264千焦，炎热天气代谢能应予减少。

产蛋中、后期母鸡产蛋率逐渐下降，但蛋重仍有所增加。这一时期饲粮蛋白质含量可适当减少，但要注意保证鸡的营养需要，使鸡群产蛋率缓慢而平稳地下降。白壳蛋鸡三阶段给料标准参见表6-5。

表6-5 白壳蛋鸡三阶段饲养给料标准

项　　目	产蛋时期		
	前期（20～42周龄）	中期（43～62周龄）	后期（63周龄以后）
饲粮蛋白质含量（%）	18.0	16.5	15.0
饲粮代谢能含量（兆焦/千克）	11.9	11.9	11.9
每日每只代谢能（千焦）	1 264	1 247	1 184
高峰产蛋率（%）	90	—	—
母鸡日平均产蛋率（%）	74.2	73.5	61.5
饲料消耗量［克/（日·只）］	105	104	90
蛋白质摄入量［克/（日·只）］	18.9	17.2	14.9

（3）按鸡群产蛋率划分的三段饲养法 按照鸡群的产蛋率把产蛋期划分为三个阶段，即产蛋率小于65%、产蛋率65%～80%、产蛋率大于80%。各阶段饲粮营养水平参见表6-6。

表 6-6　产蛋期蛋用鸡及种母鸡主要营养成分的需要量

项　　目	产蛋鸡及种鸡的产蛋率（%）		
	大于 80	65～80	小于 65
代谢能（兆焦/千克）	11.50	11.50	11.50
粗蛋白质（%）	16.50	15.00	14.00
蛋白能量比（克/兆焦）	14.00	13.00	12.00
钙（%）	3.50	3.40	3.30
总磷（%）	0.60	0.60	0.60
有效磷（%）	0.33	0.32	0.30
食盐（%）	0.37	0.37	0.37
蛋氨酸（%）	0.36	0.33	0.31
蛋氨酸＋胱氨酸（%）	0.63	0.57	0.53
赖氨酸（%）	0.73	0.65	0.62

137 鸡的分段饲养应注意什么？

（1）各阶段饲粮过渡应逐渐进行，切忌因饲粮突然更换而使鸡群产蛋率下降。

（2）要考虑饲粮能量水平和环境温度对鸡采食量的影响。如果产蛋后期正处于夏季，此时便不宜降低饲粮蛋白质水平，因为炎热的气候会导致鸡采食量下降。

（3）要经常测定鸡的采食量。其测定方法，如按天或按顿人工供料，则当天鸡群耗料量除以存活母鸡数，便是鸡当天平均采食量。如采用贮料塔或贮料箱等机械供料，可在料塔（或料箱）全空后再装入一定数量饲料，全部吃完，统计饲喂天数，则可大致算出鸡群平均采食量。

138 怎样给产蛋鸡喂料？

蛋鸡的喂料既可以自动化，也可以手工操作。笼养蛋鸡对饲粮营养的要求比地面平养更为严格，应采用干粉料，少给勤添，每天喂料 2～3 次。人工添料时，添料量不要超过食槽的 1/2，避免饲料撒到槽外，减少浪费。

为了使鸡群保持旺盛的食欲，每天必须留有一定的空槽时间，以免饲料长期在料槽内积存，使鸡产生厌食和挑食的恶习。

白壳蛋鸡和褐壳蛋鸡只日大致给料量参见表 6-7。

表 6-7　蛋鸡只日给料量标准

周龄	只日给料量（克）		周龄	只日给料量（克）	
	白壳蛋鸡	褐壳蛋鸡		白壳蛋鸡	褐壳蛋鸡
21	85	95	47	104	118
22	95	108	48	104	118
23	104	110	49	104	118
24	109	115	50	104	118
25	109	118	51	104	115
26	109	120	52	104	115
27	109	120	53	104	115
28	109	120	54	104	115
29	109	120	55	104	115
30	109	120	56	104	115
31	109	120	57	104	115
32	109	120	58	104	115
33	109	120	59	100	115
34	109	120	60	100	115
35	109	120	61	100	110
36	109	120	62	100	110
37	109	120	63	100	110
38	109	120	64	100	110
39	109	120	65	100	110
40	109	120	66	100	105
41	104	118	67	100	105
42	104	118	68	100	105
43	104	118	69	100	105
44	104	118	70	95	105
45	104	118	71	95	105
46	104	118	72	95	105

139 **怎样给产蛋鸡供水？**

在养鸡生产中，产蛋鸡需水量比较大，必须供给足够的清洁饮水，否则将影响鸡群产蛋，甚至造成鸡只死亡。给产蛋鸡供水要注意以下几点：①要有足够的槽位，白壳蛋鸡每只1.9厘米，褐壳蛋鸡每只2.3厘米，保证每只鸡都能饮到水，做到槽净水清，终日不断。应勤添水，不宜放水过多，避免鸡喝剩水（最好采用自动饮水器），每次换水均需刷洗水槽。②水质要好，最好用自来水，若无自来水，可用井水等较清洁的水源。③水槽（或其他饮水器）中的水位要有一定的高度，即水位要够。若水槽中的水量，各鸡位不一致时应及时调整，严防水槽漏水。④为防止停电、停水，应贮存一些备用水，以防蛋鸡断水。⑤对于开放式鸡舍，夏季饮水器应放阴凉处，冬季供应温水，防止结冰。

另外，夏季气温高，鸡采食量减少，饮水一旦增加，笼养鸡往往粪便过稀，适当限制饮水或间歇给水可防止这种现象而不影响鸡的产蛋量，但不能在产蛋高峰期限制饮水。

140 **怎样控制鸡舍内的温度、湿度？**

（1）鸡舍温度　鸡的产蛋性能只有在适宜的舍温条件下才能充分发挥，温度过低或过高都会影响鸡群的健康和生产性能，使产蛋量下降，饲料报酬降低，并影响蛋壳品质。产蛋鸡舍的适宜温度是13～23℃。最佳温度是16～20℃，不能低于7.8℃或高于28℃。

（2）鸡舍湿度　鸡舍内的湿度主要来源于三个方面：一是外界空气中的水分进入鸡舍内；二是鸡的呼吸和排出的粪尿；三是鸡舍内水槽的水分蒸发。

产蛋鸡舍内的相对湿度应保持在55%～65%。若舍内湿度过低，舍内尘埃飞扬，容易导致鸡只发生呼吸道疾病。若舍内湿度过大，在冬季易使鸡体失热过多而受凉感冒，鸡群易患支原体病、拉稀；在夏季鸡呼吸排散到空气中的水分受到限制，鸡的蒸发散热受阻。在养鸡生产中鸡舍湿度过大的情况较多发生，必须注意采取降湿措施。

141 怎样实施产蛋鸡的光照？

在鸡产蛋期间，光照强度和光照时间要保持相对稳定，严禁缩短光照时间。

（1）光照强度 鸡舍内光照强度一定要适宜，一般以 10～20 勒克斯（3～4 瓦/米²）为宜。光照分布要均匀，不要留有光照死角。如果光照过暗，不利于鸡产蛋，而光照过强又会使鸡只显得神经质，易惊群，常发生相互啄斗现象。光源一般安装在走道上方，距地面 2 米，灯泡用普通的白炽灯，功率以 15～60 瓦为宜。

（2）光照时间 密闭式鸡舍可以人为控制光照，使鸡充分发挥其产蛋潜力，这是密闭式鸡舍产蛋量较高的主要原因之一。不同鸡种的光照方案略有区别，部分鸡种光照控制标准参见表 6-8。

表 6-8 部分鸡种光照标准（密闭式鸡舍）

单位：小时

周龄	罗曼褐	伊莎褐	京白 904	巴布可克 B-300
17	8	9	8	10
18	8	10	9	10
19	8	11	10	10
20	10	12	10.5	10
21	12	12.5	11	11
22	12.5	13	11.5	12
23	13	13.5	12	12.5
24	13.5	14	12.5	13
25	14	14.5	13	13.5
26	14.5	15	13.5	14
27	15	15.5	14	14.5
28	15.5	以后 16.0	14.5	以后 15.0
29	以后 16.0		15	
30			15.5	
31			以后 16.0	

开放式鸡舍养鸡受自然光照的影响。自然光照的光照时间随季节的不同变化很大。要保证产蛋鸡对光照的需要，就要根据不同季节和不同地区的自然光照规律，制定人工补光的管理制度。补光要循序渐进，每周增加半小时（不超过 1 小时）至满 16 小时为止，并持续到产蛋结束。夜间必须有 8 小时连续黑暗，以保证鸡体得到生理恢复，免于过度疲劳。黑暗时间要防止漏光。

（3）开放式鸡舍人工补光方法　对照标准，查出需要补充的人工光照时间。补充光照，可全部在天亮以前补给，也可以全部在日落后补给，还可以在天亮前和日落后各补一半，以两头补光方法效果最好。因为有些鸡在早晨活动力较强，有些鸡在晚上活动力较强，采用早、晚各半的补光方法，可提高人工光照效果。

142 怎样实施蛋鸡舍的通风换气？

通风换气是调节、控制舍内小气候的重要措施。通风换气可以调节舍内外温差，舍内外温差越大，调节效果越明显；通风还可以排除舍内有害气体、尘埃和微生物，换入新鲜空气。鸡群的呼吸、排泄、有机物分解等使鸡舍内蓄积氨、硫化氢和甲烷等有害气体，对人、鸡均有害。

蛋鸡舍对通风的要求，一般夏季通风量为每只 12～14 米^3/小时，春、秋季通风量为每只 6～7 米^3/小时，冬季通风量为每只 3～4 米^3/小时。当舍温超过 25℃时，机械通风鸡舍的风格应全部开启。自然通风鸡舍窗户应全部打开。冬季要正确处理好通风和保温之间的关系，适时适度通风。

密闭式鸡舍的通风方式有两种，一种是横向通风，为传统工艺；另一种是纵向通风，近年来世界上发达国家多采用鸡舍纵向通风、低压大流量风机新工艺。纵向通风，不仅增加舍内风速，消除通风死角，改善舍内空气环境，而且减少各鸡舍间疾病的传播，大幅度节省电能。

鸡舍内有害气体不应超过以下限度：NH_3 15～20 毫克/千克，CO_2 0.3％，H_2S 10 毫克/千克。

143 育成鸡转群上笼时应注意什么？

育成鸡早的可在 17～18 周龄进行转群上笼，最迟不应超过 22 周龄。早些上笼能使母鸡在开产前有足够的时间适应环境。上笼前应做好笼具安装、食槽与水槽的调试及蛋鸡舍保温等准备工作。值得注意的是，转群上笼会使鸡产生较大的应激反应，特别是育成期由平养转为笼养时应激反应尤为强烈，有些鸡经过转群上笼而体重下降，精神紧张，拉稀等，一般需经 3～5 天甚至 1 周以上才能恢复。因此，育成鸡转群上笼时必须注意以下几个问题：①母鸡上笼前后应保持良好的健康状况。上笼前有必要对育成鸡进行整群，对精神不好、拉稀、消化道有炎症的鸡进行隔离治疗；对失去治疗价值的病弱鸡及时淘汰；对羽毛松乱、无光泽、冠髯和脸色苍白、喙和腿颜色较浅的鸡挑出来进行驱虫（也可以对整个鸡群进行驱虫）；把生长缓慢、体重较小的鸡单独饲养，给予较好的饲料，加强营养，使其尽快增重。对限制饲养的鸡群，转群上笼前 2～3 天可改为自由采食，上笼当天不需添加过多的饲料，以够食为度，让鸡将料吃干净。②白壳蛋鸡品系的转群时间应早于褐壳蛋鸡品系。适当提前转群，有利于新母鸡逐渐适应新环境，有利于开产后产蛋率的尽快上升。③转群上笼应尽量选择气候适宜的时间。夏季应利用清晨或晚上较凉爽时进行，冬季则应在中午较暖和的时候进行。上笼时舍内使用绿色灯泡或把光线变暗，减少惊群，捉鸡时轻拿轻放。④转群抓鸡时应抓鸡的双腿，在装笼运输时严禁装得过多，以免挤伤、压伤。在运输过程中，尽量不让鸡群受惊、受热、受凉，切勿运输时间过长。若育成鸡舍与蛋鸡舍距离较近，可用人工提鸡双腿直接转入蛋鸡舍。⑤上笼时不要同时进行预防注射或断喙，以免增加应激。⑥装笼数量应根据笼位大小、鸡的品种和季节合理确定。在下层鸡笼中多装 2%～5% 的鸡，有利于提高笼位利用率。⑦上笼后 2～3 天，不宜改变饲粮，视鸡采食情况，再决定是否恢复限制饲养。上笼后 1 周内的饲粮应增加多种维生素，以减少鸡群的应激反应。饲料要少给勤添。⑧待鸡群稳定后再按免疫程序进行免疫接种。

144 在蛋鸡开产前后应注意什么？

蛋鸡开产前后的饲养管理相当重要，如果饲养管理得当，鸡群产蛋率可适时达到标准曲线。因此，在鸡开产前后应做好以下几方面工作：①增加光照。鸡开产后的光照原则是只能延长不能缩短。延长光照时间应根据18或20周龄时抽测的体重而定，如果鸡群平均体重达到标准，则应从20周龄起每周逐渐增加光照时间，直至增加到15～16小时后稳定不变，如果在20周龄仍达不到体重标准，可将补充光照的时间往后推迟1周，即在21周龄时进行。通过逐渐增加光照，刺激母鸡适时开产和达到预期的产蛋高峰。②补钙和调换饲粮。生长鸡过早补钙不利于钙质在母鸡的骨骼中沉积。这是因为母鸡在生殖期，许多骨的骨髓里由骨腔内壁长出一些互相交错的小骨针，外观很像松质骨，其间隙内充满了红骨髓和血窦，称为髓质骨，具有贮存钙质的功能，而在生长期则不具备这些生理特点。鸡产蛋后，骨髓中贮存的钙被动员出来，通过血液循环到达子宫部的蛋壳腺，参与蛋壳的形成。母鸡体内骨钙贮备基本上处于一种动态平衡。在一般情况下，母鸡骨骼中有足够形成几个蛋所需的钙贮备，通常骨钙贮备被动员出来后，又可通过采食补充。当从饲料中得不到足够的钙时，蛋壳质量就会变差，产软壳蛋或无壳蛋，甚至造成母鸡瘫痪。夜间形成蛋壳期间母鸡易感到缺钙。光照期间前半天鸡摄食的钙经消化道在小肠中被吸收进入血液，沉积在骨骼中，然后需要时动用以形成蛋壳。只有后半天摄食的钙，才被直接用于形成蛋壳。普遍采用骨粉、贝壳粉和石粉作钙源，饲粮中贝壳粉和石粉为2∶1的情况下，蛋壳强度最好。鸡对动物性钙源吸收最好，对植物性钙源吸收较差。经过高温消毒的蛋壳是最好的钙源。补钙时间可从18周龄开始，可将育成鸡料的含钙量由1%提高到2%。待母鸡全群产蛋率达5%时（理想的鸡群应在20周龄），由育成鸡料改换为产蛋鸡料，这时饲料中的钙的水平进一步提高到3.2%～3.4%，如果饲料中钙不足，蛋壳质量就不好。③保持鸡舍宁静。鸡性成熟时是新生活阶段的开始，特别是产头两个蛋的时候表现出精神亢奋、行动异常和神经质，因此在开产期应尽量避免惊扰鸡群，创造一个安静的环境。④根据体重变化增加喂料量。蛋鸡在产蛋率达50％前2～3周和后1～2周，体重仍有较快增长。如从19～23周龄，罗曼褐和迪卡褐的体重分别增长240克和320克，维持体重所需的饲料用量在增加，加上产蛋所需的营养，此阶段给料量需要有较大幅度的增加，鸡的日喂料量参见表6-7。

145 在鸡的产蛋高峰期应注意什么？

鸡产蛋具有规律性，第一个产蛋年的产蛋是随周龄的增长呈低—高—低的产蛋趋势。初产时产蛋率低，以后迅速上升，到30周龄左右时达到最高峰，以后又逐渐下降。在产蛋高峰期前后，鸡自身还未发育完全，体重仍在增加，产蛋率成倍上升，蛋重也在增加，鸡的代谢强度很大，繁殖机能旺盛。所以此时应采取一切有效措施使鸡保持良好的健康状况和旺盛的繁殖机能。

（1）在饲养上要兼顾产蛋、增加体重和健康　当产蛋率达50％，也就是在23周龄左右，要改用蛋鸡中档饲养标准，粗蛋白质15.5％，钙3.5％；当产蛋率达70％时，也就是在26周龄左右时，改用高档标准，粗蛋白质16.5％，钙3.5％；当达到产蛋高峰时，根据当时情况，粗蛋白质水平可提高到17.0％，产蛋高峰期也是鸡的多食期，要使鸡够吃、吃饱，能吃多少就给多少，充分满足鸡群对蛋白质、代谢能和钙的需要。维持最高营养水平2～4周，然后根据产蛋率的下降情况，逐渐降低饲养标准（即产蛋高峰过后适当降低日粮营养水平，以免鸡体过肥）。当降到最低档时，也就是粗蛋白质降到15％以后保持不变，直到鸡被淘汰为止。在调整日粮蛋白质等营养水平时，要掌握一个原则，就是上高峰时为了"促"，饲料要走在产蛋率上升的前头；下高峰时为了"保"，饲料要走在产蛋率下降的后头。也就是上高峰时在产蛋率未上来前要先提高营养标准，下高峰时在产蛋率下降后再降低营养标准，尽量维持高峰的持续时间。另外，因为不同的季节气温变化对鸡采食量影响很大，所以在能量水平一致情况下，冬季由于采食量增加，可适当增加配方中的蛋白质含量。总之，要根据环境条件和鸡群状况的变化，及时调整日粮配方中各种营养成分的含量，以适应鸡的生理和产蛋需要，这是保持鸡群健康高产、节约饲料的重要措施。

（2）在管理上要做好以下几方面工作　①尽量保持环境安静，防止应激反应发生。产蛋鸡富于神经质，对环境变化反应敏感，特别是在产蛋高峰期，神经高度兴奋，易受惊吓，造成应激，如突然的响声、晃动的灯影、新奇颜色、光照变化等环境条件的突然变化都可以引起惊群，造成产蛋量下降、产软壳蛋等。为此，在管理上要做到"定人、定群"，按时作息，每天工作程序不要轻易变动，减少出入鸡舍次数，保持鸡舍环境安静。这一时期无特殊情况，不要安排免疫、驱虫，严禁调群和投影响食欲的药物，否则因环境条件突然变化，鸡群产蛋高峰迅速下滑。②注意饮水供应。产蛋高峰期鸡产蛋多，吃料多，饮水量增加，因此要经常不断地供应清洁饮水。③注意防病。产蛋高峰期鸡体易感染疾病，此时一旦发病，就会使产蛋高峰迅速下降，严重影响全年产蛋量，所以应加强防疫工作。

146 怎样安排鸡群产蛋后期的饲养管理？

蛋鸡经过产蛋高峰后体内营养消耗很多，体质下降。到产蛋后期鸡的产蛋量逐渐下降，同时由于体内钙质消耗过大，蛋壳质量也逐渐下降。此阶段要做好三点：一是适时调整饲料配方，降低饲料中蛋白质含量，以防止鸡体过肥而影响产蛋，同时降低饲料成本。二是补钙，在正常饲料之外另外补加颗粒状蛎壳，直径从米粒大到黄豆大均可，每周添加2次，每次每只鸡添加5克，于下午捡蛋后撒在料槽中。三是及时发现并淘汰停产鸡，以节省饲料。

147 怎样安排养鸡的日常工作？

每天的日常工作，应按饲养规程、防疫制度等进行操作、管理，及时发现和解决生产中的问题，保证鸡群健康高产。

（1）观察鸡群 观察鸡群的目的在于掌握鸡群的健康与食欲状况，剔出病鸡、死鸡。检查饲养条件是否合理。观察鸡群最好在清晨或夜间进行。夜间鸡群平静，有利于检出患呼吸器官疾病的鸡只，如发现异常应及时分析原因，采取措施。鸡的粪便可以反映鸡的健康情况，要认真观察，然后对症处理，如巧克力粪便，则是盲肠消化后的正常排泄物，绿色下痢可能由消化不良、中毒或鸡新城疫引起，红色或白色粪便可能由球虫、蛔虫或绦虫病引起。另外，要经常淘汰病鸡与停产鸡，以减少饲料浪费，提高经济效益。

（2）捡蛋 捡蛋是正常管理工作中的重要内容之一。及时捡蛋，能减少鸡蛋相互碰撞造成的破损和粪便造成的污染。捡蛋时要轻拿轻放，尽量减少破损；发现产在笼内未及时滚入集蛋槽中的蛋要及时勾出，以免由于鸡的践踏而增加破损。捡蛋时发现破损蛋时，要及时将流在集蛋槽上的蛋液清除干净，以免污染其他蛋。保持蛋盘或蛋箱的清洁干燥，每次用过的蛋盘或蛋箱应清洗、消毒并晾干备用。用蛋箱捡蛋时箱底应铺上干燥清洁的垫料。捡出的蛋要好蛋、畸形蛋、脏蛋、破蛋分类码放。每天应统计蛋数和称蛋重。

（3）防止应激反应 对产蛋鸡来讲，保持环境稳定，创造适宜的饲养条件至关重要。特别是轻型蛋鸡，对环境变化非常敏感，任何环境条件的突然变化，如抓鸡、注射、断喙、换料、停水、光照制度改变、灯影晃动、新奇颜色、飞鸟窜入等，都可以引起鸡群惊乱而发生应激反应。

（4）防止啄癖 不仅笼养育成鸡容易发生啄癖，笼养产蛋鸡的啄癖发病率也较高，特别是在光照强度较大情况下，啄癖更易发生。开放式鸡舍靠鸡舍外周的鸡笼光线较强，可采取适当的遮阴措施，有助于减少啄癖发病率。

（5）做好记录 为了计算经济效益，随时掌握生产情况，每天要对产蛋量、饲料消耗量、存活、死亡和淘汰鸡数，以及定期称测的蛋重、体重等做好记录，以便做到心中有数。

148 春季怎样维持蛋鸡高产稳产？

春季气温逐渐上升，日照时间加长，鸡体内代谢旺盛，性腺激素分泌机能增强，是鸡繁殖与产蛋的天然旺季。

在饲养上要求饲料量要充足，让鸡吃饱吃好，分次饲喂的可增加饲喂次数，每天喂料 4～5 次。并适当提高饲粮中营养物质含量，尤其是饲粮中粗蛋白质、维生素和矿物质的给量适当增加，一般在实际产蛋量的基础上增加 5％～10％。

在管理上注意保持舍内清洁卫生，因为春季天气暖和，利于各种微生物滋生繁殖，应加强对各种疫病的预防，最好在天气转暖之前进行一次彻底的消毒，并注意对饲喂、饮水用具的日常洗刷、消毒工作；在早春，北方还比较寒冷，气温变化大，南方春雨连绵，湿度大，所以应注意通风换气，防止感冒；勤捡蛋，淘汰不产蛋鸡；如果饲养种鸡，应避免混群，保证品种的纯度，种公鸡按比例搭配，保持较高的受精率；一些母鸡在产蛋一个时期开始抱窝，要采取有效措施，促其逐渐醒抱，对抱性强的鸡予以淘汰。

149 怎样使母鸡夏季多产蛋？

夏季天气炎热，多雨潮湿，夏季养鸡的主要任务是做好防暑降温工作，维持鸡的食欲和产蛋量。鸡没有汗腺，主要靠呼吸蒸发、传导和辐射来调节体温。如果气温过高，体热散发受阻，食欲减退，产蛋量少，蛋重变轻，蛋壳变薄，有的鸡停产，甚至发生换羽现象，有的人把这种情况称为鸡"歇伏"。如果防暑降温工作做好了，鸡是不会歇伏的。为此，在饲养上应调整日粮配方，适当增加日粮中粗蛋白质、能量和钙的比例；喂饲时间应躲过中午炎热期，集中在早晚凉爽时饲喂，有条件的可在中午多喂一些青绿饲料；饲料要现喂现配，防止剩料和腐败变质。

在管理上，要做好防暑降温工作，给鸡提供一个凉爽的环境。运动场要有树荫或搭设凉棚；要做到早放鸡，晚收鸡；勤换清凉饮水，适当增加饮水槽位，切忌断水，据试验，饮含二氧化碳的水或按每千克水加 1 克维生素 C，均可提高夏季产蛋率；适当减少舍内密度，增加栖架；加强舍内通风；遇到酷暑天气，可在鸡舍的房顶、周围喷水降温或舍内定时喷雾降温；阴雨天，应及时排出运动场内积水，注意保持鸡舍干燥。

夏季是鸡舍内各种寄生虫繁殖的季节，要及时消灭蚊蝇、羽虱。对各种用具如产蛋箱、饲槽、饮水器等要勤洗勤晒，经常保持清洁卫生。及时淘汰低产鸡和停产换羽鸡。为防止夏末秋初换羽，可加喂一些发芽饲料。

150 秋季怎样养好产蛋鸡？

秋季日照时间逐渐缩短，气温开始下降，入秋后，老母鸡停产换羽，新母鸡陆续开产，因而对不同鸡群宜采取相应措施，做好饲养管理工作。

对经历一个产蛋年的老母鸡，要尽量延长其产蛋期，增加产蛋量。在未开始换羽前尽量延迟换羽期的到来。具体措施是维持环境的稳定，减少外界条件变化的刺激。在日粮中减少糠麸饲料，增加一些发芽饲料和青绿饲料，以增加食欲，维持体况不衰。当鸡已经开始换羽时，为尽快恢复产蛋，可施行强制换羽。如果不打算饲养2 年鸡，待产蛋率下降到 50％以下时，即可全群淘汰。

对当年养育的新鸡，从 21 周龄开始除做好日粮调整和日常管理工作外，重点做好补充光照，把鸡群逐渐引向产蛋高峰，即每周增加光照0.5～1 小时，一直增至 14～16 小时/天，光照强度为 3～4 瓦/米^2。

秋季气候变化大，一些地区多雨，传染病流行，应注意预防鸡群感冒和其他疾病发生。

秋季利用新母鸡尚未全开产、老母鸡产蛋少的时机，做好疫苗接种和驱虫灭虱工作。另外，还应做好鸡群的越冬准备。贮备足够的燃料和垫料，并检查鸡舍及防寒取暖设备等。

151 怎样使母鸡冬季多产蛋？

冬季日照短，气温低，体热消耗大，产蛋量下降，甚至完全停产。因此，饲养管理的主要工作是防寒保温、换气防潮和补充光照，以维持鸡冬季的产蛋量。

（1）防寒保温　开放式鸡舍北边的窗户关闭严实，并钉上塑料膜，简易鸡舍北墙要增挂草帘；朝南的门窗也要减少开启时间，以防寒风吹袭。密闭式鸡舍则适当减少通风量。其次，在严冬可生炉火或砌火墙以增加舍温，使舍内温度最好保持在13℃以上，不应低8℃。

（2）换气防潮　冬季严闭鸡舍，舍内饲养密度大，往往造成地面过于潮湿，空气污浊，因而影响鸡体健康。因此，在冬季防寒保温的同时，要注意鸡舍的通风换气，每天中午天气暖和时应定时打开出气窗。垫料要及时更换，并注意减少往地面洒水，以降低舍内湿度。

（3）增加喂料量　由于温度下降，鸡为了保持体温，就要增加采食量。冬季鸡的采食量约比温暖季节增加10%。同时要适当提高日粮的能量水平，保证鸡的营养需要。但注意给饲量的增加应适可而止，防止鸡体过肥。

（4）补充光照　冬季日照时间量短，为提高产蛋率，开放式鸡舍必须进行人工补光。当蛋鸡达到26周龄时，每天的光照时间一般不少于14小时。密闭式鸡舍按既定的光照制度执行。

（5）预防疾病　由于寒冷应激以及过分强调舍内保温而忽视通风换气，易使鸡舍内空气污浊，病原微生物增加，使得冬季鸡易发生传染性喉气管炎、新城疫、传染性支气管炎等呼吸道疾病。因此，要按程序做好免疫工作，保证鸡安全越冬。

152 如何降低鸡蛋的破损率？

在正常情况下，鸡蛋破损率一般在1%～3%。若鸡场的破蛋率高，每年造成的损失是相当惊人的。蛋的破损率，已成为国内外养鸡者十分关注的问题之一。

（1）破损蛋产生的原因　因蛋壳质量差而造成破损率高，有很多原因。主要与鸡的品种、年龄、气温、营养、管理、疾病等因素有关。①鸡种的影响：不同品种、品系之间其蛋壳强度存在着一定的差异，一般白壳蛋比褐壳蛋的破损率高，褐壳蛋又比粉壳蛋破损率高些，产蛋多的鸡比产蛋少的鸡破损率高。②年龄的影响：鸡开产后，随着周龄的增加，蛋也逐渐增大。在整个产蛋期间，随着蛋重的增加，蛋表面积增大，使蛋壳变薄，蛋壳强度降低。因此，随着母鸡年龄的增长，产蛋破损率逐渐升高，即使提高日粮钙水平也不能防止这一现象。③环境温度的影响：鸡舍温度对蛋壳质量影响最大，舍温越高，蛋的破损率也越高。同时，随舍温升高蛋鸡采食量下降，相应降低了钙的摄入量，也减少了其他养分的摄入量。若高温，相对湿度又高时，蛋的破损率更高。气温超过 32℃ 以后，蛋的破损率明显上升。④营养的影响：饲料中钙、磷含量不足或比例不协调，维生素 D_3 不足，就会影响蛋壳质量，使蛋的破损增多。当日粮中含有效磷超过生理量时，蛋壳质量下降，因为过量的磷在蛋壳形成时，干扰钙从骨骼进入血液。而低于正常生理需要的磷，也将导致笼养鸡的疲劳症，并使死亡率提高。缺乏维生素 D_3，不利于钙、磷吸收和蛋壳形成。日粮中 Na^+、Cl^- 影响血清磷，而与蛋壳质量有关，只有当 Na^+ 和 Cl^- 在一起对日粮磷进行作用时，才能抵消过量磷的效果。⑤光照的影响：光照时间过长，母鸡活动频繁，会影响蛋壳的钙化过程，使破蛋率增加。上午产的蛋破损率比例较高，下午产的蛋破损率低，这与蛋壳形成时处于夜间安静时间长短有关，同时下午产的蛋其产蛋间隔较长，鸡能得到足够的钙补充。⑥疾病的影响：某些疾病干扰鸡形成蛋壳的能力，如鸡群发生传染性支气管炎时，蛋壳明显变差，破损率增加。黄曲霉菌病也可直接影响蛋壳质量。大剂量使用磺胺类药物也会影响蛋壳质量。另外，有机氯杀虫剂滴滴涕，工业污染剂中重金属如汞、铅等，由于它们在体内的积累作用而破坏蛋壳腺体的机能，因而对蛋壳质量有影响。

（2）降低鸡蛋破损率的综合性措施 ①选择蛋壳质量较好的鸡种饲养。加强蛋鸡的育种工作，改进蛋壳质量。对 1 年以上的老鸡群及时淘汰或采取强制换羽措施。②合理调配饲料。按饲养标准供给足量比例合理的钙、磷，并且补充足够的维生素 D₃，防止营养缺乏症。最好在下午喂含钙较高的日粮，以便在夜间形成蛋壳期间得到充足的钙源。③加强鸡的保健，及时有序地开展鸡的免疫接种工作。预防引起蛋壳品质下降的传染病，避免在产蛋期进行一些不必要的预防接种。尽可能少喂或不喂磺胺类药物。④及时修补笼具，防止因笼具问题而引起的鸡蛋破损。如及时修复底网、护蛋板等设施。⑤鸡蛋在收集、运输过程中应做到轻拿轻放，运输途中避免颠簸。集蛋时，蛋盘应为标准产品，蛋箱中应放置一些垫料，并增加捡蛋次数。⑥保持适宜的鸡舍温度，避免惊吓鸡群。高温季节要采取必要的防暑降温措施，提高鸡的采食量，保证鸡采食到足够的钙、磷。⑦执行合理的光照制度，保证光照时间和光照强度适宜。⑧补喂贝壳粒。在产蛋中后期，每周 1 次或 2 次加喂颗粒状蛎粉补充钙质，每次每只鸡的喂量为 5 克，于下午捡蛋后均匀撒于饲槽中。

153 养鸡为什么要供给沙砾？

鸡的胃分为腺胃和肌胃两部分，肌胃相当发达，在肌胃内部含有沙石。鸡在消化过程中，借助于肌胃的收缩，依靠沙石磨碎坚硬的食物，代替了家畜牙齿的咀嚼作用。鸡若失去沙石，进入胃内的坚硬食物就无法磨碎，因此消化能力就会下降。长期不喂沙石，肌胃软化，出现溃疡，严重时造成死亡，这就是喂沙石的主要原因。另外，沙石在鸡体内还有以下三方面作用：一是增加了食物在肠道内的停留时间。鸡的消化道比较短，所喂的又是高能高蛋白质饲料，通过消化道时消化不完全，掺沙子后减缓了食物通过消化道的速度，增加了食物在肠道内的停留时间，使肠道上皮吸收更完全，从而增加了营养物质的利用率。二是沙子可磨薄肠壁，增加了营养物质的渗透力，从而提高了营养物质的吸收率。三是考虑目前配合饲料中粗纤维很少，含较高能量和蛋白质，这对肌胃壁有一定的腐蚀性，在地面垫料饲养条件下，鸡会吞食垫料、羽毛，饲喂沙砾可减少肌胃腐蚀，帮助研碎吃下的异物，保护肠道少受损害。

154 鸡产薄壳蛋、软壳蛋怎么办？

鸡产薄壳蛋、软壳蛋的主要原因是：缺乏钙、维生素 D 等营养物质；处于不利环境；出现应激反应。因此，应根据产生的原因分别采取相应的措施来防治。

（1）日粮中缺乏钙、维生素 D 等营养物质　钙是鸡体所需最多的矿物质元素，蛋鸡缺钙时则产蛋减少，蛋壳变薄，产软壳蛋甚至无壳蛋；维生素 D 参与钙、磷代谢，缺乏时会影响钙、磷的吸收，产生同样的结果。蛋鸡日粮中需钙量高达 3% 以上，这样高的钙如全用粉末的石灰石则影响鸡的采食量，一般在产蛋鸡日粮中只加入 1.5%～2.5% 的钙，其余部用贝壳碎片等来补充，这样可提高蛋壳强度，降低破蛋率。开放式鸡舍中通过鸡晒太阳能使鸡体内的 7-脱氢胆固醇转化为维生素 D，但密闭式鸡舍内就不能完成这种转化，必须从饲料中予以供应，产软壳蛋时，钙、维生素 A、维生素 D 一起补，效果更好。

（2）处于不利环境　夏季鸡处在高温环境下，体热散发受阻，食欲减退，产蛋量减少，蛋壳变薄。所以应加强舍内通风，给鸡提供一个凉爽的环境来消除高温对鸡造成的影响（即应激反应）。

（3）出现其他应激反应　蛋鸡因为代谢旺盛，神经高度兴奋，所以对环境变化的反应十分敏感。任何环境条件的突然变化，如抓鸡、注射、断喙、换料、停水、光照制度改变、噪声等，都可引起鸡群惊乱而发生应激反应，表现为产蛋量下降、产软壳蛋等，这些表现常常需要数日才能恢复正常。所以保持良好而稳定的环境条件，对产蛋鸡十分重要。防止应激反应除采取针对性措施外，应制定鸡舍管理程序，并严格付诸实施。饲养管理人员要固定，操作时动作要轻、稳，尽量减少进出鸡舍的次数，保持鸡舍环境安静。并注意鸡舍周围环境条件变化，减少突然发生的事故。

155 产蛋鸡为什么常见脱肛、啄肛现象？怎样防治？

脱肛就是母鸡的泄殖腔或输卵管外翻，脱垂在肛门外面。造成蛋鸡脱肛的原因是输卵管松弛、肌肉收缩无力和腹内压增加等。一般多见于产蛋多且大的高产母鸡；蛋鸡开产初期太肥时也易发生脱肛；严重的便秘或下痢、难产、肛门外伤等，使母鸡频频努责，也会诱发脱肛。

脱肛后在病鸡的肛门外突出一团发红肿胀的泄殖腔（有时泄殖腔破裂），严重时还脱出一段输卵管，引起其他母鸡群起而争啄患鸡的肛门及腹部，因而脱肛也易造成鸡群啄癖，患鸡也常因肛门被啄成空洞，拉出肠道而死亡。

防治时将患鸡单独饲养，在头3～5天减少饲料量，使母鸡停止产蛋，并除去诱发本病的其他原因。整复时，用2％温盐水或0.1％高锰酸钾溶液将脱出的组织洗净，除去表面的异物和痂皮，把母鸡倒提起来，轻送回脱出部分，严重时可作"烟包式"缝合，即用一根20～30厘米的胶皮筋作缝合线，在肛门左右两侧皮肤上各缝合两针，将缝合线拉紧打结，3天后拆线即可痊愈。

156 产蛋鸡"抱窝"怎么办？

母鸡"抱窝"特性也叫抱性或就巢性，是鸡在自然条件下繁殖后代的方式。抱性具有高度的遗传性，可以通过淘汰办法去掉抱性。同时，抱性受环境条件的影响很大，在温暖而阴暗的环境中，鸡容易抱窝。有时因产蛋箱内积蛋过多，也可诱发抱性的出现。

醒抱的措施，主要是改变环境，消除其抱窝条件，采用药物及其他刺激等。

（1）改变环境，消除就巢条件　这是最简单而有效的办法。如将抱窝鸡装进鸡笼或筐内，放在阴凉通风处或挂在凉爽而明亮的空中；或将鸡放在浅水盆里，这样经3～5天可醒抱。

（2）穿羽、针刺、缚脚、通电等刺激法　拔一根翅膀上的长羽毛，穿鸡的鼻孔；或用缝衣针在鸡的冠点穴、脚底穴深刺 2 厘米，一般轻抱鸡 3 天后可下窝觅食；或用软绳将鸡的双脚捆在一起，促其醒抱；或用 20～25 伏电压，一极夹在冠上，另一极夹在肉垂上，通电 10 秒钟，间隔 10 秒钟后再通电 10 秒钟，可醒抱。

（3）药物刺激法　按每千克体重胸肌注射 12.5 毫克丙酸睾酮，注射后 4 小时即可醒抱；内服止痛、退热药物，在鸡停产开始抱窝的当天，口服 1 片安乃近，第二天再服 1 片，即可醒抱。

对抱性强、反复抱窝的母鸡应淘汰，在购进鸡时应选择抱性低的品种。

157 人工强制换羽有什么好处？怎样实施？

所谓人工强制换羽，就是人为地给鸡施加一些应激因素，造成强刺激，引起鸡体器官和系统发生特有形态和机能的变化，表现为停止产蛋、体重下降、羽毛脱落和更换新羽，从而达到在短期内使鸡群停产、换羽、休息，然后恢复产蛋，并提高蛋的品质，延长蛋鸡利用期的目的。目前，人工强制换羽技术已广泛应用于种鸡和商品蛋鸡。

（1）适于强制换羽的鸡群　在生产中，处于下列情形的鸡群可采取强制换羽措施。①鸡群第一年产蛋率、存活率高，有继续利用价值。如果蛋鸡在第一年里产蛋成绩好，表现出很高的生产性能，平均产蛋率高，鸡群整齐度好，存活率理想，有继续利用的经济价值，这样可采取强制换羽措施，在第二年加以利用。②从国外引进的高价种鸡，延长其利用期。我国从国外引进的一些高产配套系曾祖代、祖代和父母代鸡，引种费用昂贵，若只利用一年确很可惜，因而可采取强制换羽措施，延长其利用期。③鸡蛋货紧价扬，继续饲养有利可图。当市场上鸡蛋价格较高，而且货源偏紧、蛋价呈上扬趋势时，对鸡群实行强制换羽后继续饲养，可较快地增加收入，取得较好的市场回报率。④后备鸡群断档或雏鸡供应紧张，必须留养老鸡。后备鸡群在育雏和育成阶段发生了重大疫情，造成"全军覆灭"或损失很大，打乱了生产计划，后断无鸡，或者由于雏鸡紧张而造成供雏时间过晚，为了充分利用鸡舍，增加收入，均需要留养老鸡群。在这种情况下需要对鸡群采取强制换羽措施。

（2）强制换羽的基本要求　对鸡群进行强制换羽，要求在很短的时间内使鸡群停止产蛋，在强制换羽后5～7天，务必使产蛋率降到0～1％。在鸡群停产期间，要控制所有的鸡不产蛋，一般理想的停产时间为6～8周。在鸡群采取强制换羽后的5～6天，体羽开始脱落，15～20天脱羽最多，一般35～45天换羽结束。羽毛脱落顺序，一般为头部→颈部→胸部及两侧→大腿部→背部→主翼羽→尾羽。当鸡群产蛋率达50％时，主翼羽10根中有5根以上脱落为换羽成功，不足5根的为不成功。断料后期应天天称重，及时掌握体重的变化，一般体重减轻25％～30％即开始喂料。强制换羽期间的死亡率最好控制在2％～3％，即7天内为1％；10天内为1.5％；5周内为2.5％；8周内为3％。断水时，若死亡率达到5％，应立即饮水；在绝食期间，若死亡率达到5％，应立即给料。

（3）强制换羽前的准备工作　为保证强制换羽的效果，在开始前须做好整群、消毒、疾病预防和设备检修等工作。①整群：对鸡群进行全面观察，及时发现和淘汰病、弱鸡，只选择健康的鸡进行强制换羽，因为只有健康的鸡才能耐受断水、断料的强烈应激影响，也只有健康的鸡才能有希望第二年获得高产。若病鸡、弱鸡参与强制换羽，在断水断料期间很快死亡，而死亡率达到一定指标时，会让人误认为已达到目的，致使换羽不彻底。用病鸡强制换羽，还很可能成为换羽期间暴发疾病的诱因。因此，采取强制换羽必须事先挑选健康鸡只并群饲养。②疾病预防和消毒：在强制换羽前，应对鸡群进行驱虫，接种鸡新城疫Ⅰ系苗及其他疫苗，待1周后抗体效价达到理想水平时才能实施强制换羽措施。换羽后免疫会对鸡群造成不良的应激反应，而换羽前进行，鸡群反应小。此外，还要在实施强制换羽前清理鸡舍粪便，并对鸡舍进行带鸡消毒。消毒时，用0.1％过氧乙酸或百毒杀1∶6 000浓度进行喷雾，同时按治疗量喂鸡3～5天抗生素，如青霉素、链霉素等，以消灭鸡舍内和鸡体内潜伏的病原菌。③设备检修：在强制换羽前，还要对舍内外设备进行一次全面检查、维修，确保正常运转，在换羽过程中不出问题。

（4）强制换羽的具体做法　强制换羽的方法主要有 4 种，即化学法、饥饿法、激素法和饥饿—化学合并法，虽然具体做法不一，但原理大同小异，都是采用人工应激手段，促进换羽停产。生产中常用的是化学法、饥饿法及饥饿—化学合并法。

1）化学法　化学法使用最多的是喂高锌日粮。高锌日粮可在较短时间内诱发较多的主翼羽脱落，从而达到强制换羽的目的。据研究发现，锌是通过抑制类固醇生成酶或有限底物的可利用率来实现其抑制末梢促黄体素（LH）受体上环磷酸苷的形成和阻碍孕酮的产生，因此阻碍了更多的卵细胞发育到成熟期。①在配合饲料中加入 2.5％氧化锌，让母鸡自由采食，自由饮水，光照时间可变可不变，开放式鸡舍可以停止人工补充光照，密闭式鸡舍由原来的光照时间减至 8 小时/天。鸡的采食量逐渐减少，第一天减少一半，7 天后减至 1/5；体重迅速减轻。从第 8 天开始喂给正常的配合饲料（把含锌粉的配合饲料弃掉），逐步恢复光照。在应用含氧化锌饲料时，锌粉称量要准确，搅拌饲料要均匀，切勿过量，以免中毒。②在配合饲料中加入 2％硫酸锌，让母鸡自由采食，自由饮水，开放式鸡舍停止人工补充光照，密闭式鸡舍由原来的光照时间减至 8 小时/天。第 4 天鸡的采食量下降 75％，到第 8 天全部母鸡停产，第 14 天主翼羽开始脱换，第 21 天开始恢复产蛋，第 33 天产蛋率达 50％。

2）饥饿法　它是传统的强制换羽方法，也是最实用、效果最好的方法。生产中可根据实际情况，选择下列一种方案。

方案一：①断料 10 天；②开始时，开放式鸡舍停止补充光照，密闭式鸡舍光照时间减为 8 小时/天；③自由饮水；④换羽期间适当喂些贝壳粉；⑤断料结束后，从第 11 天起恢复喂料，最初几天可以适当限喂，喂料量逐日增加，以后自由采食，光照采取逐周增加的办法，一直增加到强制换羽前的光照时间。

方案二：①断料 12～15 天（主要取决于鸡种和季节）；②不断

水或开始断水 1~3 天，然后自由饮水；③密闭式鸡舍光照时间改为 8 小时/天，开放式鸡舍停止补充光照；④根据体重变化，当体重减少 25%~30% 时，恢复喂料，第一天喂 30 克/只，以后每天增加 10~15 克/只，一直增至 90 克/只时恢复自由采食；⑤恢复喂料，把光照逐渐恢复到原来的光照时间。

方案三：①断料 2 周，第 15 天起每只给料 20 克，然后每天增加 15~20 克/只，7~10 天后自由采食；②不断水，或断料 10 小时后断水，但不得超过 3 天，然后自由饮水；③密闭式鸡舍光照时间减至 8 小时/天，开放式鸡舍停止人工补充光照，第 25 天起光照 15 小时/天，当产蛋率达 50% 时增至 16 小时/天，2 周后增至 17 小时/天固定下来。

3）饥饿-化学合并法　即将饥饿法和喂锌的化学法两者结合进行的一种方法。这种方法具有安全、简便易行、换羽速度快、休产期短等优点。但仍有化学法的缺点，母鸡换羽不彻底，恢复后鸡群产蛋性能较差。

实施方法是：①断料、断水 2.5 天，停止人工补充光照，然后开始给水；②第 3 天起让鸡自由采食含锌粉 2% 或 2.5% 硫酸锌的饲料，连续 7 天；③一般 10 天后全部停产，此时恢复正常的光照。换羽开始后约 20 天母鸡就重新产蛋。换羽开始后 50 天母鸡产蛋率达 50%。

（5）强制换羽的注意事项　①选择好换羽季节和换羽时间。在强制换羽时，不仅要考虑经济因素，而且要考虑鸡群的状况和季节。在秋、冬之交的季节进行强制换羽的效果最好，因为这与自然换羽的季节相一致。盛夏酷暑和严寒的冬季进行强制换羽，会影响换羽的效果。如果在夏季换羽，天气炎热，断水使鸡难以忍耐干渴；而在冬季换羽，鸡挨饿受冻，羽毛又脱落，体质急剧下降，对健康不利。一般来说，冬季换羽的效果好于夏季，死亡率低些，产蛋量可多 5%~7%。当然，由于有些鸡场的鸡可能生不逢时，在秋、冬季换羽不一定合适，只要措施得当，在其他季节换羽也能成功。但要注意，夏季断水时间要短，冬季饥饿的时间不可过长。

②调节好舍内温度。鸡舍温度忽高忽低，对鸡换羽不利。一般应使舍温保持在 15～20℃ 之间。在冷天进行强制换羽，必须通过减少通气保存热量和使用发热器产生辅助热量，以达到舍内目标温度。一旦开始限制饲养，鸡群的正常体热产生会迅速减少，这时必须结合控制通风和增加辅助热量来维持舍内温度和空气质量。恢复饲喂期仍应维持舍内温度，以提高体重恢复速度。鸡群达 50% 产蛋率时，长出的羽毛足以维持体温，舍内温度可开始恢复正常。③掌握好饥饿时间的长短。根据季节和鸡的体况，一般断料时间以 10～12 天为宜，断水时间不应超过 3 天。饥饿时间过短，达不到停产换羽的目的；饥饿时间过长，鸡群死亡率增加，对鸡的体质也有较大损伤。④注意体重和死亡率的变化。通过称重，掌握体重下降幅度。换羽期间的体重以比换羽前减轻 25%～35% 为适度，这需要从断料后第 5 天起（指春、秋两季，冬季早 2 天，夏季迟 2 天），每天在同一时刻称重。同时注意鸡群死亡率的变化，一般认为，第 1 周鸡群死亡率不应超过 1%，头 10 天不应高于 1.5%；头 5 周超过 2.5% 和 8 周超过 3% 是不容许的。⑤控制好鸡舍内的光照。在实施强制换羽的同时，密闭式鸡舍减至 8～10 小时/天，开放式鸡舍采用自然光照，但要尽可能遮光，使光照强度减弱，一般在强制换羽处理后的 20 天内光照时间不能提高。⑥搞好换羽期间的饲养管理。A. 把握好鸡的开食时间。当鸡的体重减少 25%～30% 时，鸡体内营养消耗过多，体力不支，应立即换料。最初几天，喂量逐日增加。B. 软化开食饲料。将开食饲料软化处理后，有利于鸡的消化吸收，能明显降低死亡率。这是因为长时间的饥饿，造成鸡体质虚弱，消化道变薄，消化机能降低，从而导致有些鸡食入饲料后无力消化而死亡。C. 保证换羽期间的营养。经过强制手段处理的母鸡在恢复产蛋前，必须喂给能促进羽毛生长、肌肉发育和生殖功能恢复的饲料，表 6-9 推荐的两种日粮营养标准，就是为满足换羽鸡的这些需要而制定的。"换羽一号"日粮营养标准用于恢复饲喂至达到 5% 产蛋率期间，"换羽二号"日粮营养标准则用于 5%～50% 产蛋率期间。当产蛋率达到 50% 以上时，则应用与开产母鸡

相同的营养标准,使每只鸡每天摄取含硫氨基酸达610毫克,以帮助控制蛋重。⑦切忌连续强制母鸡换羽和强制公鸡换羽。已结束了换羽的母鸡不应再进行强制换羽,种公鸡强制换羽会影响受精率,所以强制换羽制度不适于种公鸡。⑧强制换羽母鸡的使用期:强制换羽的母鸡,从达50%产蛋率起,经6个月就应淘汰,因为换羽母鸡产蛋6个月后,产蛋率下降,蛋的品质明显恶化。

表6-9　推荐用于换羽的日粮营养标准

营养成分		换羽一号	换羽二号
粗蛋白质	(%)	16.00	16.00
代谢能	(千焦/千克)	11.51	11.51
赖氨酸	(%)	0.85	0.85
含硫氨基酸	(%)	0.68	0.65
精氨酸	(%)	1.05	1.05
钙	(%)	2.00	3.75
可利用磷	(%)	0.40	0.40

158 不产蛋的母鸡宜在什么时候淘汰?

蛋用型鸡在年龄已达30～35周龄仍不开产或虽已开产,但产蛋持续时间短;或开产后又停产,对这类鸡应挑出淘汰。

同龄的群鸡应在产蛋高峰过后采取个体淘汰措施,经常不产蛋的鸡,随时发现,随时淘汰,经常好抱窝的鸡也应淘汰。

另外,每年秋季,对新老鸡群都要进行整顿,对生长发育不良、病弱、有严重恶癖和低产鸡都要淘汰出群。

159 怎样剔除产蛋鸡群中的不产蛋鸡?

产蛋鸡开产后第一年产蛋量最高,第二年便下降15%～20%,第三年降低20%～30%。因此,产蛋的鸡群要逐步进行选择淘汰,一般在大群鸡饲养中,每年都需要淘汰5%以上的病弱鸡、低产鸡和停产鸡,以节省饲料消耗,降低生产成本,提高养鸡的经济效益。

（1）淘汰鸡的表现及常规检查方法　①觅食性差：产蛋鸡觅食力强，早晨下架早，晚上上架迟，一天除产蛋时间伏窝外，其他时间不伏窝。不产蛋鸡觅食力差，早晨下架晚，晚上上架早。在每天下午3～4点，巡检产蛋箱，如发现伏窝的母鸡，用食指探摸泄殖腔，无蛋的便足不产蛋鸡。为了把不产蛋鸡与抱窝鸡区分开来，可注射丙酸睾酮12.5毫克，抱窝鸡1～2天即可醒抱。②面色苍白：产蛋鸡冠、髯、脸红润，喙、腿黄色退掉（如来航鸡）；不产蛋鸡冠、髯、脸苍白，冠萎缩，喙、腿黄色。③腹部膨大：产蛋鸡腹部松软适宜，不过于膨大和缩小，耻骨间距离（竖档）在2指以上，耻骨与龙骨间距（横档）在3指以上。不产蛋鸡腹腔内积液或积留较多的蛋黄，腹部膨大，行走不便，有的则腹部收缩狭窄，竖档不够1.5指，横档不到2指。④粪便条状：饲料中搭配青绿饲料时，产蛋母鸡的粪便多而松散，不产蛋母鸡少而呈较硬的细条状。检查时可在灭亮前用手电照射，发现条状粪便对准的那只鸡，多是不严蛋鸡。为了避免观察上的差错，捉出来的鸡最好单独饲养5～7天，如不产蛋可确定淘汰。

（2）笼养鸡的淘汰新技术　据报道，目前＋已研制出一种全光谱照射灯，可对笼养鸡进行快速鉴别与淘汰。此项工作需2人一组，其中至少有1人内行，一般每晚8小时可完成2万～3万只的检查及淘汰工作。

准备工作：购置一盏便携式全光谱荧光灯，一个人事先受过训练，掌握了操作方法和淘汰原则，另一个人拿灯和抓鸡当助手，在进行淘汰前的1～2天晚上对100只鸡进行抽查，看鸡群是否达到了淘汰的比例（从每天的产蛋量便知）。

操作技术：一个人拿灯照着鸡头，主要是检查喙部呈黄色、鸡冠小而皱缩的鸡，因为10天不产蛋的鸡，喙的基部周围就会变黄，而鸡冠小、颜色苍白的鸡则是低产鸡、休产鸡，发现这类鸡后就应将其从笼中取出。同时检查鸡的羽毛，如发现主翼羽脱落或体羽显著脱落，体弱体轻的鸡，应剔出淘汰。检查时若发现羽毛逆立、蹲伏、行动异常的鸡和肥胖鸡，也一并剔出。在进行低产鸡淘汰时，应带着装有轮子的箱子，以便将淘汰鸡装入其中。

160 影响鸡产蛋的因素有哪些？

（1）饲养品种　鸡的产蛋性能高低，首先决定于其遗传潜力，不同品种的生产潜力大不相同。据试验，在同样的饲养管理条件下，良种鸡可提高产量 30%。因此，在生产中应注意选用高产效果确实、适应性强、易于饲养的商品杂交鸡。

（2）产蛋周期与产蛋率　良种蛋鸡往往可以连续产 4～6 个蛋，然后停产 1～2 天，接着再连产数天，呈现周期性产蛋现象，称为产蛋周期。连续天天产蛋则称为连产。产蛋率是指某一段时期内实际产蛋天数与总天数的比率。例如，一只鸡在 30 天内产蛋 21 个，则该鸡产蛋率为 70%。

鸡年产蛋量多少与产蛋率、产蛋周期及连产性有直接关系。一般来说，鸡连产天数越多，产蛋周期越长，产蛋率越高，则其年产蛋量就越多；反之，鸡产蛋周期越短，产蛋率越低，其年产蛋量就越少。

（3）季节与光照　春季无论高产鸡还是低产鸡产蛋周期均较长，而夏季较短。若秋、冬季饲养管理得当，鸡的产蛋周期比较稳定。因此，生产中必须加强鸡群饲养管理，使其产蛋周期尽量延长，产蛋潜力得到充分发挥。

光照对鸡产蛋有重要影响，要保证鸡群高产，必须给予每天 14～16 小时光照。在各种光照中，以红光、黄光或白光为好，蓝光和紫光最差。为方便起见，人工光照一般用普通的白炽灯光即可。

（4）营养水平　鸡营养水平是保证高产的先决条件，尤以蛋白质、矿物质钙、维生素 A 最为重要。因此，在生产中，必须供给全价日粮，保证蛋白质、矿物质、维生素等营养物质的需要，以维持鸡群高产稳产。

（5）环境条件　环境温度、湿度及风速对鸡产蛋也有一定影响，通常认为鸡产蛋适宜环境温度为 13～23℃，最佳温度是 16～20℃，冬季低温或夏季高温均影响鸡的产蛋。湿度的影响一般不太严重，但高温条件下湿度过大或低温条件湿度过大，可使鸡产蛋量显著减少。

（6）年龄　早春孵出的雏鸡一般当年产蛋量最高，以后随年龄的增大，产蛋量逐年递减，而且每年开产时间逐年推迟，停产时间却逐年提前。

（7）换羽　换羽是鸡的正常生理现象，但对产蛋有很大影响。换羽开始后除高产鸡外，一般都休产，一直到新羽毛长齐后才恢复产蛋。目前，多采用人工强制换羽，缩短换羽时间，减少停产期。

此外，影响鸡产蛋的因素还很多，如性成熟早晚、有无抱性等。为了达到鸡群高产、稳产的目的，必须限制影响产蛋的不利因素，为鸡群创造最佳生态环境。

161 鸡的开产日龄与产蛋量有什么关系？

鸡的开产日龄又叫鸡的性成熟期，是指母鸡开始产第一个蛋的日龄，鸡的饲养期产蛋量与开产日龄直接相关，生产中的技术要求是，鸡群应适时开产，如白壳蛋鸡的适宜开产日龄为 150～160 天。因为目前生产中商品蛋鸡的饲养期为 500 日龄，若开产日龄过晚，使鸡群产蛋时期缩短，也容易导致鸡体过肥，产蛋率降低，影响饲养期产蛋量，但开产日龄过早，鸡体未发育成熟，将导致产蛋持续性差，产蛋率低，蛋重小，也会使饲养期产蛋量减少。而鸡适时开产，其产蛋大小均匀，产蛋率高，可能很快达到产蛋标准曲线。

162 鸡的蛋重与哪些因素有关？

鸡的蛋重直接影响其产蛋性能，若不同鸡群比较，即使年产蛋量相同，饲养效益也有差别，蛋重大的鸡群，年产蛋总重也大，饲养效益就会好些。

鸡的蛋重与年龄、品种、季节、饲养等因素有关。

（1）年龄　开产时蛋重较小，随年龄增长，蛋重逐渐增大，生后满1年达标准蛋重，2年时蛋重最大，3年以后蛋重又逐渐减小。

（2）体重　同一品种鸡，体重大的个体有产蛋大的倾向。

（3）季节　一般春季蛋重最大，夏季蛋重较轻，入秋后蛋重又增加。

（4）饲料　对于产蛋鸡，饲喂的日粮营养丰富，则其蛋重较大；反之，易产小蛋。若雏鸡阶段营养不足，开产后也易产小蛋。

（5）品种　不同品种间蛋重的差异很大，生产中应饲养蛋大、产蛋多的品种。

163 鸡蛋的蛋壳颜色与蛋的营养成分有关系吗？

不同品种的鸡，由于遗传因素的差异，使得蛋壳的颜色也有白壳和褐壳之分，同时褐壳又有颜色浓淡之别。但不同品种鸡所产的不同颜色蛋，含有的营养成分是极为相似的，营养含量无明显差异。据试验分析，美国 B-300（白壳）与 B-380（褐壳）两种蛋营养成分见表 6-10。

表 6-10　白壳蛋、褐壳蛋的营养成分比较

蛋壳颜色	蛋内容物占蛋重（%）	干物质（%）	粗蛋白质（%）	粗脂肪（%）	粗灰分（%）
白壳蛋	89.4	25.33	13.45	10.88	0.94
褐壳蛋	90.4	25.14	13.67	10.33	0.89

由表 6-10 可见，不同蛋壳颜色的蛋营养成分无明显差异，只是略有高低而已。因此，买食品蛋时应选择价格便宜的，而不必过分重视蛋壳颜色。

164 怎样使蛋黄的颜色变深？

饲料中的叶黄素、胡萝卜素等有色物质的多少影响蛋黄的颜色。为了使蛋黄颜色深一些，可在鸡的饲粮中添加人工合成的胡萝卜素或含胡萝卜素丰富的饲料，如黄玉米、苜蓿草、三叶草、槐树叶、蒲公英、苋菜、青绿饲料等。此外，鲜虾类动物性饲料对增加

蛋黄颜色效果更好。

据试验，在产蛋鸡的饲粮中，加 4.5％的优质阴干草粉或0.2％纯红椒粉，都能起到增进蛋黄色泽的作用。

165 怎样生产药疗鸡蛋？

药疗鸡蛋作为新一代食疗保健品，以其对一些慢性病的独特疗效，越来越受到人们的欢迎。目前，国内外市场对药效鸡蛋需求量增大，国内药疗鸡蛋的生产还处于起步阶段，不能满足消费需要，因而大力发展药疗鸡蛋生产，前景十分广阔。下面介绍几种药疗鸡蛋的生产方法。

（1）高碘蛋　在鸡饲料中添加 4％～6％的海藻粉或在 100 千克饲料中添加 50 克碘化钾，每只鸡日喂饲料 100～125 克，连喂7～10 天，可以生产出高碘蛋。蛋中含碘量为 200～300 微克/个，比普通鸡蛋（3～30 微克/个）高十倍至数百倍。食用高碘蛋可防治中老年人心血管病、缺碘性甲状腺肿大、甲亢、糖尿病、脂肪肝、骨质疏松症等。方法是日食 2～3 个，40～60 天为一疗程。

（2）高锌蛋　在鸡饲料中添加 1％的锌盐（如氧化锌、碳化锌），饲喂 20 天后，即可生产出高锌蛋。高锌蛋中含锌（1 500～2 000微克/个）比普通鸡蛋（400～800 微克/个）高 1.5～2 倍。食用此蛋可防治儿童缺锌综合征、伤口久治不愈、性功能减退或不育症等。方法是日食 1～2 个，20～40 天为一疗程。

（3）高铁蛋　在鸡饲料中添加适量的硫酸亚铁，经饲喂 7～20天即可产出高铁蛋。此蛋中含铁量为1 500～2 000微克/个，比普通鸡蛋（800～1 000微克/个）高 0.5～1 倍，食用高铁蛋可防治缺铁性贫血，并对失血过多患者有滋补作用。

（4）低胆固醇鸡蛋　在饲养管理中，注意鸡舍通风，降低鸡舍内氨气和灰尘的含量，安装特殊光源，并给鸡饮中性水，喂以玉米、豆粉、酒糟等含维生素、矿物质丰富的饲料，使鸡产出的蛋比普通蛋中的胆固醇含量降低 55％，钠含量降低 25％左右。

166 怎样计算母鸡的开产日龄、产蛋量和产蛋率?

(1) 开产日龄 又叫性成熟期,是指母鸡开始产第一个蛋的日龄。个体记录,以产第一个蛋的平均日龄计算;群体记录按日产蛋率达 50% 的日龄计算。此外,也有以产蛋率达 5% 时的日龄代表开产日龄的。因此,在描述鸡群的开产日龄时必须加以说明,以免引起误解。如白壳商品蛋鸡的开产日龄为 150~160 天。

(2) 产蛋量 商品鸡场一般只计算群体平均产蛋量,具体方法有两种:一种是入舍母鸡产蛋量;另一种是母鸡饲养日产蛋量。

$$入舍母鸡产蛋量(个)=\frac{统计期内总产蛋量(个)}{入舍母鸡数(只)}$$

$$母鸡饲养日产蛋量(个)=\frac{统计期内总产蛋量(个)}{统计期内平均饲养母鸡数(只)}$$

$$=\frac{统计期内总产蛋量(个)}{\frac{统计期内总饲养数(只)}{统计期天数}}$$

母鸡饲养日是指一只母鸡饲养一天。

例如,某家庭养鸡场养鸡10 000只,某周内,饲养母鸡数依次为10 000、10 000、9 990、9 990、9 980、9 980、9 980只,7 天共产蛋49 850个,求周均产蛋量。

$$入舍母鸡产蛋量=\frac{49\ 850}{10\ 000}=4.985(个)$$

$$母鸡饲养日产蛋量=\frac{49\ 850}{\frac{10\ 000\times2+9\ 990\times2+9980\times3}{7}}$$

$$\approx4.991(个)$$

目前国际出售纯系鸡、商品杂交鸡均已普遍采用入舍母鸡年(或 72 周龄)产蛋量的统计方法。这种方法不仅反映鸡群产蛋量的多少,而且也反映出鸡群死亡率的大小和管理水平的高低,可以较全面地反映鸡种的品质。

（3）产蛋率　是指母鸡统计期内的产蛋百分率。产蛋率也有两种表示方法。

$$入舍母鸡产蛋率（\%）=\frac{统计期内总产蛋量}{入舍母鸡数×统计日数}×100\%$$

$$母鸡饲养日产蛋率（\%）=\frac{统计期内总产蛋数}{统计期内总饲养日数}×100\%$$

如果统计期为某一天，母鸡饲养日产蛋率的一种特殊表示方法为日产蛋率。

$$日产蛋率（\%）=\frac{当天产蛋量}{当天饲养母鸡数}×100\%$$

仍用上例，若该周内第二天鸡群产蛋量为7 120个，则该鸡群的周产蛋率：

$$入舍母鸡产蛋率=\frac{49\ 850}{10\ 000×7}≈71.2\%$$

$$母鸡饲养日产蛋率=\frac{49\ 850}{1\ 000×2+9\ 990×2+9\ 980×3}×100\%$$
$$≈71.3\%$$

本周内第二天鸡群产蛋率：

$$日产蛋率=\frac{7\ 120}{10\ 000}×100\%=71.2\%$$

167 笼养蛋鸡的饲养管理有什么特点？

（1）采用适宜的料形　上笼前就应确定饲料形态，一般以干粉料或颗粒饲料为好，饲料中必须注意添加维生素和微量元素。

（2）科学喂料　每天至少喂料2～3次，天气炎热时应在清晨和傍晚各喂1次，趁天气凉爽时让鸡多吃些饲料，并注意饮清洁凉水。此外，槽内的饲料每天拨动1～2次，用木板沿饲槽来回划动，尤其是槽底两侧饲料必须拨动到槽中央，否则槽内滴入饮水饲料易发酵，降低适口性。为了减少饲料浪费，每次添料不超过饲槽深度的1/3。每笼容纳鸡数不宜过少，以3～4只为宜，笼内鸡数越少，浪费饲料就越多。

（3）及时更换日粮　开产前 1～2 周就应由育成鸡日粮改为产蛋鸡日粮，最晚在鸡群开始产第一个蛋时，就应改喂产蛋鸡日粮。若育成鸡是采用限量饲养的，则日粮改变应逐步进行，先是每天每 100 只鸡增喂 400～500 克，直到自由采食，吃饱为止。自由采食（不限量）一直维持到产蛋高峰。

（4）维持产蛋期间的体重　笼养鸡因活动量少，产蛋期间体重一般有增加倾向。但天热时食欲低应想办法让鸡吃饱，尽量维持蛋鸡适宜体重。若体重显著超过品种标准，则应在产蛋阶段实施某种方式的限制饲养。若体重下降，说明饲料喂量不足，应酌情增加饲喂量。

（5）定期喂沙砾　每 100 只笼养新母鸡，每周喂 250～350 克沙砾。沙砾必须是不溶性沙，以花岗岩碎砾为好，大小以能食入为度。每次沙砾的喂量应在一天内喂完。若日粮里有颗粒状贝壳，沙砾可以不喂或少喂。严防无限量喂沙砾，否则易诱发硬嗉症。

（6）保持适宜饲养密度　商品蛋鸡的饲养密度因不同品种类型而有一定差异。笼养时，白壳蛋鸡为 26.3 只/米^2，褐壳蛋鸡为 21.3 只/米^2。如长度为 1.9 米的 4 门笼，小笼宽度相等，每个小笼可养白壳商品蛋鸡 4 只，可养褐壳商品蛋鸡 3 只。

（7）给予适宜的环境条件　由于笼养鸡的行动受到限制，因而不能自身选择环境，所需环境条件必须由人工控制。因此，在生产中要创造适宜的鸡舍内小气候条件，如温度、湿度、通风、光照等，以确保笼养鸡高产、稳产。

168 山林散养鸡的技术要求有哪些？

目前市场上散养蛋鸡鸡蛋和散养肉鸡，非常受消费者欢迎，价格较高。因此，若利用天然草场和果树下放牧养鸡，可广泛利用自然资源，节省饲料，降低饲养成本，增加经济效益。鸡的山地放牧技术应注意以下几个方面：

（1）散养鸡品种可选择适应性的地方品种或杂交鸡。

（2）鸡场选择远离村庄、背风向阳的南山坡。鸡场面积：一般饲养1 000只需2/3～1公顷的山林，四周埋上木桩，拉上2米高的尼龙网。鸡场附近要有水源，以便鸡上山后饮用，鸡舍要建在鸡场的中间，地势要平坦，便于鸡群夜间休息和避雨。饲养肉鸡，饲养期避开寒冷季节，鸡舍可用塑料薄膜搭上简易房；饲养蛋鸡，鸡舍要求保温性能较好。舍内设有料槽、饮水器和产蛋箱（养蛋鸡），鸡的饲养密度一般为8～10只/米^2。

（3）放牧与补饲相结合。在夏季时节，草木茂盛，是鸡群放牧的最好季节，可充分利用野生青草营养价值高、适口性强和消化利用率高的优点，采取白天放牧，早晚补饲一定量精料的饲养方法。每天喂饲2次，早、晚各1次。饲粮配方：玉米60％、稻糠15％、浓缩料35％。全天供应清洁的饮水。

（4）要按时搞好疫病防治。鸡舍要保持清洁卫生、空气新鲜，通风良好，饲养用具要经常洗刷消毒。依据免疫计划，做好免疫接种。为防止啄肛、啄羽，鸡长到0.5千克时，要喂啄羽灵、啄肛灵，每袋500克兑100千克饲料。

（5）对放牧鸡群用木棒敲打空盆进行训练调教，2天后形成条件反射，鸡听到声音马上回到鸡舍饮水、吃料。

（6）饲养蛋鸡，在开产前要做好在产蛋箱内产蛋的调教，可事先在产蛋箱内放一些空蛋壳作为"引蛋"，以免在野外丢蛋。

（7）饲养人员要经常巡视鸡群，捡回个别鸡在野外产的蛋，并对野外产蛋鸡进行调教。防止野兽侵害鸡群。

169 种用蛋鸡的饲养方式有哪些？

种鸡是指担负繁殖任务的公、母鸡，所产的蛋用来孵化雏鸡。种鸡饲养方式有笼养、栅上（网上）饲养和地面平养，由于饲养管理水平的提高，目前鸡场和养鸡专业户多不采用地面平养方式，下面仅介绍前两种。

（1）笼养　种鸡笼养，多采用二阶梯式笼养，这样有利于人工授精技术的操作，而三阶梯式笼养种鸡，由于笼架比较高，不便于人工授精操作。种鸡笼养，采用人工授精配种，节省了大量公鸡，也相对节省了饲料，减少了大群饲养公鸡间的争配和啄斗，易于管理。

（2）栅上（网上）饲养　指在离地面一定高度处设置栅架，栅架既可用木条、竹条、小圆竹制成，又可用铁丝网制成，饲养种鸡的栅架一般离地 60～80 厘米。种鸡栅上（网上）饲养有以下几点好处：一是饲养环境较为卫生，鸡粪可从栅条间隙或网眼落下，鸡脚不直接接触粪便，有利于减少疾病的发生；二是种公、母鸡按比例合群饲养，可以适当运动，有利于增强繁殖能力，种蛋的受精率比较高；三是栅上（网上）饲养种用蛋鸡，体质较为健壮，种鸡不至于偏肥，也不易发生笼养鸡疲劳症和脂肪肝综合征；四是蛋壳质量较好。

对于成年种鸡来说，木条栅架用的木条宽 2.5～3 厘米，空隙宽 2.5 厘米，木条走向与鸡舍的长轴平行；竹条栅架用竹竿或竹片制成，其直径或宽度与空隙一般均为 2～2.5 厘米；网状床架多用 8、10 或 12 号镀锌铁丝搭配编制，网格的大小为 2.5～3 厘米。栅上（网上）饲养种鸡应注意以下几点：①建好支架：栅条或网状床架应便于拆卸和组装，又便于清洗和消毒。②种鸡合理分群：因为群体过大或过小都会影响种蛋受精率，所以种鸡大群配种时每群一般以 300～500 只为宜，轻型蛋鸡公母比例为 1∶（12～15），中型蛋鸡公母鸡比例为 1∶（10～12）。③设置产蛋箱：分为在鸡舍内设置产蛋箱和在鸡舍外设置产蛋箱两类。舍内产蛋箱常分为多叠置于鸡舍一侧，以木质产蛋箱多见，其尺寸为：宽 30 厘米，深 35 厘米，高 30 厘米。底板向后倾斜 6°～8°，板后设一蛋槽，蛋可自动滚出。箱顶呈 45°倾斜，以防鸡栖息排粪。箱门外还需设一鸡脚踏板，方便鸡进入产蛋箱。每箱可供 6～8·只蛋鸡用。

目前有许多养鸡户利用鸡舍外设置的产蛋箱收集种蛋，与舍内设置产蛋箱相比，外设产蛋箱有下列优点：一是创造了安静的产蛋环境，箱内光线暗淡，产蛋不受其他鸡只干扰；二是便于捡蛋，只要打开箱门，人在外边捡蛋非常方便；三是鸡蛋干净，破损率低，污染少；四是人在外捡蛋减少对鸡群的惊扰。

外设产蛋箱的位置：南北向，舍内中间走道、高架栅（网）床平养的鸡舍也可在舍外，紧贴东西、两侧墙设置产蛋箱；而东西向鸡舍也可以在舍外设置产蛋箱。

产蛋箱离地高度：基本与栅（网）床平行，便于进出。

外设产蛋箱大小：一般每 80～100 只鸡设一个长 1～1.2 米、宽 0.5 米、上高 0.5 米、下高 0.35 米的产蛋箱，从中间分隔成两个小产蛋箱，箱顶向下倾斜，便于排水。箱底基本与水平面平行。

建筑材料，可用砖块结合木头砌成产蛋箱，也有用木质箱，箱顶盖油毡或大瓦等挡雨材料，箱内底部在木头或芦竹上加盖尼龙网，每只小产蛋箱各有一扇向外开的箱门。

进出口：在建鸡舍时就要考虑预留让鸡顺利进出产蛋箱的通道。

170 如何满足种用蛋鸡的营养需要？

为尽可能多地获取受精率和孵化率都较高的合格种蛋，种鸡必须喂给营养全价的饲料，各种营养成分要足够，尤其是日粮中维生素、微量元素的供给要充分，一旦日粮中缺乏，就会引起种鸡发病，降低种蛋的受精率和孵化率。但有些微量元素含量过高，也会引起不良后果，出现中毒病状。在生产实践中，要考虑饲料种类、鸡群状况及各种环境条件的影响，有时应加倍添加维生素。

种鸡日粮中蛋白质的含量不能太低，也不能太高，产蛋期一般掌握在 16%～17%，应根据品种、年龄、体重、产蛋率和气候等具体条件来确定。若日粮中蛋白质含量过低，则产蛋率下降；若日粮中蛋白质含量过高，不但造成饲料浪费，而且还会产生尿酸盐沉积，引发鸡痛风病。

种用蛋鸡的营养需要与商品蛋鸡基本相同。罗曼褐父母代种鸡的营养需要参见表 6-11。

表6-11 罗曼褐父母代种鸡的营养需要（推荐量）

周　龄	0～8周龄（雏鸡）	9～20周龄（育成鸡）	21～42周龄（产蛋鸡）	42周龄以后（产蛋鸡）
代谢能（兆焦/千克）	11.51	11.30～11.72	11.30～11.72	11.30～11.72
粗蛋白质（%）	48.5	14.5	17.0	16.0
钙（%）	1.0	0.8	3.4	3.7
总磷（%）	0.7	0.55	0.65	0.55
有效磷（%）	0.45	0.35	0.45	0.35
钠（%）	0.16	0.16	0.16	0.16
蛋氨酸（%）	0.38	0.29	0.35	0.33
蛋氨酸＋胱氨酸（%）	0.67	0.52	0.63	0.59
赖氨酸（%）	0.95	0.65	0.76	0.72
精氨酸（%）	1.10	0.82	0.97	0.92
色氨酸（%）	0.20	0.16	0.18	0.17
亚麻油酸（%）	1.4	0.8	1.5	1.2
饲料添加剂	每千克饲料中含量			
维生素A(国际单位)	12 000	8 000	15 000	15 000
维生素D_3(国际单位)	2 000	2 000	2 500	2 500
维生素E（毫克）	10	5	30	30
维生素K_3（毫克）	3	3	3	3
维生素B_1（毫克）	1	1	2	2
维生素B_2（毫克）	4	4	8	8
维生素B_6（毫克）	3	2	4	4
维生素B_{12}（毫克）	0.01	0.01	0.02	0.02
泛酸（毫克）	8	7	18	18
烟酸（毫克）	30	30	40	40
叶酸（毫克）	1	0.5	1	1
生物素（毫克）	0.025	0.025	0.1	0.1
氯化胆碱（毫克）	400	300	500	500

（续）

周　　龄	0～8 周龄 （雏鸡）	9～20 周龄 （育成鸡）	21～42 周龄 （产蛋鸡）	42 周龄以后 （产蛋鸡）
饲料添加剂	每千克饲料中含量			
锰（毫克）	100	100	100	100
锌（毫克）	60	60	60	60
铁（毫克）	25	25	25	25
铜（毫克）	5	5	5	5
钴（毫克）	0.1	0.1	0.1	0.1
碘（毫克）	0.5	0.5	0.5	0.5
硒（毫克）	0.2	0.2	0.2	0.2

171 蛋用型种公鸡的饲养管理有哪些要点？

种公鸡的饲养管理水平对其种用价值影响很大，尤其在配种季节，要注意加强种公鸡的营养，在人工授精条件下强制利用的种公鸡，若营养跟不上，则会影响射精量、精子浓度和活力。因此，日粮需要补充大量营养，尤其要注意供给足够的蛋白质、维生素 A 和维生素 E，以便改善精液品质。

笼养人工授精的种公鸡，最好单笼饲养。因为两只以上的公鸡养在一个笼内，公鸡间有同性恋的现象出现，结果多半只有一只能采出精液，另一只采不到精液。

大群配种的鸡群在开始收集种蛋前一个月把公鸡放入母鸡群中，以便使鸡群尽快形成群序。在同一个种鸡场内，若有不同批次（间隙 6 个月至 1 年）的同品种（品系）种鸡，为充分发挥"大龄"种鸡的种用价值，可采用"老♀×♂新"和"新♀×♂老"的交叉配种方法，效果较为理想。青年公鸡初放入 2 年母鸡群中处于受欺地位，不能正常配种，要过几周后才能正常配种。强制换羽后的母鸡群中放入青年公鸡，受精率高。要避免部分地挪动或撤换公、母鸡，实在需要变动，只能在晚上进行。

172 如何提高种蛋合格率和受精率?

影响种蛋合格率和受精率的因素很多,有种鸡因素、饲养管理因素、配种因素、消毒防病投药因素等。欲提高种蛋的合格率和受精率,需做好以下几项工作。

(1)培育优良的种鸡 种鸡群体的质量对种蛋合格率和受精率的提高十分重要,体重适度、体型匀称、体况良好的鸡群才能满足配种繁殖的需要。种公鸡体重过大,就会增加腿病和脚病的发病机会,配种能力降低,失去种用价值;种母鸡体重过大,则产蛋小,受精率和孵化率降低,耗料也多。因此,无论是育成鸡还是产蛋鸡,都要把公、母鸡体重控制在标准体重范围内,在育成期采取公母分饲,并将后备公鸡日粮所需的蛋白质含量增加 $1\%\sim2\%$,视体重状况给料,提高公鸡群和母鸡群的均匀度。育成期满选择优秀公鸡留作种用。

(2)协调好鸡群公母鸡比例 大群配种的鸡群,公母鸡的比例大小与种蛋受精率和公鸡伤残有关。若公母比例过大,那么就有部分母鸡得不到公鸡配种;反之,若公母比例过小,公鸡之间就会因争配母鸡而相互啄斗,造成伤残而影响配种。因此,在生产中必须保持公母鸡比例适宜。如果鸡群中的公鸡死亡和病弱公鸡被淘汰,使公母比例增大,应及时补充新公鸡。国内外一些种鸡场常采用更换公鸡的办法来提高种鸡群产蛋后期的受精率。一般在 $44\sim50$ 周龄时,将鸡群中发育不良、有病或有外伤的老龄公鸡选出一部分淘汰,然后投放一些新的公鸡($24\sim26$ 周龄)。为防止鸡群排斥新的公鸡,通常在夜间将公鸡放入鸡群中,同时新投入的种公鸡必须体况良好、健康无病,具有理想的雄性特征和配种能力,与老龄公鸡为同一品种、同一代次。

(3)配备足够的产蛋箱 种鸡平养时要配备足够数量的产蛋箱,箱内要垫 1/3 干净的垫料,及时补充、更换,以减少破蛋和脏蛋的数量。

(4)适当进行补钙和光照 在种鸡产蛋中后期,每周要补充

1～2次颗粒状贝壳粉，下午补喂效果更佳。要正确使用人工光照。公鸡每天的光照时间12～14小时，可产生优质精液，光照强度10勒克斯即可；母鸡的光照按规定程序给予。有条件的鸡场可采取公、母鸡分栋饲养，各自给光。

（5）加强疾病防治工作　要严把四道关口：一是加强进场人员的消毒，如职工进入生产区必须洗澡更衣，进场时要脚踏消毒池；二是每栋鸡舍前设一消毒池，禁止饲养员乱串鸡舍；三是定期带鸡消毒，如使用"百毒杀"定期喷雾，饮水中添加消毒药物等；四是实行免疫程序化，确保鸡群的健康。

（6）搞好人工授精　笼养种鸡采用人工授精方式配种，既充分发挥了优良种公鸡的配种潜力，降低了种公鸡的饲养成本，又提高了种蛋的受精率。

（7）做好其他管理工作　饲养人员喂食、换水、清扫、捡蛋动作要轻，防止惊群。公鸡的内趾及后趾第一关节要断去，以免抓伤母鸡或抓伤人工授精人员。

173 如何收留和管理种蛋？

按种蛋标准，蛋重必须在50克以上才能用于孵化，现代鸡种一般要到24～28周龄才开始收留种蛋，以保证种蛋合格率、孵化率和健雏率高。不同品种、不同代次的种鸡，开始收留种蛋的时间略有差异。笼养种鸡每天应捡蛋5～6次，平养种鸡每天应捡蛋4～5次，以减少脏蛋和破蛋，防止细菌污染。捡蛋的次数多，种蛋破损率低，清洁卫生，细菌污染的机会相对减少。种鸡场应最大限度地减少过夜蛋，缩短种鸡在产蛋箱或蛋槽内的停留时间。捡蛋时注意轻拿轻放，钝端向上。捡出的种蛋经过初步挑选后，即送入种蛋库进行消毒保存，最好使蛋库保持恒温恒湿，在4天内送入孵化车间孵化，存蛋时间一般不要超过7天，以免影响孵化率。

174 怎样进行种鸡群的检疫和净化？

种鸡群对疫病防控的要求比商品鸡群要严格得多，应谢绝外人参观，场内非饲养人员无必要时也不要进入鸡舍，以防疫病的传入。

种鸡场要对一些可以通过种蛋垂直感染的疾病，如鸡白痢病、支原体病、大肠杆菌病、传染性脑脊髓炎等进行定期检测。把检出的阳性个体严格淘汰，确认阴性个体才能留种，以求净化。目前，凡种鸡场都应进行鸡白痢净化工作，因为鸡白痢病在国内各级鸡场内均普遍存在，只不过是感染的程度不同而已。白痢病既影响育雏成活率，又影响成年母鸡的产蛋率。在净化该病时，还应推广无鱼粉日粮饲喂种鸡，因为监测发现鱼粉中含有沙门氏菌。只有持之以恒地开展检疫工作，鸡群净化才能早见成效。当然，引种鸡场如果卫生防疫工作做得差，即使鸡种来自疫病净化工作做得好的种鸡场，鸡群也可能再度感染。

七、肉用仔鸡的饲养管理

175 肉用仔鸡生产上有什么特点?

肉用仔鸡,一般是指 3 月龄内未达到性成熟即进行屠宰,专供食用的幼鸡。目前肉用仔鸡生产是利用肉用型配套杂交鸡,饲喂高能、高蛋白日粮,促其快速肥育的一种养鸡新法。

(1)生长速度快 一般肉用仔鸡初生重 40~45 克,在良好的饲养管理条件下,49 日龄公母混群饲养体重可达 1.8~2.1 千克,达到初生重的 45~55 倍。

(2)饲养周期短,周转快 目前国内肉用仔鸡大多是 7~8 周龄达到上市标准体重。出场后留 2 周时间打扫消毒鸡舍,10 周一批,一年可生产 5 批。

(3)饲料转化率高 肉用仔鸡的饲料转化率在所有肉用畜禽中是最高的,目前大多数地方已接近料肉比为 2:1 的水平,比瘦肉型猪的饲料转化率高 50%。

(4)饲养密度大,生产率高 与蛋用型鸡相比,肉用仔鸡性情温顺,除了采食和饮水,很少跳跃、啄斗,因而饲养密度比同样方式饲养的蛋用型鸡能高一倍左右。由于肉用仔鸡生长迅速,生产周期短,因而鸡舍、设备及人力的利用率高,资金周转快,投资回收期短,这是蛋鸡生产所不及的。

(5)营养和管理技术要求高 肉用仔鸡生长十分迅速,日粮中任何养分的缺乏对其影响都很大。同时,因为饲养密度大,极易感染疾病,特别是传染性疾病,所以创造鸡舍良好小气候环境与科学的饲养管理技术,在肉用仔鸡生产上是极其重要的。

176 肉用仔鸡的饲养方式有哪几种？

（1）地面平养　是过去饲养肉用仔鸡较普遍的一种方式，适用于小规模养鸡的农户。方法：首先在鸡舍地面上铺设一层 4～10 厘米厚的垫料，要注意垫料不宜过厚，以免妨碍鸡的活动甚至小鸡被垫料覆盖而发生意外。随着鸡日龄的增加，垫料被践踏，厚度降低，粪便增多，应不断地添加新垫料，一般在雏鸡 2～3 周龄后，每隔 3～5 天添加一次，使垫料厚度达到 15～20 厘米。垫料太薄，养鸡效果不佳，因垫料少粪便多，鸡舍易潮湿，氨气浓度会超标，这将影响肉用仔鸡的生长发育，并易暴发疾病，甚至造成大批死亡。同时，潮湿而较薄的垫料还容易造成肉用仔鸡胸骨囊肿。因此，要注意随时补充新垫料，对因粪便多而结块的垫料，及时用耙子翻松，以防止板结。要特别注意防止垫料潮湿，首先在地面结构上应有防水层，其次对饮水器应加强管理，控制任何漏水现象和鸡饮水时弄湿垫料。常用于作垫料的原料有木屑、谷壳、甘蔗渣、干杂草、稻草等。总之，垫料应吸水性强，干燥清洁，无毒无刺激，无发霉等。每当一批肉用仔鸡全部出栏后，应将垫料彻底清除更换。

（2）网上平养　所谓网上平养，即在离地面约 60 厘米高处搭设网架（可用金属、竹木等材料搭架），架上再铺设金属、塑料或竹木制成的网、栅片，鸡群在网、栅片上活动，鸡粪通过网眼或栅条间隙落到地面，堆积一个饲养期，在鸡群出栏后一次清除。网眼或栅缝的大小以鸡爪不能进入而又能落下鸡粪为宜。采用金属、塑料网的网眼形状有圆形、三角形、六角形、菱形等（塑料网的网眼多为六角形），常用的规格一般为 1.25 厘米×1.25 厘米。网床大小可根据鸡舍面积灵活掌握，但应留足够的过道，以便操作。网上平养一般都采用手工操作，有条件的可配备自动供水、给料、清粪等机械设备。该种饲养方式是目前肉用仔鸡饲养的主要方式。

（3）笼养　肉用仔鸡笼养在 20 世纪 70 年代初欧洲就已出现，但不普遍，主要原因是残次品多和生长速度不及平养。近年来改进了笼底材料及摸索出了适合笼养特点的饲养管理技术,肉用仔鸡笼养又有了新的发展。目前,我国广大养鸡户越来越广泛地采用笼养肉用仔鸡,以利于在有限的鸡舍面积上饲养更多的肉用仔鸡。

(4)笼养与地面平养相结合 这种饲养方式的应用,我国各地多是在育雏期(出壳~28日龄)实行笼养,育肥期(5~8周龄)转到地面平养或网上平养。

育雏期舍温要求较高,此阶段采用多层笼育雏,占地面积小,房舍利用率高,环境温度比较容易控制,也能节省能源。

在28日龄以后,将笼子里的肉用仔鸡转移到地面上平养,地面上铺设10~15厘米厚的垫料。此阶段虽然鸡的体重迅速增长,但在松软的垫料上饲养,也不会发生胸部和腿部疾病。因此,笼养与平养相结合的方式兼备了两种饲养方式的优点,对小批量饲养肉用仔鸡具有推广价值。

177 饲养肉用仔鸡实行"全进全出制"有什么好处?

现代肉用仔鸡生产无论是地面平养,还是网上饲养或笼养,普遍采用"全进全出"的饲养制度。所谓"全进全出制"是指在同一栋鸡舍同时间内只饲养同一日龄的雏鸡,经过一个饲养期后,又在同一天(或大致相同的时间内)全部出栏。

这种饲养制度的优点是:在饲养期内环境条件(温度、湿度、光照等)便于控制,有利于机械化作业,劳动效率高;可灵活进行日粮调整,能提高鸡群的相对增重率,并可降低饲料消耗;便于管理技术和防疫措施等的统一化,也有利于对新技术的实施;在第一批出售、下批尚未进雏的1~2周为休整期,鸡舍内的设备和用具可进行彻底打扫、清洗、消毒与维修,这样能有效地消灭舍内的病原体,切断循环感染,使鸡群疫病减少,死亡率降低,同时也提高了鸡舍的利用率。

当然,实行"全进全出制"需要制订一个全年生产与周转计划,拥有相当规模的种鸡和孵化场,或有充足的雏鸡来源,方能满足鸡舍一次入雏的大批数量。同时也必须具有相应的饲养设备与管理技术水平，才能取得预期效果。

178 怎样控制肉用仔鸡舍内的环境条件？

肉用仔鸡生产的特点是：在高饲养密度、饲喂高能高蛋白日粮条件下实现肉用仔鸡快速生长，但是必须在充分满足其生理环境条件下，才能使肉用仔鸡的生产力得以充分实现。影响肉用仔鸡生长的环境条件有温度、湿度、通风换气、饲养密度、光照、卫生等。

（1）温度　肉用仔鸡舍内的适宜温度，第一周为 35～33℃，第二周为 32～29℃，第三周为 29～26℃，第四周为 26～23℃，从第五周起，鸡舍内的环境温度应保持在 20～23℃。肉用仔鸡在上述的适宜温度环境中，能获得较高的成活率、增重速度和饲料报酬。如果鸡舍内温度不正常，使肉用仔鸡处于高温或低温环境中，就会降低其生产效率。因此，在肉用仔鸡的整个饲养期内都要注意对鸡舍内温度的控制。控制方法可在舍内适当位置放置温度计进行观测，并采取一定措施进行降温或升温调节。如在炎热的季节或地区，鸡舍内气温较高时，可加大舍内通风量，打开门、窗及通气孔，开启风扇或排风机，使舍内温度降下来，必要时还可用冷水喷洒地面或用屋顶喷雾的措施进行降温。在寒冷季节，应加强鸡舍保温取暖工作，关闭门窗或用塑料薄膜覆盖，但同时要考虑适当的通风换气。在舍内用火炉、烟道、暖气或红外线等取暖。另外，在建造鸡舍时，屋顶、墙壁要用隔热保温性能好的材料，这对鸡舍的防寒和防暑都非常重要。

（2）湿度　肉用仔鸡对湿度的要求与蛋用型鸡基本相同，理想的相对湿度为 60%～65%。其控制方法是在鸡舍内放置湿度计进行观测，在育雏初期舍内过于干燥时，可适当用水喷洒地面过道或四周墙壁，也可在热源上放置一盆水来增加舍内湿度。随着肉用仔鸡日龄增加，采食量、饮水量、呼吸量及排泄量与日俱增，舍内温度又逐渐下降，特别是在盛夏和梅雨季节，很容易发生湿度过大的情况。因此，对鸡舍湿度的控制，最重要的是防潮问题。常用于鸡舍防潮的措施主要有：及时清除舍内潮湿的粪便和垫料，增加舍内的通风换气量，在鸡舍地面铺设防潮层，避免饮水系统漏水现象等。

（3）密度 饲养密度直接关系到肉用仔鸡的生长发育、成活率和经济效益。饲养密度小，虽然对肉用仔鸡的生长发育有利，但不能充分挖掘鸡舍、设备和人员的生产潜力，增加了取暖费用，使养鸡的经济效益低；饲养密度过大，使肉用仔鸡活动受限，生长发育缓慢，羽毛生长不良，也使鸡舍内空气污浊，湿度增大，易诱发啄羽、啄肛等恶癖，宰后屠体等级下降，饲料转化率、肉用仔鸡出栏成活率低。肉用仔鸡合理的饲养密度与鸡舍类型、饲养方式、垫料质量、季节、日龄和出栏活重等因素有关。采用地面厚垫料平养时，因食槽、水槽占用地面，且污染性较大，饲养密度宜低些。一般1～2周龄肉用仔鸡，每平方米地面宜养25～40只，3～4周龄宜养15～25只，5～8周龄宜养10～15只。另外，还应与肉仔鸡出栏活重结合起来考虑，如出栏活重在1.3千克以下，则后期饲养密度应为18～20只/米²；出栏活重1.3～1.7千克，饲养密度应为15～18只/米²；出栏活重1.7～1.9千克，饲养密度为13～15只/米²；出栏活重1.9～2.3千克，饲养密度为10～12只/米²。如采用网上平养或笼养时，鸡和粪便分离，污染性小，食槽、水槽可挂于笼外，饲养密度可以高一些。一般网上平养后期的饲养密度宜为每平方米网面18～20只，笼养后期的饲养密度可为每平方米笼底面积20～25只。此外，根据季节等环境的变化，饲养密度也随之改变，如冬季饲养密度可以大一些，而夏季饲养密度应小一些，通风条件不好的，饲养密度应小一些。

（4）光照 肉用仔鸡与蛋用雏鸡的光照制度完全不同。对蛋用雏鸡光照的主要目的是控制性成熟的时间，而对肉用仔鸡光照的目的是延长采食时间，促进生长。一般肉用仔鸡舍多采用24小时光照，也有的鸡场雏鸡3日龄前采用24小时光照，4日龄以后采用23小时光照，1小时黑暗，这样能使鸡有一个适应黑暗的习惯，以免碰到停电时而惊群。另外，还有些密闭式鸡舍实行间歇光照制度，即雏鸡5日龄前采用23小时连续光照，1小时黑暗。5日龄后改为每隔 1 小时光照，2 小时黑暗，依此类推。这样使肉用仔鸡在无光时伏地休息，减少了运动量，相对提高了饲料利用率，同时也节省了照明费用。

由于肉用仔鸡需要的光照时间较长，因而除自然光照外还要补给人工光照。在采用人工光照时，一定要注意光照度。在 3 日龄前，为了让雏鸡熟悉料槽、水槽位置和舍内环境，可采用较强的光照，每平方米地面用电灯 4～5 瓦。其余时间均以弱光照有利，每平方米地面用电灯 1 瓦左右，一般 20～30 米^2 的鸡舍有一个 25～40 瓦电灯泡悬挂于 2 米高处即可，这样有些弱雏在吃不饱时，可以继续采食，而鸡群仍然可以照常睡眠。此外，夜间给光还能有效地防止兽害，又不会引起惊群。

（5）通风换气　肉用仔鸡一般采用高密度饲养，生长速度快，代谢旺盛，吃食多，排便多，特别是采用地面厚垫料饲养，易产生不良气体。如果鸡舍通风换气不良，往往使舍内湿度过大，有害气体增加，造成肉用仔鸡增重减缓，饲料利用率降低，胸部囊肿发病率增加，屠体等级下降，死亡率提高，因此，饲养肉用仔鸡必须加强鸡舍的通风换气，保持鸡舍垫料干燥，空气新鲜，使舍内相对湿度低于 70%，有害气体氨、硫化氢和二氧化碳的含量分别低于 20 毫克/千克、10 毫克/千克和 0.5%。

鸡舍通风方式有自然通风和机械通风两种。自然通风是靠风力或温差作用达到通风目的，机械通风是利用通风机械强制将新鲜空气与舍内气体进行交换的方式。鸡舍通风量一般应根据舍内温度、湿度和有害气体浓度等因素综合确定，在大型现代化鸡场，鸡舍安装通风控制设备。但目前多数养鸡户还没有这种设备，可根据自己的嗅觉和感觉来掌握舍内通风量。如进舍时嗅到氨味较浓，有轻微刺眼或流泪时，此时氨气浓度已超过允许范围，应马上采取通风措施，如加大通风量或更换垫草等。在通风换气时，要考虑保温和通风的关系，通风时改变了舍内温度，通风完毕后，恢复到通风前的舍内温度。采用火炉取暖时，一定要防止火炉倒烟，以免发生煤气中毒。如果有倒烟，应根据具体情况适当通风。

179 怎样给肉用仔鸡配合日粮？

肉用仔鸡生长快，饲养期短，日粮中必须有较高能量和蛋白质含量，而且对维生素和矿物质的要求也很严格。据介绍，从我国目前的实际情况出发，结合生产性能和经济效益，肉用仔鸡日粮的能量水平为 12.1～12.5 兆焦/千克；蛋白质含量，饲养前期不低于 21%，后期不低于 19%，其经济效益比较合算，当然还要注意满足必需氨基酸特别是蛋氨酸、赖氨酸的需要。各种维生素和微量元素添加剂按规定添加，但要注意产品质量。

目前饲养肉用仔鸡，饲养期可分为三个阶段，0～21 日龄为饲养前期，22～42 日龄为饲养中期，42 日龄以后为饲养后期。按我国现行肉用仔鸡饲养标准要求，0～21 日龄：蛋白质 21.5%，代谢能 12.54 兆焦/千克；22～42 日龄：蛋白质 20.0%，代谢能 12.96 兆焦/千克；42 日龄以后：蛋白质 18.0%，代谢能 13.17 兆焦/千克。

肉用仔鸡饲粮配方应以饲养标准为依据，结合当地饲料资源情况而制定。在设计饲粮配方时不仅要充分满足鸡的营养需要，而且也要考虑饲料成本，以保证肉用仔鸡生产的经济效益。肉用仔鸡的饲粮配方参见表 7-1。

表 7-1 肉用仔鸡典型饲粮配方

饲料种类及其营养成分	0～3 周龄饲粮配方			4～7 周龄饲粮配方		
	1	2	3	1	2	3
玉　米	60.71	63.1	31.0	68.1	47.05	51.58
高　粱	—	—	—	—	15.0	15.0
碎　米	—	—	30.0	—	—	—
米　糠	—	—	—	—	2.0	2.0
豆　饼	14.0	10.0	25.0	20.0	—	—
豆　粕	—	—	—	—	18.5	17.5

（续）

饲料种类及其营养成分	0~3周龄饲粮配方			4~7周龄饲粮配方		
	1	2	3	1	2	3
棉 子 饼	15.0	10.0	—	—	—	—
菜 子 饼	—	8.0	—	3.0	—	—
鱼 粉	9.0	7.0	10.0	7.0	7.0	6.0
肉 骨 粉	—	—	—	—	3.0	3.0
动 物 油	—	—	1.8	—	6.0	3.8
骨 粉	0.5	1.0	1.5	—	—	—
贝 壳 粉	—	—	0.5	—	—	—
磷 酸 氢 钙	0.58	0.5	—	1.6	0.7	0.3
碳 酸 钙	—	—	—	—	0.4	0.5
蛋 氨 酸	0.11	0.14	—	—	0.1	0.07
赖 氨 酸	0.1	0.16	0.2	—	—	—
食 盐	—	0.1	—	0.3	0.25	0.25
代谢能（兆焦/千克）	12.41	12.28	12.83	12.75	13.59	13.18
粗蛋白质（%）	24.0	21.5	21.3	19.8	20.40	19.70
粗纤维（%）	4.3	4.21	2.4	2.80	2.50	2.40
钙 （%）	0.89	0.91	1.21	0.90	1.11	0.99
磷 （%）	0.63	0.06	0.71	0.73	0.80	0.70
赖氨酸（%）	1.29	1.49	0.96	1.04	1.01	0.95
蛋氨酸（%）	0.47	0.5	0.42	0.32	0.40	0.35
胱氨酸（%）	0.30	0.35	0.09	0.30	0.30	0.31

180 肉用仔鸡是否需要公母分群饲养？

目前，随着肉用仔鸡生产技术的不断改进，在肉用仔鸡的饲养制度上，正在推广实行公母分群饲养的新方法。通过生产实践充分证明，在大规模生产肉用仔鸡时，公母分群饲养的效果远比公母混群饲养好。具体表现为鸡群生长发育整齐，增重快，饲料报酬高，可以便于全进全出制及其他新技术的实施，适于肉用仔鸡的自动化屠宰加工工艺，使产品规格标准化。

肉用仔鸡采用公母分群的饲养制度，是因为公母雏鸡在生理基础上有很大差异，它们对生活环境和营养条件的要求及反应都有差别。

（1）生长速度不同　公鸡生长较快，而母鸡相对较慢。据测定，4周龄时公鸡比母鸡大13％，6周龄时大20％，8周龄时大27％。如果公母鸡混养，使体重分布不均，差异较大，出栏时间不一致，屠宰时不利于机械加工。

（2）脂肪沉积能力不同　母鸡沉积脂肪能力强，而公鸡较差。这反映出公母鸡对饲料营养的要求和反应不同，公鸡比母鸡更能有效地利用高蛋白饲料，并且饲料蛋白质在公鸡体内主要是增补体蛋白，很少沉积脂肪，而母鸡则不能有效地利用高蛋白饲料，将多余的蛋白质在体内转化为能量，以脂肪的形式沉积，这是很不经济的。如果公母鸡混养，就不能根据这一差别来调整日粮营养，使饲养报酬降低。

（3）羽毛生长速度不同　公鸡羽毛生长慢，羽被着生不好，而母鸡羽毛生长快，羽被着生良好，这反映出公母鸡在同一时期对环境条件的要求不同，出现胸部囊肿的程度也不一样。

（4）对光照、温度、饲养密度等的要求不同　一般公鸡比母鸡需要较弱的光照强度和较低的饲养密度，需要较高的舍温，并对疾病的抵抗力较强。

上述公母鸡的不同特点，在混群饲养时很难解决，只有实行公母鸡分群饲养时才能有的放矢地进行科学饲养管理，提高生产性能和屠体品质。公母鸡分群饲养后，应采取的主要饲养管理措施有以下特点：①按公母调整日粮营养水平。根据上述公母鸡对日粮营养需求的不同，供给公鸡前期日粮的蛋白质水平可提高到25％，并可添加赖氨酸提高饲料转化率。供给母鸡日粮蛋白质水平不宜超过21％～23％，不加或少加赖氨酸，但可另外添加金霉素等抗菌药物以提高饲料转化率。②按经济效益分期上市。一般肉用仔鸡在7周龄以后，母鸡增重速度相对下降，饲料消耗急剧增加，此时如已达到上市体重可提前出售。而公鸡9周龄后生长速度才降低，饲料消耗增加，故可养到9周龄时再出售。③给公鸡提供适宜的环境条件。因公鸡长羽慢，体重大，胸部囊肿严重，应提供厚而松软的垫料，并加强对垫料的管理。对于母鸡，舍温前期稍高些、后期稍低些为宜。

181 怎样提高肉用仔鸡的采食量？

肉用仔鸡采食量的大小与其增重和饲料利用率有很大关系。采食量大的鸡，增重快，出栏时间早，饲料利用率高。因此，在一定条件下，如何促使肉用仔鸡多采食饲料，多消化吸收其中营养物质，对提高增重速度和饲料利用率大有好处。

在适宜的温度范围内。低温条件下鸡的食欲好，采食多。因此，在夏季天气炎热时，要加强舍内通风，降低舍温，并可早晚增加光照，以便增加采食量。

要重视日粮的全价性，提高日粮的适口性，必要时可添加调味剂，以增强食欲，诱使肉用仔鸡多采食。

鸡具有喜食颗粒料的习性，且颗粒料外硬内软，进入嗉囊后容易软化破碎，缩短了采食、消化的时间，鸡容易增加饥饿感而增加了采食量，故有条件的应尽量喂给颗粒料或破碎料。

采取适当的加工工艺。原料在加工过程中，受热程度不一。有的原料需要80～100℃加温制粒，有些原料如豆饼、棉子饼等，含有抗胰蛋白酶、棉子酚等有害物质需加热处理，这些原料的加工过程，不仅是制作工艺要求所必需，同时加热也破坏了一些有害物质，并使原料带有燥香味，使肉用仔鸡增加了食欲。

建立良好的条件反射。无论是机械化控制还是人工操作，定时定点上料，都有利于肉用仔鸡建立采食条件反射，保持旺盛的食欲，从而增加了采食量。

在自由采食、自由饮水的情况下，少喂勤添，保证饮水，经常保持有良好的食欲，这也是提高肉用仔鸡采食量的有效办法。

182 怎样确定肉用仔鸡的出栏时间？

肉用仔鸡在什么时间出栏屠宰，直接关系到饲养者的经济效益。在生产实际中，饲养者关心的主要目的是以最短时间获得最大增重，同时也计算何时上市饲料利用率最高，经济效益最好。由于肉用仔鸡的品种和性别不同，致使它们在同一时间的体重大不一致，因而出栏时间也不一样。如地方品种肉仔鸡多在 90 日龄左右出栏，体重达 1.5 千克以上。而引进的杂交肉用仔鸡，母鸡在 7 周龄后，增重速度相对减慢，饲料消耗急剧增加，如果这时体重已达 1.75 千克以上，即可出栏屠宰；公鸡在 9 周龄仍保持较快的增重速度，可延至 9 周龄出售。对于市场需求来说，活重在 2 千克以上的鸡，可按腿、胸、背与颈、翅等部位分割，按质论价出售，也会受到消费者的欢迎。因此，在安排肉用仔鸡出栏期时，要综合考虑商品鸡的生产性能、饲养管理水平、出栏体重、饲料转化率、饲料和商品价格、上市季节及全年饲养批次等因素，通过经济效益分析和核算，确定最佳上市周龄。在核算时，将不同饲养天数的平均体重、饲料转化率、出栏成活率、饲养密度、全年周转批数、总支出、每千克商品鸡价格、每千克增重纯收益、每平方米鸡舍年纯收益等数据列表加以比较，便可在不同饲养期及相应活重范围内，按经济效益大小，筛选出最佳出栏期与相应活重相结合。

一般来说，对于引进的杂交肉用仔鸡，若采用全进全出制公母混群饲养，综合考虑各种因素，出栏日期安排在 7～8 周龄、体重达 2.0～2.5 千克比较合适。

183 肉用仔鸡 8 周龄的饲养日程如何安排？

肉用仔鸡在 8 周龄饲养管理过程中，随着鸡的生长发育，要满足其营养需要和提供适宜的环境条件。在生产实践中，要做到全期有计划，近期有安排，忙而不乱，这样才能收到预期的经济效益。

进雏前必须用一定时间去消毒鸡舍和各种设备，铺好网栅，垫好垫料。整理和检测育雏器、保温伞，用席子等围好圈，饮水器灌水，调整舍温，准备接雏。

接雏宜在早上进行，这样可以利用白天来调整雏鸡的采食和饮水。若在下午接雏，当天夜间应用持续光照，进行开食和饮水。整个日程安排如下：

（1）1～2日龄　①育雏器下和舍内的温度要达到标准，不让鸡群在圈内拥挤起堆。舍温保持在24℃左右，育雏器下温度为34～35℃。②保持舍内湿度在70%左右，如过于干燥要及时喷洒水来调整。③供给足够的雏鸡饮水，并每隔1.5～2小时给雏鸡开食一次，直到全部会饮水、吃食为止。④接种马立克氏病疫苗；初饮时用0.05%～0.1%高锰酸钾饮水；在饮水加入青霉素、链霉素各4 000单位/（日·只），日饮两次；观察白痢是否发生，对病雏要立即隔离治疗或淘汰。⑤采用24小时光照，白天用日光，晚上用电灯光，平均每平方米4～5瓦。

（2）3～4日龄　①严格观察鸡群，添加土霉素等药物预防白痢的发生。②饲喂全价配合饲料，饲喂时先把厚塑料膜铺在地上，然后撒上饲料，每次饲喂30分钟，每天喂8～10次。③饮水器洗刷换水。④适当缩短照明时间（全天为22～23小时），照度以鸡能看到采食饮水即可。⑤舍温24℃，育雏器下温度减为32～33℃。

（3）5～7日龄　①加强通风换气，使舍温均匀下降，保持鸡舍有清爽感，舍内湿度控制为65%。②大群饲养可考虑进行断喙。③饲喂次数可减少到每天8～10次。④换用较大饮水器，保持不断水。⑤继续投药预防白痢。⑥育雏器下的温度降至31～32℃。

（4）8～14日龄　①增加通风量，清扫粪便，添加垫料。②饲槽、水槽常用消毒药消毒。③进行鸡新城疫首免和传染性法氏囊病免疫，即在10日龄用鸡新城疫Ⅱ系或La Sota系疫苗滴鼻点眼；14日龄用鸡传染性法氏囊病疫苗饮水。④每周末称重，检出弱小的鸡分群饲养，并抽测耗料量。

（5）15～21日龄　①调整饲槽和饮水器，使之高度合适，长短够用。②饲料中添加氯苯胍、盐霉素等药物预防球虫病。③灯光可换用小灯泡，使之变暗一些。④每周抽测一次体重，检查采食量和体重是否达到预期增重和耗料参考标准，以便适时改善饲粮配方和饲喂方法，调整饲喂次数。⑤适当调整饲养密度。

(6) 22～42日龄 ①改喂中期饲料，降低饲粮中蛋白质含量，提高能量水平。②撤去育雏伞，降到常温饲养。③经常观察鸡群，将弱小鸡挑出分群，加强管理。④进行新城疫La Sota系疫苗饮水免疫，接种禽霍乱菌苗。⑤在饲料或饮水中继续添加抗球虫药物。⑥每周抽测一次体重，检查采食量和体重是否达到预期增重和耗料参考标准，以便适时改善饲粮配方和饲喂方法，调整饲喂次数。⑦及时翻动垫草，增加新垫料，注意防潮。⑧根据鸡群状况，饲粮中添加助长剂及促进食欲的药物。

(7) 43～56日龄 ①改喂后期饲料，采取催肥措施，降低饲粮中蛋白质含量，提高能量水平。②减少光照强度，使其运动降到最低限度。③停用一切药物。④饲粮中加喂富含黄色素饲料或饲料添加剂——着色素。⑤联系送鸡出栏，做好出栏的准备工作。⑥出栏前10小时，撤出饲槽。抓鸡入笼时，装卸要小心，防止外伤。

184 怎样安排饲养期内的预防性投药和疫苗接种？

肉用仔鸡饲养的好坏，出栏体重的大小，成活率的高低，除受饲养管理水平的影响外，还与疾病的防治密切相关。饲养期内鸡群的常发病和多发病主要有鸡白痢、鸡新城疫、鸡传染性法氏囊病和其他一些呼吸道疾病及营养缺乏症。肉用仔鸡的免疫与投药，应根据鸡的品种、种蛋来源、孵化厂的孵化条件以及本地区经常流行的疾病等进行综合分析，科学判断，制订出合理的免疫程序和投药措施。

(1) 雏鸡白痢的预防 雏鸡白痢多发于10日龄以前，选用药物有庆大霉素、链霉素、土霉素、雏康宝、肠可舒等。在生产中，可于雏鸡初饮时用0.05％～0.1％高锰酸钾饮水；1～2日龄用青霉素、链霉素和4 000单位/（只·日）饮水，日饮2次；3～9日龄用0.05％土霉素粉拌料。

（2）球虫病的预防　肉用仔鸡球虫病多发于2周龄以后，选用药物有加福、盐霉素、球痢灵、鸡宝20等。生产中预防球虫病，可在肉用仔鸡2周龄以后，选用2～3种抗球虫药物，每种药以预防量使用1～2个疗程，交替用药。如12～28日龄0.004％氯苯胍拌料；29～40日龄鸡宝20预防量饮水；41～52日龄0.05％拌料。

（3）呼吸道疾病的预防　肉用仔鸡呼吸道疾病多发于4周龄以后而影响增重，常用的药物有庆大霉素、卡那霉素、北里霉素、链霉素等。

（4）疫苗接种　1日龄根据种鸡状况和当地疫病流行情况决定是否接种马立克氏病疫苗；7～10日龄滴鼻、点眼接种鸡新城疫Ⅱ系弱毒苗或鸡新城疫La Sota系弱毒苗；14日龄饮水接种鸡传染性法氏囊病弱毒疫苗；25～30日龄饮水接种鸡新城疫La Sota系弱毒疫苗。

（5）环境消毒　目前常用的消毒药物有过氧乙酸、百毒杀、爱迪福、威岛、农福等。消毒时按药品说明要求的浓度进行。带鸡消毒一般每5～7天进行一次，要达到药物浓度，各种消毒药物应交替使用，有必要时还应施行饮水消毒。

185 怎样安排肉用仔鸡的日常管理？

科学地安排肉用仔鸡的日常管理可以更好地适应肉用仔鸡的生物学特性，促进生长，提高出栏成活率。在饲养内，其日常管理工作应遵循以下细则：

（1）进门换鞋、消毒。注意检查消毒池内消毒物是否有效、是否应该更换或添加。

（2）观察鸡群活动规律，查看舍内温度，检查温度是否合适。若温度适宜，肉用仔鸡在舍内均匀分布，吃食、饮水正常；若肉用仔鸡拥挤扎堆，靠近热源，则说明舍温过低；若肉用仔鸡散居，张嘴呼吸，则说明舍温过高或通风换气不良。

（3）观察鸡群健康情况，有无"糊屁股"（多为白痢所致）的肉用仔鸡；有无精神不振、呆立缩脖、翅膀下垂的肉用仔鸡；有无腿部患病，站立不起来的肉用仔鸡；有无大脖子肉用仔鸡等。

（4）观察鸡群采食、饮水情况。健康鸡食欲旺盛，采食迅速，饮水正常；病鸡往往挑食、拒食、异嗜或频频饮水。

（5）仔细观察粪便是否正常，有无拉稀、绿便或便中带血等异常现象。一般来说，稀便多由鸡舍湿度大或超量饮水所致；下痢多由细菌、霉菌感染或肠炎所致；软便，中间干，四周带水，多见于饲料搭配不合理；血便多见于球虫病；黄白或灰白色稀便多见于鸡白痢；绿色稀便多见于急性传染病如鸡新城疫、禽霍乱等。

（6）检查饮水器是否有水，饮水是否清洁。

（7）检查垫料是否干燥，是否需要添加或更换，垫草有无潮湿结块现象。

（8）舍内空气是否新鲜，有无刺激性气味，是否需要开窗通风换气。

（9）鸡群密度是否合适，是否需要疏散或集中。

（10）饲槽高度是否合适，每只鸡的饲槽占有位置是否充足，饲料浪费是否严重。

（11）笼养肉用仔鸡有无跑鸡现象，并检查跑鸡原因，及时抓回，修补笼门或漏洞。

（12）检查笼门是否合适，有无卡脖子现象，及时调整笼门。

（13）检查光照时间、光照度是否合适。

（14）检查有无啄癖现象发生，如有被啄肉用仔鸡，应及时抓出，涂上紫药水，并分析原因，消除发病因素。

（15）按时进行各种疫苗接种和预防性投药。

（16）定期称重，掌握肉用仔鸡的生长发育情况。

（17）将病鸡、弱鸡隔离治疗；加强饲养管理，促使鸡群整齐一致。

（18）检查用药是否合理，药片是否磨碎，拌和是否均匀。

186 笼养肉用仔鸡的技术要点有哪些？

要充分发挥笼养肉用仔鸡的优越性，消除不利因素，应从以下几个方面创造条件。

（1）保证育雏温度　安置鸡笼的鸡舍温度应在 24℃ 以上，必要时可设置供暖设备，以保证育雏温度。

（2）笼内垫纸　出壳至 2 周龄，在金属网上铺垫粗糙的吸湿性较好的厚纸板，以便雏鸡在上面开食、给料和卧睡。

（3）断喙　笼养鸡易发生啄癖，为预防此症，最好在 6～9 日龄作断喙处理，可采用断喙器将上喙切去 1/2，下喙切去 1/3。由于断喙可引起应激反应，造成雏鸡采食量短期内减少，如果笼养密度适宜，光照强度不大，亦可不断喙。

（4）控制笼养密度　按每笼的笼底面积计算，0.6 米×0.9 米的鸡笼，出壳至 3 周龄宜育雏 50～60 只，4～6 周龄减为 25～30 只，7 周龄以后降至 12～15 只。

（5）加强饲养管理　在饲养期内，以饲喂粉状配合饲料为主，雏鸡开食直至 5 日龄喂料均在笼内纸板上进行，5～7 龄开始使用料盘（深度 2～3 厘米），每 2 小时饲喂一次，每次 20 分钟。3 周龄改用大饲槽，挂于笼外让鸡自由采食。

（6）改善笼底结构　使用传统的铁丝网底板，肉用仔鸡胸部囊肿发病率很高。目前一些科研生产单位研制生产的新型笼底结构，包括穿孔型铁板或塑料冲眼板、外裹橡胶的滚棍、对开塑料管、塑料方格网和塑料菱形网等，对预防胸部囊肿和龙骨弯曲有明显作用。

187 夏季怎样养好肉用仔鸡？

到了夏季，高温、高湿气候对肉用仔鸡生产极为不利，肉用仔鸡表现为生长发育缓慢，发病率高，出栏成活率降低。因此，在饲养管理上应采取以下几项措施。

（1）搞好防暑降温　鸡没有汗腺，体内产生的热仅靠呼吸散失，因而肉用仔鸡对高温的适应力很差。因此，防暑降温是夏季养好肉用仔鸡的关键环节。在鸡舍前面搭棚遮阴，防止阳光直射鸡舍；加强鸡舍内的通风换气，以利于鸡舍内排热、排湿。

（2）降低饲养密度　适当降低饲养密度有利于鸡舍内的降温防潮。若采用舍内厚垫料平养或网养方式，其各阶段的饲养密度为：1～2周龄，25～44只/米²；3～4周龄，15～25只/米²；5～8周龄，10～12只/米²。

（3）调整日粮成分　夏季的高湿环境使肉用仔鸡的采食量明显减少，一般可减少10%～15%。为了满足肉用仔鸡的营养需要，应适当提高日粮中的能量和蛋白质水平，同时加大维生素、矿物质含量。另外，用碳酸氢钠代替日粮中的部分食盐，有利于鸡体内热的散失和鸡的增重。

（4）供给充足饮水　水是生物维持生命的要素，肉用仔鸡在代谢过程中，粪尿的排泄、体热的蒸发以及呼吸都离不开水。到了炎热的夏季，肉用仔鸡的呼吸加快，鸡体水分蒸发量大，其饮水量明显增加。因此，必须供给充足的饮水，而且要经常更换，保持饮水的清洁卫生。

（5）改变常规饲喂方法　夏季炎热，肉用仔鸡的食欲降低，因而必须设法保证其采食量。要坚持白天少喂，早晚多喂，并注意夜间圈，促其采食。若气温超过30℃，在饲养后期可采取中午禁食的办法，这样可使肉用仔鸡避开白天高温期采食，既能减少鸡的热应激，又能使鸡产生饥饿感，刺激采食时的食欲，从而增加了鸡的采食量。

（6）加强卫生，严防鸡病　夏季高温高湿，病菌滋生，在生产上除按常规防疫外，亦要特别注意防治肉用仔鸡消化道疾病，如肠炎、白痢、球虫病等。要保持饲料和饮水的清洁卫生，搞好进鸡前的鸡舍消毒。在饲养期内，饮水器和饲槽每周应至少消毒一次，并做好预防性投药。

188 冬季怎样养好肉用仔鸡？

冬季，尤其在我国北方，气候寒冷，是肉用仔鸡生产的淡季。但是，如果饲养管理得当，创造有利条件，冬季也能把鸡养好，获得较高的经济效益。

（1）做好防寒保温工作　保温是冬季养好肉用仔鸡的关键，在寒冷气候来临前搞好鸡舍维修，严密门窗，舍内糊好缝隙，门窗加挂保温帘子，适当增加垫料厚度，采用保温性能好的稻草、麦秸、稻壳等作垫料，减少地面寒气影响，提高舍内温度。保温的形式不拘一格，可根据条件采用暖气、红外线、烟道、火墙、火炉等。舍内温度要求，进雏后一周内前 3 天 33～35℃，后 4 天 32～33℃，以后随日龄增长，温度逐渐下降，可每周下降 2～3℃，最后保持在 15～20℃。要注意舍温的恒定，切忌昼夜温差过大。

（2）注意舍内通风换气　肉用仔鸡饲养密度大，生长发育迅速，随着体重增加，呼吸量和排泄量也随之增加，如不进行适当的通风换气，不仅使舍内湿度过高，而且还会造成舍内空气污浊，氨的浓度过大。若舍内设置火炉又增加了一氧化碳等有害气体的含量，对肉用仔鸡生长发育极为不利。严重时甚至引起中毒。因此，在强调保温的同时，要注意舍内通风换气，但要防止贼风，在背风面墙壁设置换气孔，一般可采用弯头式通风装置，有条件的可在中午采用动力排气通风。通风前提高舍温 2～3℃，以保持通风后舍温稳定。

（3）调整日粮成分　冬季气温低，鸡体代谢旺盛，可适当提高日粮中的能量水平。据资料介绍，在冬季的肉用仔鸡日粮中增加 2%～5% 的动、植物脂肪，可取得较好的增重效果。

（4）精心管理　冬季肉用仔鸡饲养可采取自由采食、自由饮水方式，适当增加饲喂次数，每只鸡应有 3～5 厘米的槽位，每日连续 23 小时光照，1 小时黑暗，光照强度 1～2 瓦/米。由于舍内湿度大，空气比较污浊，肉用仔鸡易患球虫病和呼吸道疾病，要注意预防。

189 怎样提高肉用仔鸡的出栏质量？

随着国内禽肉市场的兴旺和外贸出口的扩大，如何改善肉用仔鸡的上市规格质量，提高商品等级，已成为直接关系到养鸡生产的经济效益不容忽视的最后一个重要环节。为此，在饲养后期，要避免出现生产性腿疾、挫伤、骨折或胸囊肿而导致商品规格下降。其措施是保持垫料松软干爽，及时调整饲养密度，保持鸡舍通风换气良好，饲槽高度适宜，注意日粮营养充足平衡，防止上述"生产病"的发生。统计资料表明，肉用仔鸡出栏时抓鸡、装运过程中的粗暴操作是造成碰伤的主要原因，而商品规格降级有一半是因碰伤造成的。因此，在抓鸡、装笼和卸车时，必须轻捉轻放，操作谨慎，最好在夜间进行，采用蓝色或红色微弱灯光照明，以减少鸡群的应激反应。抓鸡时不可抓颈或翅，应使用专用抓鸡钩抓其双脚。运输过程中尽量保持平衡，避免颠簸和急刹车。上市鸡应装于专用的鸡笼中，运鸡笼的规格为 90 厘米×60 厘米×35 厘米，由直径0.8 厘米的铁丝编织而成。笼底铺垫软草或草垫子，笼网应无锐刺。另外，饲养优良品种，饲养期内合理用药，避免某些药物在屠体内残留等，也是提高肉用仔鸡出栏质量的重要措施。

190 什么是优质肉鸡？优质肉鸡应具备哪些标准？

优质肉鸡又称精品肉鸡。中国的优质肉鸡强调风味、滋味和口感，而国外强调的是长速，但国外专家也已经认识到了快速生长使鸡肉品质下降。实际上优质肉鸡是指包括黄羽肉鸡在内的所有有色羽肉鸡，但黄羽肉鸡在数量上占大多数，因而一般习惯用黄羽肉鸡一词。我国地域宽阔，各地对优质肉鸡的标准要求不一，如南方粤港澳活鸡市场认可的优质肉鸡需达到以下标准：①临开产前的小母鸡。如饲养期在 120 天以上的本地鸡；饲养 90～100 天以上的仿土鸡。②具有"三黄"外形，有的品种羽毛为黄麻羽或麻羽，胫为青色或黑色。③羽毛油光发亮，冠脸红润，胫骨小。④肉质鲜美、细嫩，鸡味浓郁；屠宰皮薄、紧凑、光滑、呈黄色，皮下脂肪黄嫩，胸腹部脂肪沉积适中。

近 20 年，依据我国丰富地方品种资源和一些国外品种，我国培育了一批改良品种和配套品系，优质肉鸡的生产也在全国展开，市场由原来的香港、澳门、广东向上海、江苏、广西、浙江、福建扩展，并向湖南、湖北、甘肃、河南、河北等省份蔓延。优质肉鸡一词的内涵和外延有了较大变化，众多学者专家从鸡的血统、外貌、肉品质、屠宰日龄、上市体重、社会消费习惯和市场接受程度等进行阐述优质肉鸡的标准，但普遍认为，优质肉鸡是指生长较慢、性成熟较早、具有有色羽（如三黄鸡、麻鸡、黑鸡和乌骨鸡等）；宽胸、矮脚、骨骼相对较小而载肉量相对较多；皮薄而脆，肉嫩而实，骨细，脂肪分布均匀，鸡味浓郁，鲜美可口、营养丰富（一些鸡种还有药用价值）的鸡种。

优质肉鸡除生产活鸡外，大批生产加工成烧鸡、扒鸡等，均以肉质鲜美、色味俱全而闻名，商品价值明显高于肉用仔鸡。

目前我国南方市场，优质肉鸡占肉鸡的 70％～80％（其中香港、澳门、台湾占 90％以上）；我国北方约占 20％，主要集中在北京、河南、山东等地。中国优质肉鸡的发展有由南方向北方不断推移的趋势。

191 优质肉鸡的管理要点有哪些？

（1）优质肉鸡的饲养方式　优质肉鸡的饲养方式除可以采用与速长型肉鸡相同的方式外，还可以采用较大空间的散养，如在果园、林地、荒坡、荒滩等处设置围栏放养，也有的采用带运动场的鸡舍进行地面平养。为了提高优质肉鸡的成活率和生长速度，一般在 6 周龄前采用室内地面平养，6 周龄后采用放养。这样，鸡既可采食自然界的虫、草、脱落的子实或粮食，节省一些饲料，又可加强运动，增强体质，结实肌肉，味道更好。

（2）优质肉鸡的阶段饲喂　根据生长速度的不同，黄羽肉鸡可按"两段制"或"三段制"进行饲喂。两段制分为 0～4 周龄和 4 周龄以后；三段制分为 0～4 周龄、5～10 周龄和 10 周龄以后。由于优质肉鸡的种质差异很大，各阶段饲料营养水平也不尽相同。但一般前期可以饲喂能量较低、蛋白质含量较高的饲料，后期为了增加肌肉脂肪的沉积，同时提高饲料蛋白质的利用率，应降低日粮蛋白质含量，适当提高能量浓度。

（3）优质肉鸡的饲养管理技术要点

1）选雏　雏鸡必须来自健康高产的种鸡。初生雏平均体重在

35克以上，大小均匀，被毛有光泽，肢体端正，精神活泼，腹大小适中，没有脐出血、糊肛现象。

2）进雏　适宜的温度是保证雏鸡成活的必要条件。开始育雏时热源边缘地上5厘米处的温度以32～35℃为宜，育雏室的温度要维持在25℃左右，并保持温度稳定。在鸡舍内或育雏器周围摆好饮水器，围好护围，饮水器装满清水。

3）开食与饲喂　雏鸡一般在出生后24～36小时内开食。雏鸡的饮水通常与开食同时进行。如果雏鸡孵出时间较长或雏体较弱，可在开食的饮水中加入5％的蔗糖，有利于体力的恢复和生长。雏鸡一开始就喂肉用仔鸡前期的全价料，不限量，自由采食。

优质肉鸡的喂料原则是敞开饲喂，自由采食。要求有足够的采食位置，使所有鸡能同时吃到饲料。一般4周龄前喂小鸡料；5～8周龄喂中鸡料；8周龄后喂育肥料，这一时期鸡生长快，容易肥，可以在饲料中加2％～4％的食用油拌匀喂鸡。采用这种方法喂出来的鸡肥，羽毛光亮，肉质香甜，上市价格高。饲料转换要逐步过渡，新料由1/3增加到1/2，再增至2/3，5～7天全部换上新料。

4）饲养密度　适当地加大饲养密度，可增加肉鸡的产量，提高经济效益。密度过小造成设备和空间的浪费；密度过大容易引起垫料潮湿，空气污浊，羽毛不良，易发生啄癖，生长缓慢，死亡率高，屠体等级下降。具体应用时应结合鸡舍类型、垫料质量、养鸡季节等综合因素加以确定。

5）环境要求　提供适宜的温度、湿度，合理的通风换气及光照制度，有利于提高肉鸡成活率、生长速度和饲料利用率。①温度：适宜的温度是保证雏鸡成活的必要条件。开始育雏时以32～35℃为宜，随着鸡龄的增长，温度应逐渐降低，通常每周降低2～3℃，到第5周龄时降到21～23℃。②湿度：雏鸡从相对湿度较大的出壳箱取出，如果转入过于干燥的育雏室，雏鸡体内的水分会大量散发，腹中剩余的卵黄也会吸收不良，脚趾干枯，羽毛生长减慢。因此，在第1周龄内育雏室应保持在60％～65％的湿度。2周后保持舍内干燥，注意通风，避免饮水器洒水，防止垫料潮湿。
③光照：为了促进采食和生长，开始采用人工补充光照。育雏头两天连续照 48 小时，而后逐渐减少。光的照度在育雏初期时强一些，而后逐渐降低照度。

6）公母分群饲养　由于公母雏鸡对环境、营养的要求和反应有所不同，表现为生长速度、沉积脂肪能力和羽毛生长速度等方面有所差异。生长速度在同一期内公鸡比母鸡快 17％～36％。若公母分群饲养，可适当调整营养水平，实行公母分期出栏。

7）断喙　对于生长速度比较慢的肉鸡由于其生长期比较长，需要进行断喙处理。断喙方法和要求与蛋鸡相似。

8）加强卫生防疫　鸡舍和运动场要经常清扫，定期消毒，鸡群最好能驱 1～2 次蛔虫。还要做好鸡病的预防接种和药物预防工作，鸡场要远离村庄，不要靠近交通干道，并建围墙，防止其他家禽进入，以免传播疾病。

八、肉用种鸡的饲养管理

192 肉用种鸡的饲养管理有哪些特点？

肉用种鸡生长迅速，采食量大，脂肪沉积能力很强，容易过肥超重而导致性机能衰退，产蛋减少，腿部疾病多，配种不灵活，受精率低。从生产的角度来说，培育肉用种鸡的目的是提供大量的优质商品肉用雏鸡，以发展肉用仔鸡生产，因而要求饲养的肉用种鸡既要具有优良的遗传性能，后代生命力强、生长迅速，又应产蛋多，受精率高。由于肉用种鸡自身生长发育特点与生产者的经营目的有较大矛盾，因此，在生产中饲养肉用种鸡的技术难度是比较大的，其技术要求与饲养肉用仔鸡及蛋用型鸡有着明显不同。总结国内外多年来的生产经验，肉用种鸡的饲养管理有三大技术关键：一是严格实行限制饲养，从而控制肉用种鸡体重，维持良好的种用体况；二是合理饲喂、选择、分群，提高鸡群的整齐度、一致性；三是实施科学的光照管理，控制全群开产时间和进度。

193 肉用种鸡的饲养方式有哪几种？

（1）育雏期饲养方式　与蛋鸡育雏期饲养方式基本相同，主要包括地面平养、网上饲养和笼养等。肉用种鸡在育雏期的营养需要、环境条件控制技术，也与蛋用型鸡相似。

（2）育成期饲养方式　肉用种鸡一般于7周龄育雏结束进入育成期，在23周龄左右开产。在育成期的饲养方式主要有地面平养、栅上（网上）饲养、栅地结合饲养和笼养等。①地面平养：指地面全铺垫料（稻草、麦秸、锯末、干沙等），料槽和饮水器均匀地布置在舍内，各料槽、水槽相距在 3 米以内，使鸡有充分采食和饮水的机会。②栅上（网上）饲养：指育成鸡养在距地面 60 厘米左右高的板条栅或金属网上，粪便直接落于地面，不与鸡接触，有利于舍内卫生。栅上或网上养鸡，其温度较地面低，应适当地提高舍温，防止鸡相互拥挤、打堆，造成损失。③栅地结合饲养：以舍内面积 1/3 左右为地面，2/3 左右为栅栏（或平网）。这种饲养方式有利于舍内卫生和鸡的活动，也提高了舍内面积的利用，增加鸡的饲养只数。④笼养：指育成鸡养在分层笼内，专用的育成鸡笼的规格与幼雏相似，只是笼体高些，底网眼大些。分层育成鸡笼一般为 2~3 层，每笼养鸡 10~20 只。

（3）产蛋期饲养方式　①地面平养：有更换垫料平养和厚垫料平养两种，有的设有运动场，有的是全舍饲。这种饲养方式投资少，房屋简陋，受精率高。但除粪劳动比较繁重，也容易感染疾病。②栅养或网养：架床可以是金属网、竹片、小圆竹、木条等编排而成，栅、网离地面 60 厘米左右。采用这种饲养方式，鸡的粪便从栅缝或网孔落下，可减少球虫病其他肠道疾病的发生，但由于种鸡在网上活动，往往配种受影响，种蛋受精率较低。③栅地结合饲养：以舍内面积 1/3 左右为地面，2/3 左右为栅栏（或平网）。近年来采用这种饲养方式较为普遍，其投资较网养（或栅养）省，且省垫料，受精率较高。④笼养：肉用种鸡笼养，多采用二层阶梯式笼，这样有利于人工授精。笼养种鸡的受精率、饲料利用率高，效果较好。

194 怎样给肉用种鸡配合日粮？

合理的配制日粮是满足肉用种鸡各种营养物质需要，保持种鸡健康和高产的重要条件。

配合日粮时考虑的营养因素主要有能量、蛋白质、维生素和矿物质，其日粮营养需满足下列指标：1~7 周龄，代谢能 11.72 兆焦/千克，粗蛋白质 19％；8~13 周龄，代谢能 11.51 兆焦/千克，粗蛋白质 16.5％；14~22 周龄，代谢能 10.09 兆焦/千克，粗蛋白质 14％；22 周龄以后喂产蛋期日粮，代谢能为 11.30 兆焦/千克，含粗蛋白质16％。下面介绍几个肉用种鸡的日粮配方（表8-1），供参考。

表8-1 肉用种鸡的日粮配方

配方编号		1	2	3	4	5	6
原料名称及配合料比例（％）	玉米	27.0	71.0	52.0	28.2	40.0	59.7
	大麦	15.0	—	—	10.0	—	—
	碎米	10.0	—	—	15.0	—	—
	四号粉	2.0	—	—	—	—	—
	小麦	—	—	—	—	23.7	—
	麸皮	5.0	2.0	15.0	—	7.5	20.0
	三七统糠	12.5	—	—	—	—	—
	稻糠	—	—	15.0	—	—	—
	米糠	—	—	—	18.0	—	—
	豆饼	5.0	13.0	8.0	—	17.0	13.5
	菜子饼	5.0	—	—	—	—	—
	棉子饼（粕）	4.0	—	—	8.0	—	—
	鱼粉	12.0	10.0	8.0	18.0	10.0	4.0
	骨粉	—	2.0	—	—	1.0	1.5
	贝壳粉	2.2	—	—	—	0.5	1.0
	添加剂	—	2.0	2.0	2.6	—	—
	食盐	0.3	—	—	0.2	0.3	0.3
营养成分	代谢能（兆焦/千克）	11.75	12.75	12.12	11.12	11.79	11.50
	粗蛋白（％）	18.2	18.2	18.6	20.1	20.0	16.1
	粗纤维（％）	5.6	2.3	7.6	3.9	3.0	3.8
	钙（％）	2.10	1.19	1.81	0.79	1.03	1.10
	磷（％）	0.62	0.85	0.59	0.91	0.48	0.47
	赖氨酸（％）	1.03	0.95	0.81	1.03	1.10	0.78
	蛋氨酸（％）	0.69	0.32	0.28	—	0.45	0.26
	胱氨酸（％）	0.28	0.28	0.27	0.67	0.25	0.22

注：配方1：是舟山地区肉用种鸡的日粮配方；配方2：是0～8周龄肉用种鸡的日粮配方；配方3：是9～20周龄肉用种鸡的日粮配方；配方4：是0～4周龄肉用种鸡的日粮配方；配方5：是0～6周龄肉用种鸡的日粮配方；配方6：是7～20周龄肉用种鸡的日粮配方。

195 怎样实施肉用种鸡育成期的限制饲养？

肉用种鸡育成期的限制饲养主要包括饲料量的限制和饲料质的限制两个方面，但生产中多采用饲料量的限制，即限量饲喂。

（1）限量饲喂的实施方法　在限量饲喂时，必须首先掌握鸡的正常采食量，然后把每只鸡每天料量减少到正常采食量的70%～80%。因为每天应供给鸡群的饲料总量随鸡群日龄及数量的变化而变化，所以具体实施时，要查对雏鸡的出生时间、周龄、标准饲料量、标准体重，然后以测定的实际体重和现有鸡群量调整饲养，确定给料量。肉用种鸡育成期限量饲喂的方法主要有以下几种：①每天限量饲喂（每日限饲法）：即每天规定的饲料量一次喂给。②隔日禁食（隔日限饲法）：一天禁食，第二天饲喂规定的双倍的饲料量，以后重复。③每周禁食两天（5/2限饲法）：把每天规定的饲料量乘以7再除以5，所得的数是5天中每天的饲喂量，周内禁食两天（一般在周日和周三禁食）。

艾维茵肉用种鸡育成期饲喂程序见表8-2、表8-3。

表8-2　艾维茵肉用种鸡生长期饲喂程序

周龄	"无饲日"称重（克）	每周称重（克）	饲料类型	饲喂方式	耗料参数〔克/（只·日）〕
7	745～895	90	生长鸡饲料（含粗蛋白质14.5%～15.5%）	每日限饲	64
8	835～985	90			65
9	925～1 075	90		隔日限饲	68
10	1 015～1 165	90			71
11	1 105～1 255	90			73
12	1 195～1 345	90			76
13	1 285～1 435	90		限周两天限饲（周日、周三禁食）或者继续使用隔日限饲法	80
14	1 375～1 525	90			82
15	1 465～1 615	90			85
16	1 555～1 705	90			87
17	1 645～1 795	90			90
18	1 735～1 885	90			92
19	1 825～1 975	90			96

表 8-3　艾维茵肉用种鸡开产前饲喂程序

周龄	喂饲日下午称重（克）	每日增重（克）	饲料类型	饲喂类型	耗料参数[克/（只·日）]
20	2 055～2 205	230*	产蛋前饲料（含蛋白质 15.5%～16.5%,含钙 1%）	每日限饲	100
21	2 165～2 315	110			105
22	2 280～2 430	115			110
23	2 410～2 560	130			115
24	2 570～2 720	160			125

＊　在 20 周龄时，由于饲喂方式不同，体重增加 230 克中，一部分是自然增重 90 克，另一部分是由于调整饲喂方式而增加 140 克。

（2）称重与体重控制　①在育成期每周称重一次，最好每周同天、同时、空嗉称重；在使用"隔日限饲"方式时，应在禁食时称重。②每次随机抽样 5%，逐只称重，计算出平均体重。用计算出的平均体重比较，误差最大允许范围为±5%，超过这个范围说明体重不符合标准要求，就应适当减少或增加饲料喂量。每次增加或减少的饲料量以 5～10 克/（只·天）为宜，待体重恢复标准后仍按规定饲料量喂给。

（3）限制饮水　在育成期，限饲可导致鸡饮水过量，从而造成垫料潮湿，因此可采取限制饮水措施。一般在"喂饲日"鸡进食时供水，以后每 2～3 小时供水 20 分钟。在高温炎热的天气和鸡群应激情况下，不限制饮水。

（4）限制饲养时应注意的问题　①限饲前应实行断喙，以防相互啄伤。②要设置足够的饲槽。限饲时必须备足饲槽，而且要摆布合理，以保证每只鸡都有一定的采食位置，防止饥饱不均，发育不整齐。③对每群中弱小鸡，可以挑出特殊饲喂，不能留种的作为商品鸡饲养上市。④限饲应与控制光照相结合，这样效果更好。

196 肉用种鸡育成期的管理要点有哪些？

（1）实施限饲方案　肉用种鸡一般从 4 周龄开始限饲，根据饲养方案和体重增长情况进行给料。

（2）定期称重　从 4 周龄开始每周称重一次，每次称重最好在停料日进行，称重的鸡数应占全群的 5%～10%。

（3）及时调群　在限饲期间随时按体重大小调整鸡群，但调出的鸡数应与调入数相同，每周调群一次，也可根据鸡群情况灵活掌握。

（4）公鸡单独饲养　公鸡 6 周龄前不限饲，自由采食，促进生长和性发育，使其在 22 周龄有配种能力。

（5）限饲与限光相结合　体成熟与性成熟能否同步进行对后备鸡极为重要。一般要求肉用种鸡 24 周龄体重达 2.7 千克，并性成熟开始产蛋。如果限饲与限光结合较好，就能通过光照时间调整开产时间。

（6）在限饲前断喙　一般在 7～10 日龄断喙。

（7）及时转群　经过初选的种雏，转入育成舍后按品系、杂交组合、体重及性别分群饲养。

（8）控制光照时间　光照时间只能缩短不能延长，但最短不能少于 6 小时，一般以 8 小时为宜。光照应暗些，普通鸡舍以 3～4 瓦/米^2 为宜。

（9）预防疫病　育成期饲养密度大，要注意及时清除粪便，保持环境卫生，加强防疫，做好疫苗接种和驱虫工作。一般在育成鸡 130～140 日龄进行驱虫、灭虱，使种鸡开产后免遭一些疾病困扰。育成期疫苗接种程序见表 8-4。

表 8-4　育成鸡及产蛋期免疫程序

日龄	疫苗种类	接种方法
70	传染性喉气管炎疫苗	饮水
120～130	禽流感油苗	肌内注射
120～140	新城疫＋传染性法氏囊病＋减蛋综合征油佐剂三联苗	肌内注射
120～140	传染性支气管炎油乳剂活苗	肌内注射
120～140	鸡痘疫苗	刺种
270	禽流感油苗	肌内注射
280	传染性法氏囊病油乳剂灭活苗	肌内注射

（10）做好记录 在育雏和育成阶段都要有记录，这也是鸡群管理的必要组成部分。认真做好全面的记录，可使管理者随时了解鸡群状况，为即将采取的决策提供依据。

197 怎样实施肉用种鸡开产前的饲养管理？

从育成期进入产蛋期，机体处于生理上的转折阶段，开产前的饲养管理应采取过渡性的逐步措施，使种母鸡开产后能迅速达到产蛋高峰。

（1）转群 育成鸡在 20～21 周龄应及时转入产蛋鸡舍，这个时期育成鸡逐渐达到性成熟，生理变化比较大，因而转群工作如何将直接影响到鸡群能否适时开产。①种母鸡的选择：在转群前对种母鸡要进行严格的选择，淘汰不合格的母鸡。可通过称重，将母鸡体重在规定标准±5％范围内予以选留，淘汰过肥或发育不良、体重过轻、脸色苍白、羽毛松散的弱鸡；淘汰有病态表现的鸡；按规定进行鸡白痢、支原体病等检疫，淘汰呈阳性反应的公、母鸡。②转群前 1 周，应做好驱虫工作，并按时接种鸡新城疫Ⅰ系、传染性法氏囊病、减蛋综合征等疫苗。切不可在产蛋期进行驱虫、接种疫苗。③转群前，应准备好产蛋鸡舍，对产蛋鸡舍要进行严格的消毒，并准备好足够的食槽、水槽、产蛋箱等。④在转群前 3 天，在饮水或饲料中加入 0.004％土霉素（四环素、金霉素均可），适当增加多种维生素的给量，以提高抗病力，减少应激反应。⑤搬迁鸡群最好在晚间进行。在炎热夏季，选择晚间凉爽、无雨时进行；在冬季应选择无雪天。搬运鸡笼里的鸡不能太挤，以免造成损失。搬运的笼、工具及车辆，事先应做好清洗消毒工作。

（2）饲养设施安排 ①鸡舍：在鸡转群前要做好鸡舍准备。鸡舍面积应按饲养密度要求而略有剩余，在舍内设有通风装置，并经过全面清扫、消毒。②栅、网及垫料：栅（网）养与栅（网）地结合饲养方式所用的架床是由金属网、竹片、小圆竹、木条等编排而成，金属网的网眼规格为 2.5 厘米×5 厘米，网下每隔 30 厘米设一支架架起网底。网面最好是组装式（1 米×2 米），以便于装卸时起落。木（竹）栅间缝宽 2.5～3.0 厘米，板条走向多与鸡舍长轴平行。栅（网）养时，栅（网）面离地面 60 厘米；栅地结合饲养时，栅面离地面 45 厘米左右。地面平养时，垫料应清洁干燥，没有发霉和尘埃。③食槽、水槽及沙盘：肉用种鸡群对食槽、水槽及沙盘的需要数量见表 8-5。

表 8-5　肉用种鸡群对食槽、水槽、沙盘需要数量

设施类型		需要数量
食槽	长饲槽	15 厘米/只
	料槽	7 个/100 只
水槽	长水槽	2.5 厘米/只
	圆形饮水器	最少占有 2.5 厘米/只
	饮水杯	7 个/100 只
	乳头状饮水器	10 个/100 只
	圆筒式沙砾盘	1 个/250 只

（3）产蛋箱的设置　每 4 只母鸡设置一孔产蛋箱。产蛋箱必须放在较暗的位置，一般高度不超过 30 厘米。栅养方式的产蛋鸡舍在走道上设有长食槽和水槽，产蛋箱在食槽上面（内侧），因此，要留鸡跳上产蛋箱所需的距离和增设鸡跳上栖息的地方。产蛋箱不能放置在太高、太亮、太暗、太冷的地方。

（4）环境控制　从育成鸡舍转入产蛋舍，必须有一个适宜的环境条件。对产蛋影响较大的有合理的光照、新鲜的空气、适宜的温度和湿度、合适的饲养密度以及噪声等。①合理的光照：父母代肉用种鸡一般从 21～23 周龄开始增加光照。一般开放式鸡舍逐周增加到 16～17 小时，密闭式鸡舍逐周增加到 15 小时，以后保持相对稳定。②新鲜的空气：鸡舍内允许的有害气体最高浓度为：氨气 20 毫克/千克、硫化氢 10 毫克/千克、二氧化碳 0.15%。排除舍内有害气体、保持舍内空气新鲜的有效措施是加强通风。鸡舍温度高于 27℃，以降温为主，加大通风量；鸡舍温度在 18～27℃，通风量应根据鸡的体重、气温状况而定，鸡舍温度低于 18℃，有害气体不超过最高浓度标准，应尽量减少通风量。夏季气温较高，通风量应不低于 0.5 米/秒。③适宜的温湿度：开放式鸡舍温度受外界气温影响，而鸡舍温度又直接影响鸡的采食量及产蛋率。产蛋鸡舍的合适温度为 10～25℃，密闭式鸡舍可以人工控温，开放式鸡舍除夏季和冬季外，是可以达到此要求的。在高温季节，应加强鸡舍通风，采取降温措施，并供给低温深井水；冬季做好保暖工作，适当增加饲料的饲喂量。低温低湿或高温高湿都会影响鸡的活动、采食、饮水、配种和产蛋率。一般鸡舍要求的温度为 10～25℃，相对湿度为 60%～65%。鸡舍湿度以较低为好，过于潮湿，不仅影响鸡体热量散发，还会增加垫料的含水量和提高氨气等有害气体浓度，并容易诱发疾病。④合适的饲养密度：地面平养，每平方米3.6 只鸡；栅地结合饲养（1/3 地面，2/3 棚架），每平方米 4.8 只鸡；离地网养，每平方米 5.5 只鸡。⑤消除噪声：现代肉鸡生产群体较大，管理操作上应尽量小心，任何噪声、特殊的颜色、粗暴的管理行为都会使鸡群惊恐飞跃，这对产蛋鸡是极其有害的。因此，必须阻止一切噪声及其他应激因素。

（5）开产前的饲养　在 22 周龄前，育成鸡转群移入产蛋鸡舍，23 周龄更换成种鸡料。种鸡料一般含粗蛋白质 16%，代谢能11.51 兆焦/千克。为了满足母鸡的产蛋需要，饲料中含钙量应达3%，磷、钙比例为 1∶6，并适当增加多种维生素与微量元素的添加量。饲喂方式由每日或隔日 1 次改为每日限料，日喂 2 次。

开产前后阶段饲养得当，则母鸡开产适时且整齐，一般如果23 周龄见第一个蛋，25 周龄可达 5%，26～27 周龄达 20%，29 周龄达 50%，31～33 周龄可出现产蛋高峰，并使高峰期持续较久。

198 怎样实施肉用种鸡的光照计划？

光照不仅影响肉用种鸡的活动，而且还与其性成熟及产蛋性能密切相关。育雏期与育成期光照时间过短，将延迟性成熟；光照时间过长则提早性成熟，而过早开产的鸡，蛋重小，产蛋率低，产蛋持续期短。在雏鸡 3 日龄前，可实施 23 小时光照，以便于雏鸡的采食与饮水和饲养人员的观察与管理，以后逐渐减少每天的光照时间。光照度，3 日龄前为 3～4 瓦/米²，3 日龄后为 2～3 瓦/米²，产蛋期为 3～4 瓦/米²。

（1）开放式鸡舍（传统的有窗户鸡舍）的光照计划　①从出壳到 20 周龄前，每昼夜光照时间保持恒定或略为减少，切勿增加。从 20～22 周龄开始增加光照，直至增加到每天光照 16～17 小时，以后保持相对稳定。在种鸡产蛋期间，光照时间只能增加，切勿减少。②4 月上旬到 9 月上旬孵出的雏鸡，其育成后期正处于日照时间逐渐缩短的时期，故 23 周龄均采用自然光照。③9 月中旬到翌年 3 月下旬孵出的雏鸡，其大部分生长时期中日照时数不断增加，在其出壳后到 23 周龄可采用控制光照。

一般开放式鸡舍控制光照的方法有两种：一种是渐减法，即查出本批育成鸡达到 23 周龄的白天最长时数（如查到 23 周龄日照时数为 10 小时），然后加 7 小时作为 3 日龄雏鸡的光照时数（即 17 小时），以后每周减少光照 20 分，直到 23 周龄以后按种鸡产蛋阶段鸡的光照制度给光。另一种是恒定法，即查出本批育成鸡达到 23 周龄时的白天最长的时数（不低于 8 小时），从出壳后第 4 天起就一直保持这样的光照时间不变，到 23 周龄以后，则按产蛋鸡的光照制度给光。

（2）密闭式鸡舍（环境控制的无窗鸡舍）的光照计划　密闭式鸡舍全部采用人工控制光照时间和光照强度，对培育肉用种鸡比较有利。一般不同类型肉用种鸡光照时间也有差异，具体可参考不同肉用种鸡技术管理资料（表 8-6、表 8-7）。

表 8-6　艾维茵肉鸡父母代种鸡光照计划

周　　龄	光照时间（小时/天）
1～2 日龄	23
3～7 日龄	16
8 日龄～18 周龄	8

（续）

周　龄	光照时间（小时/天）
19～20 周龄	9
21 周龄	10
22～23 周龄	12
24 周龄	14
25～26 周龄	15
27 周龄以后	16

表 8-7　红宝肉鸡父母代种鸡光照计划

周　龄	光照时间（小时/天）	光照强度（勒克斯）
1～2 日龄	23	20
3～7 日龄	12	20
8 日龄～18 周龄	8	20→10→5
19 周龄	10	5→10
20 周龄	11	10～20
21 周龄	11	15→20
22～23 周龄	12	15～20
24 周龄	13	15～20
25 周龄	14	15～20
26 周龄	14	15～20
27 周龄	15	15～20
28～31 周龄	15	15～20
32 周龄以后	16	15～20

199 怎样实施肉用种鸡产蛋期的限量饲喂？

父母代肉用种鸡在产蛋期也必须限量饲喂，如果在整个产蛋期采用自由采食的方式饲喂，则造成母鸡增重过快，体内脂肪大量积聚，不但增加了饲养成本，还会影响产蛋率、成活率和种蛋的利用率。母鸡在整个产蛋期间体重增长，一般最好控制在 0.5 千克左右。因此，在产蛋期必须实施限量饲喂的饲养方案。大致要求是：在 23 周龄时才允许任意进食，待鸡群开产见蛋时才逐渐增加饲喂量，产蛋率达 20％时才允许鸡群略做自由采食，以后再继续增加饲喂量，达到自由采食的程度，使产蛋率达到高峰。以后饲喂量视鸡群的产蛋率变化、气温冷暖、增重率及饲料中所含能量而做适当调整，使饲喂量逐渐减少到最大量的 90％左右。如海佩科父母代肉用种鸡 24 周龄，在饲料营养含粗蛋白质 16％～17％，代谢能 11.72 兆焦/千克，磷、钙比例 1：6。舍温在 18～21℃时，每只鸡每天给料量保持 160 克，舍温每增加或减少 1℃，每只鸡可减少或增加 1 克饲料的饲喂量；如温度在 10℃以下或饲料质量差，每只鸡每天增加饲料量 10～15 克；如鸡群产蛋率达 80％以上，观察鸡群有饥饿感，则可增加饲料量，产蛋率已有 3～5 天停止上升，试增加 5 克饲料量；如 5 天内产蛋率仍不见上升，重新减去增加的 5 克饲料量；若增加了产蛋率，则保持增加后的饲料量。从 38～40 周龄起，要逐渐减少饲料量，每减少 1％产蛋率。每只鸡少喂 0.5 克饲料，减少量应逐渐进行，每周不超过 1 克。海佩科肉用种鸡通常在产蛋末期的饲料量为每只鸡每天 140～150 克。

产蛋期每只鸡每天下午或晚上喂 5 克左右的碎玉米粒（稻谷、大麦、小麦均可），撒在垫料上，可增加鸡的运动量，提高鸡群产蛋率和成活率。在产蛋高峰，每只鸡每天约需 1.74 兆焦代谢能和 22.5 克蛋白质，随产蛋周龄增加、产蛋率下降，对能量及蛋白质需要量逐渐减少。肉用种鸡产蛋期的饲养标准及日粮配合参见本书有关内容。

肉用种鸡产蛋期饲喂程序及喂料标准参见表 8-8、表 8-9。

表 8-8　艾维茵肉用种鸡产蛋期饲喂程序及耗料量

周龄	鸡群产蛋率（%）	下午称重（克）	每周称重（克）	饲料类型	饲喂方式	耗料参数［克/（只·日）］
25	5	2 075～2 900	180	产蛋前饲料类型（含蛋白质 15.5%～16.5%，含钙 1%）	每日限饲	127～132
26	21	2 850～3 000	100			136～141
27	42	2 950～3 100	100			145～150
28	58	3 050～3 200	100	产蛋期饲料类型（含蛋白质 15.5%～16.5%，含钙 3%）		154～159
29	74	3 130～3 280	80			154～163
30	80	3 210～3 360	80			154～163
31	83	3 280～3 480	70			154～163
32	85	3 340～3 490	60			154～163
33	84	3 380～3 530	40			154～163
34	83	3 400～3 550	20			154～163

200 怎样实施肉用种鸡产蛋期的饲养管理？

肉用种鸡产蛋期的饲养管理至关重要，任何营养条件的变化和应激因素都会影响其产蛋性能或种用性能，因而需做好以下几项工作。

（1）引导鸡到产蛋箱产蛋，减少破蛋率和脏蛋率　在母鸡开产前1～2周，在产蛋箱内放入麻袋片或其他垫料，并制作假蛋放入箱内，让鸡熟悉产蛋环境，有产蛋现象的鸡可抱入产蛋箱内。假蛋的制作：将孵化后的死精蛋用注射器刺个洞，把空气注入蛋内，排出内容物，再抽干净，将完整蛋壳浸泡在消毒液中，消毒干燥后装入沙子，用胶布将洞口封好。到大部分鸡已开产后，把假蛋捡出。

鸡开产后，要勤捡蛋，每天不少于5次。夏天不少于6次。对产在地面的蛋要及时捡起，不让其他鸡效仿而产地面蛋。每天清扫产蛋箱，保持清洁干燥。下午最后一次捡蛋后，把产蛋箱门关好，不让鸡在产蛋箱内过夜，第二天一早再把箱门打开。

（2）保持环境安静，防止各种应激因素　①实施操作程序化：饲养员实行定时饲喂、清粪、捡蛋、光照、给水等日常管理工作。饲养员操作要轻稳，保持服装颜色稳定，避免灯泡晃动，以防鸡群的骚动

表 8-9　艾维茵肉用种鸡产蛋期饲料消耗

单位:每百克增重消耗饲料千克数

周龄	每日	每周	累计	周龄	每日	每周	累计
25	12.7~13.2	88.9~92.4	89~92	46	14.3~15.2	101.1~106.4	2 283~2 411
26	13.6~14.1	95.2~98.7	184~191	47	14.3~15.2	101.1~106.4	2 384~2 517
27	14.5~15.0	101.5~105.0	286~296	48	14.3~15.2	101.1~106.4	2 484~2 624
28	15.4~15.9	107.8~111.3	393~407	49	14.3~15.2	101.1~106.4	2 584~2 730
29	15.4~16.3	107.8~114.1	501~522	50	14.3~15.2	101.1~106.4	2 684~2 836
30	15.4~16.3	107.8~114.1	609~636	51	14.3~15.2	101.1~106.4	2 784~2 943
31	15.4~16.3	107.8~114.1	717~750	52	14.1~15.0	98.7~105.0	2 883~3 048
32	15.4~16.3	107.8~114.1	825~864	53	14.1~15.0	98.7~105.0	2 981~3 153
33	15.4~16.3	107.8~114.1	932~978	54	14.1~15.0	98.7~105.0	3 080~3 280
34	15.4~16.3	107.8~114.1	1 049~1 092	55	14.1~15.0	98.7~105.0	3 179~3 363
35	15.4~16.3	107.8~114.1	1 148~1 206	56	14.1~15.0	98.7~105.0	3 277~3 468
36	15.4~16.3	107.8~114.1	1 256~1 320	57	14.1~15.0	98.7~105.0	3 376~3 573
37	15.0~15.9	105.0~111.3	1 361~1 432	58	13.8~14.7	96.6~102.9	3 473~3 676
38	15.0~15.9	105.0~111.3	1 466~1 543	59	13.8~14.7	96.6~102.9	3 569~3 779
39	15.0~15.9	105.0~111.3	1 571~1 654	60	13.8~14.7	96.6~102.9	3 666~3 882
40	15.0~15.9	105.0~111.3	1 676~1 765	61	13.8~14.7	96.6~102.9	3 763~3 984
41	14.5~15.4	101.5~107.8	1 777~1 873	62	13.8~14.7	96.6~102.9	3 859~4 087
42	14.5~15.4	101.5~107.8	1 879~1 981	63	13.8~14.7	96.6~102.9	3 956~4 190
43	14.5~15.4	101.5~107.8	1 980~2 089	64	13.8~14.7	96.6~102.9	4 052~4 293
44	14.5~15.4	101.5~107.8	2 082~2 191	65	13.8~14.7	96.6~102.9	4 149~4 396
45	14.5~15.4	101.5~107.8	2 188~2 304				

或惊群。②分群、转舍、预防接种疫苗等，应尽可能在夜间进行。捉鸡时要轻抓轻放，以防损伤鸡只。③场内外严禁各种噪声及各种车辆的进出，防止各种应激因素。

（3）日常管理 建立日常管理制度，认真执行各项生产技术措施是保证鸡群高产、稳产的关键。

1）做好生产记录，以备查考。要做好连续的生产记录，并经常对记录进行分析，以便能及时发现问题，总结经验教训。

2）严格实施产蛋期光照计划，并加强管理。

3）保持垫料干燥、疏松、无污染。

4）养好公鸡，保证种蛋受精率。自 24 周龄起每百只母鸡配 11 只强健的公鸡，以后保持每百只母鸡不少于 10 只公鸡比例；防止种公鸡体重超标，做好限量饲喂；经常检查公鸡脚病，及时淘汰不能配种的公鸡。

5）做好种蛋收集、管理及消毒工作。要坚持勤捡蛋，每天不少于 5~6 次，天气炎热可增加 1~2 次。当地面产蛋数超过 1% 时，应增加捡蛋次数。每次捡蛋时分别记录地面蛋数，发现问题及时采取措施。捡蛋后直接装入消毒的塑料孵化盒或者新的纤维蛋盘之中。入孵蛋应与地面产的污秽、畸形或裂壳蛋分别放置。

201 如何培育种公鸡？

（1）种公鸡的育雏 为了使公雏发育良好，在育雏期应把公雏与母雏分开，以 350~400 只公雏为一组置于一个保温伞下饲养。

公雏的开食越早越好，为了使它们充分发育，应占有足够的饲养面积空间及食槽、水槽等器具，在最初 8 周龄内，每 5 只公雏占 1 米^2 地面，其上至少需铺垫 12 厘米厚清洁而吸湿性较强的垫草。

孵出后 3 周内，每 100 只公雏需备有 2 个 120 厘米长的饲槽和 3 个容量 4 升的饮水器，此后的育雏期中，每 100 只公雏需要 4 个 120 厘米长的饲槽及 4 个 12 升的饮水器。

育雏期公雏对环境条件及其他管理的要求，与母雏相似。

（2）种公鸡的断趾与断喙 种用公雏的内侧两个趾，在出壳时就可以剪短。如采用电烙铁断趾能避免流血，因脚趾的剪短部分不能再行生长，故交配时不会伤害母鸡。

种用公雏的断喙最好比母雏晚些，可安排在 10～15 日龄进行。公雏断去部分应比母雏短些，以便于种公鸡啄食和配种。

（3）种公鸡腿部保健　种公鸡的腿力如何，直接影响它的配种。因此，必须选择具有良好腿力的公鸡用于繁殖。由于公鸡生长过于迅速，腿部疾病容易发生，但如果管理得当，仍能保持公鸡的健康状态。在管理上一般需注意以下几个问题：①不要把公鸡养在木条间隙较大的栅面上。②当搬动生长期的公鸡时，需特别小心。因为捕捉及放入笼中的时候，可能扭伤它们的腿部，也切勿把公鸡放置笼中过久，因为过度拥挤及蹲伏太久，会严重扭伤腿部的肌肉及筋腱。③在生长期中，要给胆小的公鸡设置躲避的地方，如栖架等，并在那里放置饲料和饮水。④采取适当的饲养措施，以改进公鸡的腿力。

（4）种公鸡的选择　①第一次选择：6 周龄进行第一次选择，选留数量为每 100 只母鸡配 15 只公鸡。要选留体重符合标准、体型结构好、灵活机敏的公鸡。②第二次选择：在 18～22 周龄时，按每 100 只母鸡配 11～12 只公鸡的比例进行选择。要选留眼睛敏锐有神、冠色鲜红、羽毛鲜艳有光、胸骨笔直、体型结构良好、脚部结构好而无病、脚趾直而有力的公鸡。选留的体重应符合规定标准，剔除发育较差、体重过小的公鸡。对体重大但有脚病的公鸡坚决淘汰，在称重时注意腿部的健康和防止腿部的损伤。

（5）种公鸡的限制饲喂　育成期公母鸡在同一鸡舍混养时，公鸡与母鸡采取同样的限饲计划，以减少鸡群应激，如果使用饲料桶，在"无饲料日"时，可将谷粒放在更高的饲槽里，让公鸡跳起来方能吃到。这样可减少公鸡在"无饲料口"的啄羽和打斗。在公、母鸡分开饲养时，应根据公鸡生长发育的特点，采取适宜的饲养标准和与育成母鸡略有不同的限饲计划。肉用种公鸡饲喂程序及喂料标准参见表 8-10。

表 8-10　艾维茵肉用种公鸡饲喂程序及耗料量

周龄	平均体重 （克）	每周增重 （克）	饲喂方式	累计消耗饲料量 （每百只消耗饲料千克数）
1	—	—		—
2	—	—	全饲	—
3	—	—		105
4	680	—	每日限饲	105
5	810	130		205
6	940	130		260
7	1 070	130		315
8	1 200	130		380
9	1 310	110	每日限饲	440
10	1 420	110		520
11	1 530	110		580
12	1 640	110		650
13	1 750	110		730
14	1 860	110		810
15	1 970	110	每周两天限饲（周 日、周三禁食）或者 继续使用隔日限饲	890
16	2 080	110		970
17	2 190	110		1 050
18	2 300	110		1 130
19	2 410	110		1 220
20	2 700	360*		1 310
21	2 950	180		1 410
22	3 130	180		1 500
23	3 310	180		1 600
24	3 490	180	每日控制	1 700
25	3 630	140		—
26	3 720	190		—
27	3 765	45		—
28	3 810	45		—
29	4 265	455		—

注：* 20周龄时体重急剧增加是由于自然增重（180克）再加上改变限饲计划所致。

（6）种公鸡限水　在公鸡群中，垫料潮湿和结块是一个普遍的问题，这对公鸡的脚垫和腿部极其不利。限制公鸡饮水是防止垫料潮湿的有效办法，公鸡群可从 29 日龄开始限水。一般在禁食日，冬季每天给水两次，每次 1 小时，夏季每天给水两次，每次 2.5 小时；喂食时，吃光饲料后 3 小时断水，夏季可适当增加饮水次数。

（7）对种公鸡管理　①自然交配种公鸡管理要点：A. 如公鸡一贯与母鸡分群饲养，则需要先将公鸡群提前 2～3 天放在鸡舍内，使它们熟悉新的环境，然后再放入母鸡群；如公母鸡一贯合群饲养，则某一区域的公母鸡应于同时放入同一间种鸡舍中饲养。B. 小心处理垫草，经常保持清洁、干燥，以减少公鸡群的葡萄球菌感染和胸部囊肿等疾患。C. 做白痢及副伤寒凝集反应时，应戴上脚圈，脚圈放上以后，钳扁其合口（切勿打褶），以免脚圈滑落到趾下缘。②人工授精种公鸡管理要点：A. 饲养方式：以特制单层公鸡笼一鸡一笼为宜。B. 光照：公鸡的光照时间不分季节应保持每天 16～17 小时，并要求稳定不变，防止时长时短，光照度，要求每平方米 3 瓦左右。C. 温度：室温最好保持在 15～20℃，高于 30℃或低于 10℃时对精液品质有不良影响，有条件的安装降温和保温设备。D. 湿度：舍内要求相对湿度 55％～60％，防止过潮。E. 通风：要求舍内经常进行通风换气，以保持舍内空气新鲜。F. 喂料：要求少给勤添，每天饲喂 4 次，每隔 3.5～4 小时喂一次。G. 饮水：要求饮水清洁卫生。H. 清粪：3～4 天清粪一次。I. 观察鸡群：主要观察种公鸡的采食量、粪便、鸡冠的颜色及精神状态，若发现异常应及时采取措施。

九、无公害养鸡技术要点

202 什么叫无公害养鸡？无公害鸡蛋、鸡肉具有哪些特征？

（1）无公害养鸡的概念　无公害养鸡是指在养鸡生产过程中，鸡场、鸡舍内外周围环境中空气、水质等符合国家有关标准要求，整个饲养过程严格按照饲料、兽药使用准则，兽医防疫准则以及饲养管理规范，生产出得到法定部门检验和认证合格获得认证证书并允许使用无公害农产品标志的活鸡、鸡蛋、屠宰鸡或者经初加工的分割、冷冻鸡肉等。

（2）无公害鸡蛋、鸡肉的特征　①强调鸡蛋、鸡肉产品出自最佳生态环境：无公害鸡蛋、鸡肉的生产从生态环境入手，通过对鸡场周围及鸡舍内的生态环境因子严格监控，判定其是否具备生产无公害鸡蛋、鸡肉产品的基础条件。②对产品实行全程质量控制。在无公害鸡蛋、鸡肉生产实施过程中，从产前环节的饲养环境监测和饲料、兽药等投入品的检测，到产中环节具体饲养规程、加工操作规程的落实，以及产后环节产品质量、卫生指标、包装、保鲜、运输、储藏、销售控制，确保生产出的鸡蛋、鸡肉质量，并提高整个生产过程的技术含量。③对生产的无公害鸡蛋、鸡肉依法实行标志管理：无公害农产品标志是一个质量证明商标，属知识产权范畴，受《中华人民共和国商标法》保护。

203 生产无公害鸡蛋、鸡肉有什么重要意义？

（1）我国目前生产的鸡蛋、鸡肉等动物性食品的安全现状　所谓动物性食品安全，是指动物性食品中不应含有可能损害或威胁人体健康的因素，不应导致消费者急性或慢性毒害或感染疾病，或产生危及消费者及其后代健康的隐患。

纵观近年来我国养鸡业的发展，鸡蛋、鸡肉产品安全问题已成为生产中的一个主要矛盾。兽药、饲料添加剂、激素等的使用，虽然为养鸡生产的鸡蛋、鸡肉、禽蛋数量增长发挥了一定作用，但同时也给养鸡产品安全带来了隐患，鸡蛋、鸡肉产品中因兽药残留、激素残留和其他有毒有害物质超标造成的餐桌污染时有发生。

（2）生产无公害鸡蛋、鸡肉的重要性　一是提高产品价格，增加农民收入的需要。无公害鸡蛋、鸡肉产品的生产不是传统养鸡业的简单回归，而是通过对生产环境的选择，以优良品种、安全无残留的饲料、兽药的使用以及科学有效的饲养工艺为核心的高科技成果组装起来的一整套生产体系。无公害生产可使生产者在不断增加投入的前提下获得较好的产量和质量，目前国内外市场对鸡蛋、鸡肉无公害产品的需求十分旺盛，销售价格也很可观。因此，大力发展鸡蛋、鸡肉等无公害产品是农民增收和脱贫致富的有效途径之一。二是保护人们身体健康、提高生活水平的需要。目前市场上出售的鸡蛋、鸡肉产品以药残超标为核心的质量问题已成为人们关注的热点，因此，无公害鸡蛋、鸡肉产品的上市可满足消费者的需求，进而增强人们的身心健康。三是提高产品档次，增加产品国际竞争力的需要。我国已成为 WTO 的一员，开发无公害的绿色鸡蛋、鸡肉产品，提高鸡蛋、鸡肉产品的质量，使更多的鸡蛋、鸡肉产品打入国际市场，发展创汇养鸡业，具有十分重要的意义。四是维护生态环境条件与经济发展协调统一，促进我国家养鸡业可持续发展的需要。实践证明，开发无公害农产品可以促进我国保证农业可持续发展。我们不能沿袭以牺牲环境和损耗资源为代价发展经济的老路，必须把农业生产纳入控制工业污染、减少化学投入为主要内容的资源和环境可持续利用的基础上。这样才能保证环境保护和经济发展的协调统一。

204 影响无公害鸡蛋、鸡肉生产的因素有哪些？

影响无公害鸡蛋、鸡肉生产的因素主要是由于工农业生产造成的环境污染，养鸡过程中不规范使用兽药、饲料添加剂以及销售、加工过程的生物、化学污染，导致产品有毒有害物质的残留。主要包括以下几个方面。

（1）抗生素残留　抗生素残留是指因鸡在接受抗生素治疗或食入抗生素饲料添加剂后，抗生素及其代谢物在鸡体组织及器官内蓄积或贮存。抗生素在改善鸡的某些生产性能或者防治疾病中，起到了一定的积极作用，但同时也带来了抗生素的残留问题，残留的抗生素进入人体后具有一定的毒性反应，如病菌耐药性增加以及产生过敏反应等。

（2）激素残留　激素残留是指家禽生产中应用激素饲料添加剂，以促进鸡体生长发育、增加体重和肥育，从而导致鸡蛋、鸡肉产品中激素的残留。这些激素多为性激素、生长激素、甲状腺素和抗甲状腺素及兴奋剂等。这些药物残留后可产生致癌作用及激素样作用等，对人体产生伤害。β-兴奋剂在肉鸡饲养上有促生长作用，曾一度为许多养殖户大量使用，但同时β-兴奋剂可使人表现为心动过速、肌肉震颤、心悸和神经过敏等不良症状。

（3）致癌物质残留　凡能引起动物或人体的组织、器官癌变形成的任何物质称致癌物质。目前受到关注的能污染食品的致癌物质主要是曲霉素、苯并芘、亚硝胺、多氯联苯等。这些致癌物质表现为：一是不良饲料饲喂鸡后在组织中蓄积或引起中毒；二是产品在加工及贮存过程中受到污染；三是因使用添加剂不合理而造成污染，如在鸡蛋、鸡肉产品加工中使用硝酸盐或亚硝酸盐作增色剂等。

（4）有毒有害物质污染　有毒有害元素主要是指汞、镉、铅、砷、铬、氟等，这类元素在机体内蓄积，超过一定的量将对人与动物产生毒害作用，引起组织器官病变或功能失调等。在鸡的饲养过程中，鸡蛋、鸡肉中的有毒有害物质来源广泛：①自然环境因素，有的地区因地质地理条件特殊，在水和土壤及大气中某些元素含量过高，导致其在植物内积累，如生长在高氟地区的植物，其内含氟量过高。②在饲料中过量添加某些元素，以达到加快生长的目的，如在饲料中添加高剂量的铜、砷制剂等。③由于工业"三废"和农药、化肥的大量使用造成的污染，如"水俣病"，是由于工业排放含镉和汞污水，通过食物链进入人体引起的。④产品加工、饲料加工、贮存、包装和运输过程中的污染，均会导致有害元素的增加。

（5）农药残留　农药残留系指用于防治病虫害的农药在食品、畜禽产品中的残留；这些食品中农药残留进入人体后，可积蓄或贮存在细胞、组织、器官内。由于目前使用农药的量及品种在不断增加，加之有些农药不易分解，如六六六、滴滴涕等，使农作物（饲料原料）、畜禽、水产等动植物体内受到不同程度的污染，通过食物链的作用，危害人体的生命与健康。在养鸡生产中农药对鸡蛋、鸡肉的污染途径主要是通过饲料中的农药残留转移到鸡体上，在生产玉米、大麦、豆粕等饲料原料中不正确使用农药，易引起农药残留。由于有机氯农药在饲料中残留高，导致鸡肉、鸡蛋中的残留也相当高。

（6）养鸡生产中的环境污染　①生物病源污染：主要包括鸡场中的细菌、病毒、寄生虫，它们有的通过水源，有的通过空气传染或寄生于鸡只和人体，有的通过土壤或附着于农产品进入体内。②恶臭的污染：养鸡场恶臭主要是将大量的含硫、含氨化合物或碳氧化合物排入大气与其他来源的同类化合物一起对人和动植物直接产生危害。③鸡场排出的粪便污染：鸡场粪便污染水源，引起一系列综合危害，如：水质恶化不能饮用，水体富营养化造成鱼类等动植物的死亡，湖泊的衰退与沼泽化，沿海港湾的赤潮等。不恰当使用粪便污水，也易引起土壤污染及食物中的硝酸盐、亚硝酸盐增加。④蚊蝇滋生的污染：蚊蝇携带大量的致病微生物，对人和动物以及饲养鸡群造成潜在的危害。

205 无公害鸡肉、鸡蛋生产的基本技术要求有哪些？

（1）科学选择场址　应选择地势较高、容易排水的平坦或稍有向阳坡度的平地。土壤未被传染病或寄生虫病的病原体污染，透气透水性能良好，能保持场地干燥。水源充足、水质良好。周围环境安静，远离闹市区和重工业区，提倡分散建场，不宜搞密集小区养殖。

（2）严格选雏　引进优质高产的肉、蛋种禽品种，选择适合当地生长条件的具有高生产性能，抗病力强，并能生产出优质后代的种禽品种，净化种禽，防止疫病垂直传播。严格选雏，确保雏鸡健壮，抗病性强，生产潜力大。

（3）严格用药制度　①采用环保型消毒剂，勿用毒性杀虫剂和毒性灭菌（毒）、防腐药物。②加强药品、添加剂的购入、分发使用的监督指导。严格执行国家《饲料和饲料添加剂管理条例》和《兽药管理条例》，从正规大型规范厂家购入药品和添加剂，以防止滥用。药品的分发、使用要由兽医开具处方，并监督指导使用，以改善体内环境，增加抵抗力。③兽用生物制品购入、分发、使用，必须符合国家《兽用生物制品管理办法》。④统一规划，合理建筑鸡舍，保证利于实施消毒隔离，统一生物安全措施与卫生防疫制度。

（4）强化生物安全　鸡舍内外、场区周围要搞好环境卫生。舍内垫料不宜过脏、过湿，灰尘不宜过多，用具安置要有序，经常杀灭舍内外蚊蝇。场区内要铲除杂草，不能乱放死鸡、垃圾等，保持经常性良好的卫生状况。场区门口和鸡舍门口要设有烧碱消毒池，并经常保持烧碱的有效浓度，进出场区或鸡舍要脚踩消毒水，杀灭由鞋底带来的病菌。饲养管理人员要穿工作服，鸡场限制外人参观，更不准运鸡车进入。

（5）规范饲养管理　加强饲养管理，改善舍内小气候，提供舒适的生产环境，重视疾病预防以及早期检测与治疗工作，减少和杜绝禽病的发生，减少用药。①根据各周龄鸡特点提供适宜的温度、湿度。②保证舍内良好的空气质量，充分做好通风管理，改善舍内小气候，永远记住通风良好是保证养好鸡的前提。③进行合理的光照与限饲。根据鸡的生物钟、生长规律及其发病特点，科学制订光照程序与限饲程序，用不同养分饲喂不同生长发育阶段的鸡，以使日粮养分更接近鸡的营养需要，并可提高饲料转化率。

（6）环保绿色生产　①垫料采用微生态制剂喷洒处理，以后每周处理一次，同时每周用硫酸氢钠撒一次，以改变垫料酸碱的环境，抑制有害菌滋生，提高鸡体抵抗力。②合理处理和利用生产中所产生的废弃物，固体粪便经无害化处理成复合有机肥，污水须经不少于6个月的封闭体系发酵后施放。

（7）使用绿色生产饲料　①严把饲料原料关。要求种植生产基地生态环境优良，水质未被污染，远离工矿，大气也未被化工厂污染；收购时要严格检测药残、重金属及霉菌毒素等。②饲料配方科学。营养配比要考虑各种氨基酸的消化率和磷的利用率，并注意添加合成氨基酸以降低饲料蛋白质水平，这样既符合家禽需要量，又可减少养分排泄。③注意饲料加工、贮存和包装运输的管理：包装和运输过程中严禁污染，饲料中严禁添加激素、抗生素、兽药等添加剂，并严格控制各项生产工艺及操作规程，严格控制饲料的营养与卫生品质，确保生产出安全、环保型绿色饲料。④科学使用无公害的高效添加剂，如微生态制剂、酶制剂、酸制剂、植物性添加剂、生物活性肽及高利用率的微量元素，调节肠道菌群平衡和提高消化率，促进生长，改善品质，降低废弃物排出，以减少兽药、抗生素、激素的使用，减少疾病发生。

206 鸡场中的废弃物怎样进行无公害处理？

（1）鸡粪的无公害化处理

1）干燥法　①直接干燥法：常采用高温快速干燥，又称火力快速干燥，即用高温烘干迅速除去湿鸡粪中水分的处理方法。在干燥的同时，达到杀虫、灭菌、除臭的作用。②发酵干燥法：利用微生物在有氧条件下生长和繁殖，对鸡粪中的有机和无机物质进行降解和转化，产生热能，进行发酵，使鸡粪容易被动植物吸收和利用。由于发酵过程中产生大量热能，使鸡粪升温到60～70℃，再加上太阳能的作用，可使鸡粪中的水分迅速蒸发，并杀死虫卵、病菌，除去臭味，达到既发酵又干燥的目的。③组合干燥法：即将发酵干燥法与高温快速干燥法相结合。既能利用前者能耗低的优点，又能利用后者不受气候条件影响的特点。

2）发酵法　即利用厌氧菌和好氧菌使鸡粪发酵的处理方法。①厌氧发酵（沼气发酵）：这种方法适用于处理含水量很高的鸡粪。一般经过两个阶段：第一阶段是由各种产酸菌参与发酵液化过程，即复杂的高分子有机质分解成分子量小的物质，主要是分解成一些低级脂肪酸；第二阶段是在第一阶段的基础上，经沼气细菌的作用变换成沼气。沼气细菌是厌氧细菌，所以在沼气发酵过程中必须在完全密闭的发酵罐中进行，不能有空气进入，沼气发酵所需热量要由外界提供。厌氧发酵产生的沼气可作为居民生活燃料，沼渣还可做肥料。②快速好氧发酵法：利用鸡粪本身含有的大量微生物，如酵母菌、乳酸菌等，或采用专门筛选出来的发酵菌种，进行好氧发酵。通过好氧发酵可改变鸡粪品质，使鸡粪熟化并杀虫、灭菌、除臭。

（2）污水的无公害化处理　除鸡粪以外，鸡场污水对环境的污染也相当严重。因此，污水处理工程应与养鸡场主建筑同时设计、同时施工、同时运行。

鸡场的污水来源主要有4条途径：①生活用水；②自然雨水；③饮水器终端排出的水和饮水器中剩余的污水；④洗刷设备及冲洗鸡舍的水。

养鸡场污水处理基本方法和污水处理系统多种多样，有沼气处理法、人工湿地分解法、生态处理系统法等，各场可根据本场具体情况选择应用。下面介绍一种处理法，详见如下流程图（图9-1）。

全场的污水经各渠道汇集到场外的集水沉淀池，经过沉淀，鸡粪等固形物留在池内，污水排到场外的生物氧化沟（或氧化塘），

鸡场污水 —汇集→ 集水沉淀池 —排出→ 生物氧化沟（塘）→ 鱼塘→ 排放

↓沉淀

鸡粪 → 肥田

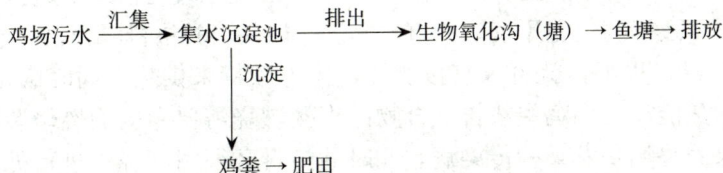

图 9-1　鸡场污水处理流程

污水在氧化沟内缓慢流动，其中的有机物逐渐分解。据测算，氧化沟尾部污水的化学耗氧量（COD）可降至 200 毫克/升左右，这样的水再排入鱼塘，剩余的有机物经进一步矿化作用，为鱼塘中水生植物提供肥源，化学耗氧量可降至 100 毫克/升以下，符合污水排放标准。

（3）死鸡的处理　在养鸡生产过程中，由于各种原因导致鸡死亡的情况时有发生。如果鸡群暴发某种传染病，则死鸡数会成倍增加。这些死鸡若不加处理或处理不当，其病原微生物会污染大气、水源和土壤，造成疾病的传播与蔓延。死鸡的处理可采用以下几种方法。①高温处理法：即将死鸡放特设的高温锅（490 千帕，150℃）内熬煮，也可用普通大锅，经 100℃以上的高温熬煮处理，均可达到彻底消毒的目的。对于一些危害人、畜健康，患烈性传染病死亡的鸡，应采取焚烧法处理。②土埋法：这是利用土壤的自净作用使死鸡无害化。采用土埋法，必须遵守卫生防疫要求，即尸坑应远离鸡场、鸡舍、居民点和水源，掩埋深度不小于 2 米。必要时尸坑内四周应用水泥板等不透水材料砌严，死鸡四周应洒上消毒药剂，尸坑四周最好设栅栏并做上标记。较大的尸坑盖板上还可预留几个孔道，套上硬塑料管，以便不断向坑内扔死鸡。

（4）垫料的处理　在养鸡生产中，育雏、育成期常在垫料上平养，清除的垫料实际上是鸡粪与垫料的混合物，对这种混合物的处理可采用如下几种方法。①窖贮或堆贮：鸡粪和垫料的混合物可以单独地"青贮"。为了使发酵作用良好，混合物的含水量应调至40％，否则鸡粪的黏性过大会使操作非常困难。混合物在堆贮的第

4天至第8天，堆温达到最高峰（可杀死多种微生物），保持若干天后，逐渐与气温平衡。②直接燃烧：如果鸡粪垫料混合物的含水率在30%以下，就可以直接燃烧，作为燃料来供热，同时满足本场的热能需要。鸡粪垫料混合物的直接燃烧需要专门的燃烧装置。如果养鸡场暴发某种传染病，此时的垫料必须用燃烧法进行处理。③生产沼气：沼气生产的原理与方法请参见鸡粪的处理。用鸡粪作为沼气原料，一般需要加入一定量的植物秸秆，以增加碳源。而用鸡粪垫料混合物作为沼气原料，由于其中已含有较多的垫草，碳氮比例较为合适，作为沼气原料使用起来十分方便。

十、鸡舍及饲养设备

207 鸡场场址的选择应注意什么？

场址的选择是建场养鸡的首要问题，它关系到建场工作能否顺利进行及投产后鸡场的生产水平、鸡群的健康状况和经济效益等。因此，选择场址时必须认真调查研究，综合考虑各方面条件，以便做出科学决策。

（1）自然条件 ①地势：在平原地区建场，应选择地势高燥、平坦或稍有坡度的平地，坡向以南向或东南向为宜。这种场址阳光充足，光照时间长，排水良好，有利于保持场内环境卫生。在山区建场，既不能建在山顶，也不能建在山谷深洼地，应建在向阳的南坡上，山坡的坡度不宜超过15%～20%，建场区坡度不宜超过1%～3%。②地形：场地的地形直接影响本场生产效率、基建的投资等。因此，考虑场地要开阔有发展余地，地形要方正，不宜过于狭长。建筑物拉长不紧凑，道路、管道线路延长，投资也会相应增加，人员来往距离加大，影响工作效率。一般鸡场的场地面积应为建筑物面积的3～5倍。③土壤：场地的土质状况与环境温湿度及空气卫生、鸡舍建筑物施工及投资、饲料作物及绿化树木的种植，以及鸡群健康状况都有密切关系。建场时要求场地地下水位低，土质透水、透气良好，保持干燥，并适于建筑房舍。④水源：鸡场用水比较多，每只成鸡每天的饮水量平均为300毫升左右，在炎热的夏季，饮水量增加，而鸡场的生活用水及其他用水又是鸡饮水量的2～3倍。因此，鸡场必须要有可靠、充足的水源，并且位置适宜，水质良好，便于取用和防护。最理想的水源是不经处理或稍加处理即可饮用，要求水中不含病菌和病毒，无臭味或其他异味，水质澄清。地面水源包括江水、河水、湖水、塘水等，其水量随气候和季节变化较大，有机物含量多，水质不稳定，多受污染，使用时最好经过处理。大型鸡场最好自挖深井利用地下水源，深层地下水不易干枯，水量较为稳定，并经过较厚的土层过滤，杂质和微生物较少，水质洁净，但所含矿物质较多。有条件时可进行水质分析，看其是否符合卫生要求（可参照人的饮水卫生标准）。

（2）社会条件

1）位置　鸡场场址位置的确定要考虑周围居民、工厂、交通、电源及用户等各种条件。原则上要少占或不占耕地，尽量利用缓坡、丘陵。①建场要远离重工业工厂和化工厂。这些工厂排放的废水、废气中含有重金属及有害气体，烟尘及其他微细粒子也大量存在于空气中。若鸡场建在这些工厂区域，使鸡群长期处于公害严重的环境之中，对生产极为不利。②建场要远离铁路、公路干线及航运河道。为尽量减少噪声干扰，使鸡群长期处于比较安静的环境中，鸡场应距铁路1 000米以上，距公路干线、航运河道500米以上，距普通公路200～300米。③建场要远离居民区。为保护居民生活环境卫生和鸡场防疫，鸡场不要建在村庄内或自家院子里，一般应距村庄500米以上；种鸡场要远离城市，最好在15千米以外；商品蛋鸡场虽然需靠近消费区，但也不能离城市太近，可在3～5千米以外。④新建的大规模鸡场与其他禽场距离最好不少于5千米。

2）交通　鸡场饲料、产品以及其他生产物质等需要较强的运输能力，因此要求交通方便，路基坚固，路面平坦，排水性好，雨后不泥泞，以免车辆颠簸造成种蛋破损。

3）电源　电源是否充足、稳定，也是鸡场必须考虑的条件之一。如孵化、喂料、给水、清粪、集蛋、人工照明以及保温、换气等均需要有稳定可靠的电源，特别是舍内养鸡要保证电源的绝对可靠，最好有专用或多路电源，并能做到接用方便、经济等。如果供电无保证，鸡场应自备1～2套发电机，以保证场内供电的稳定性和可靠性。

4）环境　为便于防疫，新建鸡场应避开村庄、集市、兽医站、屠宰场和其他鸡场，本地区无大的历史疫情，有良好的自然隔离条件。最好不要在旧鸡场上改建或扩建，以避免遗留病原。

5）建场面积　鸡场面积没有统一标准，依饲养鸡的类型、饲养方式、机械化程度不同而有一定差异。如种鸡场占地面积较大，商品鸡场占地面积较小。地面或网上平养，饲养密度小，占地面积大。笼养鸡饲养密度大，占地面积小。鸡场机械化程度高，饲养密度大，占地面积小；机械化程度低，饲养密度小，占地面积大。因此，在实际生产中，鸡场面积可根据饲养规模因地制宜。一般大型鸡场，若采取笼养饲养方式，其占地总面积应为建筑面积的 $3\sim5$ 倍，每只鸡占地 $1.0\sim1.3$ 米^2。

208 鸡场怎样布局较好？

鸡场的性质、规模不同，建筑物的种类和数量也不相同。综合性鸡场，建筑物种类比较多，设施全面，各类鸡群相对集中，其缺点是不同类型、不同年龄的鸡在一个鸡场内，对鸡群疫情威胁相对较大；专业化养鸡场，不同类型鸡场分开，这样有利于防疫。目前，我国鸡场建设日趋专业化，特别是大型养鸡场，总场分设种鸡场、孵化厂、商品蛋鸡场等，各场都单独建立，并且相互间有一定距离。但综合性鸡场在中小型养鸡场中仍很普遍。

（1）鸡场建筑物的种类　①生产区：包括孵化室、育雏舍、育成鸡舍和成鸡舍等。②生产辅助区：包括饲料加工车间、蛋库、兽医室、隔离室、焚化炉、消毒更衣室、锅炉房、供电房、车库和鸡粪处理场等。③生活区：包括食堂、宿舍等。④行政管理区：包括办公室、技术室、化验室、接待室、财务室、门卫值班室等。

（2）鸡场内各类建筑物的布局

1）场区布局的原则

①建筑物的分布合理，有利于防疫。在确定建筑物布局时，要考虑当地的自然条件和社会条件，如当地的主导风向（特别是夏、

冬季的主导风向）、地势及不同年龄的鸡群，还要考虑鸡群的经济价值等，为改善鸡群的防疫环境创造有利条件。

生产区要与行政管理区及生活区分开。因为行政管理人员与外来人员接触机会比较多，一旦外来人员带有烈性传染病病原，行政管理人员很可能成为中间传递者，将病原带进生产区。

鸡舍要与孵化室分开。孵化室内要求空气清洁、无病菌，而鸡舍周围的空气会受到一定程度的污染。如果鸡舍特别是成鸡舍距孵化室较近，受污染空气中的病原微生物就有可能乘机进入孵化器，对孵化雏鸡极为不利。

料道要与粪道分开。料道是饲养员从料库到鸡舍运输饲料的道路。粪道是鸡舍通向粪场的道路，病鸡、死鸡也通过粪道送到解剖室。料道与粪道不能混同使用，否则一幢鸡舍有疫病就会传染全鸡场。

兽医室、隔离舍、焚烧炉等应设在生产区的下风向，鸡粪处理场应远离饲养区。

从人的卫生及健康考虑，行政管理区的位置要设在生产区的上风向，地势也要高于生产区。在生产区内，按上下风向设置孵化室、育雏舍、育成鸡舍和成鸡舍。鸡场内的各区域按风向、地势分布见图 10-1。

主风向 →

生活区　管理区　饲养区　隔离及粪便处理区

图 10-1　鸡场规划示意

②便于生产管理，减小劳动强度。在安排鸡场内各建筑物布局时，要按其执行的功能安排在不同区域的有利位置。如生活区、行政管理区常与外界联系，应位于生产区的外侧，与场外通道相连，内侧有围墙与生产区相隔；饲料库的位置，应在饲料耗用比较多的鸡群鸡舍附近，并靠近场外通道；锅炉房应靠近育雏区，以保证供

温。在生产区内，需将各种鸡舍排列整齐，使饲料、粪便、产品、供水及其他物资的运输呈直线往返，减少转弯拐角。

③缩短道路的管线，减少生产投资。鸡场内道路、管线、供电线路的长短，设计是否合理，直接关系着建材的需用量。场内各建筑物之间的距离要尽量减短，建筑物的排列要紧凑，以缩短修筑道路、管线的距离，节省建筑材料，减少生产投资。

2）鸡舍建筑配比　在生产区内，育雏舍、育成鸡舍和成鸡舍三者的建筑面积比例一般为1：2：6。如某鸡场设计育雏舍4幢，育成鸡舍8幢，成鸡舍24幢，三者配置合理，使鸡群周转能够顺利进行。

3）鸡舍的朝向　鸡舍的朝向是指鸡舍长轴上窗户与门朝着的方向。我国绝大部分地区处于北纬20°～50°之间，太阳高度角冬季低，夏季高；夏季多为东南风，冬季多为西北风，因而南向鸡舍较为适宜。另外，根据当地的主导风向，采取偏东南向或偏西南向也可以。这种朝向的鸡舍，对舍内通风换气、排除污浊气体和保持冬暖夏凉等均比较有利。各地应避免建筑东、西朝向的鸡舍，特别是炎热地区，更应避免建设西朝向的鸡舍。

4）鸡舍的间距　鸡舍的间距指两幢鸡舍间的距离，适宜的间距需满足鸡的光照及通风需求，有利于防疫并保证国家规定的防火要求。间距过大使鸡舍占地过多，加大基建投资。一般来说，密闭式鸡舍间距为10～15米；开放式鸡舍间距应根据冬季太阳高度角的大小和运动场及通道的宽度来决定，一般为鸡舍高度的3～5倍。

5）鸡场绿化　鸡场绿化（包括植树、种草、栽花等）可明显改善场区的小气候，美化环境，改变鸡场的自然风貌，还可以净化空气，减少污染，是投资少、效果好、保护环境、改善环境的有效措施。

6）鸡场内各区域分布　鸡场内各区域的分布既要有利于卫生防疫，又要照顾到相互之间的联系，以便有利于生产、管理和生活，在布局上着重考虑风向、地形和各种建筑物间的距离。

生产区是鸡场总体布局的中心主体，占整个鸡场面积的一半以上，其四周设置围墙，并有出入口供人员进出及运送饲料、产品、粪便等。

生产区入口要设有消毒室和消毒池。消毒室和消毒池是生产区防疫体系的第一步，坚持消毒可减少由场外带进疫病的机会。地面消毒池的深度为30厘米，长度以车辆前后轮均能没入并能转动一周为宜。此外，车辆进场尚须进行喷雾消毒。进场人员要通过消毒更衣室，换上经过消毒的干净工作服、帽、靴，消毒室可设置消毒池、紫外线灯等。

在生产区，鸡舍的设置根据常年的主导风向，按孵化室、育雏舍、育成鸡舍和成鸡舍这一顺序排列，同类鸡舍并排建造，以减少雏鸡发病机会和利于鸡的转群；孵化室宜建在生产区的入口处，以便于雏鸡的运输和卫生防疫；料道与粪道尽量不交叉，可按梳状布置，以免传播污染物。

生产区与其他各区应保持一定的距离，距行政区和生产辅助区100米以上，与生活区相距200米以上；饲料加工车间、料库、蛋库设在鸡场大门与生产区进口之间，以便于防疫和利于内外转运；兽医室、隔离舍和焚化炉设在生产区的下风向，距鸡舍150米以上，并用围墙加以隔离；鸡粪处理场设在生产区以外下风的远处，运粪车辆进入生产区必须经过消毒。

行政管理区位于生产区的上风向，外侧靠近公路并设置大门，内侧与生产区相连，以围墙相隔，但应距鸡舍200米以上。此外，生活区和行政管理区也应以相当的距离隔开。

蛋鸡场的总体布局参见图10-2。

209 鸡舍有哪些类型？各有什么特点？

鸡舍是舍内鸡群终生所处的空间，舍内环境状况直接影响鸡群的健康和生产性能。因此，在设计鸡舍时，要为鸡群的生长、发育、产蛋创造良好的环境条件，满足鸡群生物特性的要求，并做到投资少见效快。

（1）鸡舍的类型　鸡舍因分类方法不同而有多种类型，如按饲

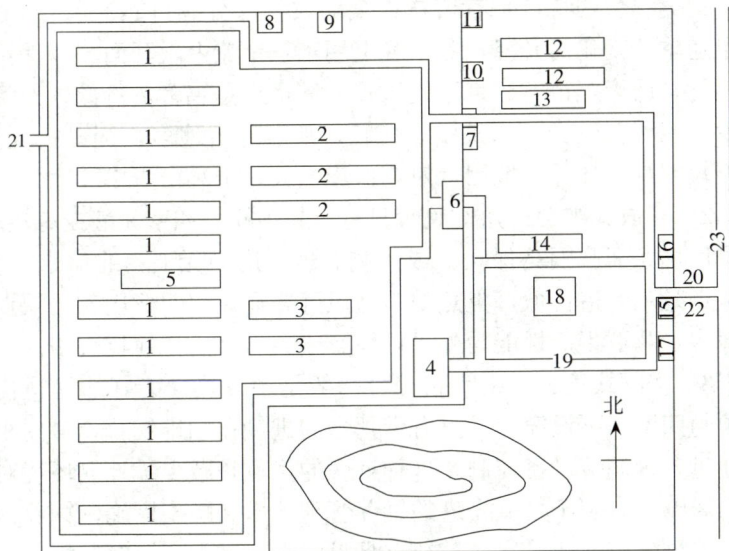

图 10-2　蛋种鸡场的总体布局

1. 种鸡舍　2. 育成鸡舍　3. 育雏舍　4. 孵化室　5. 人工授精室　6. 饲料库
7. 人员消毒更衣室和车间消毒室　8. 病鸡隔离室　9. 兽医室　10. 水塔
11. 锅炉房　12. 职工宿舍　13. 食堂　14. 办公室　15. 门卫室　16. 车库
17. 发电室、配电室　18. 花坛　19. 场内道路　20. 消毒池　21. 清粪门
22. 人工道路　23. 公路干道

养方式可分为平养鸡舍和笼养鸡舍；按鸡的种类可分为种鸡舍、蛋鸡舍和肉鸡舍；按鸡的生产阶段可分为育雏舍、育成鸡舍、成鸡舍；按鸡舍与外界的关系可分为开放式鸡舍和密闭式鸡舍。除此之外，还有适应专业户小规模养鸡的简易鸡舍。

（2）各类鸡舍的特点

1）半开放式鸡舍　半开放式鸡舍建筑形式很多，屋顶结构主要有单斜式、双斜式、拱式、天窗式、气楼式等。

窗户的大小与地角窗设置数目，可根据气候条件设计。最好每幢鸡舍都建有消毒池、饲料贮备间及饲养管理人员工作休息室，地面要有一定坡度，避免积水。鸡舍窗户应安装护网，防止野鸟、野

269

兽进入鸡舍。

这类鸡舍的特点是有窗户，全部或大部分靠自然通风、采光，舍温随季节变化而升降，冬季晚上用稻草帘遮上敞开面，以保持鸡舍温度，白天把帘卷起来采光采暖。其优点是鸡舍造价低，设备投资少，照明耗电少，鸡只体质强壮。缺点是占地多，饲养密度低，防疫较困难，外界环境因素对鸡群影响大，蛋鸡产蛋率波动大。

2）开放式鸡舍　这类鸡舍只有简易顶棚，四壁无墙或有矮墙，冬季用尼龙薄膜围高保暖；或两侧有墙，南面无墙，北墙上开窗。其优点是鸡舍造价低，炎热季节通风好，通风照明费用省。缺点是占地多，鸡群生产性能受外界环境影响大，疾病传播机会多。

3）密闭式鸡舍　密闭式鸡舍一般是用隔热性能好的材料构造房顶与四壁，不设窗户，只有带拐弯的进气孔和排气孔，舍内小气候通过各种调节设备控制。这种鸡舍的优点是减少了外界环境对鸡群的影响，有利于采取先进的饲养管理技术和防疫措施，饲养密度大，鸡群生产性能稳定。其缺点是投资大、成本高，对机械、电力的依赖性大，日粮要求全价。

4）平养鸡舍　这种鸡舍结构与平房相似，在舍内地面铺垫料或加架网栅后就地养鸡。其优点是设备简单，投资少，投产快。缺点是饲养密度低，清粪工作量大，劳动生产率低。

5）笼养鸡舍　这种鸡舍四壁与舍顶结构均可采用本地区的民用建筑形式，但在跨度上要根据所选用的设备而定（图10-3）。其特点是把鸡关在笼格中饲养，因而饲养密度大，管理方便，饲料报酬高，疫病控制比较容易，劳动生产率高。缺点是饲养管理技术严格，造价高。

6）组合式自然通风笼养鸡舍　该鸡舍采用金属框架、夹层纤维板块组合而成（图10-4）。鸡舍内吊装顶棚，水泥地面，鸡舍南北墙上部全部敞开为窗扇，形成与舍长轴同长的窗洞，下部为同样长的出粪洞口。粪洞口冷天封闭，上下部洞孔之间设有侧壁护板。洞孔以复合塑料编织布做成内外双层卷帘，以卷帘的启闭大小调节舍内气温和通风换气。其优点是鸡舍造价低，通风良好，舍内温湿度基本平稳。

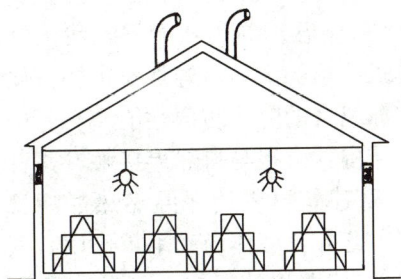

图 10-3　地面全阶梯式笼养鸡舍　　图 10-4　组合式自然通风笼养鸡舍

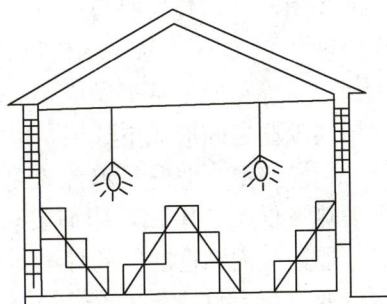

210 鸡舍建筑有什么要求？

（1）屋顶　屋顶的形状有多种，如单斜式、单斜加坡式、双斜不对称式、双斜式、拱式、平顶式、气楼式、天窗式、连续式等（图 10-5），在目前国内养鸡场常见的主要是双斜式和平顶式鸡舍。一般跨度比较小的鸡舍多为双坡式，跨度比较大的鸡舍，如 12 米跨度，多为平顶式。屋顶由屋架和屋面两部分组成，屋架用来承受屋面的重量，可用钢材、木材、预制水泥板或钢筋混凝土制作。屋

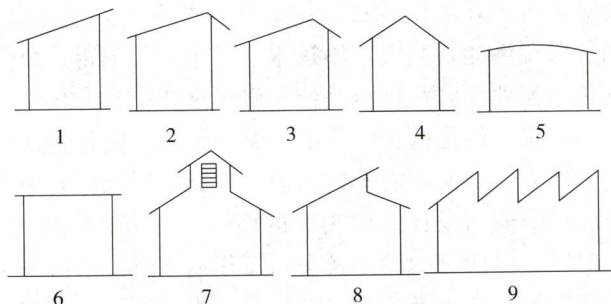

图 10-5　鸡舍屋顶的样式

1. 单斜式　2. 单斜加坡式　3. 双斜不对称式　4. 双斜式
5. 拱式　6. 平顶式　7. 气楼式　8. 天窗式　9. 连续式

面是屋顶的围护部分，直接防御风雨，并隔离太阳辐射。为了防止屋面积雨漏水，建筑时要保留一定的坡度。双坡式屋顶的坡度是鸡舍跨度的25%～30%。屋顶材料要求保温、隔热性能好，我国常用瓦、石棉瓦或苇草等做成。双坡式屋顶的下面最好加设顶棚，使屋顶与顶棚之间形成空气层，以增加鸡舍的隔热防寒性能。

（2）墙壁 墙壁是鸡舍的围护结构，直接与自然界接触，其冬季失热量仅次于屋顶，因而要求墙壁建筑材料的保温隔热性能良好，能为舍内创造适宜的环境条件。此外，墙体尚起承重作用，其造价要占鸡舍总造价的30%～40%。墙壁建筑还要注意防水和便于洗刷和消毒。我国鸡舍一般采用24厘米厚的砖墙体，外面用水泥抹缝，内壁用水泥或白灰挂面，在墙的下半部挂1米多高的水泥裙。

（3）地基与基础 地基要求坚实、组成一致、干燥。一般小型鸡舍可直接修建在天然地基上，沙砾土层和岩性土层的压缩性小，是理想的天然地基。基础应坚固耐久，有适当抗机械能力和防潮、防震能力。一般情况下，基础比墙壁宽10～50厘米，深度为50厘米左右，所用材料应比墙壁材料结实，如石头、砖等，其作用是防止墙壁受降水和地下水的侵蚀。

（4）地面 地面直接与土层接触，易传热并被水渗透，其保温隔热性能对鸡舍内环境影响很大。因此，要求舍内地面高于舍外，并有较高的保温性能，坚实，不透水，便于清扫消毒。目前国内鸡舍常见的是水泥地面，其优点是便于管理和操作。

（5）门、窗 门是进行工作的通道，设置门的位置及规格，既要有利于工作方便，又不能影响舍温的保持。因此，有条件的鸡舍可设置走廊。一般门设在南向鸡舍的南面，也有在山墙上设门的，门的大小应以舍内所有的设备及舍内工作的车辆便于进出为度。一般单扇门高2米，宽1米；两扇门，高2米，宽1.6米左右。寒冷地区应设置门斗，门斗的深度应为2米，宽度比门大1～2米。

窗的大小和位置直接关系到舍内光照情况，与通风和舍温的保持也有很大关系。开放式鸡舍的窗户应设在前后墙上，前窗应高大，离地面可低些，一般窗下框距地面 1.0～1.2 米，窗上框高 2.0～2.2 米，这样便于采光。窗户与地面面积之比，商品蛋鸡舍为 1：（10～15），种鸡舍为 1：（5～10）。后窗应小些，为前窗面积的 1/3～2/3，离地面可高些，以利于夏季通风。密闭式鸡舍不设窗户，只设应急窗和通风进出气孔。

（6）鸡舍的跨度　鸡舍的跨度大小决定于鸡舍屋顶的形成、鸡舍的类型和饲养方式等条件。单坡式与拱式鸡舍跨度不能太大，双坡式和平顶式鸡舍可大些。开放式鸡舍跨度不宜过大，密闭式鸡舍跨度可大些。笼养鸡舍要根据安装鸡笼的组数和排列方式，并留出适当的通道后，再决定鸡舍的跨度，如一般的蛋鸡笼三层全阶梯浅笼整架的宽度为 2.1 米左右，若两组排列，跨度以 6 米为宜，三组则采用 9 米，四组必须采用 12 米跨度。平养鸡舍则要看供水、供料系统的多寡，并以最有效地利用地面为原则决定其跨度。目前，常见的鸡舍跨度为：开放式鸡舍 6～9 米；密闭式鸡舍 12～15 米。

（7）鸡舍的长度　鸡舍的长短主要决定于饲养方式、鸡舍的跨度和机械化管理程度等条件。平养鸡舍比较短，笼养鸡舍比较长；跨度 6～9 米的鸡舍，长度一般为 30～60 米；跨度 12～15 米的鸡舍，长度一般为 70～80 米。机械化程度较高的鸡舍可长一些，但一般不宜超过 100 米，否则，机械设备的制作与安装难度大，材料不易解决。

（8）鸡舍高度　鸡舍的高度应根据饲养方式、清粪方法、跨度与气候条件而确定。若跨度不大、平养方式或在不太热的地区，鸡舍不必太高，一般鸡舍屋檐高度 2.2～2.5 米；跨度大、夏季较热的地区，又是多层笼养，鸡舍的高度为 3 米左右，或者最上层的鸡笼距屋顶 1～1.5 米为宜；若为高床密闭式鸡舍（图 10-6），由于下部设有粪坑，高度一般为 4.5～5 米。

（9）鸡舍内过道　鸡舍内过道是饲养员每天工作和观察鸡群的场所，过道的宽度必须便于饲养人员行走和操作。过道的位置，根据鸡舍的跨度而定。跨度比较小的平养鸡舍，过道一般设在鸡舍的一侧，宽度 1～1.2 米；跨度大于 9 米时，过道设在中间，宽度

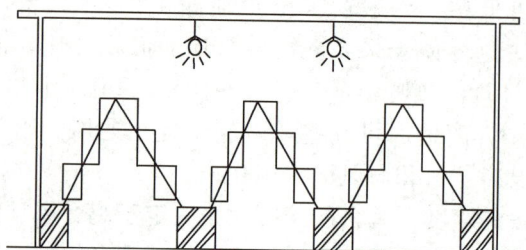

图 10-6 高床密闭式鸡舍

1.5～1.8 米，以便于采用小车送料。笼养鸡舍无论跨度多大，过道位置都依鸡笼的排列方式而定，一般鸡笼之间过道宽度为 0.8～1 米。

（10）鸡舍内间隔 为了减少建筑投资，并考虑舍内通风和便于饲养员观察鸡群，网上平养鸡舍最好用铁丝网间隔。铁丝网由角铁或铁丝横拉固定。一般来说，鸡舍跨度 9 米以内每两间一隔，12 米跨度的 3 间一隔为自然间。笼养鸡舍不必隔间，否则安装鸡笼或饲养员操作都不方便。

（11）操作间 操作间是饲养员进行操作和存放工具的地方。鸡舍长度不超过 40 米的，操作间可设在鸡舍的一端；若鸡舍长度超过 40 米，则操作间应设在鸡舍中央。

211 怎样具体设计实用鸡舍？

（1）开放式网上平养无过道鸡舍 这种鸡舍适用于育雏和饲养育成鸡及肉用仔鸡。鸡舍的跨度 6～8 米，南北墙设窗。南窗高 1.50 米、宽 1.6 米，北窗高 1.5 米、宽 1.0 米。舍内用金属铁丝网隔离小自然间。每一自然间设有小门，供饲养员出入及饲养操作。小门的位置依鸡舍跨度而定，跨度小的设在鸡舍内南北一侧，跨度大的设在中间。小门的宽度约 1.2 米。在离地面 70 厘米高处架设网片。

（2）密闭式高床网上平养双列单过道鸡舍 这种鸡舍适用于饲养种鸡及肉用仔鸡。鸡舍的跨度为 12 米。舍内为南北双列，中间设过道，用铁丝网每 3 间隔成为一自然间。机械送料，水槽设在南北墙自流饮水，产蛋箱设在中间过道的两侧，人工照明。因这种鸡舍为环境控制鸡舍，对电的依赖性比较大。

（3）开放式笼养双列三过道鸡舍　这种鸡舍一般多饲养蛋用种鸡，采用人工授精。鸡舍的跨度为 6 米，舍内放两列二阶梯或三阶梯鸡笼。南北墙设窗，在窗的下面设通风口，冬天将通风口遮挡，夏季打开通风口，自然通风。人工饲养，也可机械送料、机械清粪。自然光照加人工补充光照。鸡舍的长度一般不超过 60 米。

（4）密闭式笼养四列五过道鸡舍　这种鸡舍为环境控制鸡舍或无窗鸡舍，适用于饲养商品蛋鸡。鸡舍的跨度为 12 米，长度不限。舍内放置四列三阶梯鸡笼，人工喂料或机械送料，机械通风，人工照明，人工捡蛋。

212 鸡舍通风有哪些类型？各有什么优缺点？

鸡舍通风方式有三种，即自然通风、机械通风和辅助机械通风。

（1）自然通风　主要适用于开放式鸡舍和半开放式鸡舍，其优点是节省了通风设备的投资，缺点是通风量随外界条件变化而变化，不能根据需要进行调节和控制。

自然通风的动力是风力和温差。当自然界有风时，吹到鸡舍墙壁上，使迎风面的风压大于舍内气压，而同时背风面的气压小于舍内气压，这样空气通过开在迎风面的窗户（进气口）流入舍内，由背风面的窗户（出气口）流出，这就是风压通风。如果外界风力大，进气口面积大，则通风量大。

舍内养鸡时，舍内空气被鸡体加温变热变轻而上升，通过上部出气口排出舍外，舍外空气则由开设于鸡舍下部的进气口流入舍内，如为窗户，则窗上部为出气口，下部为进气口。如舍内外温差大，通风口面积大则通风量大。

鸡舍采取自然通风时，在设计上应注意以下几个问题：①鸡舍跨度不宜超过 7 米，饲养密度不可过大。②根据当地主风向，在鸡舍迎风面的下方设置进气口，背风面上部设排气口。③为了更有效地进行通风，宜在鸡舍屋顶设置通风管。屋顶外通风管的高度为60～100厘米，其上安装防雨帽。通风管舍内部分的长度也不应小于60厘米。排风管内应安装调节板，可随时调节启闭，并控制风量。④鸡舍各部位结构要严密，门、窗、排风管等应合理设置，启闭调节灵活，以免造成鸡舍局部区域出现低温、贼风等恶劣小气候环境。

（2）机械通风 主要适用于密闭式鸡舍和跨度较大的半开放式鸡舍，分正压通风、负压通风以及正压—负压综合通风。

1）正压通风 采用风机并且通至舍内的管道，管道上均匀开有送风孔。开动风机强制进气，使舍内空气压力稍高于舍外大气压，舍内空气则从排气孔排出。在多风和气候极冷极热地区，多把管道送风机设置在鸡舍屋顶（图10-7），这样吸进来的空气可以经过预热或冷却和过滤处理再分配到舍内，最后污浊空气由墙脚的出风口排出。

2）负压通风 在排气孔安装通风机进行强制排气，使舍内空气压力稍低于舍外大气压，舍外空气则由进气孔自然流入。负压通风方式投资少，管理比较简便，进入舍内气流速度较慢，鸡体感觉较舒适。鸡舍采用负压通风时，风机的安排方式主要有以下三种。

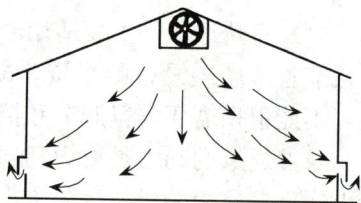

图10-7 屋顶管道送风式通风

第一种是将风机安装在鸡舍一侧墙壁下方，对侧墙壁上方为进风口，舍外空气由一侧进风口进入鸡舍与舍内空气混合，另一侧由风机排出舍内空气，气流形成穿透式（图10-8）。这种通风方式比较简单，但鸡舍跨度不得超

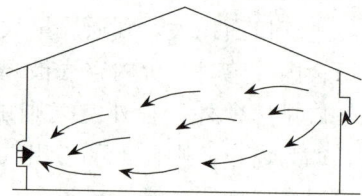

图10-8 穿堂负压式通风

过 10～12 米，如多栋并列鸡舍，需采取对侧排气，以避免一栋鸡舍排出的污浊气流进入另一栋鸡舍。

第二种是将风机安装在鸡舍屋顶的通风管内，两侧墙壁设置进风口（图 10-9）。这种方式适用于跨度较大的（12～18 米）多层笼养鸡舍，舍内污浊空气从鸡舍屋顶排出，舍外新鲜空气由两侧进风口自然进入舍内，在停电时可进行自然通风。

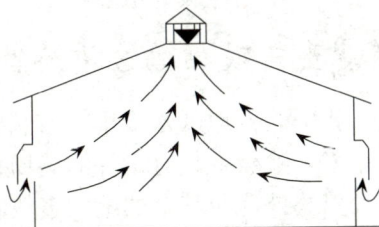

图 10-9　屋顶排风式通风

第三种是将风机安装在鸡舍两侧墙壁上，屋顶为进气孔（图 10-10）。这种方法适用于大跨度多层笼养或高床平养鸡舍，有利于保温。

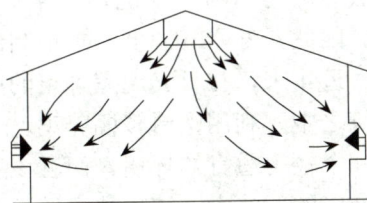

图 10-10　侧壁排风式通风

3）综合通风　即采用进、排气相结合的综合机组同时进行排气和进气。此种方式多是专门的通风设备，在我国目前生产中尚不多见。

采用机械通风方式应注意出入门及应急窗要严密，风机和进出气口位置要合理，防止气流短路和气流直接送到鸡体。密闭式无窗鸡舍须设应急用窗，防止停电时，恶化舍内环境。一般每 100 米² 使用面积要有 2.5 米² 应急用窗面积。

（3）辅助机械通风　在一般半开放式鸡舍内，高温无风天气时自然通风明显不足，因而可增设风机辅助。辅助机械通风方式主要有以下三种方式。①将风机安装在鸡舍两侧山墙上，向舍内送风。这种方式的辅助通风，鸡舍长度与所选风机型号要恰当，使空气射流段长度能达到整个鸡舍。②将风机吊装在鸡舍内中央过道上方，开动风机时可加速舍内空气的流动，将热量带走。③将风机安装在鸡舍内一端笼架下，开动风机时可带走一部分鸡粪蒸发的水分，同时还有利于鸡体腹部散热。

213 塑料暖棚鸡舍有哪些优点？怎样建造？

我国北方地区寒冷季节较长，气温较低，最低时可达 −30℃。多年来，除极少数有条件的鸡场和部分养鸡大户在冬季利用密闭式鸡舍养鸡外，而其余的绝大多数农户因受资金等因素的制约，只能利用较为简陋的鸡舍养鸡，无法满足鸡生长、发育、产蛋所需的适宜环境条件。蛋鸡产蛋率下降，甚至停产。如果没有密闭式鸡舍就无法养肉鸡，四季不能均衡生产，致使养鸡生产出现明显的季节性。因此，冬季气温低严重地制约着我国北方地区养鸡业的发展。

近年来，在日光温室种菜的启发下，塑料暖棚开始用到鸡舍的建筑之中。利用塑料暖棚养鸡，不仅可以为鸡生长、发育、产蛋提供一个较为适宜的环境，而且该项技术是一项投资少、见效快、易于推广的新技术。该项技术的推广，完全可以解决冬季广大农民的养鸡问题，促进养鸡业的发展。

（1）塑料暖棚鸡舍的设计

1）塑料暖棚鸡舍的环境卫生要求　在适宜的环境条件下，必须满足鸡生长、发育、产蛋的需求。①温度：鸡所需的适宜温度为：育成鸡 10～27℃、产蛋鸡 13～30℃。②湿度和有害气体含量：产蛋鸡所需要的适宜湿度为 55％～65％；鸡舍内氨气的含量不宜超过 0.15％。实践证明，采取选择合理的棚舍地址，选用适宜的料型，适时通风换气和及时清除粪尿等有效措施，可以大幅度地降低棚舍内水汽和有害气体的含量，满足鸡对环境的需求。③通风换气：在通风换气时，要注意控制换气速度，以促进生产性能的提高。冬季棚舍气流速度以 0.1～0.2 米/秒为好，不宜超过 0.3 米/秒，切不可单纯为了保温而停止通风换气，使棚舍内空气处于静止状况，这将会对鸡群产生不利影响；夏季棚舍内气流速度保持在0.5 米/秒左右，效果较好，最大不宜超过 1.5 米/秒。

2）塑料暖棚鸡舍的设计要求　塑料暖棚鸡舍的设计是否科学，选用的材料是否合理，是能否为鸡提供一个适宜环境条件的关键。

因此，搞好塑料暖棚鸡舍的设计是非常必要的。

①塑料暖棚鸡舍的地址及朝向：选择在地势高燥处，既可防止地下水位高而引起的潮湿，防止舍外脏水流入舍内，又便于排除薄膜表面滴落的积水，降低舍内湿度。如果棚舍的前部或上部有高大建筑物或树木遮蔽，将会影响鸡舍对太阳能的获取。因此，选择棚舍地址要避开遮蔽物。

鸡舍的朝向一般以坐北朝南为宜，这样可获得最长的光照时间，但考虑当地的主导风向，为达到背风的目的，可适当偏东或偏西，偏离角度不宜超过 15°。

②棚舍的几项建筑指标：A. 棚舍前屋面采光角：塑料暖棚鸡舍前屋面采光角是指塑料薄膜的最高点和棚舍后墙底部的连线与地面水平线间的夹角。根据各地日光温室多年生产实践，全国日光温室协作网专家组合理时段采光设计，即前屋面的采光角为当地纬度减去 6.5°。如北纬 40°地区塑料暖棚鸡舍前屋面采光角以 33.5°为适宜。这样太阳光在整个冬季都可以照到棚舍内的地面上，获得最大的光照面积。B. 对塑料薄膜的选择：选择暖棚薄膜的原则有两点：一是对太阳光的透过率要高；二是对地面辐射的长波红外线透过率要低。这样既可充分吸收太阳能，又能有效地保存已蓄积的能量。实践证明，在建筑塑料暖棚鸡舍时，选择聚氯乙烯薄膜较好。

（2）塑料大棚鸡舍的建造

1）形状及结构　棚舍的左侧、右侧和后侧为墙壁，前坡是用竹条、木杆或钢筋做成的弧形拱架，外附塑料薄膜，成三面为围墙、一面为塑料薄膜的起脊式鸡舍。墙壁建成夹层，以增强防寒保温的能力，夹层内径在 10 厘米左右，建墙所需的原料可以是土或砖、石；后坡可用油毡纸、稻草、秫秸、泥土等按常规建造，外面再铺一层稻壳等物。一般来讲，鸡舍的后墙高为 1.2～1.5 米，脊高为 2.2～2.5 米，跨度为 6.0 米，脊到后墙的垂直距离为 4.0 米。鸡舍长度可根据养鸡的数量来确定，按每平方米笼养蛋鸡 15～25只计算。塑料暖棚鸡舍形状及结构见图 10-11、图 10-12。

2）暖棚鸡舍的封闭性　塑料薄膜与地面、墙的接触处，要用

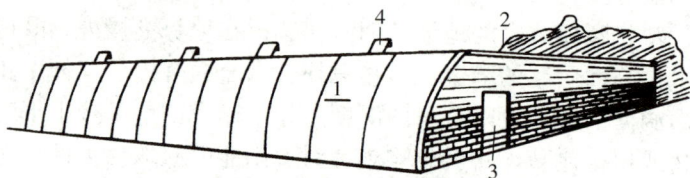

图 10-11　暖棚鸡舍示意

1. 前坡塑料棚　2. 后坡　3. 门　4. 通风孔

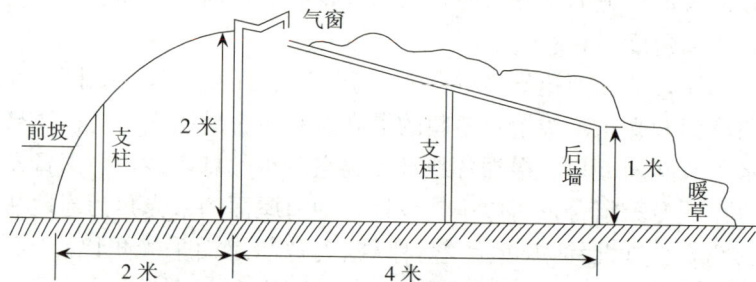

图 10-12　暖棚鸡舍侧面

泥土压实，防止贼风进入。每隔 50 厘米，用绳将薄膜缚牢，防止风将薄膜刮掉。每两条拱杆间设一条压膜线，上端固定于棚脊上，下部固定在地锚上。压膜线最好用尼龙绳，既具有较高的强度，又容易拉紧。

3）通风换气口的设置　棚舍的排气口应设在棚顶部背风面，并高出棚顶 50 厘米，在其顶部要设置防风帽。这样不仅有利于通风换气的进行，又可防止冷风灌入。进气口应设在南部或东墙的底部，其面积应为排气口面积的一半。排气口的大小应根据养鸡数量而定。一般面积为 100 米² 左右的鸡舍，饲养 1 500 只鸡可设置 6 个 25 厘米×25 厘米的排气口。

4）鸡舍的地面及其他　棚舍内地面可用砖垫起 30～40 厘米。棚舍的南部要设置排水沟，及时排出薄膜表面滴落的水。棚舍的北墙每隔 3 米设置一个面积为 1.0 米×0.8 米的窗户，在冬季时要封严，夏季时逐渐打开。门应设在棚舍的东侧，向外开，门轴在右侧。棚内还要设置照明设备、食槽、水槽等。

（3）塑料大棚鸡舍的管理 ①保持塑料薄膜的清洁。薄膜的透光率一般在 80％ 左右，这是指清洁薄膜的透光率。随着薄膜的使用，薄膜不断发生老化现象，同时薄膜的表面还会附有水滴、灰尘等，这些因素都会影响薄膜的透光率。因此，必须经常擦拭薄膜表面的灰尘，及时敲落膜表面的水滴，保持薄膜的清洁。②要备有厚纸和草帘。为防止舍内温度在夜间不至于降到过低的程度，尤其是在较寒冷的地区，单靠一层薄膜是不够的，必须备有厚纸和草帘。要将厚纸和草帘的一端固定在薄膜的顶端，白天卷起来，晚上将其覆在薄膜的表面。厚纸放在草帘和薄膜之间，既可防止草帘扎漏薄膜，又可增加保温效果。③适时通风换气。棚舍内中午时温度较高，并且舍内外温差较大，因此通风换气应在中午前后进行。这样既有利于通风换气的进行，又不至于使棚舍内温度下降到过低的程度。每次通风换气时间以 10～20 分钟为宜。幼雏或中雏阶段产生的有害气体和水汽较少，一般每次通风换气 10 分钟即可；随着鸡的生长，应逐渐增加通风换气时间。如果鸡较大，饲养密度又偏高，每日进行 2 次通风换气。④加固薄膜。我国北方地区冬季风雪较大，如果薄膜固定不牢，就会被风刮掉或被雪压塌。因此，要经常注意天气变化，及时清掉棚顶部的积雪；并要经常检查薄膜是否有漏洞，如有要及时修补。⑤棚舍的消毒：在入雏前，对塑料棚舍要进行彻底的消毒。对棚舍的地面、墙壁，最好采用火焰喷灯消毒，既可取得较好的消毒效果，又利于降低舍内湿度。对棚舍内的空间，可用熏蒸消毒的方法，即先将棚舍封闭，按每立方米用 30 毫升福尔马林、15 毫升高锰酸钾进行熏蒸 1～2 小时。⑥塑料棚舍的夏季利用：我国北方地区利用封闭式塑料棚舍养鸡的时间，一般为每年的 10 月末或 11 月初至翌年的 2 月末或 3 月初。到了夏季，塑料棚舍仍可使用，但需采取一些必要措施，做好防暑降温工作。应随着气温的升高，由底向上逐渐揭开塑料薄膜，直至距地面 1.0～1.2 米时为止，如温度过高可适当放下草帘。这时的塑料薄膜和草帘起到的是遮阴的作用，以减少吸收太阳能。被揭开的部分用尼龙网代替，防止有的鸡跑出来，未揭掉的塑料薄膜还可起到防雨的作用。同时还要逐渐打开北窗，保证空气流通，以降低舍内的温度。

214 养鸡的育雏设备主要有哪些？怎样使用？

（1）煤炉　多用于地面育雏或笼育雏时的室内加温设施，保温性能较好的育雏舍每15～20 米² 放一只煤炉。煤炉内部结构因用煤不同而有一定差异（图10-13）。

（2）保温伞及围栏　保温伞有折叠式和不可折叠两种，不可折叠式又分方形、长方形及圆形等形状。伞内热源有红外线灯、电热丝、煤气燃料等，采用自动调节温度装置。

折叠式保温伞（图 10-14），适用于网上育雏和地面育雏。伞内用陶瓷远红外线加热，寿命长。伞面用涂塑尼龙丝纺成，保温耐用。伞上装有电子自动控温装置，省电，育雏率高。

不可折叠式方形保温伞，长、宽各为 1～1.1 米，高 70厘米，向上倾斜 45°（图 10-15），一般可用于 250～300 只雏鸡的保温。

一般在保温伞外围还要用

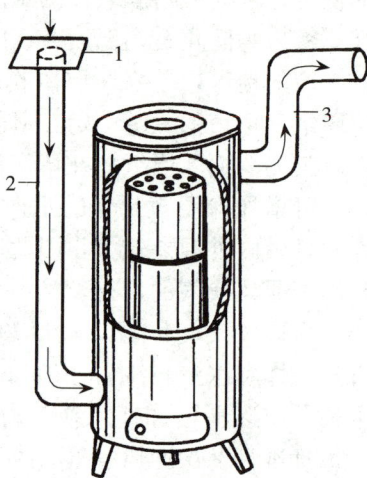

图 10-13　保温煤饼炉示意
1. 玻璃盖　2. 进气孔　3. 出气孔

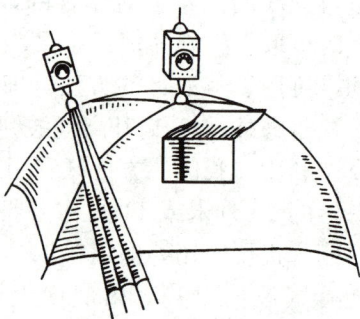

图 10-14　折叠式保温伞

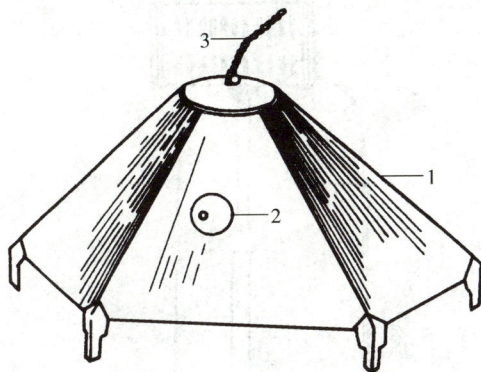

图 10-15 方形电热育雏伞
1. 保温伞 2. 调节器 3. 电热线

围栏，以防止雏鸡远离热源而受冷，热源离围栏 75～90 厘米（图 10-16）。雏鸡 3 日龄后逐渐向外扩大，10 日龄后撤离。

（3）红外线灯 红外线灯有亮光和没有亮光两种。目前，生产中用的大部分是亮光的，每只红外线灯为 250～500 瓦，灯泡悬挂在离地面 40～60 厘米

图 10-16 保温伞外的围栏示意

处。离地的高度应根据育雏需要的温度进行调节。通常 3～4 只为 1 组，轮流使用，饲料槽（桶）和饮水器不宜放在灯下，每只灯可保温雏鸡 100～150 只。

（4）断喙机 断喙机型号较多，其用法不尽相同。9QZ 型断喙机（图 10-17）是采用红热烧切，既断喙又止血，断喙效果好。该断喙机主要由调温器、变压器及上刀片、下刀口组成，它用变压器将 220 伏的交流电变成低压大电流（即 0.6 伏、180～200 安），使刀片工作温度在 820℃以上，刀片红热时间不大于 30 秒，消耗功率 70～140 瓦，其输出电流的值可调，以适应不同鸡龄断喙的需要。

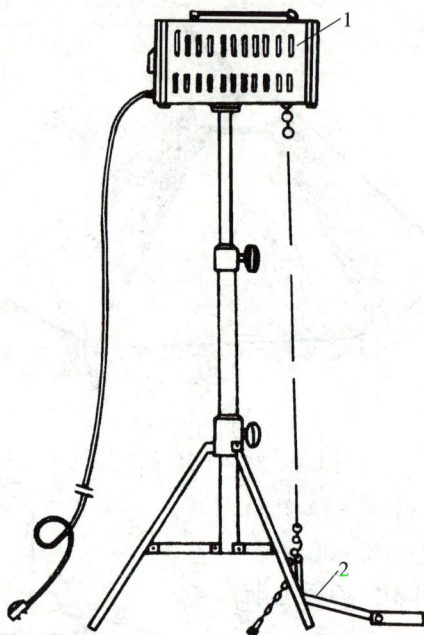

图 10-17 9QZ 型断喙机
1. 断喙机 2. 脚踏板

215 鸡舍内怎样合理配置鸡笼？

鸡舍内笼具配置主要有以下几种形式，即全阶梯式、半阶梯式、叠层式、阶梯叠层综合式（两重—错式）和单层平置式等，又有整架、半架之分。无论采用哪种形式都应考虑以下几个方面：有效利用鸡舍面积，提高饲养密度；减少投资与材料消耗；有利于操作，便于鸡群管理；各层笼内的鸡都能得到良好的光照和通风。

（1）全阶梯式 上、下层笼体相互错开，基本上没有重叠或稍有重叠，重叠的尺寸至多不超过护蛋板的宽度（图 10-18）。全阶梯式鸡笼的配套设备是：喂料多用链式喂料机或轨道车式定量喂料机，小型饲养多采用船形料槽，人工给料；饮水可采用杯式、乳头式或水槽式饮水器。如果是高床鸡舍，鸡粪用铲车在鸡群淘汰时铲除；若是一般鸡舍，鸡笼下面应设粪槽，用刮板式清粪器清粪。

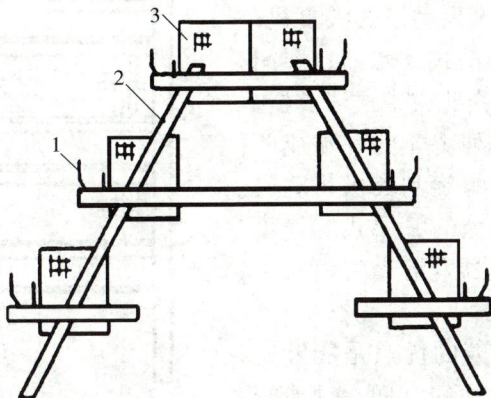

图 10-18　全阶梯式鸡笼
1. 饲槽　2. 笼架　3. 笼体

全阶梯式鸡笼的优点是鸡粪可以直接落进粪槽，省去各层间承粪板；通风良好，光照幅面大。缺点是笼组占地面较宽，饲养密度较低。

（2）半阶梯式　上、下层笼部分重叠，重叠部分有承粪板（图 10-19）。其配套设备与全阶梯式相同，承粪板上的鸡粪使用两翼伸出的刮板清除，刮板与粪槽内的刮板式清粪器相连。

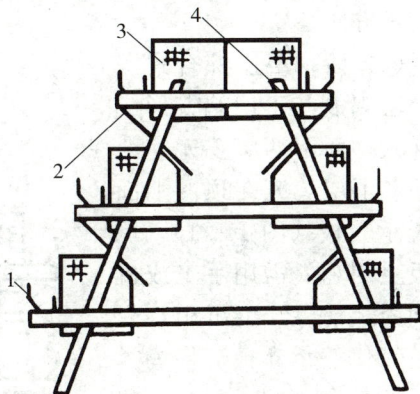

图 10-19　半阶梯式鸡笼
1. 承粪板　2. 饲槽　3. 笼架　4. 笼体

半阶梯式鸡笼组占地宽度比全阶梯式窄，舍内饲养密度高于全阶梯式，但通风和光照不如全阶梯式。

（3）叠层式 上、下层鸡笼完全重叠，一般为 3～4 层（图10-20）。喂料可采用链式喂食机；饮水可采用长槽式饮水器；层间可用刮板式清粪器或带式清粪器，将鸡粪刮至每列鸡笼的一端或两端，再由横向螺旋刮粪机将鸡粪刮到舍外；小型的叠层式鸡笼可用抽屉式清粪器，清粪时由人工拉出，将粪倒掉。

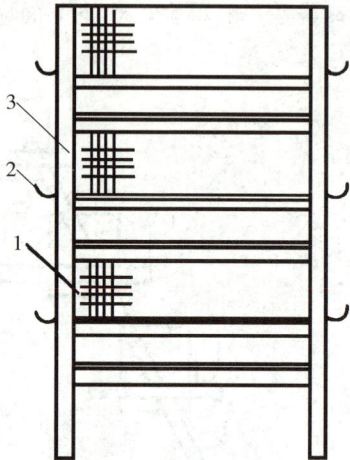

叠层式鸡笼的优点是能够充分利用鸡舍地面的空间，饲养密度大，冬季舍温高。缺点是各层鸡笼之间光照和通风状况差异较大，各层之间要有承粪板及配套的清粪设备，最上层与最下层的鸡管理不方便。

图 10-20 叠层式鸡笼
1. 笼体 2. 饲槽 3. 笼架

（4）阶梯叠层综合式最上层鸡笼与下层鸡笼形成阶梯式，而下两层鸡笼完全重叠，下层鸡笼在顶网上面设置承粪板（图10-21），承粪板上的鸡粪需用手工或机械刮粪板清除，也可用鸡粪输送带代替承粪板，将鸡粪输送到鸡舍一端。配套的喂料、饮水设备与全阶梯式鸡笼相同。

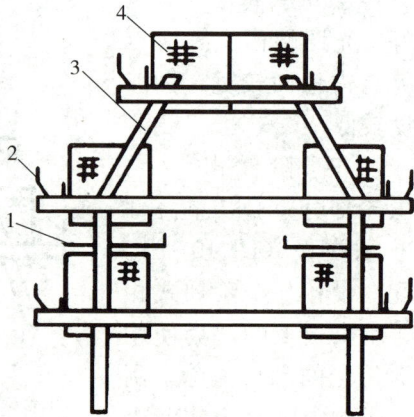

以上各种组合形式的鸡笼均可做成半架式（图10-

图 10-21 阶梯叠层综合式鸡笼
1. 承粪板 2. 饲槽 3. 笼架 4. 笼体

22)，也可做成 2 层、4 层或多层。如果机械化程度不高，层数过多，操作不方便，也不便于观察鸡群，我国目前生产的鸡笼多为 2～3 层。

（5）单层平置式　鸡笼摆放在一个平面上，各层笼组之间不留通道，管理鸡群等一切操作全靠运行于鸡笼上面的天车来承担（图 10-23）。其优点是鸡群的光照、通风比较均匀、良好；因为

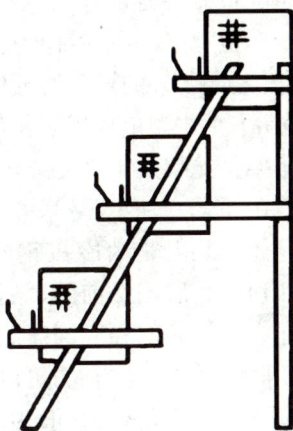

图 10-22　半架式鸡笼

两行鸡笼之间共用一趟集蛋带、料槽、水槽，所以可节省设备投资。缺点是饲养密度小，两行笼共用一趟集蛋带，增加了蛋的碰撞，蛋破损率较高。

图 10-23　平置式鸡笼
1. 笼架　2. 料槽　3. 笼体

216 鸡笼的种类有哪些？各有什么特点？

　　鸡笼因分类方法不同而有多种类型，如按其组装形式可分为阶梯式、半阶梯式、叠层式、阶梯叠层综合式和单层平置式；按鸡笼距粪沟的距离可分为普通式和高床式；按其用途可分为产蛋鸡笼、

育成鸡笼、育雏鸡笼、种鸡笼和肉用仔鸡笼。

（1）产蛋鸡笼　我国目前生产的蛋鸡笼有适用于轻型蛋鸡（海兰白鸡、迪卡白鸡等）的轻型鸡笼和适用于中型蛋鸡（海兰褐蛋鸡、伊莎褐蛋鸡等）的中型蛋鸡笼，多为三层全阶梯或半阶梯组合方式。

①笼架：笼架是承受笼体的支架，由横梁和斜撑组成。横梁和斜撑一般用厚 2.0～2.5 毫米的角钢或槽钢制成。

②笼体：鸡笼是由冷拔钢丝经点焊成片，然后镀锌再拼装而成，包括顶网、底网、前网、后网、隔网和笼门等。一般前网和顶网压制在一起，后网和底网压制在一起，隔网为单网片，笼门作为前网或顶网的一部分，有的可以取下，有的可以上翻。笼底网要有一定坡度（即滚蛋角），一般为 6°～10°，伸出笼外 12～16 厘米形成集蛋槽。笼体的规格，一般前高 40～45 厘米，深度为 45 厘米左右，每个小笼养鸡 3～5 只。笼体结构见图 10-24。

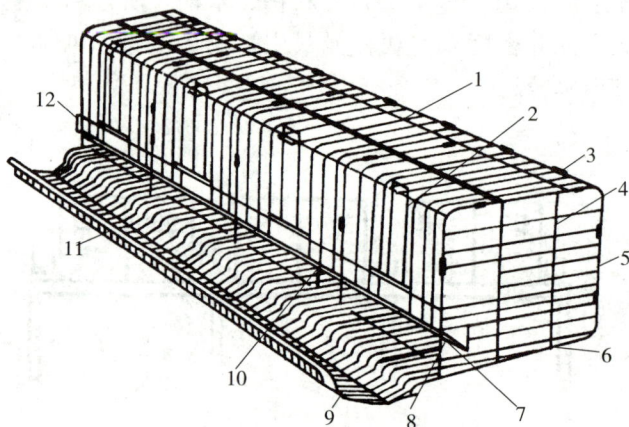

图 10-24　蛋鸡笼

1. 前顶网　2. 笼门　3. 笼卡　4. 隔网　5. 后网　6. 底网　7. 后底网
8. 护蛋板　9. 蛋槽　10. 滚蛋间隙　11. 缓冲板　12. 挂钩

③附属设备：护蛋板为一条镀锌薄铁皮，放于笼内前下方，下缘与底网间距 5.0～5.5 厘米，间距过大，鸡头可伸出笼外啄食蛋槽中鸡蛋，间距过小，蛋不能滚落。

料槽为镀锌铁皮或塑料压制的长形槽，安装在前网外面。料槽安装要平直，上缘要有回檐，防止鸡扒料。

水槽是用镀锌铁皮或塑料制成的长形槽，形状多为 V 形或 U 形，安装在料槽的上方。水槽安装更要平直，使每个鸡位的水深基本一致，不能有的鸡位无水而有的鸡位水过多而外溢。除长形水槽外，还有乳头式饮水器和杯式饮水器等。

④鸡笼整体安装：组装鸡笼时，先装好笼架，然后用笼卡固定连接各笼网，使之形成笼体。一般 4 个小笼组成一个大笼，每个小笼长 50 厘米左右，一个大笼长 2 米。组合成笼体后，中下层笼体一般挂在笼架突出的挂钩上，笼体隔网的前端有钢丝挂钩挂在饲槽边缘上，以增强笼体前部的刚度，在每一大笼底网的后部中间另设两根钢丝，分别吊在两边笼架的挂钩上，以增加笼体底网后部的刚度。上层鸡笼由两个外形尺寸相同的笼体背靠背装在一起，两个底网和两个隔网分别连成一个整体，以增强刚度，隔网前面的挂钩挂住饲槽边缘，底网中间搁置在笼架的纵梁上。笼体与笼架挂接方法见图10-25。

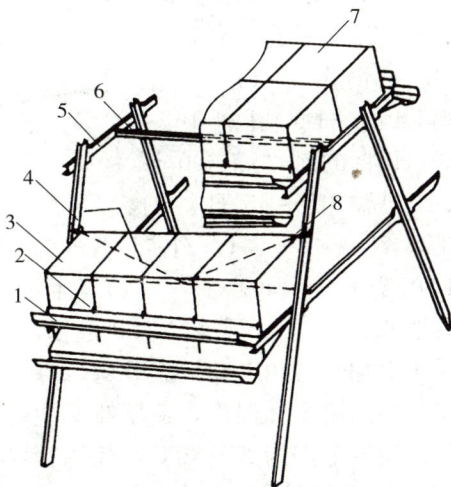

图 10-25　鸡笼架

1. 饲槽　2. 挂钩　3. 下层笼　4. 斜撑
5. 槽梁　6. 纵梁　7. 上层笼　8. 笼架挂钩

（2）育成鸡笼　也称青年鸡笼，主要用于饲养 60～140 日龄的青年母鸡，一般采取群体饲养。其笼体组合方式多采用 3～4 层半阶梯式或单层平置式。笼体由前、顶网，后、底网及隔网组成，每个大笼隔成 2～3 小笼或者不分隔，笼体高度为 30～35 厘米，笼深45～50 厘米，大笼长度一般不超过 2 米。

（3）育雏鸡笼 适用于养育1～60日龄的雏鸡，生产中多采用叠层式鸡笼。一般笼架为4层8格，长180厘米，深45厘米，高165厘米。每个单笼长87厘米，高24厘米，深45厘米。每个单笼可养雏鸡10～15只。

9DYL-4型电热育雏器（图10-26）是4层叠层式鸡笼，由1组电加热笼、1组保温笼和4组运动笼三部分组成。适于饲养1～45日龄蛋用雏鸡，饲养密度比平养提高3～4倍。可饲养1～15日龄雏鸡1 400～1 600只；16～30日龄的雏鸡1 000～1 200只；31～45日龄的雏鸡700～800只。外形尺寸为4 500毫米×1 450毫米×1 727毫米，占地6.2米^2。每层笼高333毫米，采用电加热器和自动控温装置以保持笼内的温度和湿度，适于雏鸡生长。调温范围为20～40℃，控温精度小于±1℃，总功率为1.95千瓦。笼内清洁，防疫效果好，成活率可达95%～99%。

（4）种鸡笼 多采用2层半阶梯式或单层平置式。适用于种鸡自然交配的群体笼，前网高度720～730毫米，中间不设隔网，笼中公、母鸡按一定比例混养；适用于种鸡人工授精的鸡笼分为公鸡笼和母鸡

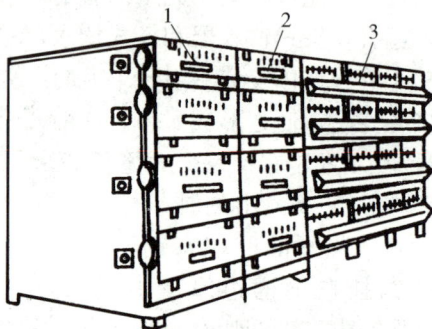

图10-26　9DYL-4型电热育雏笼

1.加热育雏笼　2.保温育雏笼　3.雏鸡活动笼

图10-27　塑料肉用仔鸡笼示意

笼，母鸡笼的结构与蛋鸡笼相同。公鸡笼中没有护蛋板底网，没有滚蛋角和滚蛋间隙，其余结构与蛋鸡笼相同。

（5）肉用仔鸡笼　多采用层叠式，可用毛竹、木材、金属和塑料加工制成。目前以无毒塑料为主要原料制作的鸡笼，具有使用方便、节约垫料、易消毒、耐腐蚀等优点，特别是消除了胸囊肿病，价格比同类铁丝降低 30% 左右，寿命延长 2～3 倍（图 10-27）。

217 养鸡常用的喂料设备有哪些？怎样使用？

养鸡场的喂料设备包括贮料塔、输料机、饲槽和喂食机等。

（1）贮料塔　贮料塔一般用 1.5 毫米厚的镀锌薄钢板冲压组合而成，上部为圆柱形，下部为圆锥形，以利于卸料。贮料塔放在鸡舍的一端或侧面，里面贮装该鸡舍两天的饲料量，给鸡群喂食时，由输料机将饲料送往鸡舍内的喂食机，再由喂食机将饲料送到饲槽，供鸡自由采食。贮料塔的供料过程见图 10-28。

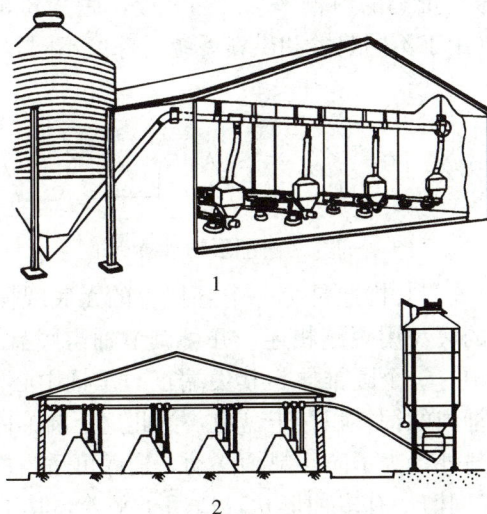

图 10-28　喂料设备
1. 用于平养　2. 用于笼养

（2）输料机　生产中常见的有螺旋搅龙式输料机和螺旋弹簧式输料机等。螺旋搅龙式输料机的叶片是整体的，生产效率高，但只能作直线输送，输送距离也不能太长。因此，将饲料从贮料塔送往各喂食机时，需分成两段，使用两个螺旋搅龙式输料机；螺旋弹簧式输料机可以在弯管内送料，因此不必分成两段，可以直接将饲料从贮料塔底送到喂食机，见图10-28。

（3）饲槽　饲槽是养鸡生产中的一种重要设备，因鸡的大小、饲养方式不同对饲槽的要求也不同，但无论哪种类型的饲槽，均要求平整光滑，采食方便，不浪费饲料，便于清刷消毒。制作材料可选用木板、镀锌铁皮及硬质塑料等。

1）开食盘　用于1周龄前的雏鸡，大都是由塑料和镀锌铁皮制成。用塑料制成的开食盘，中间有点状乳头，使用卫生，饲料不易变质和浪费。其规格为长54厘米，宽35厘米，高4.5厘米。

2）船形长饲槽　这种饲槽无论是平养还是笼养均普遍采用。其形状和槽断面，根据饲养方式和鸡的大小而不尽相同（图10-29）。一般笼养产蛋鸡的料槽多为"凵"形，底宽8.5～8.8厘米，深6～7厘米（用于不同鸡龄和供料系统，深度不同），长度依鸡笼而定。

图10-29　各种船形饲槽横断面

3）干粉料桶　其构造是由一个悬挂着的无底圆桶和一个直径比圆桶略大些的底盘用短链相连，并可调节桶与底盘之间的距离。料桶底盘的正中有一个圆锥体，其尖端正对吊桶中心（图10-30），这是为了防止桶内的饲料积存于盘内，为此这个圆锥体与盘底的夹角一定要大。另外，为了防止料桶摆动，桶底可适当加重些。

4）盘筒式饲槽　有多种形式，适用于平养，其工作原理基本相同。我国生产的9WT-60P型螺旋弹簧喂食机所配用的盘筒式饲槽由料筒、栅架、外圈、饲槽组成（图10-31）。粉状饲料由螺旋

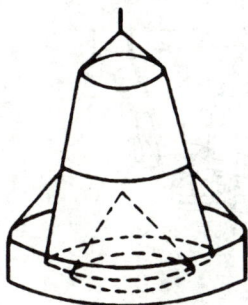

图 10-30　干粉料桶示意

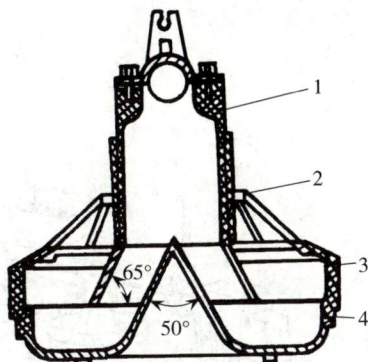

图 10-31　盘筒式饲槽
1. 料桶　2. 栅架　3. 外圈　4. 饲槽

弹簧送来后，通过锥形筒与锥盘的间隙流入饲盘。

（4）喂食机

1）链式喂食机　目前，国内大量生产用于笼养鸡的链式喂食机有 9WL-42 型和 9WL-50 型。其组成包括长饲槽、料箱、链片（图 10-32）、转角轮和驱动器等。工作时，驱动器通过链轮带动链片，使它在长饲槽内循环回转。当链片通过料箱底部时即将饲料带出，均匀地运送到长饲槽，并将剩余饲料带回料箱。

在 3 层笼养中，每层笼上安装一条自动输料机上料。为防止饲料浪费，在料箱内加回料轮，回料轮由链片直接带动。

图 10-32　链式喂食机的饲槽和链片

2）螺旋弹簧式喂食机螺旋弹簧式喂食机（9WT-60P）用于平养的商品蛋鸡、种鸡和育成鸡的喂料作业，主要由料箱、螺旋弹簧、输料管、盘筒式饲槽、带料位器的饲槽和传动装置等组成（图 10-33）。其中，螺旋弹簧是主要输送部件，具有结构简单，能做水平、垂直和倾斜输送等特点。工作时，由电机经一级皮带传动，将动力传至驱动轴，带动螺

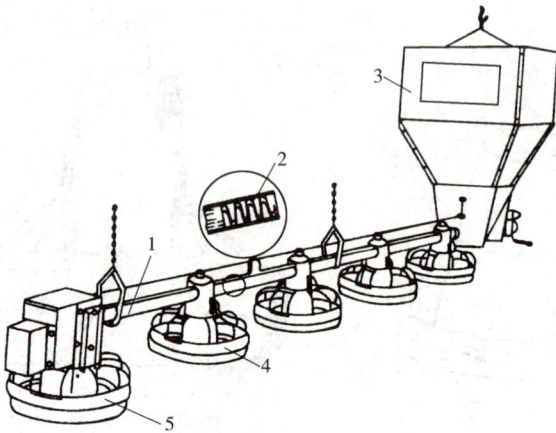

图 10-33　螺旋弹簧式喂食机
1. 输料管　2. 螺旋弹簧　3. 料箱
4. 盘筒式饲槽　5. 带料位器的饲槽

旋弹簧旋转，将料箱中的粉料沿输料管螺旋式推进，顺次向每个盘筒式饲槽加料。当最末端的那个带料位器的饲槽被加满后，料位器自动控制电机使之停转，从而停止供料。当带料位器饲槽中的饲料被鸡采食后，饲料高度下降到料位器控制的位置以下时，电路重新接通，电机又开始转动，螺旋弹簧又依次向每个盘筒式饲槽补充饲料，如此周而复始地工作。

3）骑跨式给料车　多与叠层式鸡笼配套，也有与阶梯式鸡笼配套的。在鸡笼架的顶部装有角钢或工字钢制造的轨道，轨道上装有四轮小车，小车有钢索牵引或安装1台400瓦的减速电动机。电器控制箱也可安装在给料车上，饲养人员可乘车同行，观察鸡群动态并随时停车。车一般每分钟行走8～10米。车的两侧挂有盛料斗，斗的底部逐渐倾斜而缩小，形成下料口，并伸入料槽内，与槽底保持3厘米左右的间隙。料槽用镀锌铁皮制成，外侧高20厘米，内侧高12厘米，上口宽18厘米。骑跨式给料车见图10-34。

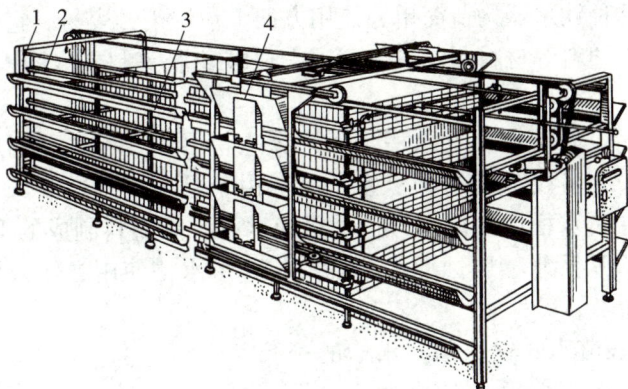

图 10-34　骑跨在叠层式鸡笼上的轨道车式喂食机
1. 鸡笼　2. 水槽　3. 饲槽　4. 喂食机

218 养鸡常用的饮水设备有哪些？怎样使用？

养鸡场的饮水设备是必不可少的，要求设备能够保证随时提供清洁的饮水，而且工作可靠、不堵塞、不漏水、不传染疾病、容易投放药物。常用的饮水设备有真空式饮水器、吊塔式饮水器、乳头式饮水器、杯式饮水器和长水槽等。

（1）塔形真空饮水器　多由尖顶圆桶和直径比圆桶略大些的底盘构成。圆桶顶部和侧壁不漏气，基部离底盘高 2.5 厘米处开有 1～2 个小圆孔（直径 0.5～1.0 厘米）。使用时，先使桶顶朝下，水装至圆孔处，然后扣上底盘翻转过来。这样，开始空气能由桶盘接触缝隙和圆孔进入桶内，桶内水能流到底盘；当盘内水位高出圆孔时，空气进不去，桶内顶部形成真空，水

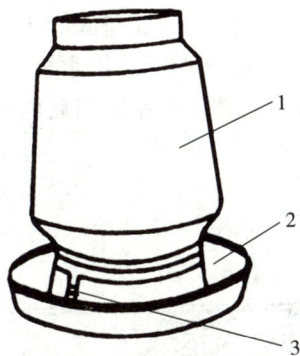

图 10-35　塔形真空饮水器
1. 水罐　2. 饮水盘　3. 出水孔

停止流出，因而使底盘水位始终略高于圆孔上缘，直至桶内水用完为止。这种饮水器构造简单，使用方便，清洗消毒容易。它可用镀锌铁皮、塑料等材料制成，也可用大口玻璃瓶等制作（图10-35），取材方便，容易推广。

（2）V形或U形饮水槽　V形饮水槽多由镀锌铁皮制成。笼养鸡过去大多数使用V形饮水槽，但由于是金属制成的，一般使用3年左右水槽腐蚀漏水，迫使更换水槽。用塑料制成的U形水槽解决了V形水槽腐蚀漏水的现象。U形水槽使用方便，易于清刷，寿命长。

1）长流水式饮水槽　水槽的一端安装一个经常开着的水龙头，另一端安装一个溢流塞和出水管，用以控制液面的高低（图10-36）。清洗时，卸下溢流塞即可。

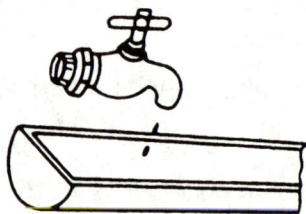

2）浮子阀门式饮水槽　水槽一端与浮子室相连，室内安装一套浮子和阀门（图10-37）。当水槽内水

图10-36　长流水式饮水槽

位下降时，浮子下落将阀门打开，水流进水槽；当水面达到一定高度后，浮子上升又将阀门关闭，水就停止流入。

3）弹簧阀门式饮水槽　整个水槽吊挂在弹簧阀门上，利用水槽内水的重量控制阀门启闭（图10-38）。

图10-37　浮子阀门式饮水槽

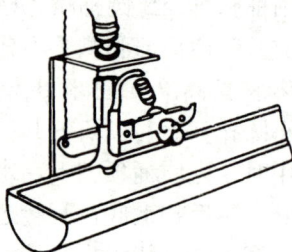

图10-38　弹簧阀门式饮水槽

（3）吊塔式饮水器　它吊挂在鸡舍内，不妨碍鸡的活动，多用

于平养鸡,其组成分饮水盘和控制机构
两部分(图10-39)。饮水盘是塔形的塑
料盘,中心是空心的,边缘有环形槽供
鸡饮水。控制出水的阀门体上端用软管
和主水管相连,另一端用绳索吊挂在天
花板上。饮水盘吊挂在阀门体的控制杆
上,控制出水阀门的启闭。当饮水盘无
水时,<u>重量减轻</u>,弹簧克服饮水盘的重
量,使控制杆向上运动,将出水阀门打
开,水从阀门体下端沿饮水盘表面流入
环形槽。当水面达到一定高度后,饮水
盘重量增加,加大弹簧拉力,使控制杆
向下运动,将出水阀门关闭,水就停止流出。

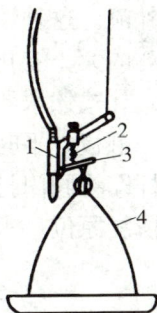

图 10-39　吊塔式饮水器
1. 阀门体　2. 弹簧
3. 控制杆　4. 饮水盘

　　(4)乳头式饮水器　由阀芯和触杆构成,直接同水管相连(图
10-40)。由于毛细管的作用,触杆部经常悬着一滴水,鸡需要饮水

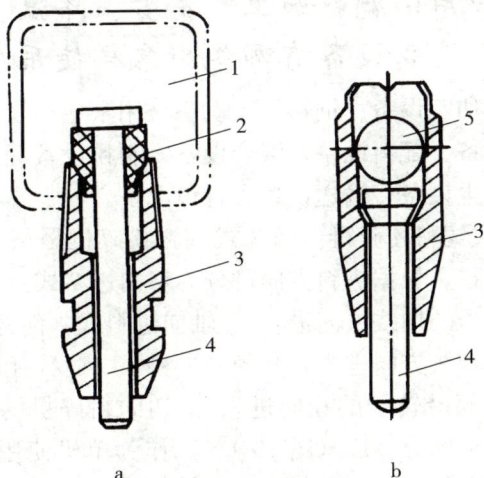

a　　　　　　　　　b

图 10-40　乳头式饮水器
a. 半封闭式　b. 双封闭式
1. 供水管　2. 阀　3. 阀体　4. 触杆　5. 球阀

时，只要啄动触杆，水即流出。鸡饮水完毕，触杆将水路封住，水即停止外流。这种饮水器安装在鸡头上方处，让鸡抬头喝水。安装时要随鸡的大小变化高度，可安装在笼内，也可安装在笼外。

（5）杯式饮水器　形状像一个水杯，与水管相连（图10-41）。杯内有一触板，平时触板上总是存留一些水，在鸡啄动触板时，通过联动杆即将阀门打开，水流入杯内。鸡饮水后，借助于水的浮力使触板恢复原位，水就不再流出。

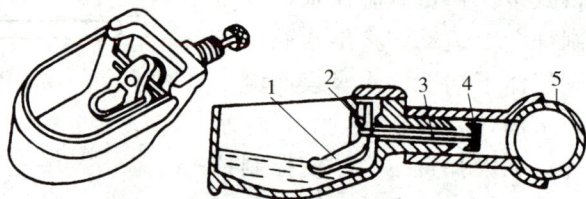

图10-41　杯式饮水器

1. 触板　2. 板轴　3. 顶杆　4. 封闭帽　5. 供水管

219 养鸡常用的饲料加工、集蛋、降温、采光、通风、清粪设备有哪些？怎样使用？

（1）饲料加工设备　饲料加工设备是用来生产配合饲料的，主要包括粉碎设备、配料设备、混合设备、制粒设备等，大中型饲料加工厂还有除尘设备、输送设备和打包设备。

1）锤片式饲料粉碎机　锤片式饲料粉碎机是利用高速旋转的锤片来击碎饲料。根据进料方向可分为切向进料式（简称切向粉碎机，饲料由转子的切线方向进入）、轴向进料式（简称轴向粉碎机，饲料由转子的轴线方向进入）和径向进料式（简称径向粉碎机，饲料从粉碎机顶部沿转子的径向进入）。切向粉碎机的构造由进料、粉碎、出料三个部分组成（图10-42）。作为单机使用时配备风机、集粉筒和集尘布袋等出料装置。粉碎室由转子、齿板、筛片构成。转子由锤架板和锤片组成，锤片通过轴销连在锤架板上。

切向粉碎机工作时，饲料由进料斗沿转子切线方向进入粉碎

室，受到高速旋转的锤片打
击而飞向齿板，与齿板发生
撞击后被弹回，再次受到锤
片的打击和挫擦作用下，将
饲料粉碎成细小的粉粒，直
到从筛孔漏出为止。风机将
穿过筛孔的粉碎物以混合气
流形式送入集料筒，然后粉
碎物从底部排粉口排出，空
气从顶部出风管排出，进入
集尘布袋。

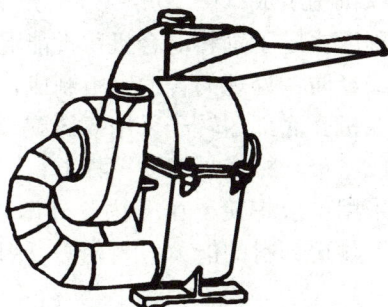

图 10-42 切向粉碎机

　　切向粉碎机通用性比较好，既能粉碎谷粒饲料，又能粉碎小块
豆饼和整根茎秆饲料，适用于农村中小规模养鸡。

　　2）齿爪式粉碎机 齿爪式粉碎机由
进料斗、动齿盘、定齿盘和筛片组成
（图 10-43）。动齿盘的外圈安装扁齿，
里面三圈为圆齿。定齿盘固定在侧盖内
壁上，定齿也分内、外两层，筛片为
环形。

　　齿爪式粉碎机工作时，饲料从定齿
盘中部的进料管进入，受到高速旋转的
圆齿和扁齿的猛烈冲击和剪切作用。同
时，饲料在离心力作用下，从动齿盘中
心向外移动，不断地与定齿盘、筛片发
生撞击，饲料之间也发生摩擦。在这些
力的作用下，饲料被逐渐粉碎，直至穿
过筛孔。这种粉碎机主要用于加工玉米、

图 10-43 齿爪式粉碎机

高粱、大豆等杂粮，也可用于粉碎较小的豆饼、甘薯干等块状饲料
及经过预先切碎的茎秆和藤蔓饲料。

　　3）卧式饲料混合机 卧式饲料混合机由机壳、转子和出料门

操纵机构组成（图 10-44）。机壳是一个 U 形槽，其容积大小和充满程度决定了饲料混合机每批能混合饲料数量。混料机外壳用不锈钢或经防锈处理的普通钢板制成，进料口设置在机盖上，出料口设置在机壳底部。转子采用双螺旋带式，由带状螺旋、支撑杆和主轴构成。带状螺旋焊在支撑杆上，一般用双层螺旋，小型饲料混合机可采用单层螺旋。由于内、外两层带状螺旋的旋向分别为左、右旋，输送饲料的能力应当相等，因而内层带状螺旋的叶片一般比外层宽。

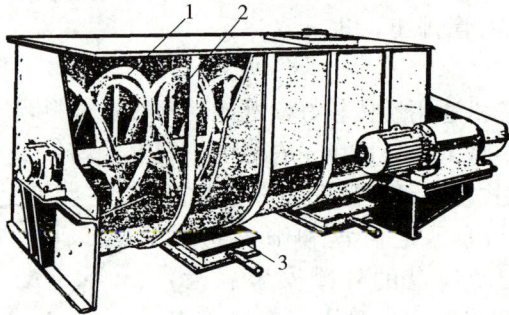

图 10-44　卧式饲料混合机
1. 带状螺旋　2. 支撑杆　3. 出料门

卧式饲料混合机工作时，外层带状螺旋将饲料推向机体的一端后，内层带状螺旋又将饲料推向机体另一端。或者外层带状螺旋将饲料从两端向中间输送，内层带状螺旋则将饲料从中央向两端输送。饲料在内、外层左、右旋带状螺旋的来回推动下，不断翻滚、对流，迅速达到混合均匀，然后打开出料门卸料。

4）立式饲料混合机　立式饲料混合机由进料斗、垂直螺旋、螺旋外壳、出料口、料筒及转动部分组成（图 10-45）。料筒分圆柱体和圆锥体两部分，圆柱体部分用来容纳饲料，圆锥体部分用来集中和混合饲料，并便于饲料下滑。料筒由 1.5～2 毫米厚的钢板制成。

立式饲料混合机工作时，将经过计量的一批饲料倒入进料斗，由垂直螺旋向上输送，到达螺旋外壳的顶端开口处，被刮板甩出抛落下来，沿料筒表面滑落到锥筒底部，从螺旋外壳的下端开口处重新进入垂直螺旋，再次向上输送。如此反复循环直到混合均匀为止。最后打开出料口卸料。

（2）集蛋设备 鸡舍内的集蛋方式分为人工捡蛋和机械集蛋。小规模平养鸡和笼养鸡均可采取人工捡蛋，将蛋装入手推车运走；网上平养种鸡，产蛋箱靠墙安置舍内两侧，在产蛋箱前面安装水平集蛋带，将蛋运送到鸡舍一端，再由人

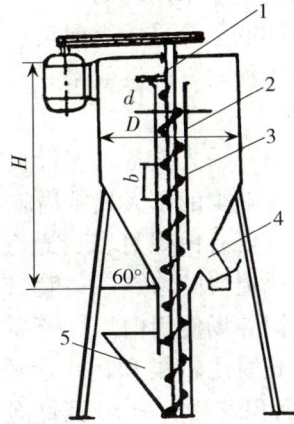

图 10-45 立式饲料混合机
1. 刮板 2. 螺旋外壳 3. 垂直螺旋 4. 出料口 5. 进料斗

工装箱（图 10-46）。也可在由纵向水平集蛋带将鸡蛋送到鸡舍一端，再由横向水平集蛋带将两条纵向集蛋带送来的鸡蛋汇合在一起运向集蛋台，由人工装箱。高床笼养鸡，鸡蛋可从鸡笼底网直接滚落到蛋槽，这样只需将纵向水平集蛋带放在蛋槽上即可。由纵向水平集蛋带将鸡蛋送到鸡舍一端后，再由各自的垂直集蛋机将几层鸡笼的蛋集中到一个集蛋台，由人工或吸蛋器装箱。

图 10-46 网上平养的集蛋设备

（3）降温设备 当舍外气温高于 30℃ 时，通过加大通风换气量已不能为鸡群提供一个舒适的环境，必须采用机械降温。常用的降温设备有高、低压喷雾系统、湿帘—风机系统，由于饲养规模较

大的鸡舍多采用纵向通风配备，湿帘降温系统最适用。湿帘常安装在两侧墙上，采用纵向负压通风。这种设备运行费用较省，温度与风速较均匀，降温效果好。在高温高湿地区高、低压喷雾系统不宜采用。

（4）采光设备　实行人工控制光照或补充照明是现代养鸡生产中不可缺少的重大技术措施之一。目前鸡舍人工采光的灯具比较简单，主要有白炽灯、荧光灯和节能灯三种。白炽灯具有灯具成本低、耗损快的特点，一般25瓦、40瓦、60瓦灯泡能使舍内照度均匀，饲养场使用白炽灯较多。荧光灯的灯具虽然成本高，但光效率高且光线比较柔和，一般使用40瓦的荧光灯较多。实践中按15米^{2}面积安装一个60瓦灯泡或一个40瓦荧光灯就能得到10勒克斯的有效照度。节能灯具有节电节能的优点，一般使用8瓦、15瓦、25瓦的较多。安装这些灯具时要分设电源开关，以便能调节育雏舍、育成舍和产蛋舍所需的不同照度。

（5）通风设备　鸡舍安置通风机的目的是进行强制性通风换气，即供给鸡舍新鲜空气，排除舍内多余的水汽、热量和有害气体。气温高时还可以增大舍内气体流动量，使鸡有舒适感。

通风机分轴流式和离心式两种。在采用负压通风的禽舍里，使用轴流式排风机，在正压通风的禽舍里，主要使用离心式风机。

轴流式风机由叶轮、外壳、电机及支座组成。叶轮由电机直接驱动。叶轮旋转时，叶片推动空气，将舍内的污浊空气不断地沿轴向排出，使舍内呈负压状态。此时，舍外气压比舍内高，新鲜空气在压力差的作用下，从进气口进入。

（6）清粪设备　鸡舍内常用的清粪方法有两类。一类是经常性清粪，即每天清粪1～3次，所用设备有刮板式清粪机、带式清粪机和抽屉式清粪板。刮板式清粪机多用于阶梯式笼养和网上平养；带式清粪机多用于叠层式笼养；抽屉式清粪板多用于小型叠层鸡笼。另一类是一次性清粪，即每隔数天、数月甚至一个饲养周期才清一次粪。此种清粪方法必须配备较强的通风设备，使鸡粪能及时干燥，以控制有害气体的产生。常用的人工清粪是拖拉机前悬挂式清粪铲，多用于高床笼养。

①刮板式清粪机：刮板式清粪机是用刮板清粪的设备，由电动机、减速器、绞盘、钢丝绳、转向滑轮、刮粪器等组成（图 10-47）。刮粪器又由滑板和刮粪板组成（图 10-48）。工作时，电动机驱动绞盘，通过钢丝绳牵引刮粪器。向前牵引时，刮粪器的刮粪板呈垂直状态，紧贴地面刮粪，到达终点时刮粪器碰到行程开关，使电动机反转，刮粪器也随之返回。此时刮粪器受背后的钢丝绳牵引，将刮粪板抬起越过粪堆，因而后退不刮粪。刮粪器往复走一次即完成一次清粪工作。通常刮粪板式清粪机用于双列鸡笼，一台刮粪时，另一台处于返回行程不刮粪，使鸡粪都被刮到鸡舍同一端，再由横向螺旋式清粪机送出舍外。

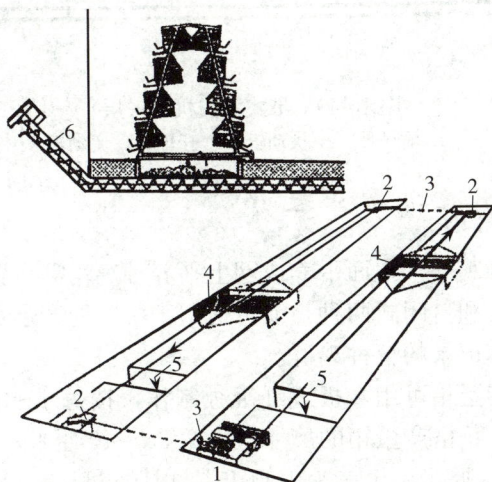

图 10-47　刮板式清粪机示意
1. 绞盘　2. 行程开关　3. 钢丝绳　4. 刮粪器
5. 横向粪沟　6. 横向螺旋式清粪机

②带式清粪机：带式清粪机由主动辊、被动辊、托辊和输送带组成（图 10-49）。每层鸡笼下面安装一条输送带，上下各层输送带的主动辊可用同一动力带动。鸡粪直接落到输送带上，定期启动

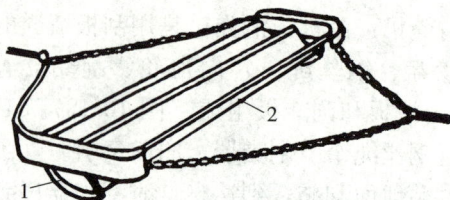

图 10-48　刮粪器
1. 滑板　2. 刮粪板

输送带，将鸡粪送到鸡笼的一端，由刮板将鸡粪刮下，落入横向螺旋清粪机，再排出舍外。

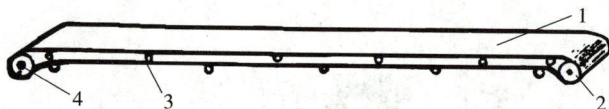

图 10-49　带式清粪机（一层）
1. 输送带　2. 被动辊　3. 托辊　4. 主动辊

220 鸡舍怎样设置产蛋箱？

除笼养种鸡外，地面平养或网上平养种鸡均需设置产蛋箱。产蛋箱分敞开式和自闭式两种，前者适用于一般的产蛋鸡群，后者专用于进行个体记录的育种鸡群。

敞开式产蛋箱可用木板或纤维板制作，按每 4～5 只母鸡配备一格产蛋箱，每格产蛋箱的尺寸是：宽 35～40 厘米，深 40～45 厘米，高 40～45 厘米。上盖为内倾 45°，以防鸡只栖息箱顶。箱底向后倾斜 6°～8°，伸出箱外 12～14 厘米，作为盛蛋部分，并用挡板拦着。箱的后壁与底板的距离应留有 4.5～5 厘米的空隙，使蛋能滚到箱外（图 10-50）。

自闭式产蛋箱外形与敞开式产蛋箱相似，但箱前装有一触即闭的活络门，箱的后壁为可以启闭的门。使用前，活络门由工作人员开启固定，鸡进入产蛋箱时，由于鸡背和尾部的触撞，门即自动关

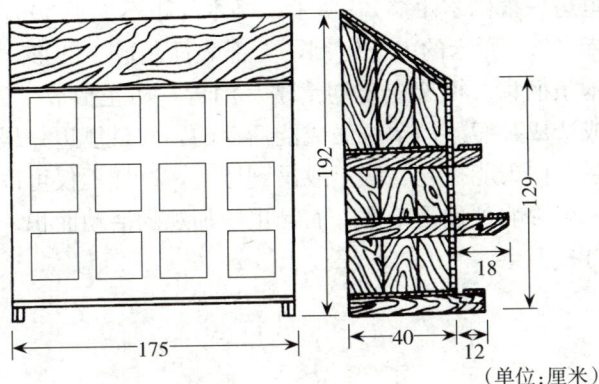

（单位:厘米）

图 10-50　普通式产蛋箱（正面与侧面）

闭；待工作人员做好产蛋记录，打开箱门，鸡才得以出去。活络门用铁丝编成，分为两块，可以折叠，其中下半块套在箱门框上，只能上下滑动。

　　产蛋箱应放在舍内光线较暗的地方，高度距地面不超过 50 厘米。箱门前应设有可以上翻的脚踏板，白天放下，便于鸡进箱产蛋，傍晚翻上将门挡好，防止鸡进箱栖息。踏板应距箱门 12.5 厘米，板宽 7.5 厘米，厚 2.5 厘米。如装两层产蛋箱时，其下层踏板应距箱门 2.5 厘米，用两条木板，其间距为 5 厘米。

221 鸡的栖架有哪几种形式？怎样设置？

　　鸡有高栖过夜的习性，每到天黑之前，总想在鸡舍内找个高处栖息。假如没有栖架，个别鸡高飞到房梁或窗台上过夜，多数鸡拥挤在一角栖伏于地面上，对鸡的健康与生产都不利。因此在舍内后部应设有栖架，栖架主要有两种形式。一种是把栖架钉成梯子形靠立在鸡舍内，叫立式栖架；二是把栖架钉成横格形，摆放在鸡舍内，叫平式栖架。相比之下，平式栖架前低后高，不但便于鸡只上下活动，而且比较完整，便于管理。目前鸡舍多采用平式栖架。具体做法是：栖架由数根栖木构成，栖木大小应视每间舍内鸡数而定，每只鸡占有栖木位置因品种不同稍有差异，一般为 10～20 厘米，最里边一根栖木距墙30厘米，栖木间距不少于30厘米。栖架用4厘米×2.5厘米的木条钉制，上部表面制成半圆形，以利于鸡爪抓着木条栖息。栖架应定期清洗、消毒，防止形成"粪钉"，影响栖息或造成趾瘤。栖架应做成能活动的，即最里边一根与柱腿成轴的关系，白天能折起靠墙上或吊到棚上，这样不仅可以防止母鸡白天上栖架影响种蛋受精率，而且也增加鸡的活动面积，也便于工作人员打扫卫生。

十一、家庭鸡场的经营管理

222 怎样做好鸡场的经营决策？

鸡场的经营决策是以为实现奋斗目标所采取的重大措施而做出选择与决定，它包括经营方向、生产规模、饲养方式、鸡种选择、鸡舍建筑等。

（1）经营方向　兴办鸡场首先遇到的就是经营方向问题。也就是说，要办什么样的鸡场，是办综合性的，还是办专门化的；是养种鸡，还是养商品代鸡；是养蛋鸡，还是养肉鸡。综合性的鸡场经营范围较广，规模较大，需要财力、物力较多，要求饲养技术和经营管理水平较高，一般多由合资企业兴办。专门化鸡场是以专门饲养某一种鸡为主的鸡场。例如，办种鸡场，只养种鸡或同时经营孵化厂；办蛋鸡场，只养产蛋鸡；办肉鸡场，只养肉用仔鸡，等等。这些鸡场除由合资企业经营外，也比较适合目前农村家庭经营。至于具体办哪种类型鸡场，主要取决于所在地区条件、产品销路和企业、家庭自身的经济、技术实力，在做好市场预测的基础上，慎重考虑并作出明确决定。一般情况下，在城镇郊区或工矿企业密集区，可办肉鸡场，就近销售，也可办蛋鸡场，向市场提供鲜蛋。而广大偏远农村，适合办蛋鸡场，生产商品鸡蛋远销外地。若本地区养鸡业发展较快，雏鸡销路看好，市场价格较高，可办种鸡场，养种鸡进行孵化，向周围农村供应雏鸡。有育雏经验和设备的可办育成鸡场，以满足缺乏育雏经验或无育雏房舍的养鸡户需要。此外，绿色无公害产品、环保产品是近来市场需求的一种趋势。有一定技术水平的农户可以通过一段时间学习，兴办科技含量较高的无公害绿色鸡场，生产无公害绿色产品，将会获得较高的经济效益。

（2）生产规模 经营方向确定以后，紧接着应研究鸡场的生产规模，以便做到适度规模经营。作为养鸡业，家禽产品不同于工业品，不管行情好与坏都不能积压。特别是行情差的时候，孵化出的雏苗若卖不出去就意味着销毁，造成的财产与经济损失不言而喻。适度规模可缓冲市场行情的冲击。中小鸡场在经营中对市场终端的把握与行情认识，一方面依靠媒体提供信息，另一方面靠客户反映，还有一点凭经营者自身的经验判断。要防止出现行情好时扩大规模，行情差时缩减规模的被动局面。因此，在市场经济面前要做主动的经营者，应根据自己的资金情况、市场价格情况确定适宜的规模。

作为一个新建的家庭鸡场，究竟办多大规模，养多少只鸡合适，这要从投资能力、饲料来源、房舍条件、技术力量、管理水平、产品销量等诸方面情况综合考虑确定。如果条件差一些，鸡场的规模可以适当小一些，如养鸡2 000～5 000只，待积累一定的资金，取得一定的饲养和经营经验之后，再逐渐增加饲养数量。如果投资大，产品需求量多，饲料供应充足，而且具备一定的饲养和经营经验，鸡场规模可以建得大一些，以便获得更多的盈利。但是，鸡场的规模一旦确定，绝不能盲目增加饲养数量，提高饲养密度。否则，鸡群产蛋率低，死亡率高，造成经济损失。

（3）饲养方式 饲养方式主要有地面平养、网养（或栅养）、笼养等，各种饲养方式均有不同的优缺点（可参见本书有关内容）。究竟采用哪种饲养方式，要根据经营方向、资金状况、技术水平和房舍条件等因素来确定，在目前生产中，产蛋鸡多采用笼养，种鸡和育成鸡多采用网养或笼养，幼雏可采用地面平养、网养或笼养。

（4）鸡种选择 目前，国内鸡的品种有许多，其中绝大多数是商品杂交鸡，主要分为蛋鸡系和肉鸡系两大系列。蛋鸡系按蛋壳颜色又分为白壳蛋鸡和褐壳蛋鸡。白壳蛋鸡共同特点是体型小，一般成年母鸡体重 1.5～1.7 千克，22～23 周龄开产，年产蛋 260～280 枚，蛋重 60 克，料蛋比为（2.4～2.5）：1，适合笼养，每个标准小笼容纳 4 只。属于这类鸡种的有海兰白壳蛋鸡、迪卡白壳蛋鸡、伊丽莎白壳蛋鸡等。

褐壳蛋鸡体型比白壳蛋鸡稍大，成年母鸡体重 2.0～2.4 千克，兼有产蛋和产肉双重性能，产蛋量不如白壳蛋鸡，一般为 240～280 枚，但肉质比白壳蛋鸡好，蛋重比白壳蛋鸡大，蛋的营养成分基本相同。褐壳蛋鸡的开产日龄与白壳蛋鸡基本一致，其性情温顺，活动量较小，生长发育快，生长期的饲料报酬高于白壳蛋鸡。但在产蛋期，因为体重稍大，维持需要较多，所以饲料报酬低于白壳蛋鸡，料蛋比为（2.3～2.6）：1。褐壳蛋鸡商品代大都具有羽毛颜色自别雌雄的特点，即初生雏白色羽毛为公雏，红色羽毛为母雏。笼养时，每个标准小笼容纳鸡 3 只。属于这类鸡种的有迪卡褐、海兰褐、伊莎褐等。

综上所述，在选择鸡的饲养品种时，要根据经营方向、饲养方式及其产品的市场销售价格，在经济效益上进行总体对比再作决定。一般笼养蛋鸡，应尽量选择体型较小、抗病力强，产蛋量多、饲料报酬高的杂交品种。

（5）鸡舍建筑　在实际生产中，要根据生产规模、饲养方式、资金状况等确定鸡舍建筑形式和规格。国有大型鸡场，尤其是种鸡场要按标准建筑鸡舍，以保证投产后获得较高的生产效率。家庭鸡场资金有限，鸡舍建筑可因陋就简，就地取材，注重实用。可以建土平房，也可以建砖瓦房，有的地方也可以利用塑料暖棚养鸡。总的要求是鸡舍设计适宜，冬暖夏凉，通风良好。

223 怎样制订鸡场的利润计划、产量计划和生产产值计划？

（1）利润计划　对于每个家庭鸡场来说，都希望能够获得尽可能多的利润，所以利润计划是生产经营计划中最基本的计划，经营计划是以利润计划为中心来进行的，根据制订的利润计划去安排生产。鸡场的利润计算方法如下：

$$利润＝盈利－税金$$

$$盈利＝总产值－生产费用$$

（2）产量计划 产量计划包括总产量计划和单位产品产量计划。总产量计划是指鸡场在某一年度或生产周期内争取实现的产品总量，它反映了鸡场的经营和生产水平等状况。总产量包括蛋、肉的总数量。单位产品产量则指每鸡的产蛋或产肉量。总产量的计算公式为：

$$鸡蛋总产量(千克)＝\frac{入群鸡只数×成活率×饲养天数×产蛋率}{每千克鸡蛋个数}$$

式中：

$$成活率＝\frac{期末成活鸡只数}{入群鸡只数}×100\%$$

$$产蛋率＝\frac{产蛋只数（产收数）}{饲养天数}×100\%$$

$$鸡肉总产量＝入群鸡只数×成活率×（入群鸡个体重×每只鸡增重）$$

单位产量的计算公式为：

$$每只鸡产蛋量＝\frac{期末鸡蛋总产量}{期内平均饲养产蛋鸡只数}$$

$$每只鸡产肉量＝\frac{期末产肉总量}{期内平均饲养肉鸡只数}$$

式中：期内平均饲养产蛋（肉）鸡数＝（期初鸡只数＋期末鸡只数）/2

（3）生产产值计划 产值计划根据利润计划和产量计划来制订，是指鸡场在年度内养鸡所要达到的产值目标。其计算方法为：

$$养鸡总产值＝鸡蛋产量×单价＋死亡和淘汰鸡重量×单价＋$$
$$期末存栏鸡重量×单价＋副产品产值$$

224 怎样制订鸡场的产品销售计划？

鸡场的产品销售计划是保证鸡场产品全部售出的计划，是编制年度生产计划的主要依据，是实现产值计划和利润计划的重要保证。在产品销售计划中，主要规定了产品销售量、销售时间、销售渠道、销售收入及销售方针。产品销售计划见表11-1。

表 11-1　产品销售计划表

产品名称	产品产量	年初结存量	年末结存量	销售量	产品单价	销售收入	销售费用	销售渠道	销售时间	销售利润	备注

　　在编制鸡场产品销售计划时，需要计算产品的销售量和销售收入。

　　计划年度可供销售的产品量＝计划年度产品的生产量＋计划年初产品的结存量－计划年末产品的结存量

　　计划年度的销售收入＝计划年度产品的销售量×单位产品销售价格

225 怎样制订鸡场的产品成本计划？

　　鸡场的成本计划是鸡场生产财务计划的重要组成部分，通过成本分析可以控制费用开支，节约各种费用消耗等。一般成本计划的编制主要以成本项目计划为主，对主要的成本项目提出指标，并同上年进行比较，以反映成本结构的变化情况（表11-2、表11-3）。

表 11-2　生产成本计划表

成本项目		第一季度		第二季度		第三季度		第四季度		全年	
		上年	计划	上年	计划	上年	计划	上年	计划	上年	计划
人工消耗	人工费用										

（续）

成本项目		第一季度		第二季度		第三季度		第四季度		全年	
		上年	计划	上年	计划	上年	计划	上年	计划	上年	计划
生产资料消耗	饲料费										
	雏鸡费										
	燃料和动力费										
	医药费										
	低值易耗品										
	摊销费										
	固定资产折旧										
	维修费										
	共同生产费										
	其他费用										
成本	主产品成本										
	副产品成本										
	主产品单位成本										

表 11-3　主产品生产成本计划表

主产品名称	养鸡只数	计划单产	计划总产量	单位成本		总成本		计划任务	
				上年	计划	按上年实际的单位成本计算	按计划单位成本核算	上年完成	今年
蛋肉									
合计									

一般来说，产品成本分为人工成本和物资成本，人工成本包括工资、福利费、奖金和其他形式的劳动报酬；物资成本包括除人工费用以外的全部费用。计算产品成本时利用以下几个公式：

养鸡产品成本＝人工费用＋各种物资费用＋

固定资产折旧费＋其他费用

主产品成本＝饲养总成本－副产品收入

$$主产品单位成本 = \frac{主产品总成本}{产品产量}$$

226 怎样制订鸡群周转计划？

鸡群一般分为种公鸡、种母鸡、商品蛋鸡、育成鸡、肉用仔鸡、幼雏、成年淘汰育肥鸡等几组。各组关系可用图 11-1 表示。

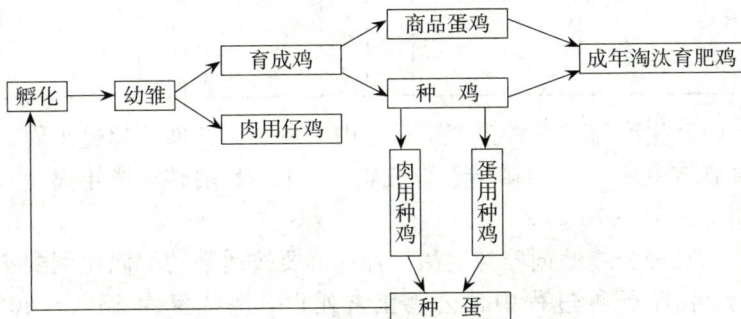

图 11-1　鸡群中各组间关系

鸡群周转计划是根据鸡场的生产方向、鸡群构成和生产任务编制的。格式见表 11-4。

表 11-4　鸡群周转计划表

组　别	计划年初数	月　份											
		1	2	3	4	5	6	7	8	9	10	11	12
0～4 周龄雏鸡													
4～6 周龄雏鸡													
6～14 周龄育成母鸡													
14～20 周龄育成母鸡													
6～20 周龄育成公鸡													
种公鸡													
淘汰种公鸡													
产蛋种母鸡													

（续）

组　　别	计划年初数	月　份											
		1	2	3	4	5	6	7	8	9	10	11	12
淘汰产蛋种母鸡													
商品蛋鸡													
淘汰商品蛋鸡													
肉用仔鸡													
合计													

（1）生产流程　种蛋产出后立即消毒，储存期不超过1周，雏鸡育雏结束后，49日龄转至育成鸡舍，140日龄转至成年鸡舍，产蛋期一般72～76周。

（2）种公鸡的饲养与淘汰　种鸡群要按适当的配偶比例配备种公鸡。由于配种过程中种公鸡正常死亡、淘汰率为15%～20%，因而后备种公鸡要按正常需要多留20%（人工授精时应再多留一些）。

（3）产蛋鸡的淘汰与接替　目前，大、中型鸡场一般在蛋鸡开产后利用1年即行淘汰，因此在淘汰前5个月开始进雏，培养后备鸡接替。如果种源缺乏，雏鸡价格较高，或育雏舍、育成鸡舍不足，为节约育成费用，小型鸡场和专业户可在蛋鸡利用1年后淘汰60%，选留40%（高产母鸡）。新接替的开产母鸡占60%，使鸡群中1年鸡与2年鸡比例保持在6∶4，产蛋满2年的母鸡均予淘汰。

227 怎样制订鸡场的产品生产计划？

鸡场的主要产品是蛋和肉，产蛋计划可根据月平均饲养产蛋母鸡和历年的生产水平，按月规定产蛋率和各月产蛋数。产肉计划则根据屠宰肉用鸡的只数和肥育鸡的平均活重编制。产蛋计划可用表11-5表示。

表 11-5　年度产蛋计划

项　目	月　份											
	1	2	3	4	5	6	7	8	9	10	11	12
产蛋鸡每月初数（只）												
月平均饲养产蛋母鸡数（只）												
产蛋率（%）												
产蛋总数（枚）												
总产蛋（千克）												
种蛋数（枚）												
食用蛋数（枚）												
破损率（%）												
破损蛋数（枚）												

228 怎样制订种鸡场的孵化计划？

　　种鸡场应根据本场的生产任务和向外推销雏鸡数，制订全年孵化计划。一般要求的孵化技术指标是：全年平均受精率，轻型蛋鸡（白壳蛋系）种蛋 90% 以上，中体型蛋鸡（褐壳蛋系）种蛋 85% 以上，肉用型鸡种蛋 80% 以上；受精蛋孵化率，轻型蛋鸡种蛋 90% 以上，中体型蛋鸡种蛋 88% 以上，肉用型鸡种蛋 85% 以上。出壳雏鸡的弱残次雏率不应超过 4%。年度孵化计划可用表 11-6 表示。

表 11-6　年度孵化计划

批次	入孵日期	品种来源	入孵蛋数	受精蛋数	受精率（%）	出雏总数	其　中		壮雏率（%）	孵化率（%）	备注
							壮雏数	弱、残、次雏数			

　　其中：　　种蛋受精率 $= \dfrac{\text{受精种蛋数}}{\text{入孵化种蛋数}} \times 100\%$

$$入孵蛋孵化率 = \frac{出雏总数}{入孵化种蛋数} \times 100\%$$

$$受精蛋孵化率 = \frac{出雏总数}{受精种蛋数} \times 100\%$$

$$壮雏率 = \frac{壮雏数}{出雏总数} \times 100\%$$

$$弱残雏率 = 1 - 壮雏率$$

229 怎样制订鸡场的育雏计划？

鸡场应根据肉鸡出售和蛋鸡、种鸡更新计划，确定全年育雏计划。年度育雏计划可用表 11-7 表示。

表 11-7　年度育雏计划

批次	育雏日期	品种名称	饲养员	育雏只数	转群日期	育雏天数	成活率（%）	育雏率（%）	备注

其中：

$$育雏率 = \frac{育雏期满成活雏鸡数}{入舍雏鸡数} \times 100\%$$

$$育成率 = \frac{育成期末成活的育成鸡数}{育雏期末入舍雏鸡数} \times 100\%$$

一般鸡场、养鸡大户在 2～4 月进雏，培育后备鸡。进雏量应根据成年母鸡饲养量和淘汰量来确定。正常情况下，雏鸡（白壳蛋系）雌雄鉴别准确率 98% 以上，育雏率 95% 以上，育成率 95% 以上，转群时淘汰率为 1%。进雏数量可参照如下计算公式：

进雏数（鉴别雏）＝入舍母鸡数÷（1－淘汰率）÷育成率÷

育雏率÷雌雄鉴别准确率

＝入舍母鸡数÷99%÷95%÷95%÷98%

如某鸡场需入舍母鸡10 000只，则需进雏数量为：

10 000÷99%÷95%÷95%÷98%≈11421（只）

230 怎样制订鸡场的饲料计划？

饲料是发展养鸡生产的基础。每个鸡场年初必须制订所需饲料的数量和比例的详细计划，防止饲料不足或比例不稳定而影响生产的正常进行。年度饲料计划可用表 11-8 表示。

表 11-8　年度饲料计划

饲料种类	月　份												总计
	1	2	3	4	5	6	7	8	9	10	11	12	

一般每只鸡需要的配合饲料量，每年肉用仔鸡 4～5 千克，雏鸡 1 千克，育成鸡 8～9 千克，成年母鸡（蛋用鸡）39～42 千克。如 1 万只规模的商品蛋鸡场，全年约耗费饲料 51 万千克，其中产蛋鸡一年耗费 42 万千克，雏鸡耗费 1 万千克，育成鸡耗费 8 万千克。1 万只商品蛋鸡所需各类饲料的比例和概数见表 11-9。

表 11-9　商品蛋鸡各类饲料比例和概数（包括雏鸡、育成鸡耗料）

饲料种类	占饲料的比例（%）	全年大概用量（千克）
玉米	55～60	300 000
豆饼	12～15	76 000
鱼粉	6～8	40 000
麦麸	8～10	51 000
骨粉	1.3～1.5	7 500
贝壳粉	7～8（主要产蛋鸡用）	36 000
食盐	0.3	1 530
多种维生素	0.02	102
微量元素	0.2	1 020
合计		513 152

拟订饲料计划时，可根据当地饲料资源情况灵活掌握。例如，有些地区花生饼、菜子饼、小麦、碎米、骨肉粉、槐叶粉等资源比较丰富，则可以调整饲料配方，适当增加比例，并列入年初的饲料计划中。但饲料计划一旦确定，一般不要轻易变动，以确保全年饲料配方的稳定性，维持正常生产。

231 怎样进行鸡场的经济核算？

经济核算就是将生产中的消耗与成果加以详细记载，并进行科学分析，看看经济效益如何。通俗地说，经济核算就是通过记账、算账，分析是否合算。从经济核算中可得到经验教训，改善经营管理，以求进一步提高经济效益。

（1）成本核算　经济核算的中心问题是成本核算。每个鸡场都力争少投入多产出，在"产出"潜力不大的情况下，减少"投入"就是增加经济效益的关键环节。

1）成本项目及其登记方法　①饲料支出：指养鸡生产过程中各鸡群实际耗用的饲料费用。上年库存转入饲料折款列为当年开支；年底库存节余的饲料亦应折款，转为下年开支；外购的饲料按买价加运杂费计价；自产的饲料按当地市场价格计价；采集的饲料按用工量折算计入人工费用，可不再计价。②燃料、水电费：指养鸡生产过程中所耗用的各种燃料和水电费用，包括鸡舍照明、取暖等所耗用的电、煤、柴及其他燃料费用和饮水费用。由外单位购入的燃料，按实际支付的金额计算；采集的薪炭材等燃料按用工量折算计入人工费用，可不再计价。③医药费：指养鸡生产过程中发生的医疗、药品、防疫等费用。该费用按实际发生金额计入成本核算对象。④购雏费：指鸡场为更新鸡群而购入雏鸡的费用。该项费用按实际发生金额计入成本核算对象。⑤生产人员工资、奖金、劳保福利等：该项费用按实际发生金额计入成本核算对象。⑥固定资产折旧：一般价值百元以上的属于固定资产，包括房屋、设备、机械等。房屋为砖木结构的折旧年限为 15～20 年，土木结构为 8～10年；设备折旧年限为 7～10 年；拖拉机及汽车折旧年限为 10～15

年。折旧金额列入当年产品成本。⑦维修费：指固定资产所发生的一切修理费用，一般按折旧费的 10% 计算。⑧低值易耗品费：把百元以下的零星物品开支，如购工具、劳保用品等可按实际开支列入当年支出。⑨运输费：指雏鸡、产品运输的一些费用。该项费用按实际发生金额列入当年支出。⑩管理费：指鸡场的非直接生产人员的工资、奖金、福利待遇及对外联系所发生的差旅费，这些均列入当年支出。⑪其他支出：指上述 10 项以外的支出。

2）各种成本的计算方法

①人工孵化成本：人工孵化生产过程是从种蛋入孵至雏鸡出壳一昼夜止。其主产品为孵出的满一昼夜成活的雏鸡，副产品为废蛋。

人工孵化的全部孵化费用减去副产品价值，即为雏鸡的成本。其计算公式如下：

$$每只雏鸡成本 = \frac{全部孵化费用 - 副产品价值}{一昼夜成活雏鸡数}$$

②幼鸡、育肥鸡成本：幼鸡和育肥鸡的生产过程是从孵出一昼夜的幼鸡到育成为止。其主产品是增重量，少量的鸡蛋、羽毛、鸡粪等是副产品。幼鸡、育肥鸡计算增重成本和活重成本。其计算公式如下：

$$增重总成本 = 该鸡群饲养费用 - 副产品价值$$

$$增重单位（千克）成本 = \frac{增重总成本}{增重量}$$

$$活重总成本 = 年初成本 + 年内饲养费用 + 年内购入、$$
$$转入鸡的价值 - 副产品价值$$

$$活重单位（只）成本 = \frac{该鸡群活重总成本}{年末只数 + 转群出售只数}$$

$$活重单位（千克）成本 = \frac{该鸡群活重总成本}{该鸡群总活重量}$$

③鸡蛋成本：蛋鸡群的主产品是鸡蛋，副产品为羽毛和鸡粪。鸡群的全部饲养费用减去副产品价值，即为鸡蛋成本。其计算公式如下：

$$鸡蛋（千克）成本=\frac{鸡群饲养费用-副产品价值}{年内鸡蛋总重}$$

④鸡群饲养日成本：一只鸡饲养一天为一个饲养日，而饲养日成本是指鸡群平均每只饲养一天所花费的饲养费用。为了考核和监督某一鸡群饲养工作量和饲养费用水平，应计算饲养日成本。计算公式如下：

$$鸡群饲养日成本=\frac{\begin{array}{c}鸡群全年全部饲养费用\\（不减副产品价值）\end{array}}{鸡群本年饲养日总数}$$

（2）经营成果核算 鸡场经营成果核算主要是指对产品产量和收入的核算。产量指标是表明鸡场生产经营成果的直接指标，而收入指标可以综合体现鸡场的生产经营成果。通过鸡场生产经营成果核算，可以反映出在一定时期内生产了多少产品，积累了多少收入。①全年商品蛋总产量：指1月1日至年末出售商品蛋（包括破蛋在内）的总千克数。②全年出售商品蛋总收入：指1月1日至年末出售鲜蛋及破损蛋收入的总和（未出售的应盘点折价列账）。③全年淘汰鸡收入：指出售鸡的实际收入。④鸡粪收入：按全年总消耗饲料量的60%折算为鸡粪，再按实际出售价格计算。如养鸡规模1万只，全年大小鸡耗料50万千克，折鸡粪30万千克，每千克售价0.03元，则鸡粪收入9 000元。⑤鸡只盘点：年终全场进行鸡只盘点，按各类鸡的只数分别折价。盘点后算出存栏数，减去上年末存栏数，即为本年增值数，乘以每只鸡折价，得出全部增值鸡的经济价值。计算法参见表11-10。

表11-10 鸡只增值折价计算表

鸡 只		每只折价（元）
雏鸡和育成鸡	1月龄以前	4
	2月龄以前	6
	3月龄以前	10
	4月龄以前	14
	5月龄以前	18

（续）

鸡　　只		每只折价（元）
产蛋鸡	开产后 3 个月	16
	开产后 3~6 个月	13
	开产后 6~9 个月	10
	开产后 9~12 个月	8

（3）利润核算　鸡场利润核算主要是指对利润额和利润率的核算。进行利润核算，是考核鸡场生产经营好坏的一个重要指标。

①利润额：是指鸡场利润的绝对数量，是用货币表现在一定时期（一年）内，全部收入扣除成本费用和缴纳税金（目前养殖业一般免税）之后的金额。

总利润（或亏损）额＝各项收入总和－各项支出总和

＝销售收入－生产成本－销售费用－

税金±营业外收支净额

营业外收支净额，是指与企业生产经营无直接关系的收支差额。营业外收入包括罚金收入、固定资产出租收入、生产技术传授收入等；营业外支出包括企业职工的劳动保险和物资保险费用、积压物资削价损失、呆账损失等。各项收入总和与各项支出总和的差额为正值时，说明鸡场盈利；反之则说明鸡场亏损。家庭鸡场年度盈亏核算方法参见表 11-11。

表 11-11　某家庭蛋鸡场某年经济核算分析表（9 900只）

收　　入		支　　出		
项　　目	金额（元）	项　　目	金额（元）	占总支出百分比
鸡蛋 127 500 千克	918 000	饲料 350 102 千克	665 193.80	
淘汰鸡 4 345 只	34 760	工资福利 6 人	72 000	
鸡群增值 5 000 只	55 000	水电	8 156.16	
鸡粪 300 000 千克	9 000	管理费	1 576.25	
		折旧	63 533.43	
		育成鸡 9 900 只	15 844.00	

（续）

收　　入		支　　出		
项　　目	金额（元）	项　　目	金额（元）	占总支出百分比
合计	1 016 760		826 303.64	
盈利（元）		190 456.36		
平均每只鸡盈利（元）		19.24		

②利润率：由于鸡场规模大小不同，仅从利润额的绝对值来衡量鸡场的利润水平是不公正的。因此，更重要的是需要对利润率进行比较。利润率是将利润与成本、产值、资金进行对比，从不同角度反映鸡场的盈利水平。

资金利润率：是鸡场年利润总额与年占用资金的比率，其计算公式是：

$$资金利润率=\frac{年利润总额}{年占用资金总额}\times100\%$$

年占用资金总额＝年流动资金平均占用额＋年固定资金平均净值

资金利润率综合反映了鸡场资金消耗和资金占用与利润的比率关系。它是从利润来反映资金占用及其利用效果的综合指标。因此，资金利润率可作为鸡场经营的一项核心指标。在保证生产需要的前提下，应尽量减少资金的占用，以便取得较高的资金利润率。

产值利润率：是鸡场年利润总额与年产值总额的比率，其计算公式是：

$$产值利润率=\frac{年利润总额}{年产值总额}\times100\%$$

它反映鸡场每百元产值所实现的利润多少。产品成本和营业外收入对利润的影响也可以在这一指标中得到反映，但它同成本利润率一样，不能反映鸡场的资金消耗和资金占用的程度。

成本利润率：是鸡场一年中所取得的利润总额与成本总额的比率，其计算公式如下：

$$成本利润率＝\frac{年利润总额}{年产值总额}×100\%$$

这一指标反映鸡场每百元成本在一年中创造了多少利润，较全面地反映了鸡场经营情况。成本利润率高，说明鸡场经济效果好。但成本利润率不能反映鸡场全部生产资金的利用成果，因为鸡场拥有的全部流动资金,只有进入生产阶段被消耗的那一部分才能被计入成本,鸡场储备部分的流动资金的周转速度就得不到反映。还有,在鸡场拥有的全部固定资产中，不使用和不需用的设备也没有得到反映。

232 **在鸡场业务经营过程中，如何签订经济合同？**

在家庭鸡场的经营管理过程中，必然涉及多方面的民事法律关系。比如，饲料的购买、鸡蛋的销售、鸡舍的兴建、技术设备的引进等。要想使这些民事法律行为得到有利的保护，必然要用合同这种形式来进行规范。

（1）经济合同的内容　家庭鸡场签订合同的种类很多，但其内容并不复杂，与当事人进行约定，根据我国合同法来拟定，以"雏鸡定购合同"为例加以说明。

雏鸡订购合同

供方（甲）：某孵化场　　　合同编号：×××

需方（乙）：某养鸡场　　　签订地点：×××

　　　　　　　　　　　　　签订时间：×××

鉴于乙方为满足更新产蛋鸡群的需要与甲方达成定期购买雏鸡的合同，双方达成协议如下：

1. 甲方提供乙方××品种××雏鸡××只，另外加2%路耗。

2. 每只雏鸡单价×元，合计金额×元。

3. 甲方分批供应,供雏日期分别如下：×年×月×日；×年×月×日。

4. 甲方提供的雏鸡必须满足乙方更新产蛋鸡群的需要，母雏鉴别率98%以上。

5. 甲方提供的雏鸡必须有××畜牧业质量检验单位出具的质量证明，保证为健雏，检验费由甲方自负。

6. 甲方于合同规定的供货日期送货到乙方鸡场所在地，费用风险由甲方自负。

7. 货款以现金支付，货到付款。乙方在合同生效之日起，10日内支付甲方××元的定金。

8. 甲方因故不能准时交货或数量不足，乙方的经济损失由甲方赔偿，每只雏鸡×元。乙方因故不要雏或延迟要雏，必须提前10天通知甲方，此期间内给甲方造成的损失由乙方赔偿，每只雏鸡×元。

9. 甲方应给雏鸡注射马立克氏疫苗，保证接种密度不低于98%，如在免疫期×月内发生本病，甲方负责赔偿经济损失××元。

10. 如雏鸡饲养一段时间后，乙方发现有质量问题（如品种不纯），经有关质量检验部门鉴定后，认为属实，则甲方赔偿乙方经济损失××元。本合同在履行过程中如发生争议，由当事人双方协商解决。协商不成，由××仲裁委员会仲裁。

供方：单位名称　　　　　　　　需方：单位名称
　　　单位地址　　　　　　　　　　　单位地址
　　　法定代表人　　　　　　　　　　法定代表人
　　　委托代理人　　　　　　　　　　委托代理人
　　　电话　　　　　　　　　　　　　电话
　　　开户银行　　　　　　　　　　　开户银行
　　　账号　　　　　　　　　　　　　账号
　　　邮政编码　　　　　　　　　　　邮政编码

有效期限×年×月×日至×年×月×日

从上述雏鸡定购合同的内容来看，并结合我国合同法第12条的具体规定，合同一般必须具备以下主要条款：①当事人的名称或姓名和住所：合同是双方或多方当事人之间的协议，当事人是谁，住在何处或营业场所在何处应予明确。在合同事务当中，这一条款往往列入合同的首部。如上例中，供方是××，需方是××。②标的：标的是合同法律关系的客体，是当事人权利义务共同指向的对象，它是合同不可缺少的条款，如上例中标的为雏鸡。③数量：数量是以数字和计量单位来衡量标的的尺度。数量是确定标的的主要条款。在合同实务中，没有数量条款的合同是不具有效力的合同。

在大宗交易的合同中，除规定具体的数量条款以外，还应规定损耗的幅度和正负尾差。如上例中第1款。④质量：质量是标的内在素质和外观形态的综合，包括标的名称、品种、规格、标准、技术要求等。在合同实物中，质量条款能够按国家质量标准进行约定的，则按国家质量标准进行约定。⑤价款或酬金：又称价金，是取得标的物或接受劳务的一方当事人所支付的代价，如上例中的总金额××元。⑥履行的期限、地点和形式：合同的履行期限，是指享有权利的一方要求对方履行义务的时间范围。它既是享有权利一方要求对方履行合同的依据，也是检验负有履行义务的一方是否按期履行或迟延履行的标准。履行地点是指合同当事人履行和接受履行规定合同义务的地点，如提货和交货地点；履行方式是指当事人采取什么办法来履行合同规定的义务，如交款方式、验收方法及产品包装等。⑦违约责任：违约责任是指违反合同义务应当承担的民事责任。违约责任条款的设定，对于监督当事人自觉适当地履行合同，保护非违约方的合法权益具有重要意义。但违约责任不以合同规定为条件，即使合同未规定违约条款，只要一方违约，且造成损失，就要承担违约责任。⑧解决争议的方法是指在纠纷发生后以何种方式解决当事人之间的纠纷，如上例中第10款。当然，合同未约定这一条款的，不影响合同的效力。

另外，合同是双方法律行为，可以在合同中约定其他条款。值得一提的是合同中有关担保问题，《中华人民共和国担保法》第九十三条明确规定：担保可以以合同的形式出现，也可以是合同中的担保条款。因此，双方当事人可以选择适用，如果单独订立担保合同，有如下选择，保证合同、定金合同、抵押合同、质押合同，具体条款可参照担保法的规定。

（2）经济合同的签订、变更和解除

1）经济合同的签订程序　合同的订立是合同当事人进行协商，使各方的意思表示趋于一致的过程。合同订立的一般程序从法律上可分为要约和承诺两个阶段。①要约：要约是指一方当事人向他人做出的以一定条件订立合同的意思表示。前者称为要约人，后者称为受要约人。要约可以用书面形式做出，也可以以对话形式做出。对话形式的要约，受要约人了解时发生效力；书面形式的要约于到达受要约人时发生效力。②承诺：承诺是指受要约人同意要约内容缔结合同的意思。作为意思表示的承诺，其表示方式应与要约相一致，即要约以什么方式做出，承诺也应与什么方式做出。承诺的生效意味着合同的成立。因此，承诺生效的时间至关重要。依我国合同法，承诺在承诺期限内到达要约人时生效。

一般来说，一项合同的签订，往往不是一拍即成的。当事人双方要经过反复协商，这个反复协商的过程，实质上就是要约—新要约—再要约—再新要约，直至承诺，最后达成一致协议，合同便成立。

2）经济合同的履行　合同的履行是指合同生效后，双方当事人按照约定全面履行自己的义务，从而使双方当事人的合同目的得以实现的行为。在合同履行过程当中要遵循诚实信用和协作履行的原则，对合同约定不明确的内容按照我国合同法第六十一条和第六十二条作如下处理：

合同生效后，当事人就质量、价款或者报酬、履行地点等内容没有约定或者约定不明确的，可以协议补充；不能达成补充协议的，按照合同有关的条款或者交易习惯确定。如果当事人仍不能确定有关合同的内容，使用下列规定：①质量要求不明确的，按照国家标准、行业标准履行；没有国家标准的、行业标准的，按照通常标准或者符合合同目的的特定标准履行。②价款或者报酬不明确的，按照订立合同时履行地的市场价格履行，依法应当执行政府定价或者政府指导价的，按照规定履行。③履行地点不明确的，给付货币的在接受货币一方所在地履行；交付不动产的，在不动产所在地履行；其他标的，在履行义务一方所在地履行。④履行期限不明确的，债务人可以随时履行，债权人也可以随时请求履行，但应该给对方必要的准备时间。⑤履行方式不明确的，按照有利于实现合同目的的方式履行。⑥履行费用的负担不明确的，由履行义务一方负担。

3）合同的变更　我国合同法规定的合同的变更是指合同的内容的变更。合同变更的条件有：①原已存在合同关系。②合同内容已发生变化。合同变更须依当事人协议或依法律直接规定及裁决机构裁决，有时依形成债权人的意思表示。③须遵守法律要求的方式。

4）合同的解除　合同的解除是指合同有效成立以后，应当事人一方的意思表示或者双方协议，使基于合同发生的债权债务关系归于消灭的行为。合同解除分为约定解除和法定解除。

约定解除分为两种情况，一是在合同中约定了解除条件，一旦该条件成立，合同解除。二是当事人未在合同中约定解除条件，但在合同履行完毕前，经双方协商一致解除合同。

法定解除是指出现了法律规定的解除事由，有：①因不可抗力致使不能实现合同目的，当事人可以解除合同。②在履行期限届满之前，当事人一方明确表示或者以自己的行为表示不履行主要债务的，对方可以解除合同。③当事人一方迟延履行主要债务，经催告后在合理期限内仍未履行的，对方可以解除合同。④当事人一方迟延履行债务或者有其他违约行为致使履行会严重影响订立合同所期望的经济利益的，对方可不经催告解除合同。⑤法律规定的其他情形。

在合同解除后，尚未履行的，不得履行；已经履行的，根据履行情况和合同的性质，当事人可以要求恢复原状或采取其他补救措施，并有权要求赔偿损失。

233 提高养鸡经济效益的主要途径有哪些？

现代鸡场经营的基本准则是，养鸡生产必须与社会发展相适应，以取得盈利为主要目的，其产品应是低成本、高质量，适合市场需要。为此，要增加鸡场的经济效益，既要制订正确的经营决策，使产品具备市场竞争能力，销路通畅，又要采用先进的科学技术，提高产量、降低成本，同时还要抓好生产中的经营管理工作。

（1）制订正确的经常决策　作为一个养鸡企业，要获得较高的经济效益，必须重视生产前的经营决策，制订出一个长期战略目标，使鸡场有明确的发展方向，避免和减少生产中的盲目性，保持生产和市场需要相适应。正确的经营决策，应根据主、客观条件，扬长避短，发挥自己的优势，因地制宜地建立生产结构，合理搭配各种鸡群数量，这样才能提高鸡场产品产量和质量，降低生产成本，增加鸡场盈利。

（2）提高鸡场素质，增强竞争力 鸡场素质包括领导者的素质、饲养管理工作人员的素质、设备工艺的素质及产品素质等。当今市场的竞争实质是人才的竞争、科学的竞争，要提高鸡场的经济效益，必须引进市场竞争机制，重视人才，重视知识。

（3）重视科学技术，提高技术水平 目前，发达国家社会生产率的提高，60%以上是靠科学技术进步而取得的，在养鸡生产中，特别是大规模饲养条件下，饲养良种鸡是增加经济收入的基础，鸡群生产性能高低，首先决定于鸡群的遗传潜力，不同品种的生产潜力大不相同，据试验，在同样的饲养管理条件下，良种鸡可提高产量30%。在生产实践中，应注意选用高产效果确实、适应性强、易于饲养的商品杂交鸡；合理配料是增加经济效益的关键。养鸡最大的开支是饲料，饲料费用约占养鸡成本的70%，在养鸡生产中，怎样合理地利用饲料，避免饲料浪费，降低饲料成本是一个关键环节。实践证明，采用优秀的饲粮配方，蛋鸡产蛋量多，饲料报酬高，抗病力强，无营养缺乏症。因此，每一个鸡场都可根据本场饲料状况筛选出一个最佳配方，以便在生产中推广使用，使鸡群高产而低耗；科学管理是增加经济效益的保证。鸡群的遗传潜力只有在良好的环境条件下才能充分发挥。因此，在生产中要给鸡群创造适宜的生活环境，做好防疫工作，保证鸡群健康无病、高产、稳产。

（4）加强鸡场的经营管理 鸡场要增加经济效益，就必须由生产型向经营型转变，在鸡场内部搞好经济核算，讲求经济效益，面向市场，加强对市场的研究，把生产、加工和销售紧密地联系在一起，改善经营管理，增强竞争能力。①建场投资应适当。养鸡场创造的产值是由生产规模决定的。建场投资必须要进行认真的市场调查、市场预测和经济核算，尽可能降低每只鸡位的投资额。②实行生产、加工及销售一体化经营。养鸡产品直接推向市场的经济收益较低，如果能进行产品的深加工，其产品的产值可能会成倍增长。③充分调动员工的积极性。生产中最活跃的因素是人，要协调好人事关系，充分调动每一个人的积极性和主观能动性，加强工作人员的责任感和事业心，坚持多劳多得的分配原则。④树立企业形象，促进销售工作。产品销售是养鸡场的主要工作。加强对买方市场的认识，以产品质量作为企业形象的基础，大力培育市场，充分利用营销策略促进产品的销售。

十二、鸡常见病及防治

234 鸡的传染病是怎样发生的？

凡是由病原微生物引起，具有一定的潜伏期和临床症状，并具有传染性的疾病称为传染病。各种传染病的发生，虽然各具特点，但也有共性规律，都包括传播、感染、发病三个阶段。

（1）传染病的传播　鸡传染病的传播扩散，必须具备传染源、传染途径和易感鸡群三个基本环节，如果打破、切断和消除这三个环节中的任何一个环节，这些传染病就会停止流行。

1）传染源　即病原微生物的来源，主要传染源是病鸡和带菌（毒）的鸡。病鸡不仅体内有病原微生物繁殖，而且通过各种排泄物将病原微生物排出体外，传播扩散，使健康鸡群感染发病。带菌（毒）的隐性感染鸡，由于缺乏病症，不被人们注意，往往会被认为是健康鸡，这样危险就更大，容易造成大面积的传染。另外，患传染病鸡的尸体如处理不当和带菌（毒）的鸟、鼠等，也是散播病原微生物的重要传染源。

2）传染途径　鸡传染病的病原微生物，由传染源向外传播的途径有三种，即垂直传播、孵化器内传播和水平传播。①垂直传播：也叫经蛋传递。是种鸡感染了（包括隐性感染）某些传染病时，体内的病菌或病毒能侵入种蛋内部，传播给下一代雏鸡。能垂直传播的鸡病有沙门氏菌病、支原体病、传染性脑脊髓炎、大肠杆菌病等。②孵化器内传播：孵化器内的温度、湿度非常适宜于细菌繁殖。蛋壳上的气孔比一般细菌大数倍，所以有鞭毛、能运动的细菌，特别是鸡副伤寒病菌、大肠杆菌等，当其存在于蛋壳表面时，在孵化期间即侵入蛋内，使胚胎感染。另外，一些存在于蛋壳表面的病毒和病菌，虽然一般不进入蛋内，但雏鸡刚一出壳时，即由呼吸道等门户入侵，马立克氏病就常以这种方式传染。在出雏器内，带病出壳的雏鸡与健康雏鸡接触，也会造成传染，鸡白痢和传染性脑脊髓炎等病除垂直传播外，还可在出雏器内进一步扩散。③水平传播：也叫横向传播。是指病原微生物通过各种媒介在同群鸡之间和地区之间的传播。这种传播方式面广量大，媒介物也很多。同群鸡之间的传播媒介主要是饲料、饮水、空气中的飞沫与灰尘等，远距离传播的媒介通常是鸡舍内清除出去的垫料和粪便、运鸡运蛋的器具和车辆、在各鸡场之间周转的饲料包装袋及工作人员的衣物等。

3）鸡的易感性 病原微生物仅是引起传染病的外因，它通过一定的传播途径侵入鸡体后，是否导致发病，还要取决于鸡的内因，也就是鸡的易感性和抵抗力。鸡由于品种、日龄、免疫状况及体质强弱等情况不同，对各种传染病的易感性有很大差别。例如，在日龄方面，雏鸡对鸡白痢、传染性脑脊髓炎等病易感性高，成年鸡则对禽霍乱易感性高；在免疫状况方面，鸡群接种过某种传染病的疫苗或菌苗后，产生了对该病的免疫力，易感性大大降低。当鸡群对某种传染病处于易感状态时，如果体质健壮，也有一定的抵抗力。

（2）传染病的感染 某种病原微生物侵入鸡体后，必然引起鸡体防御系统的抵抗，其结果必然出现以下三种情况：①病原微生物被消灭，没有形成感染。②病原微生物在鸡体内的某些部位定居并大量繁殖，引起病理变化和症状，也就是引起发病，称为显性感染。③病原微生物与鸡体防卫力量处于相对平衡状态，病原微生物能够在鸡体某些部位定居，进行少量繁殖，有时也引起比较轻微的病理变化，但没有引起症状，也就是没有引起发病，称为隐性感染。有些隐性感染的鸡是健康带菌、带毒者，会较长期地排出病菌、病毒，成为易被忽视的传染源。

（3）传染病的发病过程 显性感染的过程，可分为以下四个阶段。①潜伏期：病原微生物侵入鸡体后，必须繁殖到一定数量才能引起症状，这段时间称为潜伏期。潜伏期的长短，与入侵的病原微生物的毒力、数量及鸡体抵抗力强弱等因素有关。例如，鸡新城疫的潜伏期，一般为3～5天，其最大范围为2～15天。②前驱期：是发病的征兆期，表现出精神不振，食欲减退，体温升高等一般症状，尚未表现出该病特征性症状。前驱期一般只有数小时至1天多。某些最急性的传染病，如最急性的禽霍乱等，没有前驱期。③明显期：此时病情发展到高峰阶段，表现出该病的特征性症状。前驱期与明显期合称为病程。急性传染病的病程一般为数天至2周左右，慢性传染病可达数月。④转归期：即疾病发展到结局阶段，病鸡有的死亡，有的恢复健康。康复鸡在一定时期内对该病具有免疫力，但体内仍残存并向外排放该病的病原微生物，成为健康带菌或带毒鸡。

235 预防鸡传染病应采取哪些措施？

在养鸡过程中，常常会发生各种疾病，特别是某些烈性传染病，严重地影响着鸡群的健康。因此，在发展养鸡生产的同时，鸡场必须首先要做好鸡病的预防工作。

（1）鸡场选址要符合防疫要求　鸡场的场址应背风向阳，地势高燥，水源充足，排水方便。鸡场的位置要远离村镇、机关、学校、工厂和居民区，与铁路、公路干线、运输河道也要有一定距离。

（2）对饲养人员和车辆要进行严格消毒，切断外来传染源　鸡场和鸡舍出入口应设置消毒设施，外来车辆进入厂区和饲养人员出入鸡舍要消毒。

（3）建立场内兽医卫生制度　①不得把后备鸡群或新购入的鸡群与成年鸡群混养，以防止疫病接力传染。②食槽、水槽要保持清洁卫生，定期清洗消毒。粪便要定期清除。③鸡转群前或鸡舍进鸡前要彻底对鸡舍和用具进行消毒。④定期对鸡群进行计划免疫和药物防病，平养鸡要定期驱虫，疫苗接种是防止某些传染病发生的可靠措施，在接种时要查看疫苗的有效期、接种方法及剂量等。预防性用药是根据某些病的发病规律提前用药，应注意各种抗菌类药物交替作用，以防病原菌产生抗药性。⑤养鸡场要重视和做好除鼠、防蚊、灭蝇工作。

（4）加强鸡群的饲养管理，提高鸡的抗病能力　①选择优质的雏鸡。若从外场购进雏鸡，在准备进鸡前要了解所购雏鸡的种鸡场的建筑水平、饲养管理水平以及孵化水平，特别是种鸡场的卫生管理、种鸡的饲料营养和消毒情况对雏鸡的健康影响较大。优质雏鸡抗病力强，育雏成活率高。②供给全价饲粮。饲粮的营养水平不仅影响鸡的生产能力，而且缺乏某些成分可发生相应的缺乏症。所以要从正规的饲料厂购买饲料，贮存时注意时间不要过长，并防止霉变和结块。在自配饲粮时，要注意原料的质量，避免饲粮配方与实际应用相脱节。③给予适宜的环境温度。适宜的环境温度有利于提高鸡群的生产能力。如果温度过高或过低，都会影响鸡群的健康，冷热不定很容易导致鸡群呼吸道病的发生。④维持良好的通风换气条件。鸡舍内的粪便及残存的饲料受细菌的作用可产生大量的氨气，加上鸡呼吸排出的气体对鸡是很有害的。要减少鸡舍内的有害气体，一方面可采取在不突然降低温度的情况下开窗或排风扇排气，另一方面要保持地面干燥卫生，减少氨气的产生。⑤保持合理的饲养密度。密度过大可造成鸡群拥挤和空气中有害气体增多，鸡群易患白痢病、球虫病、大肠杆菌病及慢性呼吸道病等。⑥尽力减少鸡群应激反应。过大的声音、转群、药物注射以及饲养人员的穿戴和举止异常对鸡群是一种应激，在应激时鸡群容易发生球虫病、传染性法氏囊病等。

（5）建立兽医疫情处理制度　兽医防疫人员每天要深入鸡舍观察鸡群，有疫情要立即诊断。发现传染病时，病鸡隔离，死鸡深埋或烧毁。对一些烈性传染病（如鸡新城疫等），应及时报告上级兽医机关，并封锁鸡场，进行紧急接种，直至最后一只病鸡死亡半月后不再有病鸡出现，方可报告上级部门解除封锁。对污染的鸡舍和用具要进行消毒处理，鸡的粪便需要堆积发酵后方可运出场外。

236 怎样诊断鸡病？

诊断的目的是为了尽早地认识疾病，以便采取及时而有效的防治措施。只有及时正确的诊断，防治工作才能有的放矢，使鸡群病情得以控制，免受更大的经济损失。鸡病的诊断主要从以下五个方面着手。

（1）流行病学调查　有许多鸡病的临床表现非常相似，甚至雷同，但各种病的发病时机、季节，传播速度，发展过程，易感日龄，鸡的品种、性别及对各种药物的反应等方面各有差异，这些差异对鉴别诊断有非常重要的意义。如一般进行某些预防接种的，在接种免疫期内可排除相关的疫病。因此，在发生疫情时要进行流行病学调查，并结合临床症状和化验结果，最后确诊。

（2）临床诊断　①现场观察：首先观察了解周围环境，并着重观察鸡群在自然管理条件下，饲养方式、垫料、通风换气、温度、线照、饮水、饲料、饲养密度等。然后再仔细观察鸡群，即站在鸡舍内一角，不惊扰鸡群，静静观察鸡群的生活状态，寻求各种异常表现，为进一步诊断提供线索。②病鸡个体检查：对整群鸡进行观察之后，再挑选出各种不同类型的病鸡进行个体检查。这种检查，一般先检查体温，接着检查全身各个部位。

（3）病理解剖检查　鸡体受到外界各种不利因素侵害后，其体内各器官发生的病理变化是不尽相同的。通过解剖，找出病变的部位，观察其形状、色泽、性质等特征，结合生前诊断，确定疾病的性质和死亡的原因，这是十分重要的。凡是病死的鸡均应进行剖检。有时以诊断为目的，需要捕杀一些病鸡，进行剖检。生前诊断比较肯定的鸡只，可只对所怀疑的病变器官作局部剖检，如果所怀疑器官找不到出怀疑的病变或致死原因时，再进一步对全身做系统周密的检查。在鸡群生长发育和生产性能正常的情况下，突然有个别鸡死亡时，必须进行系统的全身剖检，以便随时发现传染病，找出病因，及时采取有效措施。

（4）实验室诊断　在诊断鸡病的过程中，对其中的有些疾病特别是某些传染病，必须配合实验室检查才能确诊。当然，有了实验室检查结果，还必须结合流行病学调查、临床症状和病理剖检所见再进行综合分析，切不可单靠化验结果就盲目做出结论。

（5）鉴别诊断　随着养鸡生产的发展，鸡病的临床表现和病理变化变得错综复杂，给临床诊断带来了一定的困难。对于家庭鸡场而言，在鸡病诊断中，鉴别诊断难度相对较大，但非常重要，必须给予高度重视。要根据病原特性、流行特点、临床症状、病理特征，认真分析，仔细梳理，从可能会发生的多种疾病中逐一排除，最后做出正确诊断。

237 怎样剖检病鸡？

鸡体患病后，其体内各器官将发生相应的病理变化，因此，通过解剖，找出病变的部位，观察其形状、色泽等特征，结合生前诊断，从而可确定疾病的性质和死亡的原因。

（1）杀死病鸡的方法　病理剖检的对象是病鸡和病死鸡。临床上杀死病鸡的方法很多，常用的有以下几种。①断头：就是用锐利的剪刀在鸡颈部前端剪下头部。这种方法适用于幼雏。②拉断颈椎：用左手提起鸡的双翅，右手食指和中指夹住鸡的头颈相连处，拉直颈部，用拇指将鸡的下颌向上抬起，同时食指猛然下压，这样使脊髓在寰椎和枕骨大孔连接处折断。折断后应抓住鸡的双翅以防止扑打，直到挣扎停止。这种方法适用于大雏或青年鸡。③颈静脉放血：拔除颈部前端的羽毛，一只手将鸡的双翅和头部保定好，另一只手用锋利的剪刀在颈部左下侧或右下侧剪断颈静脉，使血液流出，直到病鸡因失血过多而死亡。这种方法适用于成年鸡。

此外，口腔放血法、脑部注射空气法等都可杀死病鸡。

（2）剖检前的准备　剖检室应设在远离鸡舍、孵化室和料库的地方。剖检前准备好必要的器械，如解剖剪、手术剪、手术刀、解剖刀、镊子、乳胶手套等。若要进行病原分离，上述器械要经过严格的消毒处理，一般采用高压灭菌处理的培养基和其他必需的器械、试剂以及鸡胚或培养中的细胞等，若要采集病料进行组织学检查，还要准备好固定液和标本缸等。

（3）体腔剖开　将鸡的尸体用水浸湿，仰卧于剖检台或剖检盘内，在两侧的大腿和腹部之间切开皮肤，用力下压两大腿并向外折，使股骨头和髋臼脱离，这样使两腿外展，防止尸体在剖检时翻转。

开始剥皮由口角沿腹正中线经气管、胸骨脊至泄殖腔切开皮肤，然后向左、右两侧剥开皮肤。剥皮时，应特别注意勿伤及嗉囊。

胸腔的剖开是自胸骨的后内突（后胸骨）后缘纵切腹壁至泄殖腔，再于胸骨后内突后缘向左右侧各切一与纵切垂直切线。然后将胸骨上的肌肉切下，沿胸骨两侧用解剖剪向前剪断肋骨、鸟喙骨和锁骨。左手握住胸骨，用力拉向前上方，剪断连续的软组织，取下胸骨放于一侧，这时内脏全部露出。

将结肠在与泄殖腔交界处结扎剪断，再于腺胃前剪断食管，摘出腺胃、肌胃及肠。用手术刀柄伸入肋骨间窝剥离出肺脏，于支气管分支口剪断气管，然后用镊子提持下剥离各部连结组织，将心脏、肝脏、肺脏和脾一起摘出，再用与摘出肺脏同样的方法剥离出肾脏。卵巢与输卵管同时取出。

用手术剪插入口腔，从喙角开始剪开口腔、食管、嗉囊及气管。

用剪刀将鼻孔上面的皮肤和上颌骨横向切开。鸡脑的摘出，是先除去颅部肌肉，用解剖剪或手术剪剪开颅盖，切线为前经眼角、后经枕骨大孔的环状切线，取下颅盖后，即可取出脑。

器官检查，一般多在颈部、胸部及腹部器官摘出后一起检查，也可在各部器官摘出后立即分别进行检查。

238 鸡的投药方法有哪些？

在养鸡生产中，为了促进鸡群生长，预防和治疗某些疾病，经常需要进行投药。鸡的投药方法很多，大体上可分为三类，即全群投药法、个体给药法和种蛋及鸡胚给药法。

（1）全群投药法

1）混水给药　混水给药就是将药物溶解于水中，让鸡自由饮用。此法常用于预防和治疗鸡病，尤其是适用于已患病、采食量明显减少而饮水状况较好的鸡群。投喂的药物应该是较易溶于水的药片、药粉和药液，如高锰酸钾、北里霉素、磺胺二甲基嘧啶、亚硒酸钠等。

2）混料给药　混料给药就是将药物均匀混入饲料中，让鸡吃料时能同时吃进药物。此法简便易行，切实可靠，适用于长期投药，是养鸡中最常用的投药方式。适用于混料的药物比较多，尤其对一些不溶于水而且适口性差的药物，采用此法投药更为恰当，如土霉素、微量元素、多种维生素、鱼肝油等。

3）气雾给药　气雾给药是指让鸡只通过呼吸道吸入或作用于皮肤黏膜的一种给药方法。这里只介绍通过呼吸道吸入方式。由于鸡肺泡面积很大，并具有丰富的毛细血管，因而应用此法给药时，药物吸收快，作用出现迅速，不仅能起到局部作用，也能经肺部吸收后发挥全身作用。

4）外用给药　此法多用于鸡的外表，以杀灭体外寄生虫或微生物，也常用于消毒鸡舍、周围环境和用具等。

（2）个体给药法

1）口服法　若是水剂，可将定量药液吸入滴管滴入喙内，让鸡自由咽下。其方法是助手将鸡抱住，稍抬头，术者用左手拇指和食指抓住鸡冠，使喙张开，用右手把滴管药液滴入，让鸡咽下；若是片剂，将药片分成数等份，开喙塞进即可；若是粉剂，可溶于水的药物按水剂服给，不溶于的药物，可用黏合剂制成丸，塞进喙内即可。

口服法的优点是给药剂量准确，并能让每只鸡都服入药物。但是，此法花费人工较多，而且较注射给药吸收慢。

2）静脉注射法　此法可将药物直接送入血液循环中，因而药效发挥迅速，适用于急性严重病例和对药量要求准确及药效要求迅速的病例。另外，需要注射某些刺激性药物及高渗溶液时，也必须采用此法，如注射氯化钙等。

　　静脉注射的部位是翼下静脉基部。其方法是：助手用左手抱定鸡，右手拉开翅膀，让腹面朝上。术者左手压住静脉，使血管充血，右手握好注射器将针头刺入静脉后顺好，见回血后放开左手，把药液缓缓注入即可。

　　3）肌内注射法　肌内注射法的优点是药物吸收速度较快，药物作用的出现也比较稳定。肌内注射的部位有翼根内侧肌肉、胸部肌肉和腿部外侧肌肉。①胸肌注射：术者左手抓住鸡两翼根部，使鸡体翻转，腹部朝上，头朝术者左前方。右手持注射器，由鸡后方向前，并与鸡腹面保持 45°，插入鸡胸部偏左侧或偏右侧的肌肉1～2厘米（深度依鸡龄大小而定），即可注射。胸肌注射法要注意针头应斜刺肌肉内，不得垂直深刺，否则会损伤肝脏造成出血死亡。②翼肌注射：如为大鸡，则将其一侧翅向外移动，即露出翼根内侧肌肉。如为幼雏，可将鸡体用左手捉住，一侧翅翼夹在食指与中指中间，并用拇指将其头部轻压，右手握注射器即可将药物注入该部肌肉。③腿肌注射：一般需有人保定或术者呈坐姿，左脚将鸡两翅踩住，左手食、中、拇指固定鸡的小腿（中指托，拇、食指压），右手握注射器即可进行肌内注射。

　　4）嗉囊注射　要求药量准确的药物（如抗体内寄生虫药物），或对口咽有刺激性的药物（如四氯化碳），或对有暂时性吞咽障碍的病鸡，多采用此法。其操作方法是：术者站立，左手提起鸡的两翅，使其身体下垂，头朝向术者前方。右手握注射器针头由上向下刺入鸡的颈部右侧、离左翅基部1厘米处的嗉囊内，即可注射。最好在嗉囊内有一些食物的情况下注射，否则较难操作。

　　（3）种蛋及鸡胚给药法　此种给药法常用于种蛋的消毒和预防各种疾病，也可治疗胚胎病。常用的方法有下列几种：①熏蒸法：将经过洗涤或喷雾消毒的种蛋放入罩内、室内或孵化器内，并内置药物（药物的用量根据每立方米体积计算），然后关闭室内门窗或孵化器的进出气孔和鼓风机，熏蒸半小时后方可进行孵化。②浸泡法：将种蛋置于一定浓度的药液中浸泡3～5分钟，以便杀灭种蛋表面的微生物。用于种蛋浸泡消毒的药物主要有高锰酸钾、呋喃西林及碘溶液等。③注射法：可将药物通过种蛋的气室注入蛋白内，如注射庆大霉素。也可直接注入卵黄囊内，如注射泰乐菌素。还可将药物注入或滴入蛋壳膜的内层，如注射或滴入维生素 B_1。

239 怎样做药物敏感试验？

测定细菌对抗菌药物敏感性的试验称为药物敏感试验或简称药敏试验。由于养鸡业中抗菌药物的广泛使用，导致抗药菌株越来越多，盲目用药常常效果不佳。因此，进行药物敏感试验已成为正确使用抗菌药物的必要手段。药物敏感试验的方法有多种，如纸片扩散法、试管法、挖洞法等。其中，纸片扩散法简便易行，出结果快，是目前生产中最常见的方法，现将该种方法介绍如下：

（1）药敏纸片的准备　常用抗菌药敏纸片已有商品供应，一般可以买到，可直接利用。

（2）药敏培养基的制备

①普通肉汤琼脂：又称营养琼脂。蛋白胨 10 克、氯化钠（NaCl）15 克、磷酸氢二钾（K_2HPO_4）1 克、琼脂 20 克、牛肉浸出液 1 000 毫升（可用牛肉浸膏 10 克浸于 1 000 毫升蒸馏水代替）。

牛肉浸出液的配制方法：取瘦牛肉去掉脂肪、腱膜等，绞碎或切碎，按 500 克牛肉加 1 000 毫升蒸馏水混合，置 4℃ 冰箱内过夜，取出后加热到 80～90℃，经 1 小时后，以数层纱布滤除肉渣并挤出肉水，再用脱脂棉过滤，量其体积并用蒸馏水补足 1 000 毫升，分装后 20 分钟高压蒸汽灭菌，即制成牛肉浸出液。

将以上其他成分加入牛肉浸出液中，加热溶解，冷却后调 pH 至 7.6，煮沸 10 分钟，用滤纸过滤后分装，再以 10.4 万帕高压蒸汽灭菌 25 分钟，取出后冷却至 55℃ 左右，在 90 毫升直径灭菌的平皿上倾注成 4 毫米厚的平板。做好的平板，密封包装后可在冰箱中保存 2～3 周。使用前应将平皿置 37℃ 温箱中培养 24 小时，确认无菌后再用于试验。

②鲜血琼脂：将灭菌的营养琼脂加热融化，至 45～50℃ 时加

入无菌鲜血5%（每100毫升营养琼脂中加入鲜血5～6毫升）倾注平皿。无菌鲜血，用无菌手术取健康动物（绵羊或家兔等）的血液，加入盛有无菌5%柠檬酸钠溶液的容器中（血与5%柠檬酸钠的比例为9：1）混匀，置冰箱中保存备用。

（3）试验方法　临床上分离到的细菌进行纯培养。用灭菌的接种环挑取被检菌的纯培养物划线或涂布于平板上，并尽可能使其密而均匀。用灭菌镊子将药敏纸片平放于平板上并轻压使其紧贴平板。直径9.0厘米的平皿可贴7张纸片，纸片间距不少于24毫米，纸片与平皿边缘距离不少于15毫米。贴好后将平板底部朝上置于37℃温箱中培养24小时，取出观察结果。

（4）结果判定　凡对被检菌有抑制力的抗菌药物，由于向周围扩散，抑制细菌的生长，故在纸片周围出现一个无细菌生长的圆圈，称为抑菌圈。抑菌圈越大，说明该菌对此种药物敏感度越高，反之越低。如果无抑菌圈，则说明该菌对此种药物具有耐药性。因此，判定结果时，以抑菌圈直径的大小来作为细菌对该药物敏感度高低的标准。

一般来说，抑菌圈直径70毫米以上为极度敏感，15～20毫米为高度敏感，10～15毫米为中度敏感，10毫米以下为低敏感，无抑菌圈为不敏感。对多黏菌素的作用，抑菌圈在10毫米以上者为高度敏感，6～9毫米为低度敏感。

经药敏试验后，应该选择极度敏感或高度敏感的药物进行治疗。

240 鸡群为什么要进行免疫接种？

在鸡病防治过程中，对于病毒性传染病，没有有效的药物治疗方法，而某些急性细菌性传染病，药物治疗的效果也不理想，只有通过疫苗接种的方法，才能达到预防鸡病的目的。鸡的免疫接种，是将疫苗或菌苗用特定的方法接种于鸡体，使鸡在不发病的情况下产生抗体，从而在一定时期内对某种传染病具有抵抗力。

疫苗和菌苗是毒力（即致病力）较弱或已被处理致死的病毒、

细菌制成的。用病毒制成的叫疫苗，用细菌制成的叫菌苗，含活的病毒、细菌的叫弱毒苗，含死的病毒、细菌的叫灭活苗。疫苗和菌苗按规定方法使用没有致病性，但有良好的抗原性。

241 鸡常用疫苗怎样保存、运输和使用？

疫苗的保存、运输和使用方法是否得当，对其效果影响很大，在生产中必须给予重视。

（1）疫苗的保存 各种疫（菌）苗在使用前和使用过程中，必须按说明书上规定的条件保存，绝不能马虎大意。一般活菌苗要保存在2～15℃的阴暗环境内，但对弱毒疫苗，则要求低温保存。有些疫苗，如双价马立克氏病疫苗，要求在液氮容器中超低温（－190℃）条件下保存。这种疫苗对常温非常敏感，离开超低温环境几分钟就失效，因而应随用随取，不能取出来再放回。一般情况下，疫（菌）苗保存期越长，病毒（细菌）死亡越多，因此要尽量缩短保存期限。

（2）疫苗的运输 疫苗运输时，通常都达不到低温的要求，因而运输时间越长，疫苗中的病毒或细菌死亡越多，如果中途再转运几次，其影响就会更大。因此，在运输疫苗时，一方面应千方百计降低温度，如采用保温箱、保温筒、保温瓶等，另一方面要利用航空等高速度的运输工具，以缩短运转时间，提高疫（菌）苗的效力。

（3）疫苗的稀释 各种疫苗使用的稀释剂、稀释倍数及稀释方法都有一定的要求，必须严格按规定处理。否则，疫苗的滴度就会下降，影响免疫效果。例如，用于饮水的疫苗稀释剂，最好是用蒸馏水或去离子水，也可用洁净的深井水，但不能用自来水，因为自来水中的消毒剂会杀死疫苗病毒。又如用作气雾疫苗的稀释剂，应该用蒸馏水或去离子水，如果稀释水中含有盐，雾滴喷出后，由于水分蒸发，盐类浓度提高，会使疫苗灭活。如果能在饮水或气雾的稀释剂中加入0.1%的脱脂奶粉，会保护疫苗的活性。在稀释疫苗时，应用注射器先吸入少量稀释液注入疫苗瓶中，充分振摇溶解后，再加入其余的稀释液。如果疫苗瓶太小，不能装入全量的稀释液，需要把疫苗吸出放在另一容器内，再用稀释液把疫苗瓶冲洗几次，使全部疫苗所含病毒（或细菌）都被冲洗下来。

（4）疫苗的使用 疫苗在临用前由冰箱取出，稀释后应尽快使用。一般来说，活毒疫苗应在4小时内用完，马立克氏病疫苗应在半小时内用完。当天未能用完的疫苗应废弃，并妥善处理，不能隔天再用。疫苗在稀释前后都不应受热或晒太阳，更不许接触消毒剂。稀释疫苗的一切用具，必须洗涤干净，煮沸消毒。混饮苗的容器也要洗干净，使之无消毒药残留。

总之，疫苗在使用时要勤抽快打，不要拖延时间，以免影响免疫效果。

242 怎样制订鸡群的免疫程序？

有些传染病需要多次进行免疫接种，在鸡的多大日龄接种第一次，什么时候再接种第二次、第三次……称为免疫程序。单独一种传染病的免疫程序，见本书关于该病的叙述；一群鸡从出壳至开产的综合免疫程序，要根据具体情况先确定对哪几种病进行免疫，然后合理安排。制订免疫程序时，应主要考虑以下几个方面的因素：当地家禽疾病的流行情况及严重程度；母源抗体的水平；上次免疫接种引起的残余抗体的水平；鸡的免疫应答能力；疫苗的种类；免疫接种的方法；各种疫苗接种的配合；免疫对鸡群健康及生产能力的影响等。各种传染病的免疫程序可参见有关传染病防治部分。生产中鸡群具体综合免疫程序可参见表12-1～表12-3，养鸡场（户）可按实际需要具体选定。

表12-1 一般种鸡场计划免疫程序

接种日龄	疫苗（菌苗）名称	接种方法
1日龄	马立克氏病冻干疫苗	皮下注射
7日龄	新城疫、传染性气管炎二联疫苗	饮水、点眼、滴鼻
2周龄	禽流感疫苗首免	肌内注射，具体操作可参照瓶签

（续）

接种日龄	疫苗（菌苗）名称	接种方法
3 周龄	传染性法氏囊病疫苗	饮水
3 周龄	鸡痘疫苗	翅膀刺种
4 周龄	新城疫Ⅱ系疫苗	饮水、点眼、滴鼻
6 周龄	禽流感疫苗免疫	肌内注射
7 周龄	新城疫、传染性气管炎二联疫苗	饮水、点眼、滴鼻
11 周龄	传染性法氏囊病疫苗	饮水
13 周龄	新城疫Ⅰ系疫苗	气雾、饮水
17 周龄	传染性脑脊髓炎、鸡痘二联疫苗	翅膀刺种
20 周龄	新城疫、传染性气管炎、传染性法氏囊病三联疫苗	肌内注射
20/50 周龄	禽流感疫苗免疫	肌内注射
30/50 周龄	新城疫、传染性气管炎二联疫苗	饮水、点眼、滴鼻

表 12-2　一般鸡场商品蛋鸡计划免疫程序

序号	日龄	疫苗（菌苗）名称	用法及用量	备 注
1	1	鸡马立克氏病疫苗	按瓶签说明，用专用稀释液，皮下注射	在孵化场进行
2	3～5	鸡传染性支气管炎H₁₂₀苗	滴鼻或加倍剂量饮水	
3	8～10	鸡新城疫Ⅱ系、Ⅳ系疫苗	滴鼻、点眼或喷雾	
4	14～15	禽流感疫苗首免	肌内注射，具体操作可参照瓶签	
5	16～17	鸡传染性法氏囊病疫苗（中等毒力）	滴鼻或加倍剂量饮水	
6	23～25	鸡传染性法氏囊病疫苗（中等毒力）	滴鼻或加倍剂量饮水、剂量可适当加大	
7	30～35	鸡新城疫Ⅳ系疫苗	滴鼻或加倍剂量饮水、剂量可适当加大	
8	36～38	禽流感疫苗加强免疫	肌内注射，具体操作可参照瓶签	

（续）

序号	日龄	疫苗（菌苗）名称	用法及用量	备注
9	45～50	鸡传染性支气管炎H$_{52}$苗	滴鼻或加倍剂量饮水	
10	60～65	鸡新城疫Ⅰ系疫苗	肌内注射，参照瓶签	
11	70～80	鸡痘弱毒苗	刺种	发病早的地区可于7～21日龄和产蛋前各刺种1次
12	100～110	禽霍乱蜂胶灭活苗、鸡新城疫Ⅰ系苗	两种苗同时肌内注射于胸肌两侧各1针，Ⅰ系苗可用1.5～2倍量	产蛋前如不用Ⅰ系苗，而用新城疫油乳剂疫苗饮水则效果更好
13	110～130	禽流感疫苗加强免疫	肌内注射，具体操作可参照瓶签	
14	120～130	减蛋综合征油佐剂灭活苗	皮下或肌内注射，具体可参照瓶签	

表 12-3　一般鸡场肉用仔鸡计划免疫程序

接种日龄	疫苗（菌苗）名称	接种方法	备注
1	马立克氏病冻干疫苗	皮下注射	在孵化场进行
7～10	新城疫Ⅱ系疫苗	滴鼻、点眼、饮水	
7～10	传染性气管炎疫苗	点眼、饮水	
10～12	鸡痘疫苗	翅膀刺种	视本地区发病情况而定
25～30	新城疫Ⅱ系疫苗	饮水、点眼、滴鼻	

243 鸡常用的免疫接种方法有哪些？

　　不同的疫苗、菌苗，对接种方法有不同的要求，归纳起来，主要有滴鼻、点眼、饮水、气雾、翼下刺种、肌内注射及皮下注射等几种方法。

（1）滴鼻、点眼法　主要适用于鸡新城疫Ⅱ系、Ⅲ系、Ⅳ系疫苗，鸡传染性支气管炎疫苗及鸡传染性喉气管炎弱毒疫苗的接种。

滴鼻、点眼可用滴管、空眼药水瓶或5毫升注射器（针尖磨秃），事先用1毫升水试一下，看有多少滴。2周龄以下的雏鸡以每毫升50滴为好，每只鸡2滴，每毫升滴25只鸡，如果一瓶疫苗是用于250只鸡的，就稀释成$250 \div 25 = 10$毫升。比较大的鸡以每毫升25滴为宜，上述一瓶疫苗就要稀释成20毫升。

疫苗应当用生理盐水或蒸馏水稀释，不能用自来水，以免影响免疫接种效果。

滴鼻、点眼的操作方法：术者左手轻轻握住鸡体，其食指与拇指固定住小鸡的头部，右手用滴管吸取药液，滴入鸡的鼻孔或眼内，当药液滴在鼻孔上不吸入时，可用右手食指把鸡的另一只鼻孔堵住，药液便很快被吸入。

（2）饮水法　滴鼻、点眼免疫接种虽然剂量准确，效果确实，但对于大群鸡，尤其是日龄较大的鸡群，要逐只进行免疫接种，费时费力，且不能在短时间内完成全群免疫，因而生产中采用饮水法，即将某些疫苗混于饮水中，让鸡在较短时间内饮完，以达到免疫接种的目的。

适用于饮水法的疫苗有鸡新城疫Ⅱ系、Ⅲ系、Ⅳ系疫苗，鸡传染性支气管炎H_{52}及H_{120}疫苗、鸡传染性法氏囊病弱毒疫苗等。

（3）气雾法　主要适用于接种鸡新城疫Ⅰ系、Ⅱ系、Ⅲ系、Ⅳ系疫苗和鸡传染性支气管炎弱毒疫苗等。此法是用压缩空气通过气雾发生器，使稀释的疫苗液形成直径为1～10微米的雾化粒子，均匀地悬浮于空气中，随呼吸而进入鸡体内。

（4）翼下刺种法　主要适用于鸡痘疫苗、鸡新城疫Ⅰ系疫苗的接种。进行接种时，先将疫苗用生理盐水或蒸馏水按一定倍数稀释，然后用接种针或蘸水笔笔尖蘸取疫苗，刺种于鸡翅膀内侧无血管处。小鸡刺种一针即可，较大的鸡可刺种两针。

（5）肌内注射法　主要适用于接种鸡新城疫Ⅰ系疫苗、鸡马立克氏病弱毒疫苗、禽霍乱$G_{190}E_{40}$弱毒疫苗等。使用时，一般按规定倍数稀释后，较小的鸡每只注射 0.2～0.5 毫升，成鸡每只注射 1 毫升。注射部位可选择胸部肌肉、翼根内侧肌肉或腿部外侧肌肉。

（6）皮下注射法　主要适用于接种鸡马立克氏病弱毒疫苗、鸡新城疫Ⅰ系疫苗等。接种鸡马立克氏病弱毒疫苗，多采用雏鸡颈背部皮下注射法。注射时先用左手拇指和食指将雏鸡颈背部皮肤轻轻捏住并提起，右手持注射器将针头刺入皮肤与肌肉之间，然后注入疫苗液。

244 鸡群的免疫接种应注意哪些问题？

（1）在接种前，应对鸡群进行详细了解和检查，注意营养状况和有无疾病。只要鸡群健康、饲养管理和卫生环境良好，就可保证接种的安全并能产生较强的免疫力。相反，饲养管理条件不好，就可能出现明显的接种反应或免疫力差。

（2）给幼雏接种时，应考虑母源抗体的滴度。一般来说，鸡传染性支气管炎的母源抗体可维持 2 周左右，鸡传染性法氏囊病的母源抗体可持续 2～3 周，鸡新城疫的母源抗体在 3 周龄后完全消失。而雏鸡的母源抗体又受种鸡循环抗体的影响。由于种鸡免疫接种经过的时间不同，或者孵化的种蛋来自不同的鸡场，其后代雏鸡的母源抗体水平就有较大的差异，因此，难以规定一个适用于各场的免疫程序。一般来说，对于母源抗体水平低而个体差异又较小的雏鸡，首次接种鸡新城疫疫苗应在早期进行；反之，母源抗体水平高的雏鸡，应推迟接种。对于母源抗体水平参差不齐，而又受到疫情威胁的雏鸡，应早接种，以提高母源抗体水平低的雏鸡的免疫力；以后再接种 1 次，以使原来母源抗体水平较高的雏鸡，也能对疫苗接种有良好的应答。这种重复接种，可根据监测红细胞凝集抑制（HI）抗体的情况而定。如果多数鸡的 HI 抗体下降至 1：16 以下时，就应进行强化免疫。

（3）在接种弱毒活菌苗前后各 5 天内，鸡群应停止使用各类抗菌药，以免影响免疫效果。

（4）要考虑好各种疫苗接种的相互配合，以减少相互之间的干扰作用，保证免疫接种效果。为了保证免疫效果，对当地流行最严重的传染病，最好能单独接种，以便产生坚强的免疫力。

（5）疫苗的保存、运输、稀释倍数、接种方法要按要求进行，以确保免疫效果。

（6）免疫接种后，要注意观察鸡群接种反应，如有不良反应或发病等情况，应根据具体情况采取适当的措施（如治疗），并通报有关部门。

245 鸡群免疫接种失败的原因有哪些？

鸡群经免疫接种后，抵挡不住相应特定疫病的流行或抗体滴度检查不合格，均认为免疫接种失败。分析免疫接种失败的原因，可从以下几个方面考虑。

（1）接种时存在母源抗体　如果在雏鸡体内母源抗体未降低或消失时就接种疫苗，母源抗体就会与疫苗抗原发生中和作用，不能产生良好的免疫应答，导致免疫失效。

（2）疫苗失效　疫苗保存、运输不当，或超过有效期，均可造成疫苗失效或减效。

（3）疫苗间干扰　接种鸡法氏囊病疫苗之后一段时间内，若接种其他疫苗，将影响另一种疫苗的免疫效果。

（4）接种方法不当　疫苗接种方法很多，如注射法、滴鼻法、点眼法、刺种法、饮水法及气雾法等。由于鸡的日龄不同、鸡群的组合不同，所需的免疫方法、疫苗种类、稀释浓度、接种剂量均不相同，如果违反了操作规程，就达不到免疫目的。

（5）鸡群隐性感染某些传染病　接种鸡新城疫疫苗时，若鸡群潜伏传染性法氏囊病、马立克氏病、白血病、传染性支气管炎等，接种的疫苗受到免疫抑制或病毒的干扰，而达不到免疫目的。

246 怎样做好鸡群接种后的免疫监测？

一般情况下，鸡群免疫接种后，多不进行免疫监测，但在疫病严重污染地区，为了确保鸡群获得可靠的免疫效果，时常在疫苗接种之后，测定其是否确实获得免疫。因为在某些因素的影响下，如疫苗的质量差、用法不当或鸡体应答能力低等，虽然鸡群已接种疫苗，但鸡群没有获得坚强的免疫力，若忽视了再次免疫接种，就不能抵抗一些传染病的侵袭。根据鸡体和疫苗应用情况，可将免疫监测分为四类。

（1）从未免疫的鸡群　疫苗接种后，若鸡群出现阳性血清反应，则认为免疫获得成功，否则认为免疫失败。某些疫病尚要求血清达到一定的效价，才认为是免疫成功。

（2）曾免疫过的鸡群　再次进行疫苗接种，需进行免疫前和免疫后血清效价升高的比较，免疫后血清效价有明显的升高时，则认为免疫成功，否则需要重新进行免疫。

（3）观察疫苗在接种部位的反应　疫苗经皮肤刺种后，在刺种部位出现反应时，则认为免疫获得成功。若无反应，需重新接种。

（4）其他监测法　有些菌苗对鸡免疫后，既无局部反应，也不出现阳性血清反应，需要采取其他的特殊监测方法，如鸡伤寒 9R菌苗即属于此种类型。

凡是经过监测之后，证明未能产生满意的免疫效果，一律需要重新免疫，直至获得满意的免疫效果为止。

247 鸡群一旦发生传染病怎么办？

一旦发生传染病时，为了扑灭疫情，避免造成大范围流行，必须立即查明和消灭传染源，切断传染途径，提高鸡群对传染病的抵抗力。

（1）发现异常，及早做出诊断　发现鸡群中有部分鸡发病或异常时，应立即请兽医人员亲临现场，做出病情诊断，并查明发病原因。如不能确诊，应把病鸡或刚死的鸡装在严密的容器内，立即送兽医权威部门进行确诊。必要时应把疫情通知周围鸡场或养鸡户，以便采取预防措施。

（2）针对疫情，及时采取防治措施　当确诊为鸡新城疫、鸡痘等烈性传染病时，如为流行初期，应立即对未发病鸡进行疫苗紧急接种，以便在短期内使流行逐渐停止。但是，已经感染正在潜伏期的病鸡，接种疫苗后，不但不能使其免疫，反而可能加速发病死亡。所以到了流行中期，已经感染而貌似健康的鸡为数很多，此时接种疫苗，往往收效不大。当确诊为患霍乱等细菌性传染病时，在流行初期除用菌苗进行紧急接种外，还可用磺胺类药物或抗生素进行治疗和预防，并加强饲养管理。

（3）严格隔离和封锁，防止疫情蔓延　对发生传染病的鸡群要进行全部检疫，对检出的病鸡要隔离治疗；疑似病鸡也应隔离观察，对病鸡或疑似病鸡都应设专人饲养管理。对发生传染病的鸡群和鸡场，应及早划定疫区，进行严格封锁。在封锁期间，禁止雏鸡、种鸡、种蛋调进或调出，对原有的种蛋也不能调出。待场内病鸡已经全部痊愈或全部处理完毕，鸡舍、场地和用具经过严格消毒后，经过两周，再无新病例出现，然后再进行一次严格大消毒，方可解除封锁。

（4）坚决淘汰病鸡，彻底进行环境消毒　鸡群发病后，对所有病重的鸡要坚决淘汰。如果可以利用，必须在兽医部门同意的地点，在兽医监督下加工处理。鸡毛、血水、废弃的内脏要集中深埋，肉尸要高温处理。病死鸡的尸体、粪便和垫草等应运往指定地点烧毁或深埋，防止猪、犬等扒吃。对被污染的鸡舍、运动场及饲养用具，要用2%～3%的热火碱等高效消毒剂进行彻底消毒。

248 怎样对鸡场进行消毒？

消毒是指通过物理、化学或生物学方法杀灭或清除鸡场环境中病原体的技术或措施。通过消毒能够杀灭环境中的病原体，切断传播途径，防止传染病的传播和蔓延。根据消毒的目的可将其分为预防性消毒、随时消毒和终末消毒。

（1）消毒的主要方法　消毒方法可分为物理消毒法、化学消毒法和生物热消毒。

①物理消毒法：物理消毒法是指通过机械性清扫、冲洗、通风

换气、高温、干燥、照射等物理方法，对环境和物品中病原体的清除或杀灭。

②化学消毒法：化学消毒法是指在疫病防治过程中，常常利用各种化学消毒剂对病原微生物污染的场所、物品等进行清洗、浸泡、喷洒、熏蒸，以达到杀灭病原体的目的。消毒剂是消灭病原体或使其失去活性的一种药剂或物质。多数消毒剂对病原微生物具有广泛的杀伤作用，但有些也可破坏宿主的组织细胞。因此，通常用于环境的消毒。

③生物热消毒：生物热消毒是指通过堆积发酵、沉淀池发酵、沼气池发酵等产热或产酸，以杀灭粪便、污水、垃圾及垫草等内部病原体的方法。在发酵过程中，由于粪便、污物等内部微生物产生的热量可使温度达70℃以上，经过一段时间后可杀死病毒、病原菌、寄生虫卵等病原体，从而达到消毒的目的；同时因为发酵过程还可改善粪便的肥效，所以生物热消毒在各地的应用非常广泛。

（2）消毒程序

①鸡舍消毒：鸡舍消毒是清除前一批鸡饲养期间累积污染最有效的措施，使下一批鸡一开始便生活在一个洁净的环境中。以全进全出制生产系统中的消毒为例，空栏消毒的程序通常为粪污清除、高压水枪冲洗、消毒剂喷洒、干燥后熏蒸消毒或火焰消毒、再次喷洒消毒剂、清水冲洗、晾干后转入鸡群。

②设备用具的消毒：塑料制成的料槽与自流饮水器，可先用水冲刷，洗净晒干后再用0.1%新洁尔灭刷洗消毒。在鸡舍熏蒸前送回去，再经熏蒸消毒；反复使用的蛋箱与蛋托，特别是送到销售点又返回的蛋箱，传播病原的危险很大。因此，必须严格消毒。用2%苛性钠热溶液浸泡与洗刷，晾干后再送回鸡舍；送肉鸡到屠宰厂的运鸡笼，最好在屠宰厂消毒后再运回，否则肉鸡场应在场外设消毒点，将运回的鸡笼冲洗晒干再消毒。

③环境消毒：大门前设置的车辆消毒池宽2米、长4米，水深在5厘米以上，人与自行车通过的消毒池宽1米、长2米，水深在3厘米以上。池液若用2%苛性钠，每天换1次；若0.2%新洁尔

灭，每 3 天换 1 次。鸡舍间的隙地每季度先用小型拖拉机耕翻，将表土翻入地下，然后用火焰喷枪对表层喷火，烧去各种有机物，定期喷洒消毒药。生产区的道路每天用 0.2% 次氯酸钠溶液等喷洒 1 次，如当天运送鸡则在车辆通过后再消毒。

④带鸡消毒：鸡体是排出、附着、保存、传播病菌、病毒的根源，是污染源，也会污染环境。因此，需经常消毒。带鸡消毒多采用喷雾消毒。消毒药品的种类和浓度与鸡舍消毒时相同，操作时用电动喷雾装置，每平方米地面 60～180 毫升，每隔 1～2 天喷一次，对雏鸡喷雾，药物溶液的温度要比育雏器供温的温度高 3～4℃。当鸡群发生传染病时，每天消毒 1～2 次，连用 3～5 天。

249 **怎样防治禽流感？**

禽流感是由 A 型禽流感病毒引起的一种急性、高度致死性传染病，其特征为鸡群突然发病，表现为精神萎靡，食欲消失，羽毛松乱，成年母鸡停止产蛋，并发现呼吸道、肠道和神经系统的病状，皮肤水肿呈青紫色，死亡率高，对鸡群危害严重。

（1）流行特点　本病对许多家禽、野禽、哺乳动物及人类均能感染，在禽类中鸡与火鸡有高度的易感性，其次是珍珠鸡、野鸡和孔雀，鸽较少见，其他禽类亦可感染。

本病的主要传染源是病禽和病尸，病毒存在于尸体血液、内脏组织、分泌物与排泄物中。被污染的禽舍、场地、用具、饲料、饮水等均可成为传染源。病鸡蛋内可带毒，当孵化出壳后即死亡。病鸡在潜伏期内即可排毒，一年四季均可发病。

本病的主要传染途径是消化道，也可从呼吸道或皮肤损伤和黏膜感染，吸血昆虫也可传播本病毒。由于感染的毒株不同，鸡群发病率和死亡率有很大差异，一般毒株感染，发病率高，死亡率低，但在高致病力毒株感染时发病率和死亡率可达 100%。

（2）临床症状　本病的潜伏期为 3～5 天。急性病例病程极短，常突然死亡，没有任何临床症状。一般病程 1～2 天，可见病鸡精神萎靡，体温升高（43.3～44.4℃），不食，衰弱，羽毛松乱，不爱走动，头及翼下垂，闭目呆立，产蛋停止。冠髯和眼周围呈黑红色，头部、颈部及声门出现水肿（图12-1）。结膜发炎、充血、肿胀、分泌物增多，鼻腔有灰色或红色渗出物，口腔黏膜有出血点，脚鳞出现紫色出血斑。有时见有腹泻，粪便呈灰、绿或红色。后期出现神经症状，头、腿麻痹，抽搐，甚至出现眼盲，最后极度衰竭，呈昏迷状态而死亡。

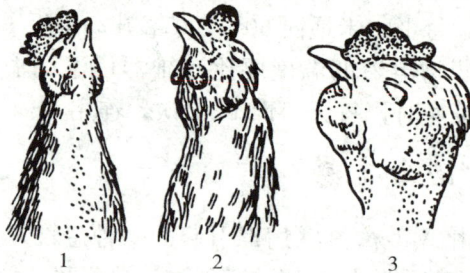

图12-1　禽流感

1. 健康鸡　2. 病鸡头、颈水肿　3. 病鸡喉部水肿

（3）病理变化　病鸡头部呈青紫色，眼结膜肿胀并有出血点。口腔及鼻腔积存黏液，并常混有血液。头部、眼周围、耳和髯有水肿，皮下可见黄色胶样液体。颈部、胸部皮下均有水肿，血管充血。胸部肌肉、脂肪及胸骨内面有小出血点。口腔及腺胃黏膜、肌胃和肌质膜下层、十二指肠出血，并伴有轻度炎症。腺胃与肌胃衔接处呈带状或球状出血，腺胃乳头肿胀。鼻腔、气管、支气管黏膜以及肺脏可见出血。腹膜、肋膜、心包膜、心外膜、气囊及卵黄囊均见有出血充血。卵巢萎缩，输卵管出血。肝脏肿大、淤血，有的甚至破裂。

（4）鉴别诊断　①禽流感与鸡新城疫的鉴别：二者有许多相似症状和病变。如体温高（43.3～44.4℃），精神萎靡，不食，羽毛松乱，头翅下垂，冠髯暗红，鼻有分泌物，呼吸困难，发出"咯咯"声，腹泻，后期出现腿脚麻痹等症状，并均有腺胃、肌胃角膜下出血，卵巢充血，脑充血，心冠脂肪有出血点等剖检病变。但二者的区别在于：鸡新城疫病原为新城疫病毒，倒提病鸡时口中流出大量酸臭黏液，头部水肿少见，而禽流感病鸡头部常出现水肿，眼睑、肉髯极度肿胀；新城疫病鸡剖检后主要表现在消化道、呼吸道黏膜外，肝脏、肺、腹膜等也呈现严重出血。②禽流感与鸡毒支原体感染的鉴别：二者均有打喷嚏，咳嗽，呼吸有啰音，流鼻液，结膜炎，流泪等临床症状。但二者的区别在于：鸡毒支原体感染的病原为鸡毒支原体，病鸡一侧或两侧眶下窦发炎。有关节炎，关节肿胀，跛行。剖检可见鼻孔、鼻窦、气管、肺浆性黏性分泌物增多，气囊混浊、有干酪样分泌物，关节液黏稠如豆油，平板凝集试验呈阳性。

（5）防治措施　本病目前尚无有效的治疗方法，抗生素仅可以控制并发或继发的细菌感染。所以入境检疫十分重要，应对进口的各种家禽、鸟类施行严格的隔离检疫，然后才能转至内地的隔离场饲养，再纳入健康鸡场饲养。

在本病流行地区，按禽流感免疫程序接种疫苗。蛋鸡、肉用种鸡，于2周龄首次免疫，接种剂量0.3毫升，5周龄时加强免疫，120日龄左右再次加强免疫，以后间隔5个月加强免疫一次，接种剂量0.5毫升。8周龄出栏肉用仔鸡10日龄免疫，接种剂量0.5毫升。

鸡场一旦发生本病，应严格封锁，对周围3千米以内饲养的鸡只全部扑杀，对8千米以内饲养的鸡只进行紧急免疫注射。对场地、鸡舍、设备、衣物等严格消毒。消毒药物可选用0.5％过氧乙酸、2％次氯酸钠，以至甲醛及火焰消毒。经彻底消毒两个月后，可引进血清学阴性的鸡饲养，如其血清学反应持续为阴性时，方可解除封锁。

250 怎样防治鸡新城疫？

鸡新城疫，又称亚洲鸡瘟，在我国民间俗称鸡瘟，是由鸡新城疫病毒引起的一种急性、烈性传染病，其特征为呼吸困难，排绿便，扭颈，腺胃乳头及肠黏膜出血等。本病分布广泛，传播快，死亡率高，是危害养鸡业的最严重疾病之一。

（1）流行特点　所有禽类都可能感染本病。不同类型鸡的感受性稍有差异，一般轻型蛋鸡的感受性较高。各种年龄的鸡均可感染，2 年以上老鸡的感受性较低，幼鸡的感受性较高，但 1 周龄之内的幼雏由于母源抗体的存在很少发病。没有免疫接种的鸡群或接种失败的鸡群一旦传入本病，常在 4～5 天内波及全群，死亡率可达 90％以上，而在免疫不均或免疫力不强的鸡群多呈慢性经过，死亡率一般不超过 40％。珍珠鸡和火鸡自然感染的情况较少，鸭、鹅虽可感染，但抵抗力较强，很少引起发病。人可引起急性结膜炎，类似流感症状。

本病可发生在任何季节，但以春、秋两季多发，夏季较少。

本病的主要传染源是病鸡，通过病鸡与健康鸡接触，经消化道和呼吸道感染。病鸡的分泌物和粪便中含有大量病毒，被病毒污染的饲料、饮水、用具、运动场等都能传染。除经口感染外，带毒的飞沫、尘埃可以进入呼吸道。病毒也可经眼结膜、泄殖腔等进入鸡体内。屠宰病鸡时乱抛鸡毛、污水，常是造成疫情扩大蔓延的主要原因。另外，接触病鸡或屠宰病鸡的人和污染的衣物等也可散布病毒传染给健康鸡。鸭、鹅，特别是麻雀、鸽子等，是本病的机械传播者。猫、犬等吃了病死的鸡肉或接触病鸡后，也可能传播本病。

（2）临床症状　本病自然感染的潜伏期一般为 3～5 天。根据临床表现和病程长短，可分为以下三种型。

1）最急性型　发病急，病程短，一般除表现精神萎靡以外，无特征症状而突然死亡。此种类型多见于流行初期和雏鸡。

2）急性型　发病初期体温升高，一般可达 43～44℃。突然减食或废食，饮欲增加。精神萎靡，不愿走动，全身无力，羽毛松乱，闭目缩颈，离群呆立，反应迟钝，头下垂或伸进翅膀下，尾和翅无力、下垂，腿呈轻瘫状，甚至呈昏眠状态。冠髯呈暗红色或紫黑色，偶见头部水肿。口腔和鼻腔内分泌物增多，积聚大量黏液，由口腔流出挂于喙端（图 12-2），为了排出黏液，鸡时时摇头，做不断吞咽动作。当把鸡倒提时黏液就从口内大量流出。呼吸困难，常见伸头颈，张口呼吸（图12-3）。同时，喉部发出"咯咯"的声音，有时打喷嚏，嗉囊胀气，积有黏液，常拉黄色、绿色和灰色恶臭稀便。母鸡发病后停止产蛋，病后期体温下降至常温以下，不久即死亡。病程多为2～3天，如不采取紧急免疫等措施，死亡率常达90%。少数耐过未死的鸡，由于病毒侵害中枢神经，可引起非化脓性脑脊髓炎，使病鸡表现出各种神经症状，如扭头、翅膀麻痹，转圈、倒退等（图12-4）。如此日久，多数鸡消瘦死亡或被淘汰，也有个别鸡可完全康复。

图12-2　病鸡半张开的嘴里流出黏液

图12-3　病雏呼吸困难

　　1月龄以下雏鸡的急性型新城疫，症状不典型，病程2～3天，紧急免疫效果较差，死亡率常达90%～100%。

　　3）亚急性型与慢性型　一般见于免疫接种质量不高或免疫有效期已到末尾的鸡群。主要表现为陆续有一些鸡发病，病情较轻而病程较长。亚急性型新城疫，幼龄鸡感染后可发生死亡，成年

图12-4　病鸡神经症状

鸡则只有呼吸道症状，食欲减退，产蛋量下降，出现软壳蛋，流行持续1～3周可以停息，致死率很低；慢性型新城疫，成鸡感染后

没有明显的临床症状，雏鸡有时出现呼吸道症状，但一般很少引起死亡，只是在并发其他传染病时才出现大量死亡，致死率可达30%～40%。最常见的并发传染病为大肠杆菌病和支原体病，血清学检查可证明其感染。

近些年来，在免疫鸡群中发生新城疫，往往表现亚临床症状或非典型症状，发病率较低，一般在10%～30%，病死率在15%～45%。主要表现呼吸道症状和神经症状，呼吸道症状减轻时即趋向康复。少数病鸡遗留头颈扭曲，产蛋鸡主要表现产蛋率下降和呼吸道症状。

（3）病理变化　鸡新城疫的主要病理变化是全身黏膜、浆膜出血。病死鸡剖检可见口腔、鼻腔、喉气管有大呈混浊黏液，黏膜充血、出血，偶尔有纤维性坏死点。嗉囊水肿，内部充满恶臭液体和气体。食管黏膜呈斑点状或条索状出血，腺胃黏膜水肿，腺胃乳头顶端出血，在腺胃与肌胃或腺胃与食管交界处有带状或不规则的出血斑点（图12-5），从腺胃乳头中可挤出豆渣样物质。肌胃角质膜下出血，有时见小米粒大出血点。十二指肠及整个小肠黏膜呈点状、片状或弥漫性出血，两盲肠扁桃体肿大、出血、坏死。泄殖腔黏膜呈弥漫性出血。脑膜充血或出血。气管内充满黏液，黏膜充血，有时可见小血点。肺脏有时可见淤血或水肿、小的灰红色坏死灶，心包内有少量浆液，心尖和心冠脂肪有针尖状小出血点，心血管扩张，心肌浊肿，肝脏有时稍肿大或见黄红相间的条纹。脾脏呈灰红色。胆囊肿大，胆汁黏稠，呈油绿色。肾有时充血、水肿，输尿管常有大量白色尿酸盐。产蛋鸡卵泡充血、出血，有的卵泡破裂使腹腔内有蛋黄液。

（4）鉴别诊断　①鸡新城疫与禽霍乱的鉴别：二者均有体温高（43～

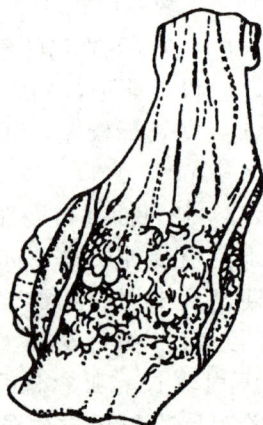

图12-5　病鸡腺胃乳头顶端出血

44℃），闭目，垂翅，冠髯紫红，口鼻分泌物多，呼吸困难，拉稀混有血液等临床症状；并均有全身黏膜、浆膜出血，心冠脂肪有出血点等剖检病变。但二者的区别在于：禽霍乱一般只流行于个别鸡群或小范围地区，鸡新城疫则波及全村或更大范围。鸭一般不感染鸡新城疫，而对禽霍乱则极易感染。当在同一地区内鸡和鸭同时大批发病死亡，则可能是禽霍乱而不会是鸡新城疫。在症状上，鸡新城疫可见神经症状，禽霍乱则无此症状，而偶见有关节炎表现。禽霍乱病程短，多在1～2天内死亡，而鸡新城疫多于3～5天内死亡。禽霍乱死鸡剖检，肝脏上有灰黄色坏死点，心包膜内见大量纤维蛋白渗出物，肠黏膜无溃疡；鸡新城疫肝脏无坏死点，心包膜内渗出物少，肠黏膜上多有溃疡。细菌学检查，禽霍乱可检出巴氏杆菌。②鸡新城疫与鸡马立克氏病的鉴别：二者均有羽毛松乱，精神萎靡，翅膀麻痹，运动失调，嗉囊扩张，采食困难，腹泻等临床症状。但二者的区别在于：神经型翅膀一侧或两侧麻痹，蹲伏时一腿向前伸，一腿向后伸（特征）。内脏型，大批精神萎靡（特征），几天后部分运动失调，一肢或双肢麻痹。眼型，虹膜失去正常色素，瞳孔边缘不整齐。皮肤型，翅、颈、背、尾上方皮肤有玉米至蚕豆大的肿瘤。剖检可见受害神经增粗并呈黄白、灰白色，各内脏有大小不等灰白色质坚的肿块。将羽毛剪尖后放入琼脂外周检验孔内2～3天，羽毛与中央孔之间出现沉淀线阳性反应。③鸡新城疫与鸡白痢的鉴别：二者均有羽毛松乱，精神萎靡，呼吸困难，腹泻等临床症状。但二者的区别在于：鸡白痢主要发生于雏鸡，特点是排白色稀便，成年鸡较少而发病多为慢性，有时也可见下痢，病鸡冠髯贫血苍白，有时见腹部增大，但不见呼吸困难；慢性病例常可见卵巢萎缩，卵黄变性，质硬色淡，有时形成囊包。细菌学检查，鸡白痢可检出鸡白痢沙门氏菌。鸡新城疫呼吸道症状严重，并有神经症状，剖检可见呼吸道和消化道严重出血。实验室检验，鸡新城疫的病原是鸡新城疫病毒。④鸡新城疫与鸡传染性喉气管炎的鉴别：二者均有羽毛松乱，精神萎靡，冠髯发紫，鼻流黏液，张口呼吸，发出"咯咯"声，排绿色稀便等临床症状。但二者的区别在于：传染性喉气管炎的病原为喉气管炎病毒，传染快，发病率高，但死亡率不高；有呼吸困难症状，但无拉稀及神经症状。病理变化局限于气管和喉部，呈出血性或假膜性气管炎和喉气管炎病征。

（5）防治措施　本病迄今尚无特效治疗药物，主要依靠建立并严格执行各项预防制度和切实做好免疫接种工作，以防本病的发生。①定期预防接种疫苗。生产中可参考如下免疫程序。即7～10日龄采用鸡新城疫Ⅱ系（或F系）疫苗滴鼻、点眼进行首免；25～30日龄采用鸡新城疫Ⅳ系苗饮水进行二免；70～75日龄采用鸡新城疫Ⅰ系疫苗肌内注射进行三免；135～140日龄再次用鸡新城疫Ⅰ系疫苗肌内注射接种免疫。②做好免疫抗体的监测。上述免疫程序，是根据一般经验制订的，如果饲养规模较大，并且有条件，最好每隔1～2个月在每栋鸡舍中随机选20～30只鸡采血，或取同一天产的20～30个蛋，用血清或蛋黄做红细胞凝集抑制试验，测出抗体效价。根据鸡群抗体效价的高低，决定是否需要再进行免疫接种。一次免疫接种后，鸡群抗体效价持续上升，当达到一定水平后又缓慢下降，当抗体效价下降到8倍时，很难抵抗野毒感染，应立即再次进行免疫接种。③发病后可进行紧急接种。鸡群一旦暴发了鸡新城疫，可应用大剂量鸡新城疫Ⅰ系苗抢救病鸡，即用100倍稀释，每只鸡胸肌注射1毫升，3天后即可停止死亡。对注射后出现的病鸡一律淘汰处理，死鸡焚毁，并应严密封锁，经常消毒，至本病停止死亡后半个月，再进行一次大消毒，而后解除封锁。

251　怎样防治鸡马立克氏病？

鸡马立克氏病，是由B群疱疹病毒引起的鸡淋巴组织增生性传染病。其主要特征为外周神经、性腺、内脏器官、眼球虹膜、肌肉及皮肤发生淋巴细胞浸润和形成肿瘤病灶，最终导致病鸡受害器官功能障碍和恶病质而死亡。

（1）流行特点　本病主要发生于鸡。此外，火鸡、野鸡、鹌鹑等也有一定的易感性，一般哺乳动物不感染。

有囊膜的完全病毒自病鸡羽囊排出，随皮屑、羽毛上的灰尘及脱落的羽毛散播，飘浮在空气中，主要由呼吸道侵入其他鸡体内，也能伴随饲料、饮水由消化道入侵。病鸡的粪便和口鼻分泌物也具有一定的传染力。

由于本病的疫苗并不能阻止感染，也就是说不能阻止入侵的病毒在鸡体内繁殖与排出，只能阻止发病（发生肿瘤），因而在本病流行地区，排毒的鸡很多，被感染的鸡也很多，一群鸡生长到开产前可能全部被感染，但感染后是否发病则取决于许多因素。如：①感染时的日龄：感染时日龄越小，发病率越高。②免疫力：通过疫苗接种使鸡群获得免疫力，可在很大程度上阻止发病。鸡群如有法氏囊炎病史，由于免疫功能的缺陷，发病率较高。③鸡的体质：如果管理不当，特别是饲养密度过大，维生素 A 缺乏，使鸡的体质减弱，感染后易于发病。零星散养的鸡较少发病。④品种：不同品种的鸡对本病的抵抗力及感染力和发病率有一定差异。如乌鸡感染后发病比较严重。⑤性别：母鸡发病率高于公鸡。⑥病毒的强弱与数量：感染强毒而且入侵数量多的，发病率高。本病在 3 周龄即可发生，但蛋鸡发病大多在 2～5 月龄，170 日龄之后仅偶有个别鸡发病。各鸡群的发病率高低不等，有的仅个别鸡发病，一般为 5%～30%，严重的可达 60%。发病的鸡全部死亡。

（2）临床症状　本病的潜伏期长短不一，一般为 3 周左右，根据发病部位和临床症状可分为四种类型，即神经型、内脏型、眼型和皮肤型，有时也可混合发生。

1）神经型　21 世纪初最早发现的马立克氏病就是此型，所以又称为古典型。主要发生于 3～4 月龄的青年鸡，其特征是鸡的外周神经被病毒侵害，不同部分的神经受害时表现出不同的症状。当一侧或两侧坐骨神经受害时，病鸡一条腿或两条腿麻痹，步态失调，两条腿完全麻痹则瘫痪。较常见的是一条腿麻痹，当另一条正常的腿向前迈步时，麻痹的腿跟不上来，拖在后面，形成"大劈叉"姿势（图 12-6），并常向麻痹的一侧歪倒横卧。当臂神经受害时，病鸡一侧或两侧翅膀麻痹下垂。支配颈部肌肉的神经受害时，引起扭头、仰头现象。颈部迷走神经受害时，嗉囊麻痹、扩张、松弛，形成大嗉子，有时张口无声喘息。

图 12-6　病鸡一侧坐骨神经受害，呈"大劈叉"姿势

此型病程比较长。病鸡有一定的食欲，但行动、采食困难，最后因饥饿、饮水不足、衰弱或被其他鸡踩踏而死亡。

2）内脏型　又称急性型。幼龄鸡多发，死亡率高。病鸡起初无明显症状，逐渐呈进行性消瘦，冠髯萎缩，颜色变淡，无光泽，羽毛脏乱，行动迟缓。病后期精神萎靡，极度消瘦，最终因衰竭而死亡。

3）眼型　单眼或双眼发病。表现为虹膜（眼球最前面的部分称为角膜，角膜后面是橘黄色的虹膜，虹膜中央是黑色瞳孔）的色素消失，呈同心环状（以瞳孔为圆心的多层环状）、斑点状或弥漫的灰白色，俗称"灰眼"或"银眼"。瞳孔边缘不整齐，呈锯齿状，而且瞳孔逐渐缩小，最后仅有粟粒大（图 12-7），不能随外界光线强弱而调节大小。病眼视力丧失，双眼失明的鸡很快死亡。单眼失明的病程较长，最后因衰竭而死亡或被淘汰。

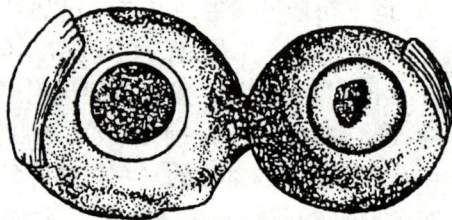

图 12-7　病鸡眼睛受害（右），瞳孔缩小

4）皮肤型　肿瘤大多发生于翅膀、颈部、背部、尾部上方及

大腿的皮肤，表现为个别羽囊肿大，并以此羽囊为中心，在皮肤上形成结节，约有玉米至蚕豆大，较硬，少数溃破。病程较长，病鸡最后瘦弱死亡或被淘汰。

（3）病理变化

1）神经型 病变主要发生在外周神经的腹腔神经丛、坐骨神经、臂神经丛和内腔大神经。有病变的神经显著肿大，比正常粗2～3倍，外观灰白色或黄白色，神经的纹路消失。有时神经有大小不等的结节，因而神经粗细不均。病变多是一侧性的，与对侧无病变的或病变较轻的神经相比较，易做出诊断。

2）内脏型 几乎所有内脏器官都可发生病变，但以卵巢受侵害严重，其他器官的病变多呈大小不等的肿瘤块，灰白色，质地坚实。有时肿瘤组织浸润在脏器实质中，使脏器异常增大。不同脏器发生肿瘤的常见情况是：

心脏：肿瘤单个或数个，芝麻至南瓜子大，外形不规则，稍突出于心肌表面，淡黄白色，较坚硬。正常鸡的心尖常有一点脂肪，不要误以为是肿瘤。

腺胃：通常是肿瘤组织浸润在整个腺胃壁中，使胃壁增厚2～3倍，腺胃外观胀大，较硬，剪开腺胃，可见黏膜潮红，有时局部溃烂；胃腺乳头变大，顶端溃烂。

卵巢：青年鸡卵巢发生肿瘤时，一般是整个卵巢胀大数倍至十几倍，有的达核桃大，呈菜花样，灰白色，质硬而脆。也有的是少数卵泡发生肿瘤，形状与上述相同，但较小。

睾丸：一侧或两侧睾丸发生肿瘤时，睾丸肿大十余倍，外观上睾丸与肿瘤混为一体，灰白色，较坚硬。

肝脏：一般是肿瘤组织浸润在肝实质中，使肝脏呈灰白色，质硬，挤在肋窝或胸腔中。肺的其他部分常硬化，缺乏弹性。

胰脏：胰脏发生肿瘤时，一般表现发硬，发白，比正常稍大。

3）眼型与皮肤型 剖检病变与临床表现相似。

（4）鉴别诊断 ①鸡马立克氏病与鸡传染性法氏囊病的鉴别：二者均有体温高，走路摇尾，步态不稳，减食，低头，翅下垂，脱水等临床症状。但二者的区别在于：鸡传染性法氏囊病病原为传染性法氏囊病病毒，3～6月龄最易发生，常见病鸡自啄肛门周围羽毛，并出现腹泻。后期病鸡有冷感、趾爪干燥等临床症状。剖检可见法氏囊肿大2～3倍，囊壁增厚3～4倍，质硬，外形变圆、呈浅黄色，或黏膜皱褶上出血，浆膜水肿。胸肌色暗，大腿侧肌、翅皮下、心肌、肠黏膜、肌胃黏膜下有出血斑，琼脂扩散试验出现沉淀线（阳性反应）。②鸡马立克氏病与鸡淋巴细胞白血病的鉴别：二者均有精神萎靡，食欲不振，腹部膨大，消瘦，冠髯苍白等临床症状。但二者的区别在于：鸡淋巴细胞白血病在鸡4月龄发生，6～18月龄为主要发病期，法氏囊出现结节性肿瘤，但不表现神经麻痹和"灰眼"症状；鸡马立克氏病大多发生于2～5月龄，内脏型经常引起法氏囊萎缩，个别病例法氏囊壁增厚，但无肿瘤。③鸡马立克氏病与鸡传染性脑脊髓炎的鉴别：二者均有共济失调，双肢麻痹，脱水，消瘦等临床症状；剖检均可见神经病变。但二者的区别在于：鸡传染性脑脊髓炎的病原为鸡脑脊髓炎病毒，雏鸡出壳数天即陆续发病，常以跗关节着地，头颈部震颤，眼晶体混浊，失明，脑血管充血、出血。中枢神经元变性、肿大，树突和轴突消失。外周神经无病变。用荧光抗体试验（FA），阳性鸡的组织中可见黄绿色荧光。

（5）防治措施　本病目前尚无特效治疗药物，主要是做好预防工作。①建立无马立克氏病鸡群：坚持自繁自养，防止从场外传入该病。由于幼鸡易感，因而幼鸡和成年鸡应分群饲养。②严格消毒：发生马立克氏病的鸡场或鸡群，必须检出淘汰病鸡，同时要做好检疫和消毒工作。③预防接种：雏鸡在出壳24小时内接种马立克氏病火鸡疱疹疫苗，若在2日龄或3日龄进行注射，免疫效果较差，连年使用本苗免疫的鸡场，必须加大免疫剂量。④加强管理：要加强对传染性法氏囊病及其他疾病的防治，使鸡群保持健全的免疫功能和良好的体质。

252 怎样防治鸡传染性法氏囊病？

鸡传染性法氏囊病是由传染性法氏囊病病毒引起的一种急性、

高度接触性传染病，其特征是排白色稀便，法氏囊肿大，浆膜下有胶冻样水肿液。鸡感染法氏囊病毒后受到严重侵害，发生可逆和不可逆的免疫抑制，导致多种疫苗免疫失败，并使鸡对许多疾病抵抗力降低，给养鸡生产造成严重损失。

（1）流行特点　本病只有鸡感染发病，其易感性与鸡法氏囊发育阶段有关，2～15周龄易感，其中3～5周龄最易感，法氏囊已退化的成年鸡只发生隐性感染。

本病的主要传染源是病鸡和隐性感染鸡，传播方式是高度接触传播，经呼吸道、消化道、眼结膜均可感染，病鸡舍清除病鸡后54～122天内放入易感鸡仍可发病；被污染的饲料、饮水、粪便至52天仍有感染性。

本病一旦发生便迅速传播，同群鸡约在1周内都可被感染，感染率可达100%。如不采取措施，邻近鸡舍在2～3周后也可被感染发病。发病后3～7天为死亡高峰，以后迅速下降。死亡率一般为5%～15%，最高可达40%。此外，本病发生后常继发球虫病和大肠杆菌病。

（2）临床症状　本病的潜伏期很短，一般为2～3天。主要表现为鸡群发病突然，且病势严重。病鸡精神萎靡，闭眼缩头，畏冷挤堆，伏地昏睡，走动时步态不稳，浑身有些颤抖。羽毛蓬乱，颈肩部羽毛略呈逆立，食欲减退，饮水增加。排白色水样稀便，个别鸡粪便带血。少数鸡掉头啄自己的肛门，这可能是法氏囊痛痒的缘故。发病初期、中期体温高，可达43℃，临死前体温下降，仅35℃。发病后期脱水，眼窝凹陷，脚爪与皮肤干枯，最后因衰竭而死亡。

本病病程较短，其症状有一过性的特点。一般到发病后约第7天，除少数鸡已死亡外，其余鸡的症状迅速消失。

经过法氏囊病疫苗免疫的鸡群，有时也会有个别鸡发病，症状不典型，比较轻，经隔离治疗一般可以康复。

（3）病理变化　该病病毒主要侵害法氏囊。病初法氏囊肿胀，一般在发病后第4天肿至最大，约为原来的2倍。在肿胀的同时，法氏囊的外面有淡黄色胶样渗出物，纵行条纹变得明显，法氏囊内黏膜水肿、充血、出血、坏死。法氏囊腔蓄有奶油样或棕色果酱样渗出物。严重病例，因法氏囊大量出血，其外观呈紫黑色，质脆，法氏囊腔内充满血液凝块。发病后第5天法氏囊开始萎缩，第8天以后仅为原来的1/3左右。萎缩后黏膜失去光泽，较干燥，呈灰白色或土黄色，渗出物大多消失。

胸腿肌肉有条片状出血斑，肌肉颜色变淡。腺胃黏膜充血潮红，腺胃与肌胃交界处的黏膜有出血斑点，排列略呈带状，但腺胃乳头无出血点。病后期肾脏肿胀，肾小管因蓄积尿酸盐而扩张变粗，胸腺与盲肠扁桃体肿胀出血，脾肿胀，胰脏呈白垩样变性，心冠脂肪呈点状出血，肠腔内黏液增多。

以上病理变化，在诊断上比较重要的是法氏囊、胸腿肌及腺胃病变，肾脏等器官的病变因为其他鸡病也常出现，只能作为综合分析的参考。

（4）鉴别诊断 ①法氏囊是鸡的免疫器官，许多急性传染病以及接种法氏囊炎弱毒苗都能引起法氏囊轻度充血和有少量渗出物，某些健康鸡也有这种现象，对此要积累解剖经验，防止误诊为法氏囊病。②鸡传染性法氏囊病与鸡淋巴细胞白血病的鉴别：二者均有精神不振，嗜睡，减食，腹泻等临床症状；剖检时均可见法氏囊肿大等病变。但二者的区别在于：鸡淋巴细胞白血病的病原是鸡淋巴细胞白血病病毒。该病进行性消瘦，腹部膨大（肝脾均肿大），剖检可见肝、脾肿大3～4倍，皮下毛囊局部或广泛出血，法氏囊切开可见小结节病灶。脾有针尖至鸡蛋大的肿瘤。肝肿大几倍，呈灰白色且质脆。葡萄球菌A蛋白酶联免疫吸附试验（PPA-ELISA）阳性。③鸡传染性法氏囊病与鸡白痢的鉴别：二者均有食欲减退，精神不振，闭眼缩颈，翅下垂，毛松乱，排白色稀便等临床症状。但二者的区别在于：鸡白痢的病原为白痢沙门氏菌。出壳后即现有病，有时出壳10多天才出现白痢，幼雏因肛门周围绒毛与粪便干结封住肛门不能排粪而鸣叫，人工剥去干结物粪便即喷射而出。幸存者发育不良，有气喘和关节炎。剖检可见早期死亡的肝肿大充血，有条纹出血，卵黄囊吸收不好。病程长的，心、肝、肺、盲肠、大肠和肌胃有坏死灶，盲肠有干酪样物。用马丁肉汤培养基培养，根据菌落和生化特性可以鉴别鸡白痢菌落和本菌。

（5）防治措施　①疫苗接种：传染性法氏囊病弱毒苗对本病虽有一定的预防作用，但由于母源抗体的影响及亚型的出现，其效果不理想。最好是在种鸡产蛋前注射一次油佐剂苗，使其雏鸡在 20 日龄内能抵抗病毒的感染。雏鸡分别于 14 日龄和 32 日龄用弱毒苗饮水免疫。为了解决母源抗体在一个鸡群中不平衡问题，据报道可间隔 4～5 天采用多次免疫。②加强消毒工作：在本病流行期间要经常对舍内地面及房舍周围进行严格消毒，并用含有效氯的消毒剂对饮水和饲料消毒。③加强管理，减少应激：在饲料中可添加 0.75% 的禽菌灵粉（由穿心莲、甘草、吴茱萸、苦参、白芷、板蓝根、大黄组成）进行预防。

253 怎样防治鸡痘？

鸡痘是由鸡痘病毒引起的一种急性、热性传染病，其特征为传播快、发病率高，病鸡在皮肤无毛处引起增生性皮肤损伤形成结节（皮肤型），或在上呼吸道、口腔和食道黏膜引起纤维素性坏死和增生性损伤（白喉型）。

（1）流行特点　不同的家禽均由各自禽痘病毒引起，鸭、鹅等水禽易感性较低，也很少见明显症状，鸡和火鸡易感性高，且各种年龄的鸡均易感。一年四季均可发生，但秋季发病率最高。一般在秋季和冬初发生皮肤型鸡痘较多，在冬季则以白喉型鸡痘常见。特别是鸡群密度过大，通风不良，卫生条件差以及日粮中维生素含量不足时更易发病。

鸡痘病毒随病鸡的皮屑及脱落的痘痂等散布在饲养环境中，经皮肤黏膜侵入其他鸡体，在创伤部位更易于入侵。有些吸血昆虫，如蚊虫能够传带病毒，也是夏、秋季本病流行的一个重要媒介。

（2）临床症状　本病自然感染的潜伏期为 4～10 天，鸡群常是逐渐发病。病程一般为3~5周，严重暴发时可持续6~7周。根据患病部位不同主要分为三种类型，即皮肤型、黏膜型和混合型。

1）皮肤型 是最常见的病型，多发生于幼鸡，病初在冠、肉髯、喙角、眼睑、腿等处，出现红色隆起的圆斑，逐渐变为痘疹（图12-8），初呈灰色，后为黄灰色。经1~2天后形成痂皮，然后周围出现瘢痕，有的不易愈合。眼睑发生痘疹时，由于皮肤增厚，使眼睛完全闭全。病情较轻不引起全身症状，较严重时，则出现精神不振，体温升高，食欲减退，成鸡产蛋减少等。如无并发症，一般病鸡死亡率不高。

图12-8 病鸡冠、肉髯、喙角有痘疹

2）黏膜型 多发生于青年鸡和成年鸡。症状主要在口腔、咽喉和气管等黏膜表面。病初出现鼻炎症状，从鼻孔流出黏性鼻液，2~3天后先在黏膜上生成白色的小结节，稍突出于黏膜表现，以后小结节增大形成一层黄白色干酪样的假膜，这层假膜很像人的"白喉"，故又称白喉型鸡痘。如用镊子撕去假膜，下面则露出溃疡灶。病鸡全身症状明显，精神萎靡，采食与呼吸发生障碍，脱落的假膜落入气管可导致窒息死亡。病鸡死亡率一般在5％以上，雏鸡严重发病时，死亡率可达50％。

3）混合型 有些病鸡在头部皮肤出现痘疹，同时在口腔出现白喉病变。

（3）病理变化 体表病变如临床所见。除皮肤和口腔黏膜的典型病变外，口腔黏膜病变可延伸至气管、食道和肠。肠黏膜可出现小点状出血，肝、脾、肾常肿大，心肌有时呈实质变性。

（4）防治措施 ①预防接种：本病可用鸡痘疫苗接种预防。10日龄以上的雏鸡都可以刺种，免疫期幼雏2个月，较大的鸡5个月，刺种后 3～4 天，刺种部位应微现红肿、结痂，经 2～3 周脱落。②严格消毒：要保持环境卫生，经常进行环境消毒，消灭蚊子等吸血昆虫及其滋生地。发病后要隔离病鸡，轻者治疗，重者扑杀并与死鸡一起深埋或焚烧。污染场地要严格清理消毒。③对症治疗：皮肤型的可用消毒好的镊子把患部痂膜剥离，在伤口上涂一些碘酒或龙胆紫；黏膜型的可将口腔和咽部的假膜斑块用小刀小心剥离下来，涂抹碘甘油（碘化钾 10 克、碘片 5 克、甘油 20 毫升，混合搅拌，再加蒸馏水至 100 毫升）。剥下来的痂膜烂斑要收集起来烧掉。眼部内的肿块，用小刀将表皮切开，挤出脓液或豆渣样物质，使用 2%硼酸或 5%蛋白银溶液消毒。

除局部治疗外，每千克饲料加土霉素 2 克，连用 5～7 天，防止继发感染。

254 怎样防治鸡传染性支气管炎？

鸡传染性支气管炎是由传染性支气管炎病毒引起的一种急性、高度接触性呼吸道疾病，其特征为气管与支气管黏膜发炎，呼吸困难，发出啰音，咳嗽，张口打喷嚏。成年鸡产蛋量下降，产软壳蛋和畸形蛋。

（1）流行特点　本病在自然条件下只有鸡感染，各种年龄、品种的鸡均可发病，以雏鸡最为严重，死亡率也高，成年鸡发病后产蛋率急剧下降，而且难以恢复。发病季节主要在秋末和早春。

本病主要传染源是病鸡和康复后的带毒鸡。病鸡呼吸道分泌物和咳出的飞沫中含有大量病毒，粪便和蛋中也带有病毒，同群鸡之间高度接触传染，户与户、场与场之间主要是人员和空气中的灰尘作传播媒介。在本病的疫区，一般的隔离消毒措施往往不能阻止病源传入，须搞好免疫预防。

对雏鸡来说，饲养管理不良，特别是鸡群拥挤、空气污染、地面肮脏潮湿、湿度忽高忽低、饲料中维生素和矿物质不足等，容易诱发本病。对于成年鸡，饲养管理好坏与发病的相关性不如雏鸡明显，饲养管理较好的也常会发病。

（2）临床症状 本病自然感染的潜伏期为 2～4 天。呼吸型、肾病变型及腺胃病变型的症状不尽相同，分述如下：

1）呼吸型 ①雏鸡：发病日龄多在 5 周龄以内，几乎全群同时发病。最初出现呼吸道症状，如流鼻液、流泪、咳嗽、打喷嚏、呼吸费力，常伸颈张口喘息等。当舍内寂静并有许多鸡聚在一起时，可听到伴随呼吸发出一种嘶哑的声音。随着病情发展，全身症状逐渐加重，精神萎靡，缩头闭目沉睡，两翅下垂，羽毛松乱无光，畏冷挤堆，食欲减退，身体瘦弱，体重减轻。病程 1～2 周或稍长些，如果原来体质较好，无其他疾病，发病后及时用抗菌药物防止继发感染，并加强护理，死亡率可控制在 10% 以下，否则死亡率可达 20% 以上。发病日龄越低，死亡率越高。②产蛋鸡：首先出现呼吸道和全身症状，继而产蛋量下降，再稍后出现较多的畸形蛋。

呼吸道症状最初见于部分鸡，常在早晨发现，约经 1 天波及全群。表现稍有鼻液，眼湿润似欲滴泪，呼吸困难，半张口呼吸，不时地有一些鸡咳嗽、打喷嚏，发出"喉喉"的声音。患鸡精神不振，采食减少，部分鸡排黄白色稀粪。但这些症状通常不很严重，若及时用抗生素控制继发感染，约经 5 天症状可逐渐消失。发病的第 2 天产蛋量开始下降，经 2 周左右下降到最低点，然后逐渐回升。下降幅度、回升速度及回升水平，主要同鸡的日龄有关。处于产蛋高峰期的年轻母鸡，生殖功能旺盛，如果饲养管理也比较好，产蛋率下降到最低点时约为原来的一半。例如，原来产蛋率为 80%，下降到 40% 或再稍低些，经 2 个月可恢复到 70% 或略高些。400 日龄以上的老鸡，生殖功能已经衰退，在鸡群发生传染性支气管炎后，产蛋率常由 65% 左右下降到 5%～15%，发病后 2 个月只能恢复到 50% 或者还要低一些。对这种鸡在发病初期即应考虑淘汰，并就地封闭宰杀，然后对被污染的场所进行消毒，以防止病毒扩散。

畸形蛋在刚发病时仅个别出现，到发病后 5～6 天，病鸡症状开始好转时，畸形蛋才迅速增多，并持续很久。在畸形蛋中，有一部分是严重畸形，即蛋很小，形状似桃、歪瓜、茄等，蛋壳由原来的棕色变为白色，极薄、粗糙、有皱纹（图 12-9）。将蛋打开（因蛋壳薄软如纸，常是撕开），倒在玻璃板上，可见外层蛋白稀薄如水，扩散面很大。这些畸形蛋是临床诊断的重要依据。其余的畸形蛋，畸形程度及外层蛋白稀薄程度不等，有的仅是蛋形不正。

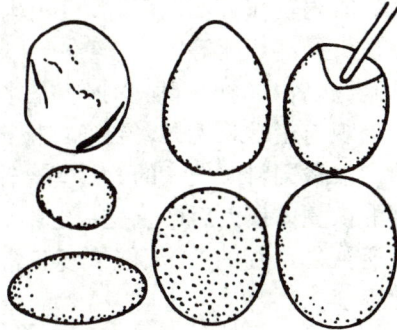

图 12-9　病鸡产的软壳蛋、沙壳蛋、薄壳蛋和畸形蛋

2）肾病变型　多发生于 20～50 日龄的幼鸡。典型的病程分为两个阶段：第一阶段出现轻微呼吸道症状，往往不被察觉，经 2～4 天症状近乎消失，表面上"康复"；第二阶段是发病后 10～12 天，出现严重全身症状，精神沉郁，厌食，排灰白色稀粪或白色淀粉糊样稀便，失水，脚爪干枯，此时为死亡高峰期。整个病程21～25 天，死亡率一般为 12%～25%。

3）腺胃病变型　1995 年以来，我国江苏、山东、北京、河北等地相继发生。多发生于 20～80 日龄育成鸡，病程为 10～25 天。临床症状主要表现为精神沉郁，厌食，流泪，眼肿，有时有呼吸道症状，腹泻，极度消瘦，陆续死亡。发病率可达 90%，死亡率一般为 30%左右。

（3）病理变化　呼吸型的主要病变在呼吸器官和母鸡的生殖器官，肾病变型的主要病变在肾脏和输尿管，腺胃型的主要病变在腺胃、胰腺、胸腺、脾脏及法氏囊。

1）呼吸型　①呼吸器官：病变通常为轻度或中等。气管黏膜给人一种水分比较多的感觉，覆有淡黄色透明的分泌物，并自上而下逐渐充血潮红。有的在气管内有灰白色痰状栓子，肺充血、水肿。气囊混浊，变厚，有渗出物。雏鸡鼻腔至咽部蓄有浓稠黏液。②生殖器官：成年母鸡正在发育的卵泡充血、出血，有的萎缩变形。输卵管缩短，严重时变得肥厚、粗糙，局部充血、坏死。腹腔内常有大量卵黄浆。雏鸡输卵管萎缩变短，其中段变化最严重，出现肥厚、粗短、充血、局部坏死等。

　　雏鸡18日龄内发病者，输卵管所受损害是永久性的，长大后一般不能产蛋，但外观与正常鸡无异，要通过检查耻骨间距，将其检出淘汰，以免白白浪费饲料。发病的大龄鸡，输卵管的病变轻一些，能有一定程度的恢复，长大后产蛋受一定影响。成年鸡输卵管的变化在病后能有所恢复，轻的21天能恢复正常，但不是所有的鸡都能恢复至正常程度。

　　2）肾病变型　主要表现肾肿大、苍白，肾小管因尿酸盐沉积而变粗（图12-10），心脏、肝脏表面有时也沉积尿酸盐，似一层白霜，泄殖腔内常有大量石灰膏样尿酸盐。法氏囊内充血、出血，黏液增多，有的可见呼吸道病变，有的不明显。

　　3）腺胃病变型　腺胃肿大，呈球形，腺胃壁增厚，腺胃乳头出血、坏死、溃疡，胰腺肿大出血，胸腺、脾脏及法氏囊萎缩。

　　（4）鉴别诊断　①鸡传染性支气管炎与鸡传染性喉气管炎的鉴别：二者均有流鼻液，流泪，咳嗽，张口呼吸等临床症状。但二者的区别在于：鸡传染性喉气管炎的传播比传染性支气管炎要慢些，呼吸系统症状更为严重，气管分泌物混有血液，且主要发生于成年鸡；而传染性支气管炎既可感染幼鸡，又可感染大鸡，但以幼鸡症状最

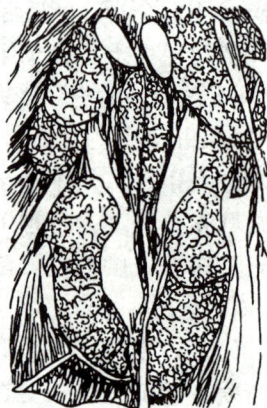

图12-10　病鸡肾肿大，肾小管、输尿管有尿酸盐沉积

重。②鸡传染性支气管炎与鸡传染性鼻炎的鉴别：二者均有疫病传播迅速，精神萎靡，流鼻液，打喷嚏，甩头，结膜炎，产蛋率下降等临床症状。但二者的区别在于：鸡传染性鼻炎传播缓慢，成年鸡发病较重，主要是鼻腔和鼻窦发炎，多见脸部肿胀，通常流鼻液；慢性病例可发出恶臭味；磺胺类药和抗生素治疗有效。传染性支气管炎只有幼鸡流鼻液，而且幼鸡发病较重，脸部肿胀比较少见。③鸡传染性支气管炎与鸡慢性呼吸道病的鉴别：二者均有流鼻液，咳嗽，打喷嚏，呼吸有啰音，流泪，产蛋率下降等临床症状。但二者的区别在于：由败血支原体引起的慢性呼吸道病传播慢，1～2月龄易感，成年鸡多为隐性。典型症状及病变也见于幼鸡，鼻、气管、支气管和气囊有混浊黏稠渗出物，但链霉素、北里霉素、泰乐霉素、红霉素药物治疗有效。④鸡传染性支气管炎与鸡减蛋综合征的鉴别：减蛋综合征感染的产蛋鸡群也发生产蛋率下降，蛋壳质量也发生与传染性支气管炎相似的变化，但蛋内质量无明显变化。

（5）预防措施　①预防接种：接种鸡传染性支气管炎弱毒苗或参考以下免疫程序：7～10日龄用 H_{120} 与新城疫Ⅱ系苗混合滴鼻点眼，或用 H_{120} 与新城疫Ⅳ系苗混合饮水；35日龄用 H_{52} 饮水，这次免疫也可以与新城疫Ⅱ系或Ⅳ系苗混用；135日龄前后 H_{52} 饮水。如此时注射新城疫Ⅰ系苗，可在同一天进行。②加强饲养管理：要严格隔离病鸡，鸡舍、用具及时进行消毒。注意调整鸡舍温度，避免过挤和贼风侵袭。合理配合日粮，在日粮中适当增加维生素和矿物质含量，以增强鸡的抗病能力。

（6）治疗方法　本病无特效治疗方法，发病后应用一些广谱抗生素可防止细菌合并症或继发感染。①用等量的青霉素、链霉素混合，每只雏鸡每次滴2 000～5 000单位于口腔中，连用3～4天。②用氨茶碱片内服，体重0.25～0.5千克者用0.05克，0.75～1千克者用0.1克，1.25～1.5千克者用0.15克，每天1次，连用2～3天，有较好疗效。

255 怎样防治鸡传染性喉气管炎?

鸡传染性喉气管炎是由疱疹病毒引起的一种急性呼吸道传染病。其特征为病鸡高度呼吸困难，咳嗽，喘气，气管分泌物中混有血液，本病是集约化养鸡场的重要疫病之一，发病率较高，死亡率一般为 10%～20%。

（1）流行特点　在自然条件下，本病主要侵害鸡，有时也感染火鸡、野鸡、鸭、鹌鹑等。各种年龄的鸡均可感染发病，但通常只有成年鸡和大龄青年鸡才表现出典型症状。

本病的主要传染源是病鸡和带毒鸡。病毒存在于病鸡呼吸道及其分泌物中，约有 2% 的康复鸡能带毒 2 年，并具有传染性。因此，本病一旦发生，便难以根除，并呈地区性流行。

病毒由呼吸道、眼结膜、口腔侵入体内。饲料、饮水、用具、野鸟及人员衣物等能携带病毒，扩散传播。病鸡产的蛋，有一部分含有病毒，入孵后，胚胎于出雏前死亡。接种过本强毒疫苗的鸡，在较长时期内可排出有致病力的病毒。

本病一年四季均可发生，但以寒冷干燥的冬季多发。鸡舍过分拥挤、通风不良、饲养管理不当、寄生虫感染、饲料中维生素 A 缺乏及接种疫苗等，都可能诱发本病，并使死亡率增高。

（2）临床症状　本病自然感染的潜伏期 6～12 天。症状随发病季节和病鸡不同而有所差异。温暖季节比寒冷季节轻，幼鸡比成年鸡轻。急性病例鼻孔有分泌物，病鸡呼吸困难，当吸气时，头、颈前伸，眼半闭或全闭，尽力吸气（图 12-11），同时可听到"咯咯"声或啰音。当痉挛咳嗽时，猛烈摇头，试

图 12-11　病鸡吸气时姿势

图排出气管内的堵塞物，常咳出带血的黏液。从口腔可以看到喉部黏膜有淡黄色凝固物附着，鸡冠呈青紫色，排绿色稀便，产蛋量急剧下降，也有的病例出现严重的眼炎，大多为单眼结膜充血，眼皮肿胀凸起，眼内蓄积豆渣样物质。病程 5～6 天，多因窒息死亡，耐过 5 天以上者多能康复。症状较轻的病鸡生长迟缓，产蛋减少，流泪，眼结膜充血，轻微地咳嗽，眶下窦肿胀，流鼻液，机体逐渐消瘦。

（3）病理变化　病变主要在喉部和气管，由黏液性炎症到黏膜坏死，并伴有出血。严重病例气管中可见脱落的黏膜上皮、干酪样物质，以及它们二者混合形成的黄白色假膜，也常见血凝块。气管病变在靠近喉头处最重，往下稍轻。此外，还可出现支气管炎、肺炎及气囊炎。病变轻者可见眼睑及眶下窦充血。

（4）防治措施　本病目前尚无特效疗法，只能加强预防和对症治疗。①坚持严格的隔离消毒防疫措施，易感鸡不可与病愈鸡或来历不明的鸡接触。新购进的鸡必须用少量的易感鸡与其做接触感染试验，隔离观察 2 周。若不发病，方可合群。②在本病流行的早期如能做出正确诊断，立即对尚未感染的鸡群接种疫苗，可以减少死亡。但接种疫苗可以造成带毒鸡，因而在未发生过本病的地区，不宜进行疫苗接种。疫苗有两种，一种是采用有毒的病株制成的，用小棉球将疫苗直接涂在泄殖腔黏膜即可（防止沾污呼吸道组织）；另一种是用致弱的病毒株制成，现已广泛应用，通过接种毛囊、滴鼻或点眼等途径都能产生良好免疫力。③对症治疗：A. 泰乐菌素：每千克体重 3～6 毫克，肌内注射，连用2～3 天；或在 1 000 毫升水中加 4～6 克，连饮 3～5 天。B. 氢化可的松与土霉素：各取 0.5 克，溶解在 10 毫升注射用水中，用口鼻腔喷雾器喷入鸡喉部，每次 0.5～1 毫升，每天早晚各一次，连用 2～3 天。

256 怎样防治鸡圆环病毒病？

圆环病毒是哺乳动物和禽类非细菌性腹泻的主要病原之一。鸡感染后主要症状为水样下痢，乃至脱水。

（1）流行特点　圆环病毒不仅能感染鸡、鸭等家禽，而且能感染火鸡、鸽、珍珠鸡、雉鸡、鹦鹉和鹌鹑等珍禽，分离自火鸡和雉鸡的圆环病毒可感染鸡。6周龄左右的雏鸡最易感，有时成年鸡也能感染，并发生腹泻。发生于鸡、火鸡、雉鸡的绝大多数自然感染都是侵害6周龄以下的禽类，肉用仔鸡群和火鸡群常常发生不同电泳群圆环病毒的同时感染或相继感染。病鸡排出的粪便中含有大量的圆环病毒，能长期污染环境，因为病毒对外界的抵抗力很强，所以在鸡群中可发生水平传播。此外，1日龄未采食的雏鸡体内也检测到了该病毒，从而证明它可能在卵内或卵壳表面存在，并发生垂直传播。禽类圆环病毒感染率很高，在做电镜检查时可发现大多数鸡群中存在病毒，死亡率一般为4%～7%，但是由此造成的腹泻能严重影响雏鸡的生长发育，并可引起并发或继发感染。

（2）临床症状　禽类圆环病毒感染的潜伏期很短，2～3天就出现症状并大量排毒。病鸡水样腹泻、脱水、泄殖腔炎、啄肛，并可导致贫血，精神萎靡，食欲不振，生长发育缓慢，体重减轻等，有时打堆而相互挤压死亡，死亡率一般为4%～7%，耐过者生长缓慢。

（3）病理变化　剖检可见肠道苍白，盲肠膨大，盲肠内有大量的液体和气泡，呈赭石色。严重者脱水，肛门有炎症，贫血（由啄肛而致），腺胃内有垫草，爪部因粪便污染引起炎症和结痂。

（4）防治措施　鸡圆环病毒感染目前尚无特异的防治方法，病鸡可对症治疗，如给予补液盐饮水以防机体脱水，利于恢复。

257 怎样防治鸡传染性脑脊髓炎？

鸡传染性脑脊髓炎是由脑脊髓炎病毒引起的一种中枢神经损害性传染病，主要损害1月龄以内的雏鸡。病鸡表现为腿软无力、瘫痪、头颈震颤。

（1）流行特点　本病主要发生于鸡，各种年龄的鸡均可感染，但一般雏鸡在1～2日龄易感，7～14日龄为最易感期。此外，火鸡、鹌鹑和野鸡也能经自然感染而发病。

本病一年四季均可发生，但主要集中在冬、春两季。

本病既可水平传播，又能垂直传播。水平传播包括病鸡与健康鸡同居接触传染、出雏器内病雏与健雏接触传染以及媒介物（如污染的饲料、饮水等）在鸡群之间造成传染。由于该病毒可在鸡肠道内繁殖，因而病鸡的粪便对本病的传播更为重要。垂直传播是成年鸡感染病毒之后、产生抗体之前的短时期内，产生含病毒的蛋，孵出带病雏鸡。但是，康复鸡所产的蛋含有较高的母源抗体，可对雏鸡起到保护作用。

（2）临床症状　本病潜伏期为 6～7 天，典型症状多出现于雏鸡。患病初期，雏鸡眼睛呆滞，走路不稳。由于肌肉运动不协调而活动受阻，受到惊扰时就摇摇摆摆地移动，有时可见头颈部呈神经性震颤。抓握病鸡时，也可感觉其全身震颤。随着病程发展，病鸡肌肉不协调的状况日益加重，腿部麻痹，以致不能行动，完全瘫痪。多数病鸡有食欲和饮欲，常借助翅力移动到食槽和饮水器边采食和饮水，但许多病重的鸡不能移动，因饥饿、缺水、衰弱和互相践踏而死亡，死亡率一般为 10%～20%，最高可达 50%。4 周龄以上的鸡感染后很少表现症状，成年产蛋鸡可见产蛋量急剧下降，蛋重减轻，一般经 15 天后产蛋量尚可恢复。如仅有少数鸡感染时，可能不易察觉，然而在感染后 2～3 周内，种蛋的孵化率会降低，若受感染的鸡胚在孵化过程中不死，由于胎儿缺乏活力，多数不能啄破蛋壳，即使出壳，也常发育不良，精神萎靡，两腿软弱无力，出现头颈震颤等症状。但在母鸡具有免疫力后，其产蛋量和孵化率可能恢复正常。

（3）病理变化　一般肉眼可见的剖检变化很不明显。一般自然发病的雏鸡，仅能见到脑部的轻度充血，少数病雏的肌胃肌层中散在有灰白区（这需在光线好并仔细检查才可发现），成年鸡发病则无上述变化。

（4）防治措施　本病目前尚无有效的治疗方法，应加强预防。①在本病疫区，种鸡应于 100～120 日龄接种鸡传染性脑脊髓炎疫苗，最好用油佐剂灭活苗，也可用弱毒苗，以免病毒在鸡体内增强了毒力再排出，反而散布病毒。②种鸡如果在饲养管理正常而且无任何症状的情况下产蛋突然减少，应请兽医部门做实验室诊断。若诊断为本病，在产蛋量恢复正常之前，或自产蛋量下降之日算起至少半个月以内，种蛋不要用于孵化，可作商品蛋处理。③雏鸡已确认发生本病时，凡出现症状的雏鸡都应立即挑出淘汰，到远处深埋，以减轻同居感染，保护其他雏鸡。如果发病率较高，可考虑全群淘汰，消毒鸡舍，重新进雏。重新进雏时可购买原来那个种鸡场晚几批孵出的雏鸡，这些雏鸡已有母源抗体，对本病有抵抗力。

258 怎样防治鸡病毒性关节炎？

鸡病毒性关节炎又称鸡病毒性腱鞘炎，是由呼肠孤病毒引起的一种传染病。其主要特征为病鸡腿部关节肿胀，腱鞘发炎，继而使腓肠腱断裂，从而导致鸡行动不便，采食困难，甚至不能行动。

（1）流行特点 本病只发生于鸡，5～7周龄的鸡易感。病毒可通过呼吸道或消化道侵入鸡体，在鸡群中迅速传播，一般多为隐性感染，不表现明显症状。

（2）临床症状 雏鸡感染后发病多在3～4周龄以后，初期步态稍见异常，逐渐发展为跛行，跗关节肿胀，病鸡喜坐在关节上，驱赶时才跳动。患肢不能伸张，不敢负重，当腱断裂时，趾屈曲，病程稍长时，患肢多向外扭转，步态不稳，这种症状多见于大雏或成鸡。病鸡发育不良，贫血，消瘦，有时排白色稀便，体况长时间内不能恢复。

（3）病理变化 病变主要表现在患肢的跗关节，关节上下周围肿胀，切开皮肤可见到关节上部腓肠腱水肿，关节腔充满淡红色透明滑膜液，如无细菌混合感染时，见不到脓样渗出物，趾曲腱和腓肠腱周围水肿，根据病程的长短，有的周围组织可与骨膜脱离。大雏或成鸡易发生腓肠腱断裂。由于腱断裂，局部组织可见到明显的血液浸润。如发生在换羽时期，可在皮肤外见到皮下组织呈红紫色，关节液增加。慢性病程的鸡（主要是成鸡）腓肠腱增厚、硬化，和周围组织粘着、纤维化，有的在切面可见到肌腱交接部发生的不全断裂和周围组织粘连，失去活动性，关节腔有脓样、干酪样渗出物。

（4）防治措施　本病目前尚无有效疗法，只能加强预防。①加强环境卫生管理，定期消毒鸡舍，以防止病毒侵袭。②接种疫苗：接种疫苗主要用于种鸡，可在开产前2～3周肌内注射油乳剂灭活苗，使雏鸡获得较多的母源抗体。此外，雏鸡也可在2周龄时先接种一次弱毒疫苗，在开产前再注射一次油乳剂灭活苗。

259 怎样防治鸡减蛋综合征？

鸡减蛋综合征，是由腺病毒引起的使鸡群产蛋率下降的一种传染病。其主要特征为产蛋量下降，蛋壳褪色，产软壳蛋或无壳蛋。本病可使鸡群产蛋率下降30％～50％，蛋的破损率可达38％～40％，无壳蛋、软壳蛋达15％，给养鸡生产造成了严重的经济损失。

（1）流行特点　本病的易感动物主要是鸡，任何年龄、任何品种的鸡均可感染，尤其是产褐壳蛋的种鸡最易感，产白壳蛋的鸡易感性较低。幼鸡感染后不表现任何临床症状，也查不出血清抗体，只有到开产以后，血清才转为阳性，尤其在产蛋高峰期30周龄前后，发病率最高。

本病主要传染源是病鸡和带毒母鸡，既可垂直感染，也可水平感染。病毒主要在带毒鸡生殖系统增殖，感染鸡的种蛋内容物中含有病毒，蛋壳还可以被泄殖腔的含病毒粪便所污染，因而可经孵化传染给雏鸡。本病水平传播较慢，并且不连续，通过一栋鸡舍大约需几周。鸡粪是发病鸡水平感染的主要方式。因而平养鸡比笼养鸡传播快，鸡可以从喉及粪便中排泄病毒。此外，鸡蛋和盛蛋工具经常在鸡场间随便流动，这中间受感染的蛋鸡在产蛋中可能是一种非常重要的水平传播来源。

（2）临床症状　发病鸡群的临床症状并不明显，发病前期可发现少数鸡拉稀，个别呈绿便，部分鸡精神不佳，闭目似睡，受惊后变得精神异常。有的鸡冠表现苍白，有的轻度发紫，采食、饮水略有减少，体温正常。发病后鸡群产蛋率突然下降，每天可下降2%～4%，连续2～3周，下降幅度最高可达30%～50%，以后逐渐恢复，但很难恢复到正常水平或达到产蛋高峰。在开产前感染时，产蛋率达不到高峰。蛋壳褪色（褐色变为白色），产异状蛋、软壳蛋、无壳蛋的数量明显增加。

（3）病理变化　本病基本上不死鸡，病死鸡剖检后病变不明显。剖检产无壳蛋或异状蛋的鸡，可见其输卵管及子宫黏膜肥厚，腔内有白色渗出物或干酪样物，有时也可见卵泡软化，其他脏器无明显变化。

（4）鉴别诊断　①鸡减蛋综合征与鸡传染性脑脊髓炎的鉴别：鸡传染性脑脊髓炎也可导致鸡产蛋率下降，但其病原为脑脊髓炎病毒，病鸡表现为行动迟缓，走几步即蹲下，常以跗关节着地，驱赶时跗关节走路并拍打翅膀，眼晶体混浊，失明。剖检可见脑膜充血、出血，神经元肿大，树突轴突消失。鸡减蛋综合征则无此症状和病变。②鸡减蛋综合征与鸡脂肪肝综合征的鉴别：鸡脂肪肝综合征是鸡的一种代谢病，虽然病鸡也表现产蛋率突然下降，但该病主要发生于肥胖鸡，鸡冠苍白，死亡率高。剖检病死鸡可发现肝肿大，易碎，呈黄褐色，肝破裂出血。鸡减蛋综合征则无此症状和病变。③鸡减蛋综合征与鸡维生素A、维生素D、钙缺乏症的鉴别：鸡缺乏维生素A、维生素D和矿物质钙时，由于卵壳腺机能不正常，缺乏钙质原料，不能分泌充足的壳质等，因而产软壳蛋、无壳蛋，但饲料中添加钙和维生素A、维生素D后便很快会恢复。

（5）防治措施　本病目前尚无有效的治疗方法，只能加强预防。①未发生本病的鸡场应保持本病的隔离状态，严格执行全进全出制度，绝不引进或补充正在产蛋的鸡，不从有本病的鸡场引进雏鸡或种蛋。注意防止从场外带进病原污染物。②在本病流行地区可用疫苗进行预防，蛋鸡可在开产前2～3周肌内注射灭活的油乳剂疫苗0.5～1.0毫升。

260 **怎样防治禽霍乱？**

禽霍乱又称禽巴氏杆菌病或禽出血性败血病，是由多杀性巴氏杆菌引起的一种接触传染性烈性传染病。其特征为传播快，病鸡呈最急性死亡，剖检可见心冠状脂肪出血和肝有针尖大的坏死点。

（1）流行特点　各种家禽及野禽均可感染本病，鸡、鸭最易感，鹅的感受性比较低。

本病常呈散发或地方性流行，一年四季均可发生，但以秋冬季节较多见。

本病的主要传染源是病禽和带菌禽，病菌随分泌物和粪便污染环境，被污染的饲料、饮水及工具等是重要的传播媒介，感染的猫、鼠、猪及野鸟等闯入鸡舍，也可造成鸡群发病。其感染途径主要是消化道和呼吸道，也可经损伤的皮肤而感染。

此外，健康鸡的呼吸道内有时也带菌但不发病。在潮湿、拥挤、转群、骤然断水断料或更换饲料、气候剧变、寒冷、闷热、阴雨连绵、通风不良、长途运输、寄生虫感染等应激因素作用下，使鸡的抗病力降低，这时存在于呼吸道内的病原菌则发生内源性感染而造成鸡群发病。

（2）临床症状　本病的潜伏期为 1～9 天，最快的发病后数小时即可死亡。根据病程长短一般可分为最急性型、急性型和慢性型。

1）最急性型　常见于本病流行初期，多发于体壮高产鸡，几乎看不到明显症状，突然不安，痉挛抽搐，倒地挣扎，双翅扑地，迅速死亡。有的鸡在前一天晚上还表现正常，而在次日早晨却发现已死在舍内，甚至有的鸡在产蛋时猝死。

2）急性型　急性型病鸡最为多见，是随着疫情的发展而出现的。病鸡精神萎靡，羽毛松乱，两翅下垂，闭目缩颈呈昏睡状。体温升高至 43～44℃。口鼻常常流出许多黏性分泌物（图 12-12），冠髯呈蓝紫色。呼吸困难，急促张口，常发出"咯咯"声。常发生剧烈腹泻，稀便，呈绿色或灰白色。食欲减退或废绝，饮欲增加。

病程1～3天，最后发生衰竭、昏迷而死亡。

3）慢性型 多由急性病例转化，一般在流行后期出现。病鸡一侧或两侧肉髯肿大（图12-13），关节肿大、化脓，跛行。有些病例出现呼吸道症状，鼻窦肿大，流黏液，喉部蓄积分泌物且有臭味，呼吸困难。病程可延至数周或数月，有的持续腹泻而死亡，有的虽然康复，但生长受阻，甚至长期不能产蛋，成为传播病原的带菌者。

（3）病理变化

1）最急性型 无明显病变，仅见心冠状沟部有针尖大小的出血点，肝脏表面有小点状坏死灶。

2）急性型 浆膜出血。心冠状沟部密布出血点，似喷洒状。心包变厚，心包液增加、混浊。肺充血、出血。肝肿大，变脆，呈棕色或棕黄色，并有特征性针尖大或粟粒大的灰黄色或白色坏死灶。脾脏一般无明显变化。肌胃和十二指肠黏膜严重出血，整个肠道呈卡他性或出血性肠炎，肠内容物混有血液。

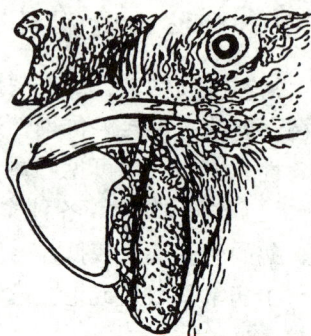

图12-12 病鸡口腔中流出黏性分泌物

图12-13 病鸡肉髯肿大

3）慢性型 病鸡消瘦，贫血，表现呼吸道症状时可见鼻腔和鼻窦内有多量黏液。有时可见肺脏有较大的黄白色干酪样坏死灶。有的病例，在关节囊和关节周围有渗出物和干酪样坏死，有的可见鸡冠、肉髯或耳叶水肿，进一步可发生坏死。

（4）鉴别诊断 ①禽霍乱与鸡病毒性关节炎的鉴别：二者均有

关节肿大、化脓，跛行等临床症状。但二者的区别在于：鸡病毒性关节炎的主要症状和病变均表现在腿部关节上，而且严重，使用抗生素无效。禽霍乱除具有关节症状与病变外，还可发现呼吸困难，流鼻汁，肉髯肿大，肝脏有灰黄色或白色坏死灶等特征性症状和病变，一些抗生素对禽霍乱有效。②禽霍乱与鸡伤寒的鉴别：二者均有精神不振，呼吸困难，下痢，粪便呈绿色等临床症状。但二者的区别在于：鸡伤寒可发生于 3 周龄以上的青年鸡及成年鸡，而本病在 16 周龄以前很少发生，发病高峰多集中在性成熟期。鸡伤寒病程长（3～30 天），腹泻严重，肝脏表面有灰白色坏死点，但数量比较少，肝表面呈古铜色。鸡伤寒还有脾肿大，胆囊肿大并充满绿色油状胆汁等病变，本病则不显著。

（5）预防措施　①加强鸡群的饲养管理：减少应激因素的影响，搞好清洁卫生和消毒，提高鸡的抗病能力。②严防引进病鸡和康复后的带菌鸡：引进的新鸡应隔离饲养，若需合群，需隔离饲养 1 周，同时服用土霉素 3～5 天。合群后，全群鸡再服用土霉素 2～3 天。③疫苗接种：在疫区可定期预防性注射禽霍乱菌苗。常用的禽霍乱菌苗有弱毒活菌苗和灭活菌苗，如 731 禽霍乱弱毒菌苗、833 禽霍乱弱毒菌苗、$G_{190}E_{40}$ 禽霍乱弱毒菌苗、禽霍乱乳剂灭活菌苗等。④药物预防：若邻近发生禽霍乱，本鸡群受到威胁，可使用灭霍灵（每千克饲料加 3～4 克）或喹乙醇（每千克饲料加 0.3 克）等，每隔 1 周用药 1～2 天，直至疫情平息为止。当鸡群正处于开产前后或产蛋高峰期，对禽霍乱易感性高，而且时值秋末冬初，天气多变或连阴，发病可能性大，可用土霉素 2～3 天（每千克饲料加 1.5～2 克），必要时间隔 10～15 天再用一次，对其他细菌性疾病也兼有预防作用。在长途运输、鸡群搬迁、重新组群时，可服用土霉素 2～3 天，以减缓鸡群的应激反应。⑤治疗方法：A. 在饲料中加入 0.5％～1％的磺胺二甲基嘧啶粉剂，连用 3～4 天，停药 2 天，再服用 3～4 天；也可以在每 1 000 毫升饮水中，加 1 克药，溶解后连续饮用 3～4 天。B. 在饲料中加入 0.1％的土霉素，连用 7 天。C. 喹乙醇，按每千克体重 30 毫克拌料，每天 1 次，连用 3～5

天。产蛋鸡和休药期不足 21 天的肉用仔鸡不宜选用。D. 对病情严重的鸡可肌内注射青霉素，每千克体重 4 万～8 万国际单位，早晚各一次。E. 环丙沙星或沙拉沙星，肌内注射按 5～10 毫克/千克体重，每天 2 次；饮水按 50～100 毫克/千克体重，连用 3～4 天。

261 怎样防治鸡白痢？

鸡白痢是由鸡白痢沙门氏菌引起的一种常见传染病，其主要特征为患病雏鸡排白色糊状稀便。

（1）流行特点　本病主要发生于鸡，其次是火鸡，其他禽类仅偶有发生。据报道，在哺乳动物中，乳兔具有高度的易感性。不同品种鸡的易感性稍有差异，轻型鸡（如来航鸡）的易感性较重型鸡要低一些，这可能与遗传因素有关。母鸡较公鸡易感，其原因可能与其卵泡易于发生局部感染有关。雏鸡的易感性明显高于成年鸡，急性白痢主要发生于雏鸡 3 周龄以前，可造成大批死亡，病程有时可延续到 3 周龄以后。当饲养管理条件差，雏鸡拥挤，环境卫生不好，温度过低，通风不良，饲料品质差，以及有其他疫病感染时，都可成为诱发本病或增加死亡率的因素。

本病的主要传染源是病鸡和带菌鸡，感染途径主要是消化道，既可水平感染，又可垂直感染。病鸡排出的粪便中含有大量的病菌，污染了饲料、垫料和饮水及用具之后，雏鸡接触到这些污染物之后即被感染。通过交配、断喙和性别鉴定等也能传播本病。雏鸡感染恢复之后，体内可长期带菌。带菌鸡产出的受精卵有 1/3 左右被病菌污染，从而在本病的传播中起重要作用。卵黄中含有大量的病菌，不但可以传给后代的雏鸡，使之发病而成为同群的传染源，传给同群的健康鸡；也可以污染孵化器，通过蛋壳、羽毛等传给同批或下批的雏鸡，从而将本病传向四面八方，绵延不断（图 12-14）。

（2）临床症状　本病的潜伏期为 4～5 天。带菌种蛋孵出的雏鸡出壳后不久就可见虚弱昏睡，进而陆续死亡，一般在 3～7 日龄

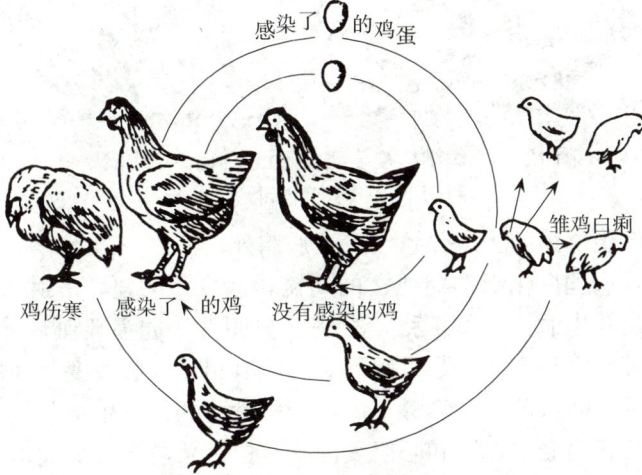

感染了🥚的鸡蛋

雏鸡白痢

鸡伤寒　　感染了🥚的鸡　　没有感染的鸡

图 12-14　鸡白痢的循环传播

发病量逐渐增加，10日龄左右达死亡高峰，出壳后感染的雏鸡多在几天后出现症状，2～3周龄病雏和死雏达到高峰。病雏精神萎靡，离群呆立，闭目打盹，缩颈低头，两翅下垂，身躯变短，后躯下坠，怕冷，靠近热源或挤堆，时而尖叫（图 12-15）；多数病雏呼吸困难而急促，其后腹部快速地收缩，即呼吸困难的表现。一部分病雏腹泻，排出白色糊糊状粪便，肛门周围的绒毛常被粪便污染并和粪便粘在一起，干结后封住肛门，病雏由于排粪困难和肛门周围炎症引起疼痛，因此，排粪时常发出"叽叽"的痛苦尖叫声。3周龄以后发病的一般很少死亡。但近年来青年鸡成批发病，死亡亦不少见，耐过鸡生长发育不良并长期带菌，成年后产的蛋也带菌，若留作种蛋可造成垂直传染。

成年鸡感染后没有明显的临床症状，只表现产蛋减少，孵化率降低，死胚数增加。

有时，成年鸡过去从未感染过白痢病菌而骤然严重感染，或者本来隐性感染而饲养条件严重变劣，也能引起急性败血性白痢病。病鸡精神沉郁，食欲减退或废绝，低头缩颈，半闭目呈睡眠状，羽毛松乱无光泽，迅速消瘦，鸡冠萎缩苍白，有时排暗青色、暗棕色

图 12-15 病雏精神萎靡，闭目打盹，缩颈低头，
两翅下垂，羽毛松乱

稀便，产蛋明显减少或停止，少数病鸡死亡。

（3）病理变化 早期死亡的幼雏，病变不明显，肝肿大充血，时有条纹状出血，胆囊扩张，充满多量胆汁，如为败血症死亡时，则其内脏器官有充血。数日龄幼雏可能有出血性肺炎变化。病程稍长的，可见病雏消瘦，嗉囊空虚，肝肿大脆弱，呈土黄色，布有砖红色条纹状出血线，肺和心肌表面有灰白色粟粒至黄豆大稍隆起的坏死结节，这种坏死结节有时也见于肝、脾、肌胃、小肠及盲肠的表面。胆囊扩张，充满胆汁，有时胆汁外渗，染绿周围肝脏。脾肿大充血。肾充血发紫或贫血变淡，肾小管因充满尿酸盐而扩张，使肾脏呈花斑状。盲肠内有白色干酪样物，直肠末端有白色尿酸盐。有些病雏常出现腹膜炎变化，卵黄吸收不良，卵黄囊皱缩，内容物呈淡黄色、油脂状或干酪样。

成年鸡的主要病变在生殖器官。母鸡卵巢中一部分正在发育的卵泡变形、变色、变质，有的皱缩松软成囊状，内容物呈油脂或豆渣样，有的变成紫黑色葡萄干样，常有个别卵泡破裂或脱落。公鸡一侧或两侧睾丸萎缩，显著变小，输精管肿胀，其内腔充满黏稠渗出物乃至闭塞。其他较常见的病变有：心包膜增厚，心包腔积液，肝肿大质脆，偶尔破裂，出现卵黄腹膜炎等。

（4）预防措施 ①种鸡群要定期进行白痢检疫，发现病鸡及时淘汰。②种蛋、雏鸡要选自无白痢鸡群，种蛋孵化前要经消毒处理，孵化器也要经常进行消毒。③育雏室经常要保持干燥洁净、密度适宜，避免室温过低，并力求保持稳定。④药物预防：A. 在雏鸡饲料中加入0.02%的土霉素粉，连喂7天，以后改用其他药物。B. 用链霉素饮水，每千克饮水中加100万单位，连用5～7天。

C. 在雏鸡1～5日龄，每千克饮水中加庆大霉素8万单位，以后改用其他药物。D. 如果本菌已对上述药物产生抗药性，可采用恩诺沙星从出壳开始到3日龄按75毫克/升，4～6日龄按50毫克/升饮用。E. 用苍术100克，川椒（花椒也可以）50克。先将苍术用食醋50毫升浸泡30分钟，然后加入川椒，加水2 000毫升，煮沸后文火煎15分钟取出药液，再加水1 000毫升左右，每次500毫升，再加适量的水供200只雏鸡饮用，每日早晚各1次，连用7天。

（5）治疗方法　①用磺胺甲基嘧啶或磺胺二甲基嘧啶拌料，用量为0.2%～0.4%，连用3天，再减半量用1周。②用庆大霉素混水，每千克饮水中加庆大霉素10万单位，连用3～5天。③用卡那霉素混水，每千克饮水中加卡那霉素150～200毫克，连用3～5天。④用强力霉素混料，每千克饲料中加强力霉素100～200毫克，连用3～5天。⑤用新霉素混料，每千克饲料中加新霉素260～350毫克，连用3～5天。⑥用5%恩诺沙星或5%环丙沙星饮水，每毫升5%恩诺沙星或5%环丙沙星溶液加水1千克（每千克饮水中含药约50毫克），让其自饮，连饮3～5天。

262 怎样防治鸡副伤寒？

鸡副伤寒是由沙门氏菌属中的一种能运动的杆菌引起的一种急性或慢性传染病。由于各种家禽都能感染发病，故广义上称为禽副伤寒。在沙门氏菌属中，除鸡白痢和鸡伤寒沙门氏菌外，其他沙门氏菌引起禽病都称为禽副伤寒。

鸡副伤寒主要侵害幼鸡，常造成大批死亡。成年鸡多为隐性或慢性感染，但产蛋率、受精率、孵化率明显降低。本病的特征为病雏下痢、消瘦和患结膜炎。此外，本病是一种人、畜、禽共患病，对人主要引起食物中毒。

（1）流行特点　各种家禽及野禽对本病均可感染，并能相互传染。雏鸡、雏鸭、雏鹅均十分易感，常出现暴发性流行。鼠类和苍蝇等是副伤寒菌的主要带菌者，是传播本病的重要媒介。家畜感染后可引起肠炎、败血症，是一种细菌性食物中毒。本病的主要传染源是病禽、带菌禽及其他带菌动物，主要通过消化道感染。病禽的粪便中排出病原菌污染周围环境，从而传播疾病。本病也可通过种蛋传染，沾染于蛋壳表面的病菌能钻入蛋内，侵入蛋黄部分。在孵化时也能污染孵化器和育雏器，在雏群中传播疾病。带有病菌的飞沫，可由呼吸道感染而发病。

雏鸡在胚胎期和出雏器内感染本病的，常于4～5日龄发病，这些病雏的排泄物使同居的其他雏鸡感染，多于10～21日龄发病，死亡高峰在10～21日龄。以后随着日龄增大，逐渐有抵抗力，青年鸡和成年鸡很少发生急性副伤寒，一般为慢性或隐性感染。

（2）临床症状　本病的潜伏期为12～18小时，有时稍长些，其急性病例（败血症）主要见于幼雏，慢性者多发于青年鸡和成年鸡。在孵化器内感染的急性病例常在孵化后数天内发病，一般见不到明显症状而死亡。10日龄以上的雏鸡发病后，身体虚弱，羽毛松乱，精神萎靡，头、翅下垂，缩颈闭目，似昏睡状。食欲减退或废绝，饮水增加。怕冷，偎近热源或挤堆。下痢，排水样稀便，肛门周围有粪便污染。有的发生眼炎失明，有的表现呼吸困难。病程1～2天，按全群计算，死亡率10%～20%，严重时可达80%。

成年鸡一般不出现急性病例，常为慢性带菌者，病菌主要存在其肠道，较少存在于卵巢。有时可见成年鸡食欲减退，消瘦，轻度腹泻，产蛋量减少，孵化率降低。

（3）病理变化　急性病例中往往无明显病变，病程较长的可见肠黏膜充血、卡他性及出血性肠炎，尤以十二指肠段较为严重，肠壁增厚，盲肠内常有淡黄白色豆渣样物堵塞。肝脏肿大，充血，可见有针尖大到粟粒大黄白色坏死灶。脾脏大，胆囊肿胀并充满胆汁。常有心包炎，心内膜积有浆液性纤维素性炎症。

成年鸡慢性副伤寒的主要病变为肠黏膜有溃疡或坏死灶，肝、脾、肾不同程度肿大，母鸡卵巢有类似慢性白痢的病变。

（4）防治措施　预防本病的两项重要措施：一是严防各种动物进入鸡舍，并防止其粪便污染饲料、饮水及养鸡环境；二是种蛋及孵化器要认真消毒，出雏时不要让雏鸡在出雏器内停留过久，其他预防措施与鸡白痢相同。

庆大霉素、卡那霉素、链霉素、环丙沙星等药物对本病均有效。育雏时，用药防治雏鸡白痢，也就同时防治了雏鸡副伤寒。

263 怎样防治鸡慢性呼吸道病？

鸡慢性呼吸道病又称鸡呼吸道支原体病或鸡败血霉形体病，是由鸡败血支原体（旧称霉形体）引起的一种慢性呼吸道传染病。其特征为病鸡咳嗽，鼻窦肿胀，流鼻液，气喘并有呼吸啰音，幼鸡生长发育不良，母鸡产蛋减少。疾病发展缓慢，病程较长，可在鸡群中长期蔓延，常并发其他细菌性或病毒性传染病而致使病情加剧，死亡率增高。此外，虽然有多种高效药物对本病有较好的疗效，但很难根治，容易复发，往往整个饲养期病情都处于时隐时现、时轻时重的状态，给养鸡生产造成重大损失。

（1）流行特点　本病主要发生于鸡和火鸡，其他禽类很少感染。各种年龄的鸡均有易感性，但以1～2月龄的幼鸡易感性最高，发病时表现典型症状，以后随着日龄增长，易感性有所降低。成年鸡发病时症状较轻，很少直接引起死亡。

本病的主要传染源是病鸡和带菌鸡。这些鸡呼吸道内存在大量病原体（支原体），可通过咳出的飞沫经呼吸道感染健康鸡，也可污染饲料、饮水，经消化道感染。

本病既可水平传染，又可垂直传染。病鸡和带菌鸡的输卵管和输精管中存在病原体，因而可通过种鸡孵化传染给雏鸡。

侵入机体的病原体，可长期存在于上呼吸道而不引起发病，当某种诱因使鸡的体质变弱时，即大量繁殖引起发病。其诱发因素主要有病毒和细菌感染、寄生虫病、长途运输、鸡群拥挤、卫生与通风不良、维生素缺乏、突然变换饲料及接种疫苗等。

本病一年四季都有发生，但以寒冷季节较为严重。在大群饲养中容易流行，而成年鸡多为散发。一般情况下，本病传播较慢，但在新发病的鸡群中传播较快。

（2）临床症状 本病的潜伏期为 10～21 天，发病时主要呈慢性经过，其病程常在 1 个月以上，甚至达 3～4 个月，鸡群往往整个饲养期都不能完全消除。病情表现为"三轻三重"，即用药治疗时轻些（症状可消失）、停药较久时重些（症状又较明显）；天气好时轻些，天气突变或连阴时重些；饲料管理良好时轻些，反之重些。

幼龄病鸡表现食欲减退，精神不振，羽毛松乱，体重减轻，鼻孔流出浆液性、黏液性直至脓性鼻液。排出鼻液时常表现摇头、打喷嚏等。炎症波及周围组织时，常伴发窦炎、结膜炎及气囊炎。炎症波及下呼吸道时，则表现咳嗽和气喘，呼吸时气管有啰音，有的病例口腔黏膜及舌背有白喉样伪膜，喉部积有渗出的纤维素，因此病鸡常张口伸颈吸气，呼吸时则低头，缩颈。后期渗出物蓄积在鼻腔和眶下窦，引起眼睑、眶下窦肿胀（图 12-16）。病程较长的鸡，常因结膜炎导致浆液性直至脓性渗出，将眼睑粘住，最后变为干酪样物质，压迫眼球并使之失明。产蛋鸡感染时一般呼吸症状不明显，但产蛋量和孵化率下降。

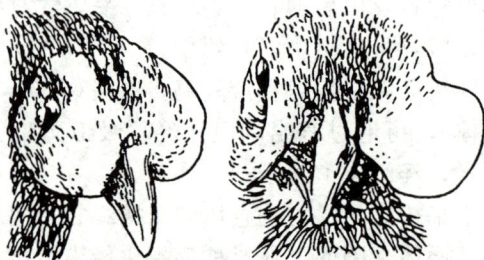

图 12-16　两个眶下窦中蓄积大量渗出物（左），
右眼眶下窦中的渗出物被清除之后（右）

2 月龄以内的幼鸡感染发时，其直接死亡率与治疗、护理有很大关系，一般在 5%～30%，成年鸡感染时很少出现死亡。

（3）病理变化 病变主要在呼吸器官。鼻腔中有多量淡黄色混浊、黏稠的恶臭味渗出物。喉头黏膜轻度水肿、充血和出血，并覆盖有多量灰白色黏液性或脓性渗出物。气管内有多量灰白色或红褐色黏液。病程稍长的病例气囊混浊、肥厚，表面呈念珠状，内部有黄白色干酪样物质。有的病例可见一定程度的肺炎病变。严重病例在心包膜、输卵管及肝脏出现炎症。

（4）预防措施　①对种鸡群进行血清学检查，淘汰阳性鸡，以防止垂直传染。②对感染过本病的种鸡，每半个月至 1 个月用链霉素饮水 2 天，每只鸡 30 万～40 万单位，对减少种蛋中的病原体有一定作用。③种蛋入孵前在红霉素溶液（每千克清水中加红霉素 0.4～1 克，需用红霉素针剂配制）中浸泡 15～20 分钟，对杀灭蛋内病原体有一定作用。④雏鸡出壳时，每只用 2 000 单位链霉素滴鼻或结合预防白痢，在 1～5 日龄用庆大霉素饮水，每千克饮水加 8 万单位。⑤对生产鸡群，甚至被污染的鸡群可普遍接种鸡败血支原体油乳剂灭活苗。7～15 日龄的雏鸡每只颈背部皮下注射 0.2 毫升；成年鸡颈背皮下注射 0.5 毫升。无不良反应，平均预防效果在 80% 左右。注射菌苗后 15 日龄开始产生免疫力，免疫期约 5 个月。

（5）治疗方法　用于治疗本病的药物很多，其中链霉素、北里霉素、泰乐霉素及高力米先等具有较好的效果，可列为首选药物。①链霉素饮水，每千克饮水中加 100 万单位，连用 5～7 天；重病鸡挑出，每日肌内注射链霉素 2 次，成鸡每次 20 万单位，2 月龄幼鸡每次 8 万单位，连续 2～3 天，然后放回大群参加链霉素大群饮水。②北里霉素混水，每千克饮水中加北里霉素可溶性粉剂 0.5 克，连用 5 天。③卡那霉素混水，每千克饮水中加 150～200 毫克，连用 5 天。④强力霉素混料，每千克饲料中加 100～200 毫克，连用 5 天。⑤复方泰乐霉素混水，每千克饮水中加 2 克，连用 5 天。⑥高力米先混水，每千克饮水加 2 克，连用 5 天。⑦氟罗沙星混水，冬天饮水浓度为 100 毫克/升；夏天为 25～50 毫克/升，连用 5 天，对鸡败血支原体和大肠杆菌混合感染有较好的治疗效果。

264 怎样防治鸡大肠杆菌病？

鸡大肠杆菌病是由不同血清型的大肠杆菌所引起的一系列疾病的总称。它包括大肠杆菌性败血症、死胎、初生雏腹膜炎及脐带炎、全眼球炎、气囊炎、关节炎及滑膜炎、坠卵性腹膜炎及输卵管炎、出血性肠炎、大肠杆菌性肉芽肿等。

（1）流行特点　大肠杆菌在自然界广泛存在，也是畜禽肠道的正常栖居菌，许多菌株无致病性，而且对机体有益，能合成B族生素和维生素K，供寄主利用，并对许多病原菌有抑制作用。大肠杆菌中一部分血清型的菌株具有致病性，或者当鸡体健康、抵抗力强时不致病，而当机体健康状况下降，特别是在应激情况下就表现出其致病性，使感染的鸡群发病。

鸡、鸭、鹅等家禽均可感染大肠杆菌，鸡在4月龄以内易感性较高。本病的传染途径有三种：一是母源性种蛋带菌，垂直传递给下一代雏鸡；二是种蛋本来不带菌，但蛋壳上所沾的粪便等污染物带菌，在种蛋保存期和孵化期侵入蛋的内部；三是接触传染，大肠杆菌从消化道、呼吸道、肛门及皮肤创伤等门户都能入侵，饲料、饮水、垫草、空气等是主要传播媒介。

鸡大肠杆菌病可以单独发生，也常常是一种继发感染，与鸡白痢、伤寒、副伤寒、慢性呼吸道病、传染性支气管炎、新城疫、霍乱等合并发生。

（2）临床症状及病理变化

1）大肠杆菌性败血症　本病多发于雏鸡和6～10周龄的幼鸡，死亡率一般为5%～20%，有时也可达50%。寒冷季节多发，打喷嚏、呼吸障碍等症状和慢性呼吸道病相似，但无面部肿胀和流鼻液等症状，有时多和慢性呼吸道病混合感染。幼雏大肠杆菌病夏季多发，主要表现精神萎靡，食欲减退，最后因衰竭而死亡。有的出现白色乃至黄色的下痢便，腹部膨胀，与白痢和副伤寒不易区分，死亡率多在20%以上。纤维素性心包炎为本病的特征性病变，心包膜肥厚、混浊，纤维素和干酪样渗出物混合在一起附着在心包膜表面，有时和心肌粘连。常伴有肝包膜炎，肝肿大，包膜肥厚、混浊、纤维素沉着，有时可见到有大小不等的坏死斑。脾脏充血、肿胀，可见到小坏死点。

2）死胎、初生雏腹膜炎及脐带炎　孵蛋受大肠杆菌污染后，多数胚胎在孵化后期或出壳前死亡，勉强出壳的雏鸡活力也差。有些感染幼雏卵黄吸收不良，易发生脐带炎，排白色泥土状下痢便，腹部膨胀，多在出壳后 2～3 天死亡，5～6 日龄后死亡减少或停止。在大肠杆菌严重污染环境下孵化的雏鸡，大肠杆菌可通过脐带侵入，或经呼吸道、口腔而感染。雏鸡多在感染后数日发生败血症，死亡率可达 20％。鸡群在 2 周龄时死亡减少或停止，存活的雏鸡发育迟缓。

死亡胚胎或出壳后死亡的幼雏，一般卵黄膜变薄，呈黄色泥土状，或有干酪样颗粒状物混合。4 月龄后感染的鸡雏可见心包炎，但急性死亡的剖检变化不明显。

3）全眼球炎　本病一般发生于大肠杆菌性败血症的后期，少数鸡的眼球由于大肠杆菌侵入而引起炎症，多数是单眼发炎，也有双眼发炎的。表现为眼皮肿胀，不能睁眼，眼内蓄积脓性渗出物。角膜浑浊，前房（角膜后面）也有脓液，严重时失明。病鸡精神萎靡，蹲伏少动，觅食也有困难，最后因衰竭而死亡。剖检时可见心、肝、脾等器官有大肠杆菌性败血症样病变。

4）气囊炎　本病通常是一种继发性感染。当鸡群感染慢性呼吸道病、传染性支气管炎、新城疫时，对大肠杆菌的易感性增高，如吸入含有大肠杆菌的灰尘就很容易继发本病。一般 5～12 周龄的幼鸡发病较多。

病鸡气囊增厚，附着多量豆渣样渗出物，病程较长的可见心包炎、肝周炎等。

5）关节炎及滑膜炎　多发于雏鸡和育成鸡，散发，在跗关节周围呈竹节状肿胀，跛行。关节液混浊，腔内有时出现脓汁或干酪样物，有的发生腱鞘炎，步行困难。内脏变化不明显，有的鸡由于行动困难不能采食而消瘦死亡。

6）坠卵性腹膜炎及输卵管炎　产蛋鸡腹气囊受大肠杆菌侵袭后，多发生腹膜炎，进一步发展为输卵管堵塞，排出的卵落入腹腔。另外，大肠杆菌也可由泄殖腔侵入，到达输卵管上部引起输卵管炎。

7）出血性肠炎　主要病变为肠黏膜出血、溃疡，严重时在浆膜面即可见到密集的小出血点。病鸡除肠出血外，在肌肉皮下结缔组织、心肌及肝脏多有出血，甲状腺及腹腺肿大出血。

8）大肠杆菌性肉芽肿　在小肠、盲肠、肠系膜及肝、心肌等部位出现结节状灰白色至黄白色肉芽肿，死亡率可达50％以上。

（3）鉴别诊断　①鸡大肠杆菌病与鸡白痢的鉴别：二者均有精神不振，羽毛蓬乱，腹泻，呼吸困难，发育不良等临床症状。但二者的区别在于：鸡白痢的病原为鸡白痢沙门氏菌，以蛋传播为主，有的未出壳或刚出壳的雏鸡即出现死亡。病雏排白色稀便，肛门周围被粪便污染，积粪封住肛门时排粪鸣叫，除粪块后稀粪喷射而出。剖检可见心、肺、盲肠、大肠、肌胃有坏死结节，盲肠有干酪样物。取病料用普通肉汤琼脂平板直接分离，根据菌落特征（光滑、闪光、均质、隆起、透明、呈圆形多角形，密集的菌落为1毫米或更小，孤立的4毫米或更大）可确定。②鸡大肠杆菌病与鸡副伤寒的鉴别：二者均有体温升高（43～44℃），羽毛松乱，呆立或挤堆，厌食，饮水增加，下痢，肛门粪污等临床症状。但二者的区别在于：鸡副伤寒的病原为副伤寒沙门氏菌，4～6周龄为死亡高峰，1月龄以上很少死亡。青年、成年鸡发病后多数恢复迅速。剖检可见输卵管增生性病变，卵巢有化脓性坏死病变（心包、肝周、腹腔无纤维性分泌物），用单克隆抗体和核酸探针为基础的检测沙门氏菌诊断盒容易做出诊断。③鸡大肠杆菌病与鸡溃疡性肠炎的鉴别：二者均有精神不振，羽毛松乱，离群呆立，拉稀、有黏液和血液等临床症状。但二者的区别在于：鸡溃疡性肠炎的病原为肠道梭菌。所排稀粪呈黄绿或淡红色，带有黏液且具有特殊恶臭。剖检可见肝肿大，呈砖红色或紫褐色，有粟粒至豆粒大灰白、黄色坏死灶，脾肿大，呈黑褐色，十二指肠肥厚，黏膜明显发黑、出血，盲肠黏膜有粟粒大小干酪样坏死物的溃疡，病料染色镜检，可见菌体和芽孢。④鸡大肠杆菌病与肉鸡腹水综合征（卵黄性腹膜炎）的鉴别：二者均有食欲减退，羽毛松乱，腹部彭大、下垂等临床症状。并有腹水混有纤维素，心包积液（急性败血症）等剖检病变。但二者的区别在于：鸡腹水综合征的病因是缺氧、饲喂高能饲料或缺某种元素所致。病鸡腹部皮肤膨大、变薄、发亮，体温正常，鸡冠紫红，皮肤发绀，穿刺可抽出大量腹水。剖检可见腹水淡红或稻草色，含有纤维素。肝紫色，表面附着淡黄胶冻样物。⑤鸡大肠杆菌病与鸡肿头综合征的鉴别：二者均有精神不振，羽毛松乱，肿头等临床症状。但二者的区别在于：鸡肿头综合征病鸡病初打喷嚏，眼结膜潮红，头部皮下水肿，很快波及下颌肉髯水肿，肉用种鸡频频摇头，运动失调，角弓反张，头如"观星状"。剖检可见鼻甲骨黏膜紫红色，头部皮下呈黄色水肿和化脓。取病料接种鸡和火鸡可复制肿头综合征的症状和病变。

（4）预防措施　①搞好孵化卫生及环境卫生，对种蛋及孵化设施进行彻底消毒，防止种蛋的传递及初生雏的水平感染。②加强雏鸡的饲养管理，适当降低饲养密度，注意控制舍内温度、湿度、通风等环境条件，尽量减少应激反应，在断喙、接种、转群等造成鸡体抗病力下降的情况下，可在饲料中添加抗生素，并增加维生素与微量元素的含量，以提高营养水平，增强鸡体的抗病力。③在雏鸡出壳后 3～5 日龄及 4～6 周龄时分别给予 2 个疗程的抗菌类药物可以收到预防本病的效果。

（5）治疗方法　用于治疗本病的药很多，其中恩诺沙星、先锋霉素、庆大霉素可列为首选药物。由于致病性埃希氏大肠杆菌是一种极易产生抗药性的细菌，因而选择药物时必须先做药敏试验并需在患病的早期进行治疗。因埃希大肠杆菌对四环素、强力霉素、青霉素、链霉素、卡那霉素、复方新诺明等药物敏感性较低而耐药性较强，临床上不宜选用。在治疗过程中，最好交替用药，以免产生抗药性，影响治疗效果。①用 5％恩诺沙星或 5％环丙沙星饮水、混料或肌内注射。每毫升 5％恩诺沙星或 5％环丙沙星溶液加水 1

393

千克（每千克饮水中含药约50毫克），让其自饮，连饮3～5天；用2%的环丙沙星预混剂250克均匀拌入100千克饲料中（即含原药5克），饲喂1～3天；肌内注射，每千克体重注射0.1～0.2毫升恩诺沙星或环丙沙星注射液，效果显著。②用庆大霉素混水，每千克饮水中加庆大霉素10万单位，连用3～5天；重症鸡可用庆大霉素肌内注射，幼鸡每次5 000单位/只，成鸡每次1万～2万单位/次，每天3～4次。③用壮观霉素按31.5毫克/千克浓度混水，连用4～7天。④用强力抗或灭败灵混水。每瓶强力抗药液（15毫升）加水25～50千克，任其自饮2～3天，其治愈率可达98%以上。

265 怎样防治鸡传染性鼻炎？

鸡传染性鼻炎是由副鸡嗜血杆菌引起的一种急性上呼吸道疾病。其主要特征为病鸡鼻黏膜发炎，在鼻孔周围黏附污物，打喷嚏，流泪，面部及眼睛周围肿胀，引起幼雏生长停滞，成年母鸡产蛋率下降。

（1）流行特点 本病仅发生于鸡，各种日龄的鸡均有易感性，但以4～12周龄的青年鸡发病率较高，生产中年轻的产蛋鸡发病也较多见，老龄鸡感染时潜伏期短而病程较长。秋季、冬季、春季发病较多，夏季较少，病情也较轻。

本病康复鸡可长期带菌，其传染源主要是康复后的带菌鸡、隐性感染鸡和慢性病鸡。这些鸡咳出的飞沫及鼻、眼分泌物均散布病原菌。主要经呼吸道传染，也可通过被污染的饲料或饮水经消化道传染，麻雀等野鸟也能带菌传播。一些应激因素，如鸡舍寒冷潮湿、通风不良、空气污浊、鸡群拥挤、维生素A缺乏、患慢性呼吸道病或寄生虫病等，都可促使本病的发生和流行。

（2）临床症状 本病自然感染的潜伏期为1～3天，也有的长达2周。病情较轻的鸡仅表现鼻腔流出稀薄的液体；在严重的病例中，最明显的症状是病鸡鼻窦发炎，先是流出稀薄的水样液体，以后逐渐成为浓稠的黏液并有难闻的臭味。这种鼻腔分泌物干燥后，

就在鼻孔周围凝结成淡黄色的结
痂。病鸡由于鼻孔内有异物感，
常摇头或以脚爪搔鼻部。眼结膜
发炎，流泪，继而出现本病的特
征性症状——眼皮及其周围的颜
面部肿胀（图 12-17）。有时上呼
吸道的炎症可以蔓延到气管和肺
部，发病鸡呼吸困难并有啰音。
病鸡精神不振，食欲减退，体重
减轻，有的排稀便。其病程较长，
常延续数周，冬季发病比较严重。

图 12-17　病鸡眼皮及其周围的
颜面部肿胀

死亡率高低与病情轻重及治疗、护理有密切关系，幼鸡发病后死亡
率为 5％～20％，成年鸡一般只有少数死亡，但产蛋量可下降
10％～40％。若有慢性呼吸道病等并发症，则病程延长，死亡率增
加，产蛋量进一步下降。

（3）病理变化　鼻腔和鼻窦的黏膜充血和肿胀，表面有多量黏
液和分泌物的凝块，严重时可见气管黏膜也有同样的炎症，眼结膜
充血发炎，面部和肉髯的皮下组织水肿。病程较长的病鸡，可见鼻
窦、眶下窦和眼结膜囊内蓄积有干酪样物质；如蓄积过多时，常使
病鸡的眼部显著肿胀和向外突出，严重的引起巩膜穿孔和眼球萎
缩，以致失明。

（4）预防措施　①加强鸡群的饲养管理，增强鸡体质，并防止
病原菌传入。②本病发生后，要加强消毒、隔离和检疫工作。淘汰
病愈鸡，更新鸡群。③接种疫苗：应用副鸡嗜血杆菌灭活菌苗效果
良好。第一次给 8 周龄以上的鸡，在颈背皮下注射 0.5 毫升，间隔
3～4 周后重复注射一次。

（5）治疗方法　药物治疗可减轻症状和缩短病程，但目前的药
物尚不能根治本病，停药后能复发，而且也不能消除带菌状态。为
缓解病情，可选用下列药物。①在饲料中添加 0.5％磺胺噻唑或磺
胺二甲基嘧啶，连喂 5～7 天。②用磺胺二甲基异噁唑按 0.05％浓

度混水，连用 6 天。③本病对链霉素高度敏感。可用链霉素混水，6 周龄以内的雏鸡每千克饮水中加 70 万单位，6 周龄以上的青年鸡或成年鸡每千克饮水中加 100 万单位，连用 5 天。对重症鸡，每千克体重肌内注射链霉素 8 万～10 万单位，每天 2 次，连用 2～3 天。④用土霉素按 0.2％浓度混料，连用5～7 天。⑤用庆大霉素混水，每千克水加 8 万～10 万单位，连用 3 天；肌内注射，每千克体重6 000～10 000单位。⑥用红霉素按 0.1％浓度混水，连用3～5 天。⑦用高力霉素按 0.02％浓度混水，连用 3～5 天。⑧用复方泰乐菌素按 0.2％浓度混水，连用 5 天。⑨用恩诺沙星或环丙沙星，效果较好。5％恩诺沙星或 5％环丙沙星，每毫升药液加水 1 千克饮服，连用 3～5 天；肌内注射，每千克体重 0.1～0.2 毫升；混料饲喂，可用 2％环丙沙星预混剂 250 克，均匀拌入 100 千克饲料内，连喂 3～5 天。

266 怎样防治鸡葡萄球菌病？

鸡葡萄球菌病是由金黄色葡萄球菌引起的一种人畜共患传染病。鸡感染本病后，其特征为：幼雏常呈急性败血症，青年鸡和成年鸡多呈慢性型，表现为关节炎和翅膀坏死。

（1）流行特点 金黄色葡萄球菌在自然界分布很广，在土壤、空气、尘埃、饮水、饲料、地面、粪便及物体表面均有本菌存在。鸡葡萄球菌病的发病率与鸡舍内环境存在病菌量成正比。其发生与以下几个因素有关：①环境、饲料及饮水中病原菌含量较多，超过鸡体的抵抗力。②皮肤出现损伤，如啄伤、刮伤、笼网创伤及戴翅号、刺种疫苗等造成的创伤等，给病原菌侵入提供了门户。③鸡舍通风不良、卫生条件差、高温高湿、饲养方式及饲料的突然改变等应激因素，使鸡的抵抗力降低。④鸡痘等其他疫病的诱发和继发。

本病的发生无明显的季节性，但北方以 7～10 月多发，急性败血型多见于 40～60 日龄的幼鸡，青年鸡和成年鸡也有发生，呈急性或慢性经过。关节炎型多见于比较大的青年鸡和成年鸡，鸡群中仅个别鸡或少数鸡发病。脐炎型发生于 1 周龄以内的幼雏。其他类型比较少见。

（2）临床症状及病理变化　由于感染的情况不同，本病可表现多种症状，主要可分为急性败血型、关节炎型、脐炎型、眼型、肺型等。

1）急性败血型　病鸡精神不振或沉郁，羽毛松乱，两翅下垂，闭目缩颈，低头昏睡。食欲减退或废绝，体温升高。部分鸡下痢，排出灰白色或黄绿色稀便。病鸡胸、腹部甚至大腿内侧皮下水肿，积聚数量不等的血液及渗出液，外观呈紫色或紫褐色，有波动感，局部羽毛脱落；有时自然破裂，流出茶色或浅紫红色液体，污染周围羽毛。有些病鸡的翅膀背侧或腹面、翅尖、尾、头、背及腿等部位皮肤上有大小不等的出血、炎症及坏死，局部干燥结痂，呈暗紫色，无毛。

剖检可见胸、腹部皮下呈出血性胶样浸润。胸肌水肿，有出血斑或条纹状出血。肝肿大，淡紫红色，有花纹样变化。脾肿大，紫红色，有白色坏死点。腹腔脂肪、肌胃浆膜、心冠脂肪及心外膜有点状出血。心包发炎，心包内积有少量黄红色半透明的心包液。

急性败血型是鸡葡萄球菌病的常见病型，病鸡多在2～5天死亡，快者1～2天呈急性死亡。在急性病鸡群中也可见到呈关节炎症状的病鸡。

2）关节炎型　病鸡除一般症状外，还表现蹲伏、跛行、瘫痪或侧卧。足、翅关节发炎肿胀，尤以跗、趾关节肿大者较为多见，局部呈紫红色或紫褐色，破溃后结污黑色痂，有的有趾瘤，脚底肿胀（图12-18）。

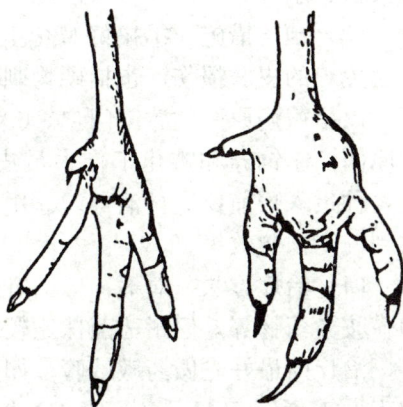

图 12-18　病鸡脚底脓肿（左侧为正常的鸡脚）

剖检可见关节炎和滑膜炎。某些关节肿大，滑膜增厚，充血或出血，关节囊内有或多或少的浆液，或有黄色脓性纤维渗出物，病程较长的慢性病例，变成干酪样坏死，甚至关节周围结缔组织增生及畸形。

3）脐炎型　它是孵出不久的幼雏发生葡萄球菌病的一种病型，对雏鸡造成一种危害。由于某些原因，鸡胚及新出壳的雏鸡脐带闭合不严，葡萄球菌感染后，即可引起脐炎。病雏除一般症状外，可见脐部肿大，局部呈黄红、紫黑色，质稍硬，间有分泌物。饲养员常称之为"大肝脐"。脐炎病雏可在出壳后2～5天死亡。

剖检可见脐内有暗红色或黄红色液体，时间稍久则为脓样干涸坏死物，肝脏表面有出血点。卵黄吸收不良，呈黄红色或黑灰色，液体状或内混絮状物。

4）眼型　此型葡萄球菌病多在败血型发生后期出现，也可单独出现。病鸡主要表现为上下眼睑肿胀，闭眼，有脓性分泌物黏闭，用手掰开时，则见眼结膜红肿，眼角有多量分泌物，并见有肉芽肿。病程较长的鸡眼球下陷，以后出现失明。

5）肺型　病鸡主要表现为全身症状及呼吸障碍。剖检可见肺部淤血、水肿，有的甚至可以见到黑紫色坏疽样病变。

（3）预防措施　①搞好鸡舍卫生和消毒，减少病原菌的存在。②避免鸡的皮肤损伤，包括硬物刺伤、胸部与地面的摩擦伤、啄伤等，以堵截病原菌的感染门户。③发现病鸡要及时隔离，以免散布病原菌。④饲养和孵化工作人员皮肤有化脓性疾病的不要接触种蛋，种蛋入孵前要进行消毒。⑤用葡萄球菌菌苗进行注射接种，可收到一定预防效果。

（4）治疗方法　对葡萄球菌有效的药物有青霉素、广谱抗生素和磺胺类药物等，但耐药菌株比较多，尤其是耐青霉素的菌株比较多，治疗前最好先做药敏试验。如无此条件，首选药物有卡那霉素和庆大霉素等。①用青霉素G，雏鸡饮水2 000～5 000国际单位/（只·次）；成年鸡肌内注射2万～5万国际单位/（只·次），每天2～3次，连用3～5天。②用卡那霉素按0.015％～0.02％浓度混水，连用 5 天。③用土霉素按 0.05％浓度混料，连喂 5 天。④用 5％恩诺沙星混水，每毫升加 1 千克水，连服 3～5 天。⑤用 2％环丙沙星预混剂拌料，在 100 千克饲料中加环丙沙星预混剂 250 克，连喂 2～3 天。

267 怎样防治鸡球虫病?

（1）病原及生活史　球虫属原生动物，虫体小，肉眼看不见，只能借助显微镜观察。一般认为，寄生于鸡肠道内的球虫 9 种，均属于艾美耳属，包括：寄生于盲肠的柔嫩（或脆弱）艾美耳球虫，寄生于小肠中段的毒害艾美耳球虫和巨型艾美耳球虫；寄生于小肠前段的堆型艾美耳球虫、哈氏艾美耳球虫、变位艾美耳球虫和缓艾美耳球虫及早熟艾美耳球虫；寄生于小肠后段、直肠和盲肠近端部的布氏艾美耳球虫。其中，以柔嫩艾美耳球虫和毒害艾美耳球虫致病性最强。球虫生活史包括三个发育阶段，即在宿主体内进行的裂体增殖阶段、配子生殖阶段及在外界环境中完成的孢子增殖阶段。在鸡粪中见到的球虫为卵囊阶段，是球虫的一个发育阶段。用显微镜检查卵囊呈无色或黄色，圆形或椭圆形，两层轮廓的卵囊壁。随鸡粪新排到外界的卵囊，内含一团球形的原生质球。卵囊在适宜的温度、湿度条件下，进行孢子增殖，形成含有四个孢子囊，每个孢子囊内含有两个子孢子的感染性卵囊。鸡吞食了这样的卵囊便被感染。在肌胃内卵囊壁被破坏，孢子囊脱出，然后进入小肠，在胆汁和胰蛋白酶的作用下，子孢子游离出来侵入肠上皮细胞进行裂体增殖。裂体增殖进行若干世代后，开始进行有性配子生殖，大、小配子结合为合子，合子的外壁增厚成为卵囊，随粪便排出体外。

（2）流行特点　球虫有严格的宿主特异性，鸡、火鸡、鸭、鹅等家禽都能发生球虫病，但各由不同的球虫引起，不相互传染。

11 日龄以内的雏鸡由于有母源免疫力的保护，很少发生球虫病。4～6 周龄最易发急性球虫病，以后随着日龄增长，鸡对球虫的易感性有所降低（日龄免疫），同时也从明显或不明显的感染中积累了免疫（感染免疫）。发病率便逐渐下降，症状也较轻。成年鸡如果从未感染过球虫病，缺乏免疫力，也很容易发病。例如，将某些预防球虫病的药物从几日龄连用到开产前，在突然停药后常暴发球虫病。

发病季节主要在温暖多雨的春、夏季，秋季较少，冬季很少。肉用仔鸡由于舍内有温暖和比较潮湿的小气候，发病的季节性不如蛋鸡明显。本病的感染途径主要是消化道，只要鸡吃到可致病的孢子卵囊，即可感染球虫病。凡是被病鸡和带虫鸡粪便污染的地面、垫草、房舍、饲料、饮水和一切用具，人的手脚以及携带球虫卵囊的野鸟、甲虫、苍蝇、蚊子等均可成为鸡球虫病的传播者。病鸡痊愈后数月之内，盲肠黏膜里的球虫卵囊仍可存活，因而在相当长的时间内这种带虫鸡仍然是重要的传染源。

由于球虫卵囊能附着在细微的尘土上随风飞散到数千米之外，野鸟、苍蝇、蚊子等也能携带球虫卵囊传播，加之鸡舍门前消毒池对卵囊无效，因此，一般农村养鸡场、养鸡户很难避免球虫卵囊的入侵，但采取网上或笼内饲养，鸡接触卵囊较少，感染较轻。

另外，鸡群过分拥挤，卫生条件差，阴热潮湿，饲料搭配不当，缺乏维生素A、维生素K等，均可促使球虫病的发生。

（3）临床症状及病理变化　由于多种球虫寄生部位和毒力不同，对鸡肠道损害程度有一定差异，因而临床上出现不同的球虫病型。

①急性盲肠球虫病：由柔嫩艾美耳球虫引起，雏鸡易感，是雏鸡和低龄青年鸡最常见的球虫病。鸡感染（吃进卵囊）后第3天，盲肠粪便变为淡黄色水样，量减少（正常盲肠粪便为土黄色糊状，俗称溏鸡粪，多在早晨排出），第4天起盲肠排空无粪。第4天末至第6天盲肠大量出血，病鸡排出带有鲜血的粪便，明显贫血，精神呆滞，缩头闭眼打盹，很少采食，出现死亡高峰。第7天盲肠出血和便血减少，第8天基本停止，此后精神、食欲逐渐好转。剖检可见的病变主要在盲肠。第5～6天盲肠内充满血液，盲肠显著肿胀，浆膜面变成棕红色（图12-19）。第6～7天盲肠内除血液外还有血凝块及豆渣样坏死物质，同时盲肠硬化、变脆。第8～10天盲

肠缩短，有时比直肠还短，内容物很少，整个盲肠呈樱红色。重度感染的病死鸡，直肠有灰白色环状坏死。

②急性小肠球虫病：本病多见于青年鸡及初产成年鸡，由毒害艾美耳球虫引起。病鸡也是在感染（吃进卵囊）后第4天出现症状：粪便带血色稍暗，并有多量黏液，第9～10天出血减少，并渐止，由于受损害的是小肠，对消化吸收机能影响很大并易于继发细菌和病毒性感染。一部分病鸡在出血后1～2天死

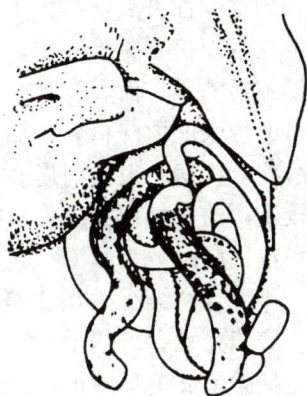

图12-19　病雏的盲肠变粗，
严重出血

亡，其余的体质衰弱，不能迅速恢复，出血停止后也有零星死亡，产蛋鸡在感染后5～6周才能恢复到正常产蛋水平，有继发感染的，在出现血便后3～4天（吃进卵囊后7～8天）死亡增多，死亡率高低主要取决于继发感染的轻重及防治措施。剖检可见的变化，主要是小肠缩短、变粗、臌气（吃进卵囊后第6天开始，第10天达高峰），同时整个小肠黏膜呈粉红色，有很多粟粒大的出血点和灰白色坏死灶，肠腔内潴留血液和豆渣样坏死物质。盲肠内也往往充满血液，但不是盲肠出血所致，而是小肠血液流进去的结果。将盲肠用水冲净可见其本质无大变化。其他脏器常因贫血而褪色，肝脏有时呈轻度萎缩。

急性小肠球虫病发病期死亡率比急性盲肠球虫病低一些，但病鸡康复缓慢，并常遗留一些失去生产价值的弱鸡，造成很大损失。

③慢性球虫病：病原主要是堆型、巨型艾美耳球虫，引起的症状不是大量便血、迅速导致死亡，而是比较持久的消化机能障碍，故称慢性球虫病。病鸡在感染后4～6天，小肠前段及中段的黏膜上出现许多点状、线状、环状的灰白色坏死灶，从肠管外面亦可见

到：肠壁弹性丧失，黏膜上皮组织脱落，黏膜层变薄。病鸡厌食，大量饮水但仍有脱水症状，排水样稀便，混有未消化的饲料，有时也排细长粪条，而裹有黏液，一般无明显血便。此外，肠壁对胡萝卜素的吸收能力降低，以致维生素 A 缺乏，腿脚和皮肤褪色。所有这些，使病鸡很快消瘦衰弱，体重减轻，恢复比较缓慢。如果感染较重，治疗护理措施未及时跟上，会陆续有一些鸡死亡，累计死亡率也比较高。

④混合感染：柔嫩艾美耳球虫与毒害艾美耳球虫同时严重感染，病鸡死亡率可达 100%，但这种情况比较少。常见的混合感染是包括柔嫩艾美耳球虫在内的几种球虫轻度感染，病鸡有数天时间粪便带血（呈瘦肉样），造成一定的死亡，然后渐趋康复，3～4 周内生长比较缓慢。

（4）防治措施

1）使用抗球虫药需注意的问题　①正确诊断，有针对性地用药：各种球虫对不同的抗球虫药的敏感性不同，应及早确定主要致病虫种，以便选用有针对性的抗球虫药。虽然目前的抗球虫药均作用于球虫发育的无性阶段，但各种抗球虫药的活性高峰期各不相同，了解抗球虫药的活性高峰期对防治球虫病大有帮助。②根据不同的预防对象合理用药：肉用仔鸡生长周期短，要求在最短时间内，用最少的饲料生产最多鸡肉，所以不可采用让鸡与球虫接触产生自然免疫的办法来防病，以免产生暂时性的生长率和饲料报酬下降，而是要求在整个生长期中持续应用抗球虫药。蛋鸡、种鸡生长周期长，为了安全和经济起见，可考虑建立球虫自然免疫力，即在饲料中加入低于肉用仔鸡用药浓度的抗球虫药，连用 6～12 周。一般在 14 周龄后停药，目的是使雏鸡经历一次"控制性"球虫感染，使之在不发病、不致死情况下产生足够的免疫力。③反复换药或变更用药：反复换药（全进全出给药方案）是指在同一批鸡进出中更换抗球虫药；变更用药（调换给药方案）是指在两批鸡进出中更换抗球虫药。这样可以预防球虫抗药性的产生。这里应注意的是，更换的药物必须是不同作用方式的药物，即具有不同抗球虫活性高峰期的药物，以免产生交叉抗药性。产生抗药性后，多数情况下并不明显增加死亡率，而是大幅度地降低饲料报酬和生产性能。④努力减少药物残留：在蛋、肉品中往往残留微量抗球虫药及其代谢产物，长期食用，可能影响人体健康，故国际有关组织对畜产品中抗球虫药及其代谢产物的含量作了限制性规定，并根据用药后不同时间的残留量规定了各种抗球虫药的停药期。

2）抗球虫药的使用方法　①球痢灵（硝苯酰胺）：对多种球虫有效，尤其对柔嫩艾美耳球虫和毒害艾美耳球虫效果最好，但对堆型艾美耳球虫效果稍差。主要作用于第二代裂殖体。该药主要优点为不影响对球虫产生免疫力，并能迅速排出体外，无须停药期。预防用量，按0.0125％浓度混料；治疗用量，按0.025％浓度混料，连用3～5天。②氯苯胍：对多种鸡球虫有效，对已产生抗药性的虫株也有效，主要抑制第一代裂殖体的发育增殖。该药毒性较小，雏鸡用6倍以上治疗量连续饲喂8周，生长正常。该药对鸡球虫免疫力形成无影响。该药缺点为连续饲喂可使鸡肉、鸡蛋产生异味，故应在鸡屠宰前5～7天停药。剂量为33毫克/千克混料给药，急性球虫病暴发时可用66毫克/千克，1～2周后改用33毫克/千克。③球虫净（尼卡巴嗪）：对柔嫩艾美耳球虫等致病性强的球虫均有较好效果。作用于第二代裂殖体，其杀灭球虫的作用比抑制球虫的作用更为明显。该药优点是不易产生抗药性和不影响球虫产生免疫力。预防剂量为125毫克/千克，混入饲料中连续饲喂。产蛋鸡群禁用，肉鸡宰前4～17天停止给药。④克球多（又名氯吡多、氯吡醇、氯甲吡啶酚、氯羟吡啶、可爱丹、康乐安、球定等）：对9种球虫均有效，尤其对柔嫩艾美耳球虫作用最强。该药主要作用是抑制球虫子孢子发育，因此应在感染前混入饲料内一起投服，否则无效，同时应在整个育雏期间连续投药，一旦中止投药可引起球虫病暴发。预防可按0.0125％浓度，治疗可按0.025％浓度混入饲料中给药，该药安全范围大，长期应用无不良反应。应用0.025％浓度拌料时，应在鸡屠宰前5天停药；应用0.0125％浓度混料时则无需停药。⑤磺胺类药：主要作用于第二代裂殖体，对第一代裂殖体亦有一定作用。因此，当鸡群中开始了该球虫病症状时，使用磺胺类药往往有效，尤其配合应用适量维生素 K 及维生素 A 更有助于鸡群康复。但由于磺胺类药长期连续应用具有毒性和产生抗药性，故少用于预防而多用于治疗。磺胺二甲氧嘧啶按 0.05% 浓度混水或按 0.2% 浓度拌料，连用 6 天；磺胺间甲氧嘧啶按 0.1%～0.2% 浓度混水或拌料，连用 3 天；磺胺吡嗪按 0.03% 浓度混水，连用 3 天。这些药物能有效地控制暴发性球虫病。磺胺类药物应在鸡宰前有 2 天以上休药期。⑥盐霉素（优素精，为每千克赋形物质中含100 克盐霉素钠的商品名）：对各种球虫均有效，对已产生抗药性的虫株也有效，药效高峰期在感染后 32～72 小时，可杀灭子孢子及第一代裂殖体，随后对第二代裂殖体也有一定杀灭力。长期连续使用对预防球虫病有良好效果，并可促进鸡的生长发育，如在发病时用于治疗，则效果有限。其用法为：从 10 日龄之前开始，每吨饲料加进本品 60～100 克（优素精为 600～1 000 克），连续用至 8～10 周龄，然后减半用量，再用 2 周。本品的缺点，是使鸡不能产生对球虫的免疫力，因而要逐渐停药，停药后要通过中轻度感染去获得免疫力。⑦土霉素：对柔嫩艾美耳球虫和毒害艾美耳球虫有一定防治作用，主要杀灭第二代裂殖体，对子孢子及第一代裂殖体也有效，不影响免疫力。治疗量为：按 0.2% 浓度混料，连用 5～7 天；预防量为：按 0.1% 浓度混料，连用 10～15 天。用药期间饲料中要有充足的钙，以免影响药效。

3) 卫生、消毒措施　对鸡球虫病要重视卫生预防，雏鸡最好在网上饲养，使其很少与粪便接触，地面平养的要天天打扫鸡粪，使大部分卵囊在成熟之前被扫除，并保持运动场地干燥，以抑制球虫卵的发育。球虫卵的抵抗力很强，常用的消毒剂杀灭卵囊的效果极弱。因此，鸡粪堆放要远离鸡舍，采用聚乙烯薄膜覆盖鸡粪，这样可利用堆肥发酵产生的高温和氨气杀死鸡粪中的卵囊。

4) 药物预防措施的实施　在生产中，可根据实际情况，采取以下三种方案。①从 10 日龄之前开始，到 8～10 周龄，连续给予预防药物，可选用盐霉素、莫能霉素、球虫净、克球粉等，防止这段低日龄时期发病死亡，然后停药，让鸡再经过两个月的中轻度自然感染，获得免疫力，进入产蛋期。这是目前一种比较好的，也是被广泛采用的方案。在实施中需要注意三个问题：第一是用药剂量不要过大，不要总想将球虫病"防绝"，有一些轻微的感染，出现轻微的便血现象，对生长发育没有多大影响，却可以获得免疫力，有利于停药后的安全。第二是停药不能太晚，一般不宜超过 10 周龄，必须使鸡在开产前有两个月的时间通过自然感染获得免疫力，避免开产后再受球虫病侵袭。第三是由于选用的药物及剂量不同，用药期间可能安全不产生免疫力，也可能产生一定的免疫力，但总的来说，骤然停药后有暴发球虫病可能性。为此，应逐渐停药，可减半剂量，并用 2 周来过渡，同时要准备好效力较高的药物如鸡宝 20、盐霉素等，以便必要时立即治疗。中度感染也可以用复方敌菌净、土霉素等治疗，还可以用这些药物作短期预防，轻微便血则不必治疗。总之，即要维护鸡群不受大的损失，又要获得免疫力。②不长期使用专门预防球虫病的药物。雏鸡在 3～4 周龄之内，选用链霉素、土霉素等药物预防白痢病，同时也预防了球虫病。此后不用药而注意观察鸡群，出现轻微球虫病症状不必用药，症状稍重时影响免疫力的产生。经过一段时期，鸡群从自然感染中积累了足够免疫力，球虫病即消失。这一方法如能掌握得好，也是可取的，但准备一些高效治疗药物，以防万一暴发球虫病可进行抢治。③对鸡终身给予预防药物。一般来说，这种方法主要适用于肉用仔鸡，因为蛋鸡采用这种方法药费过高，将增加生产成本。④人工免疫：目前，人工免疫的研究已经取得一定成果。其方法是用致弱卵囊经口腔滴服，使鸡通过轻微感染而获得免疫力。9 种球虫不能交叉免疫，口服一种卵囊只能预防一种球虫。需要预防的主要球虫有 4～5 种，其卵囊不能同时混服，否则由于相互制约，有些虫种不能充分增殖，起不到免疫作用。单独对危害最大的柔嫩艾美耳球虫作人工免疫，需要口服卵囊 3 次。因为人工免疫相当费事，所以生产中很少应用。

268 怎样防治鸡蛔虫病?

鸡蛔虫病分布很广,常引起雏鸡生长发育不良,甚至造成大批死亡。

(1) 病原及其生活史　鸡蛔虫是鸡体内最大的线虫,寄生于小肠中 (图 12-20),雄虫长 2.6~7.0 厘米,雌虫长 6.5~11.0 厘米,虫体黄白色,表面有横纹。雌虫在鸡小肠内产卵后,卵随粪便排出体外,在外界适宜条件下发育成内含幼虫的感染性卵。鸡采食被感染卵污染的饲料、饮水等而遭感染,感染卵在腺胃、肌胃中释放出幼虫,幼虫先在十二指肠和肠腔内生活 9 天左右,然后钻进肠黏膜内蜕皮,在此期间可引起肠黏膜出血和发炎,并继发致病菌感染。幼虫在肠黏膜内寄生 8~9 天又回到肠腔,分布到小肠各段,发育成熟,交配产卵。从鸡食入虫卵到排出下一代虫卵,需 35~50 天。

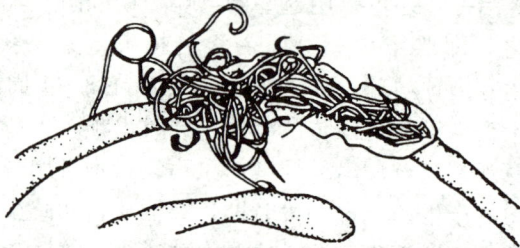

图 12-20　鸡小肠内的蛔虫

虫卵对环境因素抵抗相当强,在潮湿无阳光直射处可存活很长时间,寒冷季节经 3 个月冻结虫卵仍不死亡。但在直射阳光下或经沸水处理和粪便堆沤等可迅速死亡。

本病 2~3 月龄鸡多发,5~6 月龄鸡有较强的抵抗力,1 年以上的鸡多为带虫者。饲料中动物性蛋白质过少,维生素 A 和 B 族维生素缺乏,以及赖氨酸和钙不足等,使鸡的易感性增强。

(2) 临床症状及病理变化　鸡的肠道内有少量蛔虫寄生时看不出明显症状。雏鸡和 3 月龄以下的青年鸡被寄生时,蛔虫的数量往往较多,初期症状也不明显,随后逐渐表现精神不振,食欲减退,羽毛松乱，翅膀下垂，冠髯、可视黏膜及腿脚苍白，生长滞缓，消瘦衰弱，下痢和便秘交替出现，有时粪便中混有带血的黏液。成年鸡一般不呈现症状，严重感染时出现腹泻，贫血和产蛋量减少。

剖检常见病尸明显贫血，消瘦，肠黏膜充血、肿胀、发炎和出血；局部组织增生，蛔虫大量突出部位可用手摸到明显硬固的内容物堵塞肠管，剪开肠壁可见有多量蛔虫拧集在一起呈绳状。

（3）实验室诊断　可根据鸡粪中发现片段排出的虫体或剖检时在小肠内发现大量虫体而确诊。也可采用饱和盐水浮集法检出粪便中的虫卵来确诊。鸡蛔虫卵呈椭圆形，深灰色，卵壳厚，表面光滑，内含 1 个卵胚细胞。

（4）防治措施　实施全进全出制，鸡舍及运动场地面认真清理消毒，并定期铲除表土；改善卫生环境，粪便应进行堆积发酵；料槽及水槽最好定期用沸水消毒；4 月龄以内的幼鸡应与成年鸡分群饲养，防止带虫的成年鸡使幼鸡感染发病；采用笼养或网上饲养，使鸡与粪便隔离，减少感染机会；对污染场地上饲养的鸡群应定期进行驱虫，一般每年两次，第一次驱虫是在雏鸡 2～3 月龄时，第二次驱虫在秋末；成鸡第一次驱虫可在 10—11 月，第二次驱虫在春季产卵季节前的一个月进行。驱虫药可选用以下几种：①驱虫灵：每千克体重 0.25 克，混料一次内服。②驱虫净：每千克体重 40～60 毫克，混料一次内服。③左咪唑：每千克体重 10～20 毫克，溶于水中内服。④丙硫苯咪唑：每千克体重 10 毫克，混料一次内服。⑤氟甲苯咪唑：以 30 毫克/千克混入饲料，连喂 7 天。⑥每只鸡用南瓜子 20 克，焙焦研末，混料内服，一次即愈。

269 怎样防治鸡绦虫病？

（1）病原及其生活史　鸡绦虫的种类很多，我国常见的鸡绦虫有棘沟赖利绦虫、四角赖利绦虫、有轮赖利绦虫和节片戴文绦虫，它们均寄生于鸡小肠前段。

1）虫体特征

①棘沟赖利绦虫：又名棘盘赖利绦虫或结节绦虫，虫体呈黄白

色，扁平带状，长达 250 毫米，宽 1～4 毫米。头节小，有一个缩在窝中的顶突及 4 个呈圆形的吸盘。

②四角赖利绦虫：虫体大小、形态与棘沟赖利绦虫相似，肉眼难以区分，主要区别点为头节上的 4 个吸盘呈卵圆形。

③有轮赖利绦虫：虫体长一般不超过 40 毫米，偶有长达 150 毫米的，头节上的顶突宽大肥厚，呈轮状突出于前端，故称宽头绦虫。

④节片戴文绦虫：虫体短小，长仅 0.5～3 毫米，由 4～9 个节片组成，节片由前往后逐个增大，整体似舌形。

2）生活史　寄生于鸡小肠中的绦虫，成熟后定期地脱落孕卵节片，孕卵节片随同鸡的粪便排到外界，孕卵节片破裂后释放出大量虫卵，每个虫卵含有一个六钩蚴。当虫卵被中间宿主（棘沟赖利绦虫和四角赖利绦虫的中间宿主是蚂蚁，有轮赖利绦虫的中间宿主是蝇类和甲虫，节片戴文绦虫的中间宿主是蛞蝓或陆地螺）吞食后，卵壳在中间宿主肠道中被破坏，六钩蚴在其体内发育为具有感染性的幼虫，称似囊尾蚴。鸡吞食了含有似囊尾蚴的中间宿主而被感染。中间宿主在鸡消化道内被消化后，似囊尾蚴固着在小肠黏膜上，经 12～23 天发育为成虫。

（2）流行特点　本病可发生于各种年龄的鸡，但以 25～40 日龄的雏鸡易感性最强，发病率和死亡率高。被鸡粪污染的鸡舍和运动场常是绦虫病的传染源，因此，散养的鸡群容易感染，如采取网上饲养或笼养，感染会明显下降。

（3）临床症状及病理变化　严重感染时，病鸡精神沉郁，羽毛松乱，两翅下垂，不爱活动。食欲减退，渴欲增加，粪便稀薄，常混有淡黄色血样黏液，继而消瘦，贫血。雏鸡生长发育迟缓，母鸡产蛋量减少。节片戴文绦虫病有时发生麻痹，从两腿开始，逐渐波及全身。

剖检可见病鸡尸体消瘦，小肠黏膜肥厚，有时肠黏膜上有出血点，肠腔内有许多黏液，有特异的臭味。棘沟赖利绦虫寄生时，可引起肠壁出现结节，结节有粟粒大，中央凹陷，以后此类凹陷变成大的疣状溃疡。肠道中可见到白色长带状的绦虫。

生前应结合症状同时发现鸡粪中白色小米粒样的孕卵节片来诊断。对可疑鸡群，可挑取典型症状鸡或病死鸡进行剖检诊断，看是否有绦虫寄生。

（4）防治措施　预防本病须改善环境卫生，切断中间宿主；由地面平养改为网上饲养或笼养；注意粪便的处理，尤其是驱虫后粪便应堆积发酵。驱虫药物可选用以下几种，最好先做小群投药试验，如确定安全有效再做大群治疗。①灭绦灵（氯硝柳胺）：每千克体重150～200毫克，混入饲料中喂服。②六氯酚：每千克体重26～50毫克，口服。③硫双二氯酚（别丁）：每千克体重150～200毫克，混入饲料中喂服，4天后再服一次。④丙硫苯咪唑：每千克体重20毫克，混入饲料中喂服。⑤槟榔煎汁：每千克体重用槟榔片或槟榔粉1～1.5克，加水煎汁，用细橡皮管直接灌入嗉囊内，早晨逐只给药并多饮水，一般在给药后3～5天内排出虫体。

270 怎样防治鸡羽虱？

（1）病原及其生活史　鸡羽虱是鸡体表常见的体外寄生虫。其体长为1～2毫米，呈深灰色。体形扁平，分头、胸、腹三部分，头部的宽度大于胸部，咀嚼式口器。胸部有3对足，无翅。寄生于鸡体表的羽虱有多种，有的为宽短形，有的为细长形。常见的鸡羽虱主要有头虱、羽干虱和大体虱三种（图12-21）。头虱主要寄生在鸡的颈、头部，对幼鸡的侵害最为严重；羽干虱主要寄生在羽毛的羽干上；大体虱主要寄生在鸡的肛门下面，有时在翅膀下部和背、胸部也有发现。鸡羽虱的发育过程包括卵、若虫和成虫三个阶段，全部在鸡体上进行。雌虱产的卵常集合成块，粘在羽毛的基部，经5～8天孵化出若虫，外形与成虫相似，在2～3周内经3～5次蜕皮变为成虫。羽虱通过直接接触或间接接触传播，一年四季均可发生，但冬季较为严重。若鸡舍矮小、潮湿，饲养密度大，鸡群得不到沙浴，可导致羽虱的传播。

（2）临床症状　羽虱繁殖迅速，以羽毛和皮屑为食，使鸡奇痒

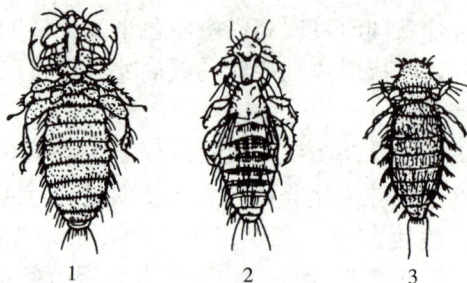

图 12-21 鸡羽虱
1. 大体虱 2. 头虱 3. 羽干虱

不安，因啄痒而伤及皮肉，使羽毛脱落，日渐消瘦，产蛋量减少，以头虱和大体虱对鸡危害最大，使雏鸡生长发育受阻，甚至由于体质衰弱而死亡。

（3）防治措施 ①用 12.5mg/L 溴氰菊酯或 10～20mg/L 杀灭菊酯直接向鸡体喷洒或药浴，同时对鸡舍、笼具进行喷洒消毒。②在运动场内建一方形浅池，在每 50 千克细沙内加入硫黄粉 5 千克，充分混匀，铺成 10～20 厘米厚度，让鸡自行沙浴。

271 怎样防治鸡螨？

鸡螨即疥癣，属蜘蛛纲，同蜘蛛一样有 8 条腿。虫体很小，一般 0.3～1 毫米，肉眼不易看清。鸡螨的种类很多，寄生部位、习性及防治方法各不相同。主要的鸡螨有以下几种。

（1）鸡刺皮螨 也叫红螨，是寄生于鸡体最常见的一种螨（图 12-22）。虫体呈长椭圆形，白天潜伏于墙壁、笼架的缝隙中，并在这些地方产卵和繁殖。夜晚爬到鸡体上叮咬吸血，每次一个多小时，吸饱后离开。鸡遭大

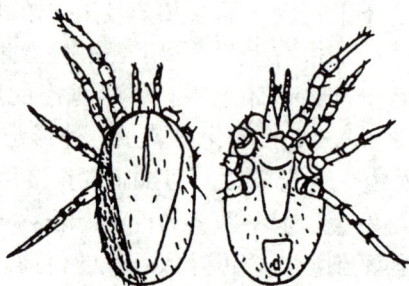

图 12-22 鸡刺皮螨

量刺皮螨侵袭时，则日渐贫血、消瘦，成年鸡产蛋减少；雏鸡生长发育受阻，失血严重时可引起死亡。

防治方法：用0.5％敌百虫水喷洒鸡笼等设备。舍内墙缝、角落先喷洒0.5％敌百虫水，再用石灰浆加0.5％敌百虫刷堵墙缝。舍内清除出的垫草等杂物，能烧掉的烧掉，不能烧的用0.5％敌百虫水浇透，堆到远处。隔1周再这样处理一次。

（2）林禽刺螨 也叫北方羽螨，成虫呈长椭圆形，形态与鸡刺皮螨相似，但背板呈纺锤形（图12-23）。雌虫产卵于鸡的羽毛上，1天内孵化为幼虫。幼虫和两个若虫期在4天之内发育完成，从幼虫孵化到成虫产卵的生活史均在鸡体上。

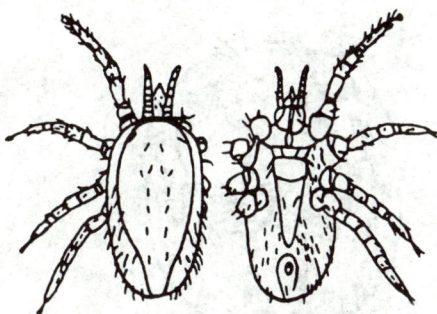

图12-23 林禽刺螨

林禽刺螨伏在鸡体上昼夜吸血，严重感染时可使羽毛变黑，肛门周围皮肤结痂龟裂。受感染的鸡群产蛋量减少，饲料消耗增加，感染严重的可造成鸡体贫血，甚至死亡。此外，林禽刺螨还可能是鸡痘和新城疫的传播媒介。

防治方法：用0.1敌百虫溶液或0.2％三氯杀螨醇溶液药浴，然后将药液喷洒于鸡舍内及笼架等饲养设备。

（3）脱羽膝螨 寄生在鸡羽毛根部，成虫形态呈球形。寄生部位引起剧烈瘙痒，以致鸡自己啄掉大片羽毛。危害多在夏季。

防治方法：鸡脱羽膝螨的防治方法与林禽刺螨相同。

（4）鸡突变膝螨 也叫鳞足螨，常寄生于年龄较大的鸡。虫体几乎呈球形，表皮上具有明显的条纹（图12-24）。突变膝螨寄生在鸡腿脚的鳞片，并在患部深层产卵繁殖，整个生活史不离开患部，使患部发炎。病患处先起鳞片，接着皮肤增生而变粗糙，裂缝，流出大量渗出液。干燥后形成白色的痂皮，好像涂上一层石灰的样子，因而这种寄生虫病又叫鸡石灰脚（图12-25）。如不及时治疗，可引起关节炎，趾骨坏死而发生畸形，鸡只行走困难，采食、生长、产蛋都受影响。鸡突变膝螨的感染力不强，通常是一部分鸡受害较严重。

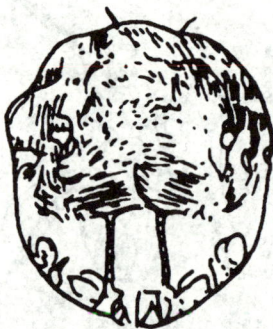

图12-24　突变膝螨

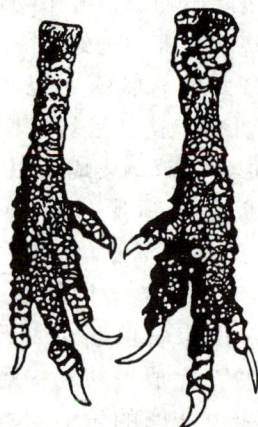

图12-25　突变膝螨引起的
　　　　　病变（石灰脚）

防治方法：先将病鸡脚泡入温肥皂水中，使痂皮泡软，除去痂皮，涂上20%硫黄软膏或2%石炭酸软膏，每天2次，连用3～5天。也可将鸡脚浸泡在0.1%敌百虫溶液或0.2%三氯杀螨醇溶液中4～5分钟，一面用小刀刮去结痂，一面用小刷子刷脚，使药液渗入组织内以杀死虫体。间隔2～3周后，可再药浴1次。

272　怎样防治鸡维生素A缺乏症？

（1）病因分析　维生素A是一种脂溶性维生素，其功用非常广泛，可维护视觉和黏膜，特别是呼吸道和消化道上皮层的完整性，并能促进机体骨骼的生长，调节脂肪、蛋白质、碳水化合物代谢功能，使鸡增加抗病能力。

维生素A只存在于动物体内。植物性饲料不含维生素A，但含有胡萝卜素，黄玉米中含有玉米黄素，它们在动物体内都可以转化为维生素 A，胡萝卜素在青饲料中比较丰富，在谷物、油饼、糠麸中含量很少。一般配合饲料每千克所含胡萝卜素及玉米黄素，大约相当于维生素 A 1 000 国际单位，远远不能满足鸡的需要。因此，对于不喂青绿饲料的鸡来说，维生素 A 主要依靠多种维生素添加剂来提供。

鸡对维生素 A 的需要量与日龄、生产能力及健康状况有很大关系。在正常情况下，每千克饲料的最低添加量为：雏鸡和青年鸡1 500 国际单位，肉仔鸡 2 700 国际单位，产蛋鸡 4 000 国际单位。由于疾病等因素的影响，产蛋鸡饲料维生素 A 的实际添加量应达到每千克 8 000～10 000 国际单位。

引起鸡维生素 A 缺乏症的因素大致有以下几个方面：①饲料中维生素 A 添加剂的添加量不足或其质量低劣。②维生素添加剂配入饲料后时间过长，或饲料中缺乏维生素 E，不能保护维生素 A 免受氧化，造成失效过多。③以大白菜、卷心菜等含胡萝卜素很少的青绿饲料代替维生素添加剂。④长期患病，肝脏中储存的维生素 A 消耗很多而补给不足。⑤饲料中蛋白质水平过低，维生素 A 在鸡体内不能正常移送，即使供给充足也不能很好发挥作用。⑥饲料中存在维生素 A 的颉颃物如氯化萘等，影响维生素 A 的吸收和利用。⑦种鸡缺乏维生素 A，其所产的种蛋及勉强孵出的雏鸡也都缺乏维生素 A。

（2）临床症状　轻度缺乏维生素 A，鸡的生长、产蛋、种蛋孵出率及抗病力受一定影响，但往往不被察觉，使养鸡生产在不知不觉中受到损失。当严重缺乏维生素 A 时，才出现明显的、典型的临床症状。

种蛋缺乏维生素 A，孵化初期和死胚较多，或胚胎发育不良，出壳后体质较弱，肾脏、输尿管及其他脏器常有尿酸盐沉积，眼球干燥或分泌物增多，对传染病的易感性增高。如果出壳后给予丰富的维生素 A，这些情况可逐渐好转，否则病情很快加重，出现典型症状。另一种情况是健康的雏鸡和成年鸡饲料中缺乏维生素 A 时，肝脏中储存的维生素 A 逐渐消耗，消耗到一定程度才出现明显症状，这是一个比较缓慢的渐进过程，雏鸡为 6 周左右，成年鸡 2～3 个月。

雏鸡的维生素 A 缺乏症，表现为精神不振，发育不良，羽毛脏乱，嘴、脚黄色变淡，步态不稳，往往伴有严重的球虫病。病情发展到一定程度时，出现特征性症状：眼内流出水样液体，眼皮肿胀鼓起，上下眼皮粘在一起。若用镊子轻轻拨开眼皮，可见眼皮下蓄积黄豆大的白色干酪样物质（可完整地挑出），眼球凹陷，角膜混浊，呈云雾状，变软，半失明或失明，最后因衰弱可看不见采食而死亡。

成年鸡缺乏维生素 A，起初产蛋量减少，种蛋受精率和孵化率下降，抗病力降低。随着病程发展，逐渐呈现精神不振，体质虚弱，消瘦，羽毛松乱，冠、腿褪色，眼内和鼻孔流出水样分泌物，继而分泌物逐渐浓稠呈牛乳样（图 12-26），致使上下眼睑粘在一起，眼内逐渐蓄积乳白色干酪样物质，使眼部肿胀（图 12-27）。此时若不把蓄积的物质去除，可引起角膜软化、穿孔，最后造成失明。口腔黏膜上散布一种白色小脓疱或覆盖一层灰白色伪膜。鸡蛋内血斑发生率和严重程度增加。公鸡性机能降低，精液品质下降。

图 12-26 病鸡眼内流出
牛乳样分泌物

图 12-27 病鸡眼部肿胀，内充满
干酪样物质

（3）病理变化　剖检病死鸡或重病鸡，可见其口腔、咽部及食管黏膜上出现许多灰白色小结节，有时融合连片，成为假膜。这是本病的特征性病变，成年鸡比雏鸡明显。同时，内脏器官出现尿酸盐沉积，与内脏型痛风相似，最明显的是肾肿大，颜色变淡，表现有灰白色网状花纹，输卵管变粗，心、肝等脏器的表面也常有白霜样尿酸盐覆盖。雏鸡的尿酸盐沉积一般比成年鸡严重。

（4）防治措施　①平时要注意保存好饲料及维生素添加剂，防止发热、发霉和氧化，以保证维生素 A 不被破坏。②注意日粮配合，日粮中应补充富含维生素 A 和胡萝卜素的饲料及维生素 A 添加剂。③治疗可在饲料中补充维生素 A，如鱼肝油及胡萝卜等。群体治疗时，可用鱼肝油按 $1\%\sim2\%$ 浓度混料，连喂 5 天（按每千克体重补充维生素 A 1 万国际单位），可治愈。对症状较重的成年母鸡，每只病鸡口服鱼肝油 1/4 食匙，每天 3 次。

273 怎样防治鸡维生素 B_1 缺乏症？

（1）病因分析　维生素 B_1 又称硫胺素，是组成消化酶的重要成分，参与体内碳水化合物的代谢，维持神经系统的正常机能。

维生素 B_1 在自然界中分布广泛，多数饲料中都有，在糠麸、酵母中含量丰富，在豆类饲料、青绿饲料的含量也比较多，但在根茎类饲料中含量很少。

鸡对维生素 B_1 的需要量与日粮组成有关。日粮中主要能量来源是碳水化合物时，维生素 B_1 的需要量增加。在一般情况下，鸡每千克饲料应含维生素 B_1 的量为：$0\sim14$ 周龄的幼鸡 1.8 毫克；$15\sim20$ 周龄的青年鸡 1.3 毫克；产蛋鸡、种母鸡 0.8 毫克；$0\sim4$ 周龄肉仔鸡 2.0 毫克，5 周龄以上 1.8 毫克。

虽然大部分饲料中均含有一定量的维生素 B_1，但它是一种水溶性维生素，在饲料加工过程中容易损失，而且对热极不稳定，在碱性环境中易分解失效。肉骨粉和鱼粉中的维生素 B_1 在加工过程中绝大部分已丢失。鸡肠道最后段的微生物能合成一部分，但量很少，也不利于吸收。饲料和饮水中加入的某些抗球虫药物如安普洛里等，干扰鸡体内维生素 B_1 的代谢。此外，新鲜鱼虾及软体动物内脏中含有较多的硫胺素酶，能破坏维生素 B_1，如果生喂这些饲料，易造成维生素 B_1 缺乏症。

（2）临床症状及病理变化　雏鸡的维生素 B_1 缺乏症常突然发生，表现厌食、消瘦、贫血、体温降低、腿软无力，有的下痢。继而由于多发性神经炎，腿、翅、颈的伸肌痉挛，病鸡以飞节和尾部着地，仿佛坐于地面，头向后仰，呈特征性的"观星"姿势（图12-28），有时倒地侧卧，头仍向后仰，严重时衰竭死亡。成年鸡发病较慢，除精神、食欲失常外，还表现鸡冠呈蓝紫色，步态不稳，进行性瘫痪。

图 12-28　病雏的"观星"姿势

剖检病死鸡，可见皮肤广泛水肿；肾上腺肥大（母鸡明显）；胃肠有炎症，十二指肠溃疡；心脏右侧常扩张，心房较心室明显；生殖器官萎缩，以公鸡的睾丸较明显。

（3）防治措施　①注意日粮中谷物等富含维生素 B_1 饲料的搭配，适量添加维生素 B_1 添加剂。②妥善贮存饲料，防止由于霉变、加热和遇碱性物质而致使维生素 B_1 遭受破坏。③对病鸡可用维生素 B_1 治疗，每千克饲料 10～20 毫克，连用 1～2 周；重病鸡可肌内注射维生素 B_1，雏鸡每次 1 毫克，成年鸡 5 毫克，每日 1～2次，连续数日。同时饲料中适当提高糠麸的比例和维生素 B_1 添加剂的含量。除少数严重病鸡外，大多经治疗可以康复。

274 怎样防治鸡维生素 B_2 缺乏症？

（1）病因分析　维生素 B_2 又称核黄素，是一种水溶性维生素。它是黄素酶的组成部分，参与体内的生物氧化反应，直接影响机体的新陈代谢。

维生素 B_2 在青绿饲料、苜蓿粉、酵母粉、蚕蛹粉中含量丰富，鱼粉、油饼类饲料及糠麸次之，子实饲料（如玉米、高粱、小米等）含量较少。在一般情况下，鸡每千克饲料应含维生素 B_2 的量为：0～14 周龄的幼鸡 3.6 毫克；商品产蛋鸡 2.2 毫克；种母鸡 3.8 毫克；肉仔鸡 0～4 周龄 7.2 毫克，5 周龄以上 2.6 毫克。

维生素 B_2 缺乏症主要见于雏鸡。雏鸡对维生素 B_2 需要量较多，而自身肠道内微生物合成量很少，若饲料单一，如给初生雏单独喂小米、碎大米或玉米面等，很容易造成雏鸡维生素 B_2 的缺乏。此外，维生素 B_2 在光照和碱性条件下易被分解，若配合饲料保存时间过长，就会造成维生素 B_2 的损失。

（2）临床症状及病理变化　雏鸡维生素 B_2 缺乏症，一般发生在 2 周龄至 1 月龄之间。病鸡生长缓慢、衰弱、消瘦，羽毛粗乱，绒毛很少，有的腹泻。具有特征性的症状是脚趾向内弯曲，中趾尤为明显（图 12-29），两腿不能站立，以飞节着地，当勉强以飞节移动时，常展翅以

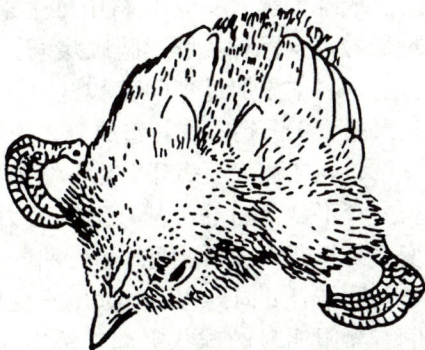

图 12-29　病雏的趾爪向内弯曲

维持身体平衡。食欲正常，但行走困难吃不到食物，最后衰弱死亡或被其他鸡踩死。成年鸡缺乏维生素 B_2 时，产蛋量减少，种蛋孵化率低，胚胎出现"侏儒"、水肿等异常现象，死胎数增加。

剖检病死雏或重病雏可见坐骨神经和臂神经肿大变软，胃肠壁

很薄，肠内有多量泡沫状内容物，肝脏较大而柔软，含脂肪较多。

（3）防治措施 ①雏鸡开食最好采用配合饲料，若采用小米、玉米面等单一饲料开食，只能饲喂 1～2 天，3 日龄后开始喂配合饲料。②在日粮中应注意添加青绿饲料、麸皮、干酵母等含维生素 B_2 丰富的成分，也可直接添加维生素 B_2 添加剂。配合饲料应避免含有太多的碱性物质和强光照射。③对病鸡可用维生素 B_2 治疗，每千克饲料加 20～30 毫克，连喂 1～2 周。成年鸡经治疗 1 周后，产蛋率回升，种蛋孵化率恢复正常。但"蜷爪"症状很难治愈，因为坐骨神经的损伤已不可能恢复。

275 怎样防治鸡维生素 D、钙、磷缺乏症？

（1）病因分析 鸡的维生素 D、钙、磷缺乏症，主要见雏鸡和笼养鸡，致病因素主要有以下几个方面：①饲料中钙、磷含量不足，或钙、磷原料质量较差，影响鸡体消化吸收。②饲料中钙、磷比例不当，使其利用率降低。③笼养鸡得不到日光浴，鸡体内不能自身合成维生素 D_3。④饲料中维生素 D 添加剂的添加量不足或其质量低劣。⑤胃肠及肝、胰脏疾病，使维生素 D 吸收、贮存量减少。⑥饲料中添加过多的硫酸锰，影响维生素 D 的利用。⑦种鸡缺乏维生素 D、钙、磷，造成雏鸡先天性缺乏症。

（2）临床症状及病理变化 雏鸡缺乏维生素 D、钙、磷，表现生长发育不良，羽毛污乱，两腿无力，步态不稳（图 12-30），腿骨变脆易折断，喙和趾变软易弯曲。肋骨也失去正常的硬度，在椎肋与胸肋结合处向内弯曲，使胸廓变形。椎肋与椎骨结合处肋骨的内侧有界限明显的球状突起，呈串珠状（图 12-31），一些肋骨在这一区域甚至发生自发性折裂。腰荐部脊椎向下凹陷。这些情况实际上是由于钙、磷吸收利用不良而引起的，也称为佝偻病。

成年鸡缺乏维生素 D、钙、磷，食欲减退，产蛋减少，蛋壳变薄，严重时产软壳蛋，无壳蛋，有时也可见病鸡胸骨、肋骨和趾爪变软现象。

此外，日粮含钙过多对雏鸡和青年鸡的危害也比较大，可形成

图 12-30　病雏羽毛生长不良，
　　　　　两腿无力，步态不稳

图 12-31　病雏肋骨椎端呈串珠状

钙盐在肾脏沉积，损害肾脏，阻碍尿酸排出，引起痛风病。成年鸡口粮含钙量如果超过 4.5%，则适口性降低，使采食与产蛋减少，蛋壳上有钙质颗粒，蛋的两端粗糙。钙过量的常见原因，一是用产蛋鸡的日粮喂雏鸡和青年鸡；二是日粮中贝壳粉或石粉加得过多。

（3）防治措施　①在允许的条件下，保证鸡只有充分接触阳光的机会，并注意日粮配合。尤其是室内笼养鸡，要确保日粮中维生素 D、钙、磷的含量。②对于发病鸡群，要及时补充维生素 D、钙、磷。对于雏鸡，必要时酌用鱼肝油，让鸡多晒太阳，症状可很快消失，但雏鸡骨骼已经变形的难以恢复。

276　怎样防治鸡维生素 E、硒缺乏症？

（1）病因分析　维生素 E 和硒在鸡体内起协同作用，引起鸡维生素 E、硒缺乏症的因素大致有以下几个方面：①有些地区土壤含硒较少，造成饲料自身含硒量不足。②添加剂质量低劣，使维生素 E、硒的实际添加量未达到标准。③维生素 E 添加剂贮存不当或时间过长，使维生素 E 遭破坏。④饲料发生腐败，不饱和脂肪酸含量过多，从而增加了维生素的需要量。⑤鸡患球虫病或其他慢性肠道疾病，使维生素 E、硒的吸收利用率降低。

（2）临床症状及病理变化　维生素 E、硒缺乏症多发于 2～6

周龄的雏鸡，病初症状不明显，少数雏鸡突然死亡，多数表现精神不振，食欲减退，呆立少动，行动困难，随着病情发展，逐渐出现以下典型的病变。

①脑软化症：多因缺乏维生素E引起。病雏头向下弯缩或向一侧扭转，也有的向后仰，步态不稳，时而向前或同侧面冲去，两腿阵发性痉挛抽搐，不完全麻痹。由于很少采食，最后衰弱死亡。剖检病死鸡，可见小脑肿胀、柔软，脑膜水肿，小脑表面有散在的出血点（图12-32），并有一种黄绿色浑浊的坏死区。这些病变也经常波及大脑和其他脑部。

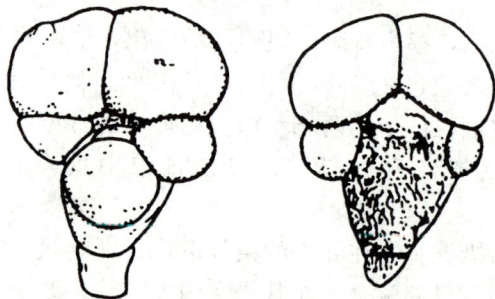

图12-32　病雏小脑肿胀、柔软，表面出血

②渗出性素质：常因维生素E和硒同时缺乏而引起，发病日龄一般比脑软化症稍晚。其特征是毛细血管的通透性改变，血液成分外渗。病雏精神不振，两腿向外叉开，胸部、腹部、头颈部、翅内侧、大腿内侧皮下水肿，腹部膨大，外观呈绿色，有的翅部出现溃烂，剖检可见皮下水肿，有大量淡黄绿色的黏性液体（图12-33）。肌肉表面常有出血斑点，腹腔内积有黄绿色腹水，心包液增多。

③白肌病：是由维生素E与含硫氨基酸（蛋氨酸、胱氨酸）同时缺乏而引起，多发于1月龄前后。病鸡消瘦衰弱，行走无力，陆续发生死亡。剖检可见骨骼肌，尤其是胸肌和腿肌因为营养不良而苍白贫血，并有灰白色条纹。

（3）防治措施　①注意日粮配合：日粮应补充富含维生素E

图 12-33　病雏皮下有大量黄绿色黏性液体

的饲料及维生素添加剂和硒添加剂。②对发病鸡应及时治疗：雏鸡脑软化症，每只每日一次口服维生素 E 5 国际单位（维生素 E 醋酸酯 5 毫克），病情较轻的 1～2 天即明显见效，可连服 3～4 天。雏鸡渗出性素质及白肌病，每千克饲料加维生素 E 20 国际单位，亚硒酸钠 0.2 毫克（0.1％的针剂 0.2 毫升），连用 2 周。成年鸡缺乏维生素 E 和硒，每千克饲料加维生素 E 10～20 国际单位，同时加喂 0.1 毫克/千克亚硒酸钠，连用 2～4 周，并酌情添加大麦芽或喂些青绿饲料。

此外，饲料添加硒要防止过量，过量的硒会引起毒性反应。雏鸡和青年鸡饲料中含硒量超过 5 毫克/千克，生长受阻，羽毛松乱，神经过敏，性成熟延迟。种鸡饲料含硒超过 5 毫克/千克，种蛋入孵后产生大量畸形胚胎；含硒达 10 毫克/千克时，种蛋孵化率降到零。对雏鸡按每千克体重 10 毫克注射亚硒酸钠，数小时即死亡。

277 怎样防治鸡食盐缺乏症和食盐中毒？

（1）病因分析　在食盐中主要含氯和钠，它们是鸡体所必需的两种矿物质元素，有增进食欲、增强消化机能、保持体液正常酸碱度等重要功用。鸡的日粮要求含盐量为 0.25％～0.5％，以 0.37％最为适宜。鸡缺乏食盐时食欲不振，采食减少，饲料消化利用率降低，常发生啄癖，雏鸡和青年鸡生长发育不良，成年鸡减产。但鸡摄入过量的食盐会很快出现毒性反应，尤其是雏鸡很敏感。

引起鸡食盐中毒的因素主要有几个方面：①饲料搭配不当，含盐量过多。②在饲料中加进含盐量过多的鱼粉或其他富含食盐的副产品，使食盐的含量相对增多，超过了鸡所需要的摄入量。③虽然摄入的食盐量并不多，但因饮水受限制而引起中毒。如用自动饮水器，一时不习惯，或冬季水槽冻结等原因，以致鸡几天饮水不足。

（2）临床症状及病理变化　当雏鸡饲粮含盐量达 0.7％、成年鸡达 1％时，则引起明显口渴和粪便含水量增多；如果雏鸡饲粮含盐量达 1％、成年鸡达 3％，则能引起大批中毒死亡；按鸡的体重每千克口服食盐 4 克，可很快致死。

鸡中毒症状的轻重程度，随摄入食盐量多少和持续时间长短有很大差别。比较轻微的中毒，表现饮水增多，粪便稀薄或混有稀水，鸡舍内地面潮湿。严重中毒时，病鸡精神萎靡，食欲废绝，渴欲强烈，无休止地饮水。鼻流黏液，嗉囊胀大，腹泻，泻出稀水，步态不稳或瘫痪，后期呈昏迷状态，呼吸困难，有时出现神经症状，头颈弯曲，胸腹朝天，仰卧挣扎，最后因衰竭而死亡。

剖检病死鸡或重病鸡，可见皮下组织水肿，腹腔和心包积水，肺水肿，消化道充血出血，脑膜血管充血扩张，肾脏和输尿管有尿酸盐沉积。

（3）防治措施　①严格控制食盐用量。鸡味觉不发达，对食盐无鉴别能力，尤其喂鸡时应格外留心。准确掌握含盐量，喂鱼粉等含盐量高的饲料时要准确计量。平时应供给充足的新鲜饮水。②对病鸡要立即停喂含盐过多的饲料。轻度与中度中毒的，供给充足的新鲜饮水，症状可逐渐好转。严重中毒的要适当控制饮水，饮水太多会促进食盐吸收扩散，使症状加剧，死亡增多，可每隔 1 小时让其饮水 10～20 分钟，饮水器不足时分批轮饮。

278 怎样防治鸡黄曲霉毒素中毒？

（1）病因分析　黄曲霉毒素是黄曲霉菌的代谢产物，广泛存在于各种发霉变质的饲料中，对畜禽具有毒害作用。如果鸡摄入大量黄曲霉毒素，可造成中毒。

鸡的各种饲料，特别是花生饼、玉米、豆饼、棉仁饼、小麦、大麦等，由于受潮、受热而发霉变质，含有多种霉菌与毒素，一般来说，其中主要的是黄曲霉菌及其毒素，鸡吃了这些发霉变质的饲料而发生中毒。

（2）临床症状及病理变化　本病多发于雏鸡，6周龄以内的雏鸡，只要饲料中含有微量黄曲霉毒素就能引起急性中毒。病雏精神萎靡，羽毛松乱，食欲减退，饮欲增加，排血色稀粪。鸡体消瘦，衰弱，贫血，鸡冠苍白。有的出现神经症状，步态不稳，两肢瘫痪，最后心力衰竭而死亡。因为发霉变质的饲料中除黄曲霉菌外，往往还含有烟曲霉菌，所以3～4周龄以下的雏鸡常伴有霉菌性肺炎。

青年鸡和成年鸡的饲料中若含有黄曲霉毒素，一般是引起慢性中毒。病鸡缺乏活力，食欲不振，生长发育不良，开产推迟，产蛋少，蛋形小，个别鸡肝脏发生癌变，呈极度消瘦的恶病质，最后死亡。

剖检病变主要在肝脏。急性中毒的雏鸡肝脏肿大，颜色变淡呈黄白色，有出血斑点，胆囊扩张。肾脏苍白，稍肿大。胸部皮下和肌肉有时出血。成年鸡慢性中毒时，肝脏变黄，逐渐硬化，常分布有白色点状或结节状病灶。

（3）防治措施　黄曲霉毒素中毒目前尚无特效药物治疗，禁止使用发霉变质的饲料喂鸡是预防本病的根本措施。发现中毒后，要立即停喂发霉饲料，加强护理，使其逐渐康复。对急性中毒的雏鸡喂给5％的葡萄糖水，有微弱的保肝解毒作用。

279 怎样防治鸡磺胺类药物中毒？

（1）病因分析　磺胺类药物是治疗鸡的细菌性疾病和球虫病的常用药物，应用方法不当会引起中毒。其毒性作用主要是损害肾脏，同时能导致黄疸、过敏、酸中毒和免疫抑制等。

如果给药时，使用剂量过大，时间过长，或者混药过程搅拌不均匀，饲料或饮水局部药物浓度过大而使某些鸡采食过量药物，均可引起中毒。

（2）临床症状及病理变化 若急性中毒，病鸡表现为精神兴奋，食欲锐减或废绝，呼吸急促，腹泻，排酱油色或灰白色稀便，成年鸡产蛋量急剧减少或停产。后期出现痉挛、麻痹等症状，有些病鸡因衰竭而死亡。慢性中毒常见于超量用药连续1周时发生，病鸡表现为精神萎靡，食欲减退或废绝，饮水增加，冠及肉髯苍白，贫血，头肿大发紫，腹泻，排灰白色稀便，成年鸡产蛋量明显下降，产软壳蛋或薄壳蛋。

剖检病死鸡可见皮肤、肌肉、内脏各器官表现贫血和出血，血液凝固不良，骨髓由暗红色变为淡红色甚至黄色。腺胃黏膜和肌胃角质层下可能出血。从十二指肠到盲肠都可见点状或斑状出血，盲肠中可能含有血液。直肠和泄殖腔也可见小的出血斑点。胸腺和法氏囊肿大出血。脾脏肿大，常有出血性梗死。心脏和肝脏除出血外，均有变性和坏死。肾脏肿大，输尿管变粗，内有白色尿酸盐沉积。

（3）防治措施 严格按要求剂量和时间使用磺胺类药物是预防本病的根本措施。无论是拌料还是饮水给药，一定要搅拌均匀。一般常用磺胺类药的混饲量为0.1%～0.2%，3～5天为一个疗程，一个疗程结束，应停药3～5天再开始下一个疗程。无论治疗还是预防用药，时间过长都会造成蓄积中毒。

由于磺胺类药物对鸡产蛋影响颇大，故在鸡群产蛋率上升阶段应慎重使用。

因为磺胺类药物的作用是抑菌而不是杀菌，所以在治疗过程中应加强饲养管理，提高鸡群抵抗力。用药之后要细心观察鸡群的反应，出现中毒则应立即停药，并给予大量饮水，可在饮水中加入0.5%～1%的碳酸氢钠或5%葡萄糖。在饲料中加入0.05%的维生素K，水溶性B族维生素的量应增加1倍，内服适量维生素C以对症治疗出血。如此处理3～5天后，大部分鸡可恢复正常。

280 怎样防治鸡喹乙醇中毒？

（1）病因分析　喹乙醇又称快育灵，是一种广谱抗菌药物，可用于防治禽霍乱。此外，它还可以作为肉用仔鸡的饲料添加剂，具有抗菌助长、促进增重的作用，但如果使用不当，也常发生中毒。一般每千克体重喂 90 毫克将很快中毒死亡，每千克体重 60 毫克喂 6 天也能导致中毒死亡。

临床给药时，使用剂量过大（如计算错误，重复用药等），时间过长，或者混药过程搅拌不均匀，饲料或饮水局部药物浓度过大而使某些鸡采食过量药物，均可引起中毒。

（2）临床症状及病理变化　病鸡表现精神沉郁，羽毛松乱，食欲减退或废绝，渴欲增加；有的鸡冠出现黄白色水疱，2 天内破裂，然后变成青紫色，坏死，干枯，萎缩。粪便干燥呈短棒状。病后期蹲伏不起，极度衰竭，死前有的拍翅挣扎，鸣叫。

剖检可见腿肌有出血点或出血斑，肠外膜有少量针尖大小的出血点，嗉囊空虚，胃肠内容物呈淡黄色，腺胃与肌胃交界处黏膜、十二指肠黏膜出血，肝脏黄染，质脆易碎。肾肿大，紫黑色，有多量出血点。心脏扩张，心肌充血，质地坚硬，心包液增多。肺脏稍肿呈暗红色，有少量出血点。

（3）防治措施　注意喹乙醇的使用剂量和疗程，一般预防量是每千克饲料中加 25～30 毫克，治疗量是每千克饲料加 50 毫克，连用 2～4 天为一个疗程。在用药前要了解一下饲料是否已添加喹乙醇添加剂，防止重复加药。一旦中毒后，应立即停喂加药饲料，并供给充足的葡萄糖水和维生素 C 水溶液，可逐渐控制病情。

281 怎样防治鸡菜子饼中毒？

（1）病因分析　菜子饼内富含蛋白质，可作为鸡的蛋白质饲料，在鸡的饲料中搭配一定量的菜子饼，既可以降低饲料成本，也有利于营养成分的平衡。但是，菜子饼中含有多种毒素，如硫氰酸酯、异硫酸酯，恶唑烷硫酮等，这些毒素对鸡体有毒害作用。如果鸡摄入大量未处理过的菜子饼，就会引起中毒。

菜子饼的毒素含量与油菜品种有很大关系，与榨油工艺也有一定关系。普通菜子饼在产蛋鸡饲料中占8％以上，即可引起毒性反应。当菜子饼发热变质或饲料中缺碘时，会加重毒性反应。不同类型的鸡对菜子饼的耐受能力有一定差异，来航鸡各品系和各种雏鸡的耐受能力较差。

（2）临床症状及病理变化　鸡的菜子饼中毒是一个慢性过程，当饲料中含菜子饼过多时，鸡的最初反应是厌食，采食缓慢，耗料量减少，粪便出现干硬、稀薄、带血等不同的异常变化，逐渐生长受阻，产蛋减少，蛋重减轻，软壳蛋增多，褐壳蛋带有一种鱼腥味。

剖检病死鸡可见甲状腺（甲状腺位于胸腔入口气管两侧，呈椭圆形，暗红色）、胃肠黏膜充血或呈出血性炎症，肝脏沉积较多的脂肪并出血，肾肿大。

（3）防治措施　①对菜子饼要采取限量、去毒的方法，合理利用。②对病鸡只要停喂含有菜子饼的饲料，可逐渐康复，无特效治疗药物。

282 怎样防治鸡棉子饼中毒？

（1）病因分析　棉子饼内富含蛋白质，可作为鸡的蛋白质饲料，在鸡的饲料中搭配一定量的棉子饼，既可以降低饲料成本，也有利于营养成分的平衡。但是，在棉籽饼中含有一种叫棉籽酚的有害物质，对组织细胞、血管、神经有毒害作用。如果加工调制不当或鸡摄入量过多，就会引起中毒。

引起鸡棉子饼中毒的因素主要有以下几个方面：①用带壳的土榨棉子饼配料。这种棉子饼不仅含有大量的木质素和粗纤维，而且游离棉子酚（游离态棉子酚毒性强，结合态棉子酚毒性弱）含量很高，因此不能用于喂鸡。目前随着榨油工业向现代化发展，这种棉子饼已越来越少。②在配合饲料中棉子饼比例过大。棉子饼中的游离棉子酚与棉花品种、土壤，特别是榨油工艺有很大关系，常用的棉子饼含游离棉子酚万分之八左右，如果在鸡的饲料中配入 8％～10％以上，就容易引起中毒。③如果棉子饼发霉变质，其游离棉子酚的含量就会增高，则增加了中毒的危险。④如果配合饲料中维生素 A、钙、铁及蛋白质不足，会促使中毒的发生。

（2）临床症状及病理变化　中毒病鸡食欲减退或废绝，排黑褐色稀便，并常混有黏液、血液和脱落的肠黏膜。羽毛松乱，翅膀下垂，行动不稳，身体急剧消瘦。有些病鸡出现抽搐等神经症状，呼吸困难，最后因衰竭而死亡。母鸡产蛋减少或停产，公鸡精液中精子减少，活力减弱，种蛋的受精率和孵化率降低。

剖检病死鸡可见胃肠炎症，心肌松软无力，心外膜出血。肝脏充血肿大，质硬色黄。肺充血水肿，腹腔、胸腔均积有渗出液。

（3）防治措施　①去毒处理：饲料中每配入 100 千克棉仁饼，同时拌入 1 千克硫酸亚铁，这样在鸡的消化道内，棉子酚与铁结合而失去毒性。棉仁饼的其他去毒方法还有蒸煮 2 小时、用 2％～2.5％的硫酸亚铁溶液浸 24 小时等。②限量饲喂：棉子饼在蛋鸡饲料中所占比例，以 5％～6％为宜，最多不超过 8％。③间歇使用：由于棉子酚在体内积蓄作用较强，鸡饲料中最好不要长期配入棉仁饼，每隔 1～2 个月停用 10～15 天。④区别对待：1 月龄以下的雏鸡不喂棉子饼，青年鸡适当多喂，18 周龄以后及整个产蛋期少喂，种鸡在提供种蛋期间不喂。⑤增喂青绿饲料：青绿饲料可显著增强动物机体对棉子酚的解毒能力，在饲料中配入棉子饼时，应尽可能供给充足的青绿饲料，做不到的应增加多种维生素添加剂的用量，但效果不及青绿饲料。⑥对病鸡应停喂含有棉子饼的饲料，多喂些青绿饲料，经 1～3 天可逐渐恢复。

283 怎样防治鸡磷化锌中毒？

（1）病因分析　磷化锌是一种常用的灭鼠药，鸡群常在灭鼠期间误食毒饵或沾染磷化锌的饲料而引起中毒，鸡每千克体重误食 7～15 毫克磷化锌即可致死。

（2）临床症状及病理变化　鸡磷化锌中毒时，不出现任何症状便突然死亡。急性中毒，在 1 小时内病鸡精神沉郁，羽毛松乱，腹泻，口渴，共济失调。后期病鸡呼吸困难，冠呈紫色，倒向一侧，两脚外伸，头颈屈向背后部。剖检时可嗅到消化道内容物有磷臭味（似大蒜味），并可发现肝脏病变严重。

（3）防治措施 平时对毒物应有专人负责保管和使用，最好在夜间投放毒饵，白天除去；毒死的鼠应予深埋或烧毁，不要乱扔，以防鸡误食中毒。

发现中毒鸡，可灌服 0.1％的高锰酸钾溶液，另灌服 0.1％～0.5％的硫酸铜溶液，使磷化锌形成无毒的磷酸铜，而起到解毒作用。磷化锌严重中毒，重症鸡难以治愈。

284 怎样防治鸡氨气中毒和一氧化碳中毒？

（1）氨气中毒

1）病因分析 在通风不良的鸡舍中高密度饲养，如果清粪不及时，其中含氨有机物可分解形成氨气并蓄积而引起中毒。

2）临床症状及病理变化 当舍内氨气浓度为 30～45 毫克/千克时，鸡群就表现出食欲不振，个别鸡咳嗽，流涕，呼吸困难，成年鸡产蛋减少，逐渐消瘦等。中毒进一步加深，病鸡表现为食欲废绝，鸡冠发紫，张口喘气，站立困难，昏迷，眼睛流泪，角膜和结膜充血，尖叫，共济失调，两腿抽搐，呼吸频率变慢，最后麻痹而死。病死鸡尸僵不全，皮下及内脏浆膜有点状出血。喉头水肿，充血，并有渗出物。气管黏膜充血，气管内有多量灰白色黏稠分泌物，肺淤血、水肿。心包积液，心肌变性、色淡，心冠状脂肪有点状出血。肝脏肿胀，颜色变淡，质地脆而易碎。大脑皮质可见充血。

3）防治措施 在生产过程中，要加强鸡舍通风，及时清理粪便。密闭式和半开放式鸡舍要有上、下排气孔，最好使用排风扇等机械装置以保证空气流通。

目前，对鸡氨气中毒尚无特效药物治疗。轻症鸡可移至空气新鲜的鸡舍中，给予充足饮水和全价饲料，精心管理使其尽快恢复。

（2）一氧化碳中毒

1）病因分析　冬季鸡舍特别是育雏舍常烧火炕、火墙、火炉取暖，若煤炭燃烧不完全时即可产生大量的一氧化碳，如果鸡舍通风不良，空气中一氧化碳浓度达到 0.04%～0.05% 就可引起中毒。

2）临床症状及病理变化　鸡一氧化碳中毒后，轻症者表现为食欲减退，精神萎靡，羽毛松乱，雏鸡生长缓慢；重症者表现为精神不安，昏迷，呆立嗜睡，呼吸困难，运动失调，死前出现惊厥。

病死鸡剖检可见血液、脏器呈鲜红色，黏膜及肌肉呈樱桃红色，并有充血及出血等现象。

3）鉴别诊断　①一氧化碳中毒与鸡李氏杆菌病的鉴别：二者均有精神委顿，呆立，毛粗乱，神志不清，阵发抽搐等临床症状。但二者的区别在于：鸡李氏杆菌病的病原为李氏杆菌，具有传染性。病鸡冠髯发绀，皮肤暗紫，两翅下垂，卧地不起，腿划动。剖检可见脑膜血管明显充血，心肌有坏死灶。肝肿大，呈土黄色，有紫色瘀斑和白色坏死点。脾呈黑红色。血液或脏器涂片镜检可见排列 V 形的革兰氏阳性的小杆菌。②一氧化碳中毒与鸡镁缺乏症的鉴别：二者均有昏睡，短时间气喘，惊厥等临床症状。但二者的区别在于：鸡镁缺乏症的病因是日粮中镁缺乏所致。病鸡停止生长，受惊后出现短时间气喘、惊厥，并转入昏迷死亡。

4）防治措施　在生产中，应经常检查育雏室及鸡舍的采暖设备，防止漏烟、倒烟。鸡舍内要设有通风孔，使舍内通风良好，以防一氧化碳蓄积。鸡一氧化碳中毒后，轻症者不需特别治疗，将病鸡移放于空气新鲜处，可逐渐好转。严重中毒时，应同时皮下注射生理盐水或等渗葡萄糖液、强心剂，以维护心脏与肝脏功能，促进其痊愈。

285 怎样防治雏鸡脱水？

雏鸡脱水是指雏鸡出壳后，在第一次得到饮水之前，身体处于比较严重的缺水状态，它直接影响雏鸡的生长发育和成活率。

（1）病因分析　种蛋保存期间失水过多；孵化湿度过小，使孵蛋失水过多；雏鸡出壳后未能及时得到饮水；在雏鸡运输过程中运雏箱内密度过大，温度过高，造成雏鸡大量失水。

（2）临床诊断 脱水幼雏表现为身体瘦弱，体重减轻，绒毛与腿爪干枯无光泽，眼凹陷，缺乏活力。一般来说，雏鸡因脱水直接渴死的较少，多数在得到饮水后可逐渐恢复正常。但若失水严重，雏鸡则持续衰弱，抗病力差，死亡率增加。

（3）防治措施 ①种蛋保存期要短，一般不应超过 7～10 天。种蛋存放时间过久，使胚盘活力减弱，孵化率降低，失水也比较多，影响雏鸡体质。种蛋保存的相对湿度以 75％～80％ 为宜。②孵化器内相对湿度应保持在 55％～60％，出雏器内保持 70％左右，不宜过于干燥。③为了使雏鸡出壳的时间比较整齐，在 24 小时之内基本出完，不仅要求种蛋新鲜，大小比较均匀，而且孵化器内各部位的温差要求不超过 0.5℃。如果限于条件，做不到这一点，出壳时间持续较久，对于出壳的雏鸡应在出壳后 12～24 小时给予饮水，但开食应由饲养场运回后进行。④在运雏过程中，要尽量缩短运输时间，并防止运雏箱内雏鸡拥挤和温度过高。若雏鸡出壳已超过 24 小时，运到育雏舍后应抓紧开始饮水，并一直供水不断。如有失水比较严重的雏鸡，应挑出加强护理。

286 怎样防治初生雏脐炎？

（1）病因分析 孵化室卫生条件差，孵化器中的湿度过大或温度太高、太低；雏鸡脐孔闭合不良，致使各种细菌侵入其中；入孵鸡蛋的蛋壳质量差，没有消毒或消毒不彻底，细菌侵入蛋内。

（2）临床症状 病雏衰弱，腹部膨大，脐部潮湿发炎，绒毛蓬乱、污秽、缺少光泽，病雏相互挤在一起。在最初的 4～5 天内，死亡率高，多数病雏在第一周内死亡。

（3）防治措施 ①孵化室必须清洁卫生，空气新鲜，防止污浊。②入孵前，对孵化室及孵化用具要严格消毒。③对 1 日龄的雏鸡要精心护理，严防受冷和受热。鸡患脐炎后，鸡舍要用福尔马林和高锰酸钾熏蒸消毒，其剂量是每立方米用福尔马林 14 克、高锰酸钾 7 克，熏蒸时需将雏鸡全部赶出鸡舍，待烟散净后再把雏鸡赶进去。④对患有脐炎的鸡，要与强雏分开培育，病雏用消炎药物涂擦患处。

287 怎样防治鸡脂肪肝综合征?

鸡脂肪肝综合征又称脂肝病，其特征是肝细胞中沉积大量脂肪，鸡体肥胖，产蛋减少，个别病鸡因肝功能障碍或肝破裂而死亡。

（1）病因分析　造成鸡脂肪肝综合征的具体因素主要有以下几个方面：①饲粮中玉米及其他谷物比例过大，碳水化合物过多，而蛋白质，尤其是富含蛋氨酸的动物性蛋白质及胆碱、粗纤维等相对不足，失去平衡，造成能量过剩而产生的部分脂肪在肝细胞中蓄积。②在鸡群营养良好、产蛋率处于高峰时，突然由于光照不足、饮水不足及其他应激因素，造成产蛋量较大幅度地下降，于是营养过剩，转化为脂肪蓄积。③鸡体营养良好而运动不足，导致过于肥胖，使之肝细胞内蓄积脂肪。笼养鸡因为缺乏运动，发生本病的较多。④饲料发霉，含有大量的黄曲霉毒素，会引起肝脏脂肪变性而导致发病。

（2）临床症状及病理变化　鸡脂肪综合征多发于高产鸡群。鸡群发病时，大多数精神、食欲良好，但明显肥胖，体重一般比正常水平高出 20%～25%，产蛋率明显下降，可由产蛋高峰时的 80%～90% 下降到 45%～55%。急性发病鸡常表现吞咽困难，精神萎靡，伸颈，并出现瘫痪、伏卧或侧卧。口腔内有少量黏液，冠髯苍白、贫血。死亡率一般在 5% 左右，严重时可达 80%。

剖检可见皮、肠管、肠系膜、腹腔后部、肌胃、肾脏及心脏周围沉积大量脂肪。肝脏肿大，呈灰黄色油腻状，质脆易碎，肝被膜下常有出血形成的血凝块。正常鸡肝脏含脂量为 36%，患脂肪肝综合征时可高达 55%。卵巢和输卵管周围也常见大量脂肪。

（3）防治措施　对发病鸡群中未发现症状的鸡，要喂饲低能量日粮，适当降低玉米的含量，增加优质鱼粉。提高蛋氨酸、胆碱、维生素 E、生物素、维生素 B_{12} 等成分的含量。可适当限饲，一般根据正常采食量限饲 8%～10%，产蛋高峰前限饲量要小，高峰过后限饲量可大些。添加 5% 的苜蓿粉和 20% 的麸皮有助于预防本病。

发病鸡治疗价值不大，应及时挑出淘汰。

288 怎样防治笼养鸡产蛋疲劳症？

笼养鸡产蛋疲劳症是笼养鸡多发的一种病症，常发生于产蛋高峰期，主要与日粮中钙、磷和维生素含量不足及环境条件有关。

（1）病因分析　蛋鸡笼养对钙、磷等矿物质和维生素 D 的需要量比平地散养都相对高些，尤其鸡群进入产蛋高峰期，如果日粮中不能供给充足的钙、磷，或者钙、磷比例不当，满足不了蛋壳形成的需要，母鸡就要动用自身组织的钙，初期是骨组织的钙，后期是肌肉中的钙。这一过程常伴发尿酸盐在肝、肾内沉积而引起代谢机能障碍，影响维生素 D 的吸收，进而又造成钙、磷代谢障碍。另外，笼养鸡活动量小、鸡舍潮湿、舍温过高等，也是发生本病的诱因。

（2）临床症状及病理变化　病初无明显异常，精神、食欲尚好，产蛋量也基本正常，但病鸡两腿发软，不能自主，关节不灵活，软壳蛋和薄壳蛋的数量增加。随着病情发展，病鸡表现精神萎靡，嗜睡，行动困难，常常侧卧。日久体重减轻，产蛋减少，腿骨变脆，易于折断。病情严重时可导致瘫痪和停产。剖检可见肋骨和胸廓变形，椎肋与胸肋交接处呈串珠状，腿骨薄而脆，有时也有肾肿胀、肠炎等病变。

（3）防治措施　①笼养蛋鸡的饲粮中钙、磷含量要稍高于平养鸡，钙不低于 3.2%～3.5%，有效磷保持 0.4%～0.42%，维生素 D 要特别充足，其他矿物质、维生素也要充分满足鸡的需要。②上笼鸡的周龄宜在 17～18 周龄，在此之前实行平养，自由运动，增强体质，上笼后经 2～3 周的适应过程，可以正常开产。③鸡笼的尺寸一般分为轻型鸡（白壳蛋系鸡）和中型鸡（褐壳蛋系鸡）两种，后者不可使用前者的狭小鸡笼。④舍内保持安静，防止鸡在笼内受惊挣扎，损伤腿脚。夏季舍内温度应控制在 30℃ 以下。⑤对病情严重的鸡可从笼中取出，地面平养，并喂以调整好的饲料，待健康状况基本恢复后再放回笼中饲养。

289 怎样防治鸡应激综合征？

鸡的应激综合征又称鸡惊恐症，是指鸡受到频繁而短暂的急剧刺激后所表现出来的机能障碍，多发生于育成阶段的蛋鸡。其特征为极端神经质、惊恐及间歇惊群。

（1）病因分析　在养鸡生产中，导致鸡群应激的因素较多，一般来说，主要有以下几个方面：

①环境因素：温度、湿度、光照、噪声以及有害气体均可导致鸡群应激，如严寒或酷暑，温度、湿度的急剧改变；光照时间不适宜及突然的改变，氨气、二氧化碳等有害气体浓度增大，机器响声及怪声等的影响等。

②营养因素：饲料配合不当，营养成分不全面甚至缺乏，饲料中含有有毒成分，饲养期内饲料的突然改变，水质质量的差异等也可导致鸡群应激。

③管理因素：管理不善很容易导致本病的发生。如喂料方式和时间的突然改变，饲养密度过大，采食和饮水位置过小，限制饲养，强制换羽、断喙、断爪、截翅，接种疫苗或投药，传染病及其他疾病的发生等因素，都是在饲养管理中常出现本病的原因。

（2）临床症状　患本病的鸡常表现乱飞，好像正在被肉食兽追逐攻击一样又跑又飞，并发出咯咯的怪叫声。体重减轻，产蛋量下降，产软壳蛋、无壳蛋，甚至换羽。由于发育不正常、生长停滞等，往往大批被淘汰。

（3）防治措施

①根据环境条件，从育雏阶段开始培养鸡群的适应性，如使雏鸡适应各种声音，饲养员多与鸡群接触。此外，饲料营养要全面，不要经常捕捉鸡。禁止陌生人进入鸡舍，鸡舍内的小气候要适合鸡

的生理要求，千方百计要为鸡群创造安静而适宜的环境。

②当气候突然变化、防疫注射或其他干扰因素出现之前，最好在饲料中增加 1%～3% 蛋白质，并添加适量的赖氨酸和多种维生素，以减少应激的发生。

③降低光照亮度，调整光色，蓝光可延迟鸡惊恐症的发生。

④出现症状要及时治疗，以盐酸氯丙嗪效果最佳，口服每千克体重 1～2 毫克。补给对神经系统有保护作用的烟酸和维生素 B_1 以及口服补液盐，均有一定的辅助治疗作用。

290 怎样防治鸡痛风？

痛风是以病鸡内脏器官、关节、软骨和其他间质组织有白色尿酸盐沉积为特征的疾病。可分为关节型和内脏型两种。

（1）病因分析　禽类从食物中摄取的蛋白质，在代谢过程中产生的废物，不像哺乳动物那样是尿素，而是尿酸。鸡摄取的蛋白质过多时，血液中尿酸浓度升高，大量尿酸经肾脏排出，使肾脏负担加重，受到损害，机能减退，于是尿酸排泄受阻，在血液中浓度升高，形成恶性循环，结果发生尿酸中毒，并生成尿酸盐在肾脏、输尿管等许多部位沉积。

鸡日粮在含钙过多时，常在体内生成某些钙盐，如草酸钙等，经肾脏排泄，日久会损害肾脏；饲料中维生素 A 不足，会使肾小管和输尿管的黏膜角化、脱落，造成尿路障碍。在这些情况下，血液中尿酸浓度即使比较正常也不能顺利排出，同样能引起痛风。

在饲养实践中，本病的具体病因主要有以下几个方面：①饲料中蛋白质含量过高，例如达 30% 以上，或者在正常的配合饲料之外，又喂给较多的肉渣、鱼渣等，持续一段时间常引起痛风。②鸡在 18 周龄以内，日粮中钙的含量有 0.9% 即可，如果喂产蛋鸡的饲料，含钙达 3%～3.5%，一般经 50～60 天即发生痛风。③饲粮中维生素 A 和维生素 D 不足，会促使痛风发生。④育雏温度偏低，鸡舍潮湿，饮水不足，笼养鸡运动不足，也会引起痛风。⑤磺胺类药用量过大或用药期过长，造成肾脏机能障碍，引起痛风。⑥鸡碳酸氢钠中毒以及球虫病、白痢病、白血病等会损害肾脏，引起痛风。

（2）临床症状及病理变化　本病大多为内脏型，少数为关节型，有时两型混合发生。

①内脏型痛风：病初无明显症状，逐渐表现精神不振，食欲减退、消瘦，贫血，鸡冠萎缩苍白，粪便稀薄，含大量白色尿酸盐，呈淀粉糊样。肛门松弛，粪便经常不由自主地流出，污染肛门下部的羽毛。有时皮肤瘙痒，自啄羽毛。剖检可见肾肿大，颜色变淡，肾小管因蓄积尿酸盐而变粗，使肾表面形成花纹。输尿管明显变粗，严重的有筷子甚至香烟粗，粗细不匀，坚硬，管腔内充满石灰样沉淀物。心、肝、脾、肠系膜及腹膜等，都覆盖一层白色尿酸盐，似薄膜状，刮取少许置显微镜下观察，可见到大量针状的尿酸盐结晶。血液中尿酸及钾、钙、磷的浓度升高，钠的浓度降低。

内脏型痛风如不及时找出病因加以消除，会陆续发病死亡，而且病死的鸡逐渐增多。

②关节型痛风：尿酸盐在腿和翅膀的关节腔内沉积，使关节肿胀疼痛，活动困难。剖检可见关节内充满白色黏稠液体，有时关节组织发生溃疡、坏死。通常鸡群发生内脏型痛风时，少数病鸡兼有关节病变。

（3）防治措施　对于发病鸡，使用药物治疗效果不佳，只能找出并消除病因，防止疾病进一步蔓延。为预防鸡痛风病，应适当保持饲粮中的蛋白质，特别是动物性蛋白质饲料含量，补充足够的维生素，特别是维生素 A 和胆碱的含量。在改善肾脏机能方面要多注意对其影响的因素，如创造适宜的环境条件，防止过量使用磺胺类药物等。据资料介绍，用中草药治疗有一定疗效，方法为：车前草、金钱草、金银草、甘草各等份煎水，加入 1.5％红糖，连饮3～5 天。

291 怎样防治鸡嗉囊炎？

（1）病因分析　本病又称软嗉症，多发于幼鸡，以 2～7 日龄的雏鸡较多发。成年鸡和青年鸡虽也有发生，但较雏鸡少。其发病原因，主要是平时饲养管理不当引起的，如舍温经常过低或者忽高忽低，饲料突然变换使鸡难以适应，喂给的饲料腐败、发霉、变质等。此外，一些慢性疾病、内脏疾病和传染病也能诱发本病。

（2）临床症状　病鸡表现嗉囊膨大，似橡皮球，其中充满白色或黄色液体，触之有波动感，捉住鸡倒提时，可从口中流出液体，故称之为"水胀"。也有的病鸡嗉囊中主要充满气体，称为"气胀"。本病除嗉囊有明显症状之外，病鸡还常表现食欲减退或废绝，羽毛蓬乱，精神萎靡，不愿走动，行走和叫声都显得虚弱无力。有时还出现呕吐、狂饮和下痢等症状。

（3）防治措施　要加强鸡群的饲养管理，维持适宜的育雏温度，保证饮水充足、清洁，不喂霉败、变质的饲料，并注意饲料合理搭配，使之易于消化吸收。

治疗时，比较大一些的鸡，可将其倒提，轻轻挤压嗉囊，使嗉囊内的液体和气体经口排出，再灌入 0.2% 的高锰酸钾溶液或1.5% 的小苏打（碳酸氢钠）溶液，灌至嗉囊膨大时，揉捏嗉囊几分钟，再倒提排出药液；也可口服土霉素半片至一片，大蒜瓣一小片，此法可隔日再进行一次。对于雏鸡，除更换饲料外，可饮用0.01%～0.02% 的新鲜高锰酸钾溶液，口服少许土霉素片和加 10倍水的大蒜汁，还可用较细的注射针头刺嗉囊几下，促其收缩。

292 怎样防治鸡的肌胃糜烂症？

鸡肌胃糜烂是由多种致病因素引起的一种消化道疾病。其特征为病鸡呕吐黑色物，肉眼可见肌胃角质膜糜烂、溃疡。

（1）病因分析　引起本病的主要原因是饲粮中的鱼粉质量低劣或数量过多。鱼粉中都含有一些组胺及其化合物，不同的鱼粉含量不等，组胺在鸡饲粮中的含量达 0.4% 可引起典型的肌胃糜烂。如果鱼粉腐败、发霉、变质和掺假，会含有多种有害物质，协同引起肌胃糜烂。饲料中缺乏维生素 E、维生素 K、维生素 B_6、维生素B_{12} 及硒、锌等，以及鸡群拥挤、卫生条件不佳，都会促进本病的发生。发病多见于 5 月龄以内的雏鸡和青年鸡。

一般来说，劣质鱼粉在饲粮中占 5% 以上，就可能引起肌胃糜烂；质量较好的鱼粉如果用量过大，在饲料中占 15% 以上，也会引起肌胃糜烂。

（2）临床症状病理变化　本病一般在饲喂劣质鱼粉或过量鱼粉 5～10 天之后出现症状。病鸡食欲减退或废绝，羽毛松乱，行动迟缓，闭目缩颈，喜蹲伏。呕吐黑褐色样物，嗉囊外观多呈淡黑色，故俗称"黑嗉子"病。排稀便，重者排褐色软便。喙褪色，冠苍白、萎缩，腿脚黄色素消失。本病直接死亡虽然比较少，但日久营养不良，体质衰弱，易感染传染病和寄生虫病，最后造成较大损失。

剖检可见嗉囊扩张，有多量黑色液体，腺胃、肌胃及肠道及肠道内容物呈暗棕色或黑色。肌胃内缺少沙粒，角质膜病初增厚、粗糙，继而糜烂、溃疡，严重时肌胃较薄处穿孔。十二指肠有轻度出血性炎症。

（3）防治措施　①选用优质鱼粉，且在饲粮中鱼粉含量不应超过 10%。②日粮中各种维生素和微量元素要充足，饲养密度不要过大，搞好舍内卫生，消除本病的诱因。③对病鸡立即更换饲料，这样经 3～5 天一般可控制病情，并渐趋康复。

293 怎样防治鸡感冒？

（1）病因分析　鸡舍阴暗潮湿，气候骤变，温差变化大，吃冰冻饲料和饮冰碴水，使鸡体局部或全身受到寒冷刺激而发病。

（2）临床症状　本病多发生于鸡。病鸡精神沉郁，流水样鼻液，眼结膜发红，流泪，打喷嚏，呼吸困难，有时咳嗽。食欲减退或废绝，行动迟缓，低头闭目，羽毛蓬乱。雏鸡身体瘦弱，生长发育停滞，成年鸡产蛋量减少。

（3）防治措施　平时要加强鸡群的饲养管理。鸡舍要卫生、干净、保温，舍内温度要基本恒定，防止忽冷忽热，通风换气时要先提高舍温。饲养密度要适宜，防止拥挤，禁喂带冰碴的水和料。

对发病鸡应及时治疗，可用土霉素或四环素，每只 60 日龄以内的幼鸡 8～30 毫克，分 3 次拌在饲料中喂给，连续用药 3～5 天；也可用磺胺甲基嘧啶或磺胺二甲基嘧啶，按饲料量 0.2% 拌入，首次加倍，并加等量小苏打，连喂 3～5 天。

294 怎样防治鸡中暑？

（1）病因分析　鸡缺乏汗腺，主要靠张口急促地呼吸、张开和下垂两翅进行散热，以调节体温。在炎热高温季节，如果湿度又大，加上饮水不足，鸡舍通风不良，饲养密度过大等极易发生本病。

（2）临床症状　病鸡精神沉郁，两翅张开，食欲减退，张口喘气，呼吸急促，口渴，出现眩晕，不能站立，最后虚脱而死。病死鸡冠呈紫色，有的口中带血，肛门凸出。剖检可见心、肝、肺淤血，脑或颅腔内出血。

（3）防治措施　①调整饲粮配方，加强饲养管理。因为高温期鸡的采食量减少 15%～30%，而且饲料吸收率下降，所以必须对饲粮配方进行调整。提高饲粮中的蛋白质水平和钙、磷含量，饲粮中的必需氨基酸特别是含硫氨基酸不应低于 0.58%。因为高温，鸡通过喘息散热呼出多量的二氧化碳，致使血液中碱的储量减少，血液中 pH 下降，所以饲料中应加入 0.1%～0.5% 的碳酸氢钠，以维持血液中的二氧化碳浓度及适宜的 pH。高温季节粪中含水量多，应及时清除粪便以保证舍内湿度不高于 60%。平时应保持鸡舍地面干燥。喂料时间应选择一天中气温较低的早晨和晚间进行，以避免采食过程中产热而使鸡的散热负担加重。另外，要提供充足的饮水。②降低鸡舍的温度。在炎热的夏季，可以用凉水喷淋鸡舍的房顶。其具体做法是，在鸡舍房顶设置若干喷水头，气温高时开启喷水头可使舍内温度降低 3℃ 左右。加强通风也是防暑降温的有效措施，因为空气流动可使鸡体表面的温度降低。如有条件，可在进风口设置水帘，能显著降低舍内温度。③搞好环境绿化。在鸡舍的周围种植草坪和低矮灌木，有利于减少环境对鸡舍的反射热，能吸收太阳辐射能，降低环境温度，而且还可以净化鸡舍周围的空气。但是，鸡舍附近不能有较高的建筑，以免影响鸡舍的自然通风。

对于中暑的鸡只轻者，取出置于阴凉通风处，并提供充足饮水和经过调整的饲粮使其恢复正常，不能恢复者应予淘汰。

295 怎样防治肉鸡猝死综合征？

肉鸡猝死综合征又称暴死症或急性死亡综合征，是一种急性病，以肌肉丰满、外观健康的肉鸡突然死亡为特征，死鸡背部着地，两脚朝天，脖颈歪曲，用多种药物防治无效。

（1）病因分析　目前国内外对本病的研究比较多，但对其致病因素还不十分清楚。一般认为，本病是一种代谢病，导致发病的主要原因有以下三个方面：①日粮营养水平过高。②体内酸碱平衡失调。③低血钾引起血管功能变化，导致突发性心力衰竭而死亡。

（2）流行特点　①本病在不同日龄的肉用仔鸡有两个发病高峰，即3周龄左右和8周龄左右多发；种鸡以开产前后为发病高峰。肉用仔鸡发病80%为雄性，且以所属群中体重较大的多发；种鸡雌雄发病基本一致，发病率低于肉用仔鸡。②本病一年四季均可发生，但以夏季、冬季发病较多。③本病发病急，表现为突发性死亡，发病鸡群死亡率为2%～5%、惊吓、噪声、饲喂活动及气候突变等外界应激因素均可增加死亡。

（3）临床症状　在发病前，鸡群无明显征兆，采食、运动等均正常，有的病鸡群表现安静，饲料消耗降低，鸡的面部较湿润。发病初期，大部分是在给食时死去，任何惊扰和刺激都可引起死亡，那些应激敏感鸡，受到惊吓时死亡率最高。所有患鸡都是突然发病，特征是失去平衡，翅膀剧烈扇动及肌肉痉挛，从丧失平衡到死亡的间隔时间很短，一般只有1分钟左右，有的鸡发作时狂叫或尖叫。此外，在开始失去平衡时向前或向后跌倒，呈仰卧或伏卧，在翅膀剧烈扇动时能够翻转。死后多数为两腿朝天。背部着地，颈部扭转。

（4）病理变化 急性发病的鸡，冠髯充血，体质健壮，肌肉丰满，剖检可见消化道特别是嗉囊和肌胃充满食物，肺弥漫性充血，气管内有泡沫状渗出物，心脏稍扩张，心房充满血凝块，心室紧缩无血。成年鸡，泄殖腔、卵巢及输卵管严重充血，心房明显扩张，心房比正常鸡大几倍，并伴有心包渗出液，偶见纤维素渗出物，十二指肠扩张、无色、内含物苍白似奶油状。腹膜和肠系膜血管充血，静脉怒张。肝脏轻度肿大、质脆、色苍白。胆囊空虚。肾浅灰色或苍白色。脾、甲状腺和胸腺全部充血，胸肌、腹肌湿润苍白。

（5）防治措施 目前对本病尚无理想的治疗方法，有些研究表明，在饲料中按 0.36% 浓度加入碳酸氢钾进行治疗，能使死亡率显著降低。

预防本病应采取一些综合措施，如改善饲养管理，控制饲料中能量和蛋白质给量，增加维生素含量（尤其是维生素 A、维生素 D、维生素 E、维生素 B_1、维生素 B_6 和生物素），防止一些应激因素，可有效地控制本病的发生。

296 怎样防治肉鸡腹水综合征？

肉鸡腹水综合征是近年来新出现的肉鸡的几种重要综合征之一，它以明显的腹水、右心扩张、肺充血、水肿以及肝脏病变为特征。

（1）病因分析 引起肉鸡腹水综合征的病因较复杂，但概括起来，主要有以下几个方面：①遗传因素：肉鸡对能量和氧的消耗量多，尤其在 4～5 周龄，是肉用仔鸡的快速生长期，易造成红细胞不能在肺毛细血管内通畅流动，影响肺部的血液灌注，导致肺动脉高血压及其后的右心衰竭。②慢性缺氧：饲养在高海拔地区的肉鸡，由于空气稀薄，氧的分压低，或者在冬季门窗关闭，通风不良，二氧化碳、氨、尘埃浓度增高导致氧气减少，因慢性缺氧易引起肺毛细血管增厚、狭窄，肺动脉压升高，出现右心肥大而衰竭。此外，天气寒冷，肉鸡代谢率增高，耗氧量大，腹水综合征的死亡率明显增加。③饲喂高能日粮或颗粒料：在高海拔地区，饲喂高能日粮（12.97 兆焦/千克）的 0～7 日龄肉鸡腹水综合征发病率比喂低能日粮（0.92 兆焦/千克）鸡高 4 倍。饲喂颗粒料，使肉鸡采食量增加，可导致因消耗能量多、需氧多而发病。④继发因素：如某些营养物质的缺乏或过剩（如硒和维生素 E 缺乏或食盐过剩），环境消毒药剂用量不当，莫能霉素过量或霉菌毒素中毒等，均可导致肉鸡腹水综合征。

（2）流行特点　①季节：本病多发于冬季加早春，这与冬春舍内饲养、通风不良而造成缺氧有关。②日龄：本病多发于 4～5 周龄，此时正值肉用仔鸡快速生长期。③品种与性别：虽然本病在各类家禽中均有发生，但最多发、最常见的是肉用仔鸡，特别是快速生长的肉鸡。通常在发病鸡中公鸡占有较高的比例，这与其生长快、耗能高、需氧多有关。

（3）临床症状　发病初期病鸡表现精神沉郁、食欲减退或废绝，个别鸡排白色稀便，随后很快（1 天左右）发展为"大肚子"，即腹部高度膨大，不能维持身体的正常平衡状态，站立困难，以腹部着地呈企鹅状；行动困难，只能两翅上下扇动。腹部皮肤发紫，用手触摸腹部软如水袋状，有明显波动感。

（4）病理变化　死雏外表消瘦，羽毛污浊，个别病例肛门周围羽毛被粪便污染。腹部膨大软如水袋。剖开腹腔可见大量淡黄色腹水，10 日龄以内死亡者腹水量在 100～200 毫升之间，卵黄吸收不全如软肥皂状；15 日龄以后死亡者腹水量在 400 毫升以上，内含枣大至核桃大淡黄色、半透明胶冻样物质，表面覆有一层淡黄色纤维蛋白薄膜。肝脏高度肿大、紫红或微蓝紫色，表面有一层淡黄色胶冻状薄膜，揭去薄膜可见肝脏有大小不等的点状或片状白色区。胸腔、心包也有积液，并有淡黄色薄膜状胶冻性渗出物，心脏表面有白点状小病灶，心腔内有凝固良好的血凝块。

（5）防治措施　目前对本病尚无理想的治疗方法，使用强心利尿药物对早期病鸡有一定的治疗效果。在冬季和早春养鸡，应加强鸡舍的通风换气，并防止慢性呼吸道病的发生。饲喂粉料，注意饲料中各种维生素和微量元素的给量，防止食盐及各种药物超量。

297 怎样防治肉用仔鸡胸部囊肿？

肉用仔鸡胸部囊肿是肉用种鸡胸骨滑液囊发炎而形成的一种常见病，多发于5周龄以后，肉用仔鸡患病后直接影响胴体外观，降低其商品价值和食用价值。

（1）病因分析　发生胸部囊肿的原因主要是由于肉用仔鸡生长快、体重大，喜伏卧、不爱活动，在胸羽尚未长好时，或发生软腿症伏地而行，胸部与板结或潮湿的垫料接触，或与笼摩擦刺激或挫伤，引起胸骨滑液囊发炎。

（2）临床诊断　患有轻度胸部囊肿的鸡。外观与健康鸡无明显差异。精神状态及食欲、饮欲正常，只是腹部龙骨（也称胸骨）处皮肤轻微水肿，面积一般不大。时间稍长，水肿液凝集成豆腐渣样白色块状物质。重症者，精神不振，体温升高，食欲减退，胸部囊肿面积较大。若囊肿部位被细菌感染，则水肿液由稀薄的淡黄色转变为浓稠的灰白色、红色或暗棕色。

最后，病鸡由胸部囊肿转为败血症而死，一般死亡率较低。

（3）防治措施　①改进地面垫料或鸡笼底网的结构和材料，减少胸部的摩擦及挫伤。地面平养，要用锯木屑、稻草等作垫料，并有一定的厚度（5～10厘米），同时还要经常松动垫料，以防板结，保持垫料的干燥、松软。对于笼养或网养，可改进底网结构和材料，加一层富有弹性、柔软性较好的尼龙或塑料网片，防止胸部与金属网或硬质网摩擦，这对降低胸部囊肿发病率和减轻病症作用很大。②配合日粮要保证肉用仔鸡的营养需要。日粮中要有足够的维生素A、维生素D及钙、磷等物质，使鸡的骨骼发育良好，减少腿部疾病的发生，不伏地而行，即可控制本病。③加强日常管理，改善环境条件。保持鸡舍清洁卫生，通风良好，温度、湿度适宜。适当增加鸡群的活动量，减少伏卧时间，即可增加饲喂次数，定时促使鸡群活动，减少发病机会。④对严重病鸡，可将囊肿部及其周围清洗消毒后，按外科手术处理，并隔离饲养，即可痊愈。

298 怎样防治肉用仔鸡的腿病？

（1）病因及临床症状　肉用仔鸡经常发生各种各样的腿病，包括腿软无力、腿骨和关节变形、腿骨折断、关节和足底胀肿等，造成跛行、瘫痪。越是增重迅速的高产品种，腿病发生的越多。其原因有营养、管理、感染、遗传等多个方面，但根本的原因是肉用仔鸡躯体生长迅速，腿部的发育不能相应跟上，负担过重。对发生腿病的鸡，应及时挑出，另用一间鸡舍饲养，精心照料，待其体重达到可以屠宰时再处理，以减少损失。

（2）防治措施　一般来说，对本病没有什么有效的治疗方法，生产中只能采取一些综合性措施，以减少发病。①在3～4周龄以内，饲养目标应当是长好骨架，使体质健康，这段时期要适当控制饲料的能量水平。不能使鸡体内蓄积过多的脂肪，不要超过该品种的标准体重，在4周龄以后再加速育肥，促进尽快增重。②饲料中各种矿物质必须充足而不过量，各种维生素要充足有余。特别要防止钙、锰缺乏，磷过量，以及维生素D、维生素B_2及生物素缺乏。肉用仔鸡完全在室内饲养，见不到阳光，自身合成维生素D很少，容易缺乏，而维生素D对防止腿病又至关重要，因而饲料中多种维生素应适当偏多，还可以另外添加一些维生素A、维生素D_3粉。微量元素添加剂要选用优质产品，必要时可于每50千克饲料中另外添加10克硫酸锰。如果饲料中配入油脂、油渣、肉渣等，务必新鲜，腐败变质会破坏生物素，引起腿骨粗短等症状。③饲养密度不宜过大，体重在1千克以上的每平方米不超过12只，使鸡有一定的运动量。④垫草要保持干燥、松软，防止潮湿、板结。⑤注意对大肠杆菌病、葡萄球菌病及其他腿脚部感染的预防。⑥舍内保持安静，防止惊群，尽可能避免捉鸡，必须捉鸡时动作要轻。⑦前期温度偏低，鸡群受冷，会在后期发生腿病，也需要加以注意。

299 怎样防治鸡的啄癖？

啄癖是鸡群中的一种异常行为，常见的有啄肛癖、啄趾癖、啄羽癖、食蛋癖和异食癖等，危害严重的是啄肛癖。

（1）病因分析　引起鸡啄癖的因素主要有以下几个方面：①营养缺乏。日粮中缺乏蛋白质或某些必需氨基酸；钙、磷含量不足或比例失调；缺乏食盐或其他矿物质微量元素；缺少某些维生素；饮水缺乏；日粮大容积性饲料不足，鸡无饱腹感。②环境条件差。鸡舍内温度、湿度不适宜，地面潮湿污秽，通风不良，光照紊乱，光线过强；鸡群密集，拥挤；经常停电或突然受到噪声干扰。③管理不当。不同品种、不同日龄、不同强弱的鸡混群饲养；饲养人员不固定，动作粗暴；饲料突然变换；饲喂不定时、不定量；鸡群缺乏运动；捡蛋不勤，特别是没有及时清除破蛋。④疾病。鸡有体外寄生虫病，如鸡虱、蜱、螨等；体表皮肤创伤、出血、炎症；母鸡脱肛。

（2）临床症状　①啄肛癖：成鸡、幼鸡均可发生，而育雏期的幼鸡多发。表现为一群鸡追啄某一只鸡的肛门，造成其肛门受伤出血，严重者直肠或全部肠子脱出被食光。②啄趾癖：多发生于雏鸡，它们之间相互啄食脚趾而引起出血和跛行，严重者脚趾被啄断。③啄羽癖：也叫食羽癖，多发生于产蛋在盛期和换羽期，表现为鸡相互啄食羽毛，情况严重时，有的鸡背上羽毛全部被啄光，甚至有的鸡被啄伤致死。④食蛋癖：多发生于平养鸡的产蛋盛期，常由软壳蛋被踩破或偶尔巢内可地面打破一个蛋开始。表现为鸡群中某一只鸡刚产下蛋，就相互争啄鸡蛋。⑤异食癖：表现为群鸡争食某些不能吃的东西，如砖石、稻草、石灰、羽毛、破布、废纸、粪便等。

（3）防治措施　①合理配合饲粮：饲料要多样化，搭配要合理。最好根据鸡的年龄和生理特点，给予全价日粮，保证蛋白质和必需氨基酸（尤其是蛋氨酸和色氨酸）、矿物质、微量元素及维生素（尤其是维生素 A 和烟酸）的供给，在母鸡产蛋高峰期，要注意钙、磷饲料的补充，使日粮中钙的含量达到 $3.25\% \sim 3.75\%$，钙磷比例为 $6.5:1$。②改善饲养管理条件：鸡舍内要保持温度、湿度适宜，通风良好，光线不能太强。做好清洁卫生工作，保持地面干燥。环境要稳定，尽量减少噪声干扰，防止鸡群受惊。饲养密度不能过大，不同品种、不同日龄、不同强弱的鸡要分群饲养。更换饲料要逐步进行，最好有1周的过渡时间。喂食要定时定量，并充分供给饮水，平养鸡舍内要有足够的产蛋箱，放置要合理，定时捡蛋。③适当运动：在鸡舍或运动场内设置沙浴池，或悬挂青绿饲料，借以增加鸡群的活动时间，减少相互啄食的机会。④食盐疗法：在饲料中增加1.5％～2.0％的食盐，连续喂3～5天，啄癖可逐渐减轻及至消失。但不能长时期饲喂，以防食盐中毒。⑤生石膏疗法：食羽癖多由于饲粮中硫酸钙不足所致，可在饲粮中加入生石膏粉，每只鸡每天1～3克，疗效很好。⑥遮暗法：患有严重啄癖的鸡群，其鸡舍内光线要遮暗，使鸡能看到食物和饮水即可，必要时可采用红光灯照明。⑦断喙：对雏鸡或成年鸡进行断喙，可有效地防止啄癖的发生。⑧病鸡处理：被啄伤的鸡要立即挑出，并对伤处用2％龙胆紫溶液涂擦后隔离饲养。对患有啄癖的鸡要单独饲养，严重者应予淘汰，以免扩大危害。由寄生虫、外伤、脱肛引起的相互啄食，应将病鸡隔离治疗。

附录一　我国蛋鸡饲养标准

1. 生长期蛋用型鸡主要营养成分的需要量

项　　目	生长鸡周龄		
	0～8	9～18	19～开产
代谢能（兆焦/千克）	11.91	11.70	11.50
粗蛋白质（%）	19.0	15.5	17.0
蛋白能量比（克/兆焦）	15.95	13.25	14.78
赖氨酸能量比（克/兆焦）	0.84	0.58	0.61
赖氨酸（%）	1.00	0.68	0.70
蛋氨酸（%）	0.37	0.27	0.34
蛋氨酸＋胱氨酸（%）	0.74	0.55	0.64
苏氨酸（%）	0.66	0.55	0.62
色氨酸（%）	0.20	0.18	0.19
精氨酸（%）	1.18	0.98	1.02
亮氨酸（%）	1.27	1.01	1.07
异亮氨酸（%）	0.71	0.59	0.60
苯丙氨酸（%）	0.64	0.53	0.54
苯丙氨酸＋酪氨酸（%）	1.18	0.98	1.00
组氨酸（%）	0.31	0.26	0.27
脯氨酸（%）	0.50	0.34	0.44
缬氨酸（%）	0.73	0.60	0.62
甘氨酸＋丝氨酸（%）	0.82	0.68	0.71

（续）

项　目	生长鸡周龄		
	0～8	9～18	19～开产
钙（％）	0.90	0.80	2.00
总磷（％）	0.70	0.60	0.55
有效磷（％）	0.40	0.35	0.32
钠（％）	0.15	0.15	0.15
氯（％）	0.15	0.15	0.15
铁（毫克/千克）	80	60	60
铜（毫克/千克）	8	6	8
锌（毫克/千克）	60	40	80
锰（毫克/千克）	60	40	60
碘（毫克/千克）	0.35	0.35	0.35
硒（毫克/千克）	0.30	0.30	0.30
亚油酸（％）	1	1	1
维生素 A（国际单位/千克）	4 000	4 000	4 000
维生素 D（国际单位/千克）	800	800	800
维生素 E（国际单位/千克）	10	8	8
维生素 K（毫克/千克）	0.5	0.5	0.5
硫胺素（毫克/千克）	1.8	1.3	1.3
核黄素（毫克/千克）	3.6	1.8	2.2
泛酸（毫克/千克）	10	10	10
烟酸（毫克/千克）	30	11	11
吡哆醇（毫克/千克）	3	3	3
生物素（毫克/千克）	0.15	0.10	0.10
叶酸（毫克/千克）	0.55	0.25	0.25
维生素 B_{12}（毫克/千克）	0.010	0.003	0.004
胆碱（毫克/千克）	1 300	900	500

注：摘自农业部 2004 年颁布的《鸡饲养标准》。本标准根据中型体重鸡制定，轻型鸡可酌减 10％；开产日龄按 5％产蛋率计算。

2. 产蛋鸡营养需要量

项　　目	产蛋阶段		
	开产～高峰期 （产蛋率大于85%）	高峰后期 （产蛋率小于85%）	种鸡
代谢能（兆焦/千克）	11.29	10.87	11.29
粗蛋白质（%）	16.5	15.5	18.0
蛋白能量比（克/兆焦）	14.61	14.26	15.94
赖氨酸能量比（克/兆焦）	0.64	0.61	0.63
赖氨酸（%）	0.75	0.70	0.75
蛋氨酸（%）	0.34	0.32	0.34
蛋氨酸＋胱氨酸（%）	0.65	0.56	0.65
苏氨酸（%）	0.55	0.50	0.55
色氨酸（%）	0.16	0.15	0.16
精氨酸（%）	0.76	0.69	0.76
亮氨酸（%）	1.02	0.98	1.02
异亮氨酸（%）	0.72	0.66	0.72
苯丙氨酸（%）	0.58	0.52	0.58
苯丙氨酸＋酪氨酸（%）	1.08	1.06	1.08
组氨酸（%）	0.25	0.23	0.25
缬氨酸（%）	0.59	0.54	0.59
甘氨酸＋丝氨酸（%）	0.57	0.48	0.57
可利用赖氨酸（%）	0.66	0.60	—
可利用蛋氨酸（%）	0.32	0.30	—
钙（%）	3.5	3.5	3.5
总磷（%）	0.60	0.60	0.60
有效磷（%）	0.32	0.32	0.32
钠（%）	0.15	0.15	0.15
氯（%）	0.15	0.15	0.15
铁（毫克/千克）	60	60	60
铜（毫克/千克）	8	8	6
锰（毫克/千克）	60	60	60
锌（毫克/千克）	80	80	60
碘（毫克/千克）	0.35	0.35	0.35
硒（毫克/千克）	0.30	0.30	0.30

（续）

项　　目	产蛋阶段		种鸡
	开产～高峰期 （产蛋率大于 85%）	高峰后期 （产蛋率小于 85%）	
亚油酸（%）	1	1	1
维生素 A（国际单位/千克）	8 000	8 000	10 000
维生素 D（国际单位/千克）	1 600	1 600	2 000
维生素 E（国际单位/千克）	5	5	10
维生素 K（毫克/千克）	0.5	0.5	1.0
硫胺素（毫克/千克）	0.8	0.8	0.8
核黄素（毫克/千克）	2.5	2.5	3.8
泛酸（毫克/千克）	2.2	2.2	10
烟酸（毫克/千克）	20	20	30
吡哆醇（毫克/千克）	3.0	3.0	4.5
生物素（毫克/千克）	0.10	0.10	0.15
叶酸（毫克/千克）	0.25	0.25	0.35
维生素 B_{12}（毫克/千克）	0.004	0.004	0.004
胆碱（毫克/千克）	500	500	500

注：摘自农业部 2004 年颁布的《鸡饲养标准》。

3. 白羽肉用仔鸡营养需要

营养指标	0 周龄～3 周龄	4 周龄～6 周龄	7 周龄
代谢能（兆焦/千克）	12.54	12.96	13.17
粗蛋白质（%）	21.5	20.0	18.0
蛋白能量比（克/兆焦）	17.14	15.43	13.67
赖氨酸能量比（克/兆焦）	0.92	0.77	0.67
赖氨酸（%）	1.15	1.00	0.87
蛋氨酸（%）	0.50	0.40	0.34
蛋氨酸＋胱氨酸（%）	0.91	0.76	0.65
苏氨酸（%）	0.81	0.72	0.68
色氨酸（%）	0.21	0.18	0.17
精氨酸（%）	1.20	1.12	1.01
亮氨酸（%）	1.26	1.05	0.94

（续）

营养指标	0周龄～3周龄	4周龄～6周龄	7周龄
异亮氨酸（%）	0.81	0.75	0.63
苯丙氨酸（%）	0.71	0.66	0.58
苯丙氨酸＋酪氨酸（%）	1.27	1.15	1.00
组氨酸（%）	0.35	0.32	0.27
脯氨酸（%）	0.58	0.54	0.47
缬氨酸（%）	0.85	0.74	0.64
甘氨酸＋丝氨酸（%）	1.24	1.10	0.96
钙（%）	1.00	0.9	0.80
总磷（%）	0.68	0.65	0.60
有效磷（%）	0.45	0.40	0.35
钠（%）	0.20	0.15	0.15
氯（%）	0.20	0.15	0.15
铁（毫克/千克）	100	80	80
铜（毫克/千克）	8	8	8
锰（毫克/千克）	120	100	80
锌（毫克/千克）	100	80	80
碘（毫克/千克）	0.70	0.70	0.70
硒（毫克/千克）	0.30	0.30	0.30
亚油酸（%）	1	1	1
维生素A（国际单位/千克）	8 000	6 000	2 700
维生素D（国际单位/千克）	1 000	750	400
维生素E（国际单位/千克）	20	10	10
维生素K（毫克/千克）	0.5	0.5	0.5
硫胺素（毫克/千克）	2.0	2.0	2.0
核黄素（毫克/千克）	8	5	5
泛酸（毫克/千克）	10	10	10
烟酸（毫克/千克）	35	30	30
吡哆醇（毫克/千克）	3.5	3.0	3.0
生物素（毫克/千克）	0.18	0.15	0.10
叶酸（毫克/千克）	0.55	0.55	0.50
维生素B$_{12}$（毫克/千克）	0.010	0.010	0.007
胆碱（毫克/千克）	1 300	1 000	750

注：摘自农业部2004年颁布的《鸡饲养标准》。

4. 黄羽肉用仔鸡营养需要

营养指标	♀0周龄～4周龄 ♂0周龄～3周龄	♀5周龄～8周龄 ♂4周龄～5周龄	♀>8周龄 ♂>5周龄
代谢能（兆焦/千克）	12.12	12.54	12.96
粗蛋白质（%）	21.0	19.0	16.0
蛋白能量比（克/兆焦）	17.33	15.15	12.34
赖氨酸能量比（克/兆焦）	0.87	0.78	0.66
赖氨酸（%）	1.06	0.98	0.85
蛋氨酸（%）	0.46	0.40	0.34
蛋氨酸＋胱氨酸（%）	0.85	0.72	0.65
苏氨酸（%）	0.76	0.74	0.68
色氨酸（%）	0.19	0.18	0.16
精氨酸（%）	1.19	1.10	1.00
亮氨酸（%）	1.15	1.09	0.93
异亮氨酸（%）	0.76	0.73	0.62
苯丙氨酸（%）	0.69	0.65	0.56
苯丙氨酸＋酪氨酸（%）	1.28	1.22	1.00
组氨酸（%）	0.33	0.32	0.27
脯氨酸（%）	0.57	0.55	0.46
缬氨酸（%）	0.86	0.82	0.70
甘氨酸＋丝氨酸（%）	1.19	1.14	0.97
钙（%）	1.00	0.90	0.80
总磷（%）	0.68	0.65	0.60
有效磷（%）	0.45	0.40	0.35
钠（%）	0.15	0.15	0.15
氯（%）	0.15	0.15	0.15

（续）

营养指标	♀0周龄～4周龄 ♂0周龄～3周龄	♀5周龄～8周龄 ♂4周龄～5周龄	♀>8周龄 ♂>5周龄
铁（毫克/千克）	80	80	80
铜（毫克/千克）	8	8	8
锰（毫克/千克）	80	80	80
锌（毫克/千克）	60	60	60
碘（毫克/千克）	0.35	0.35	0.35
硒（毫克/千克）	0.15	0.15	0.15
亚油酸（%）	1	1	1
维生素A（国际单位/千克）	5 000	5 000	5 000
维生素D（国际单位/千克）	1 000	1 000	1 000
维生素E（国际单位/千克）	10	10	10
维生素K（毫克/千克）	0.5	0.5	0.5
硫胺素（毫克/千克）	1.8	1.8	1.80
核黄素（毫克/千克）	3.6	3.6	3.00
泛酸（毫克/千克）	10	10	10
烟酸（毫克/千克）	35	30	25
吡哆醇（毫克/千克）	3.5	3.5	3.0
生物素（毫克/千克）	0.15	0.15	0.15
叶酸（毫克/千克）	0.55	0.55	0.55
维生素 B_{12}（毫克/千克）	0.010	0.010	0.010
胆碱（毫克/千克）	1 000	750	500

注：摘自农业部2004年颁布的《鸡饲养标准》。

附录二　鸡常用饲料成分及营养价值表

饲料名称	玉米 （1级）	高粱 （1级）	小麦 （2级）	大麦 （裸）	大麦 （皮）	稻谷 （2级）	糙米 （未去米糠）
干物质（%）	86.0	86.0	87.0	87.0	87.0	86.0	87.0
代谢能（兆焦/千克）	13.568	12.30	12.72	11.21	11.30	11.00	14.06
粗蛋白质（%）	0.7	9.0	13.9	13.0	11.0	7.8	8.8
粗脂肪（%）	3.6	3.4	1.7	2.1	1.7	1.6	2.0
粗纤维（%）	1.6	1.4	1.9	2.0	4.8	8.2	0.7
无氮浸出物（%）	70.7	70.4	67.6	67.7	67.1	63.8	74.2
粗灰分（%）	1.4	1.8	1.9	2.2	2.4	4.6	1.3
钙（%）	0.02	0.13	0.17	0.04	0.09	0.03	0.03
总磷（%）	0.27	0.36	0.41	0.39	0.33	0.36	0.35
非植酸磷（%）	0.12	0.17	0.13	0.21	0.17	0.20	0.15
精氨酸（%）	0.39	0.33	0.58	0.64	0.65	0.57	0.65
组氨酸（%）	0.21	0.18	0.27	0.16	0.24	0.15	0.17
异亮氨酸（%）	0.25	0.35	0.44	0.43	0.52	0.32	0.30
亮氨酸（%）	0.93	1.08	0.80	0.87	0.91	0.58	0.61
赖氨酸（%）	0.24	0.18	0.30	0.44	0.42	0.29	0.32
蛋氨酸（%）	0.18	0.17	0.25	0.14	0.18	0.19	0.20
胱氨酸（%）	0.20	0.12	0.24	0.25	0.18	0.16	0.14
苯丙氨酸（%）	0.41	0.45	0.58	0.68	0.59	0.40	0.35
酪氨酸（%）	0.33	0.32	0.37	0.40	0.35	0.37	0.31
苏氨酸（%）	0.30	0.26	0.33	0.43	0.41	0.25	0.28
色氨酸（%）	0.07	0.08	0.15	0.16	0.12	0.10	0.12
缬氨酸（%）	0.38	0.44	0.56	0.63	0.64	0.47	0.570

（续）

饲料名称	碎米	粟（谷子）	木薯干	甘薯干	次粉（1级）	小麦麸（1级）	米糠（2级）
干物质（%）	88.0	86.5	87.0	87.0	88.0	87.0	87.0
代谢能（兆焦/千克）	14.23	11.88	12.38	9.79	12.76	6.82	11.21
粗蛋白质（%）	10.4	9.7	2.5	4.0	15.4	15.7	12.8
粗脂肪（%）	2.2	2.3	0.7	0.8	2.2	3.9	16.5
粗纤维（%）	1.1	6.8	2.5	2.8	1.5	8.9	5.7
无氮浸出物（%）	72.7	65.0	79.4	76.4	67.1	53.6	44.5
粗灰分（%）	1.6	2.7	1.9	3.0	1.5	4.9	7.5
钙（%）	0.06	0.12	0.27	0.19	0.08	0.11	0.07
总磷（%）	0.35	0.30	0.09	0.02	0.48	0.92	1.43
非植酸磷（%）	0.15	0.11	—	—	0.14	0.24	0.10
精氨酸（%）	0.78	0.30	0.40	0.16	0.86	0.97	1.06
组氨酸（%）	0.27	0.20	0.05	0.08	0.41	0.39	0.39
异亮氨酸（%）	0.39	0.36	0.11	0.17	0.55	0.46	0.63
亮氨酸（%）	0.74	1.15	0.15	0.26	1.06	0.81	1.00
赖氨酸（%）	0.42	0.15	0.13	0.16	0.59	0.58	0.74
蛋氨酸（%）	0.22	0.25	0.05	0.06	0.23	0.13	0.25
胱氨酸（%）	0.17	0.20	0.04	0.08	0.37	0.26	0.19
苯丙氨酸（%）	0.49	0.49	0.10	0.19	0.66	0.58	0.63
酪氨酸（%）	0.39	0.26	0.04	0.13	0.46	0.28	0.50
苏氨酸（%）	0.38	0.35	0.10	0.18	0.50	0.43	0.48
色氨酸（%）	0.12	0.17	0.03	0.05	0.21	0.20	0.14
缬氨酸（%）	0.57	0.42	0.13	0.27	0.72	0.60	0.81

饲料名称	米糠饼（1级）	大豆（2级）	大豆饼（2级）	大豆粕（2级）	棉子饼（2级）	棉子粕（2级）	菜子饼（2级）
干物质（%）	88.0	87.0	89.0	89.0	88.0	90.0	88.0
代谢能（兆焦/千克）	10.17	13.56	10.54	9.83	9.04	8.49	8.16
粗蛋白质（%）	14.7	35.5	41.8	44.0	36.3	43.5	35.7
粗脂肪（%）	9.0	17.3	5.8	1.9	7.4	0.5	7.4
粗纤维（%）	7.4	4.3	4.8	5.2	12.5	10.5	11.4

（续）

饲料名称	米糠饼（1级）	大豆（2级）	大豆饼（2级）	大豆粕（2级）	棉子饼（2级）	棉子粕（2级）	菜子饼（2级）
无氮浸出物（%）	48.2	25.7	30.7	31.8	26.1	28.9	26.3
粗灰分（%）	8.7	4.2	5.9	6.1	5.7	6.6	7.2
钙（%）	0.14	0.27	0.31	0.33	0.21	0.28	0.59
总磷（%）	1.69	0.48	0.50	0.62	0.83	1.04	0.96
非植酸磷（%）	0.22	0.30	0.25	0.18	0.28	0.36	0.33
精氨酸（%）	1.19	2.57	2.53	3.19	3.94	4.65	1.82
组氨酸（%）	0.43	0.59	1.10	1.09	0.90	1.19	0.83
异亮氨酸（%）	0.72	1.28	1.57	1.80	1.16	1.29	1.24
亮氨酸（%）	1.06	2.72	2.75	3.26	2.07	2.47	2.26
赖氨酸（%）	0.66	2.20	2.43	2.66	1.40	1.97	1.33
蛋氨酸（%）	0.26	0.56	0.60	0.62	0.41	0.58	0.60
胱氨酸（%）	0.30	0.70	0.62	0.68	0.70	0.68	0.82
苯丙氨酸（%）	0.76	1.42	1.79	2.23	1.88	2.28	1.35
酪氨酸（%）	0.51	0.64	1.53	1.57	0.95	1.05	0.92
苏氨酸（%）	0.53	1.41	1.44	1.92	1.14	1.25	1.40
色氨酸（%）	0.15	0.45	0.64	0.64	0.39	0.51	0.42
缬氨酸（%）	0.99	1.50	1.70	1.99	1.51	1.91	1.62

饲料名称	菜子粕（2级）	花生仁饼（2级）	花生仁粕（2级）	向日葵仁饼（2级，壳仁比16∶84）	向日葵仁饼（2级，壳仁比24∶76）	亚麻仁饼（2级）	亚麻仁粕（2级）
干物质（%）	88.0	88.0	88.0	88.0	88.0	88.0	88.0
代谢能（兆焦/千克）	7.41	11.63	10.88	9.71	8.49	9.79	7.95
粗蛋白质（%）	38.6	44.7	47.8	36.5	33.6	32.2	34.8
粗脂肪（%）	1.4	7.2	1.4	1.0	1.0	7.8	1.8
粗纤维（%）	11.8	5.9	6.2	10.5	14.8	7.8	8.2
无氮浸出物（%）	28.9	25.1	27.2	34.4	38.8	34.0	36.6
粗灰分（%）	7.3	5.1	5.4	5.6	5.3	6.2	6.6

（续）

饲料名称	菜子粕（2级）	花生仁饼（2级）	花生仁粕（2级）	向日葵仁饼（2级，壳仁比16：84）	向日葵仁饼（2级，壳仁比24：76）	亚麻仁饼（2级）	亚麻仁粕（2级）
钙（%）	0.65	0.25	0.27	0.27	0.26	0.39	0.42
总磷（%）	1.02	0.53	0.56	1.13	1.03	0.88	0.95
有效磷（%）	0.35	0.31	0.33	0.17	0.16	0.38	0.42
精氨酸（%）	1.83	4.60	4.88	3.17	2.89	2.35	3.59
组氨酸（%）	0.86	0.83	0.88	0.81	0.74	0.51	0.64
异亮氨酸（%）	1.29	1.18	1.25	1.51	1.39	1.15	1.33
亮氨酸（%）	2.34	2.36	2.50	2.25	2.07	1.62	1.85
赖氨酸（%）	1.30	1.32	1.40	1.22	1.13	0.73	1.16
蛋氨酸（%）	0.63	0.39	0.41	0.72	0.69	0.46	0.55
胱氨酸（%）	0.87	0.38	0.40	0.62	0.50	0.48	0.55
苯丙氨酸（%）	1.45	1.81	1.92	1.56	1.43	1.32	1.51
酪氨酸（%）	0.97	1.31	1.39	0.99	0.91	0.50	0.93
苏氨酸（%）	1.49	1.05	1.11	1.25	1.14	1.00	1.10
色氨酸（%）	0.43	0.42	0.45	0.47	0.37	0.48	0.70
缬氨酸（%）	1.74	1.28	1.36	1.72	1.58	1.44	1.51

饲料名称	芝麻饼	玉米蛋白粉	玉米胚芽粉	鱼粉	血粉	羽毛粉	肉骨粉
干物质（%）	92.2	90.1	90.0	90.0	88.0	88.0	93.0
代谢能（兆焦/千克）	8.95	16.23	9.37	11.80	10.29	11.42	9.96
粗蛋白（%）	39.2	63.5	16.7	60.2	82.8	77.9	50.0
粗脂肪（%）	10.3	5.4	9.6	4.9	0.4	2.2	8.5
粗纤维（%）	7.2	1.0	6.3	0.5	0	0.7	2.8
无氮浸出物（%）	24.9	19.2	50.8	11.6	1.6	1.4	—
粗灰分（%）	10.4	1.0	6.6	12.8	3.2	5.8	31.7
钙（%）	2.24	0.07	0.04	4.04	0.29	0.20	9.20

（续）

饲料名称	芝麻饼	玉米蛋白粉	玉米胚芽粉	鱼粉	血粉	羽毛粉	肉骨粉
总磷（%）	1.19	0.44	1.45	2.90	0.31	0.68	4.70
有效磷（%）	0	0.17	—	2.90	0.31	0.68	4.70
精氨酸（%）	2.38	1.90	1.16	3.57	2.99	5.30	3.35
组氨酸（%）	0.81	1.18	0.45	1.71	4.40	0.58	0.96
异亮氨酸（%）	1.42	2.85	0.53	2.68	0.75	4.21	1.70
亮氨酸（%）	2.52	11.59	1.25	4.80	8.38	6.78	3.20
赖氨酸（%）	0.82	0.97	0.70	4.72	6.67	1.65	2.60
蛋氨酸（%）	0.82	1.42	0.31	1.64	0.74	0.59	0.67
胱氨酸（%）	0.75	0.96	0.47	0.52	0.98	2.93	0.33
苯丙氨酸（%）	1.68	4.10	0.64	2.35	5.23	3.57	1.70
酪氨酸（%）	1.02	3.19	0.54	1.96	2.55	1.79	—
苏氨酸（%）	1.29	2.08	0.64	2.57	2.86	3.51	1.63
色氨酸（%）	0.49	0.36	0.16	0.70	1.11	0.40	0.26
缬氨酸（%）	1.84	2.98	0.91	3.17	6.08	6.05	2.25

饲料名称	苜蓿草粉（1级）	啤酒糟	啤酒酵母	蔗糖	猪油	菜子油	大豆油
干物质（%）	87.0	88.0	91.7	99.0	99.0	99.0	100
代谢能（兆焦/千克）	4.06	9.92	10.54	16.32	38.11	38.53	35.02
粗蛋白质（%）	19.1	24.3	52.4	0	0	0	0
粗脂肪（%）	2.3	5.3	0.4	0	≥98	≥98	≥99
粗纤维（%）	22.7	13.4	0.6	0	0	0	0
无氮浸出物（%）	35.3	40.8	33.6	0	—	—	—
粗灰分（%）	7.6	4.2	4.7	0	—	—	—
钙（%）	1.40	0.32	0.16	0.04	0	0	0
总磷（%）	0.51	0.42	1.02	0.01	0	0	0
有效磷（%）	0.51	0.42	—	0.01	0	0	0

（续）

饲料名称	苜蓿草粉（1级）	啤酒糟	啤酒酵母	蔗糖	猪油	菜子油	大豆油
精氨酸（%）	0.78	0.98	2.67	—	—	—	—
组氨酸（%）	0.39	0.51	1.11	—	—	—	—
异亮氨酸（%）	0.68	1.18	2.85	—	—	—	—
亮氨酸（%）	1.20	1.08	4.76	—	—	—	—
赖氨酸（%）	0.82	0.72	3.38	—	—	—	—
蛋氨酸（%）	0.21	0.52	0.83	—	—	—	—
胱氨酸（%）	0.22	0.35	0.50	—	—	—	—
苯丙氨酸（%）	0.82	2.35	4.07	—	—	—	—
酪氨酸（%）	0.58	1.17	0.12	—	—	—	—
苏氨酸（%）	0.74	0.81	2.33	—	—	—	—
色氨酸（%）	0.43	—	2.08	—	—	—	—
缬氨酸（%）	0.91	1.06	3.40	—	—	—	—

饲料名称	蛋壳粉	贝壳粉	石粉	骨粉（脱脂）	磷酸氢钙（2个结晶水）
化学分子式					$CaHPO_4 \cdot 2H_2O$
钙（%）	30.4	32.35	35.84	29.80	23.29
磷（%）	0.1～0.4	—	0.01	12.50	18.00
磷利用率（%）	—	—	—	80～90	95～100
钠（%）	—	—	0.06	0.04	—
氯（%）	—	—	0.02		
钾（%）	—	—	0.11	0.20	
镁（%）	—	—	2.060	0.300	
硫（%）	—	—	0.04	2.4	
铁（%）	—	—	0.35		
锰（%）	—	—	0.02	0.03	

附录三 鸡常见病的鉴别

1. 鸡常见呼吸道传染病的鉴别

病名	病原	流行特点	临床症状	病变特征	实验室检查
新城疫	新城疫病毒	各种年龄的鸡均可感染，发病率和死亡率均高	呼吸困难、沉郁、产蛋量下降、粪便为黄绿色稀便、部分病鸡有神经症状	气管环出血、十二指肠出血、腺胃乳头出血、泄殖腔黏膜条状出血、肠道有枣核样溃疡、盲肠扁桃体肿大、出血	血凝和血凝抑制试验
传染性支气管炎	传染性气管炎病毒	各种年龄的鸡都可感染，但40日龄内的雏鸡严重、传播快、死亡率高	伸颈张口、呼吸困难、有啰音、流鼻液、产蛋量下降、畸形蛋增多、排白色稀粪	鼻、气管、支气管有炎症、肺水肿、肾型传支以肾肿大、呈花瓣形、有尿酸盐沉积为特征。成年母鸡卵泡充血、出血变形、有卵黄掉入腹腔	病毒分离培养、中和试验
传染性鼻炎	副鸡嗜血杆菌	4周龄以上的鸡多发、呈急性经过、无继发感染时死亡率不高，冬、秋两季易流行、应激状态下易暴发	打喷嚏、流鼻液、颜面水肿、眼睑和肉髯水肿、结膜炎症	鼻腔、鼻窦黏膜发炎、表面有黏液、严重时可见鼻窦、眶下窦、眼结膜内有干酪样物质	凝集试验、分离培养嗜血杆菌

（续）

病名	病原	流行特点	临床症状	病变特征	实验室检查
传染性喉气管炎	疱疹病毒	主要侵害成鸡，发病突然，传播快，感染率高，死亡率较低	除呼吸困难的一般症状外，有尽力吸气的特殊姿势，病鸡咳出带血的黏液，产蛋量下降	喉黏膜发炎，肿胀，出血，有大量黏液或黄白色假膜覆盖，气管内有血性分泌物	琼脂扩散试验，中和试验，核内有包含体，可分离出病毒
慢性呼吸道病	败血支原体	主要是1~2月龄的雏鸡发病，呈慢性感染，死亡率低。可通过种蛋传播	流出浆液性或黏液性鼻液，呼吸困难，呼吸有水泡音，病程长时，脸和眼结膜肿胀，眼部凸出，严重者失明	鼻、气管、气囊有黏性分泌物，气囊增厚，混浊，有灰白色干酪样渗出物，有时可见肝包膜炎或心包炎	分离培养支原体，活鸡做全血凝集试验
曲霉菌病	烟曲霉菌等	各种日龄的鸡都易感，通过霉变饲料或垫料感染	呼吸困难，沉郁，眼发炎，发育不良，产蛋下降	肺、气囊有针帽大至粟粒结节，气管有时也有小结节	取霉斑结节压片镜检
黏膜型鸡痘	鸡痘病毒	各年龄鸡均可感染，但雏鸡发病率和死亡率高	口腔、咽喉、气管或食道有痘斑，呼吸采食困难，吞咽困难	初期喉和气管黏膜可见湿润起，以后见有干酪样假膜，假膜不易剥离	琼脂扩散试验，分离病毒
禽流感	A型禽流感病毒	各种年龄的鸡均可感染，发病率和死亡率均高	病鸡呈轻度至严重的呼吸道症状，咳嗽，打喷嚏，有呼吸啰音，流泪，少数鸡眼部肿胀，结膜炎，严重者眼睑及头部肿胀，精神沉郁，采食量下降，蛋壳颜色逐渐变浅，最后停止产蛋。拉绿色或水样粪便，倒提时从口中流出大量水样液体	皮肤、肝、肉髯、肾、脾和肺可见出血点和坏死灶，产蛋母鸡腹腔内有破裂的蛋黄，卵巢上有蛋白和蛋黄潴留，形成坏死性分泌物附着，输卵管和卵巢逐渐退化和萎缩	分离病毒和血清学检查

2. 鸡常见消化道传染病的鉴别

病名	病原	流行特点	临床症状	病变特征	实验室检查
新城疫			参见鸡常见呼吸道传染病的鉴别		
鸡白痢	鸡白痢沙门氏菌	多见于3周龄以内的雏鸡,管理不良病死率高	白色稀粪,常污染肛门口,呼吸困难,病鸡表现不安	肝肿大,土黄色,胆囊、脾肿大、卵黄吸收不良,肺、心肌、肌胃、脾和肠道有坏死结节	雏鸡分离病原,和种鸡做全血平板凝集试验
球虫病	艾美耳属球虫	多见于4~6周龄的鸡,春末夏初,平养鸡多发	血便呈红棕色的稀便,很快消瘦,衰鸡死亡	盲肠内有血块及坏死渗出物,小肠有出血、坏死灶	粪便涂片检查球虫卵
传染性法氏囊病	传染性法氏囊病毒	3~9周龄鸡易感,4~6月易流行,传播快,发病率高	白色水样稀便,沉郁,缩颈,闭目伏地昏睡,脱水死亡	胸腿肌肉出血,腺胃与肌胃交界处有出血带,法氏囊肿大,出血、花斑肾	琼脂扩散试验及分离病毒
传染性肠肝炎	单胞虫	2~12周龄鸡易感,春末至秋初流行,平养鸡多发	排出绿色或带血的稀便,行动呆滞,消瘦,贫血死亡	盲肠粗大,增厚呈香肠状,肝表面有圆形溃疡灶	取盲肠内容物镜检单胞虫
大肠杆菌病	大肠杆菌	4月龄以内的鸡易发,冬、春寒冷季节易发生,管理不良死亡率高	粪便呈绿白色缩头闭眼,逐渐死亡	常见到心包炎,肝周炎、气囊炎、肠炎和腹膜炎	分离病原并作致病力和血清型鉴定
鸡伤寒	鸡伤寒沙门氏菌	主要发生于青年鸡和成年鸡	黄绿色稀便,沾污后躯,冠暗红,体温升高,病程较长,康复后长期带菌	呈古铜色,肝有坏死点,胆囊肿大,肠道出血	分离病原

（续）

病名	病原	流行特点	临床症状	病变特征	实验室检查
鸡副伤寒	沙门氏菌	1～2月龄多发，可造成大批死亡，成年为慢性或隐性感染	排水样稀粪，头和翅膀下垂，食欲废绝，口渴强烈。成鸡慢性局部寒无明显症状。有时轻度腹泻，消瘦，产蛋下降	出血性肠炎，盲肠有干酪样物，肝、脾有坏死灶	分离病原
禽霍乱	多杀性巴氏杆菌	多见于开产鸡，气候环境对本病影响大	流行初期突然发病死亡，急性呈现全身症状，排灰白色或草绿色稀便，呼吸急促、慢性关节炎呈跛行	肝有针尖大灰白色坏死点、心冠脂肪，皮下有出血点、十二指肠严重出血，产蛋鸡卵子宫内常见到完整的蛋	肝、脾涂片镜检病菌并分离病原
黄曲霉素中毒	黄曲霉菌	常发生在多雨季节，鸡吃了霉变的饲料，6周龄以下的鸡易感	贫血，消瘦，排出色稀便，雏鸡伴有霉菌性肺炎	肝肿大，呈黄白色，有出血斑点，胆囊肿大，肾苍白，肠炎，部分肠内有黄霉菌	检查饲料中的黄霉菌
食盐中毒	食盐过多或混合不均匀	任何鸡龄都会出现，数小时中毒、突然死亡	症状取决于中毒的程度，饮水增加，粪便稀薄，泻出稀水，昏迷，衰竭死亡	皮下水肿，腹腔、心包积水、肺水肿，消化道出血，充血。肾尿酸盐沉积	检查饲料中食盐的含量
肝炎		大多发生于3～7周龄鸡，5周龄为高峰，肉鸡高于蛋鸡，可垂直传播	病鸡表现为精神萎靡，腹泻，死亡，持续3～5天后死亡率降低或停止。病死率7%～10%	肝肿，色浅质脆，表面有出血点，肾肿大，有尿酸盐沉积，腿肌有时出血，肠炎	病鸡肝脏作涂片，观察组织学病变和肝核内有无包含体存在

3. 鸡常见的神经症状疾病的鉴别

病名	病原	流行特点	临床症状	病变特征	实验室检查
新城疫	参见呼吸道传染病的鉴别诊断				
食盐中毒	参见鸡常见消化道传染病的鉴别				
传染性脑脊髓炎	脑脊髓炎病毒	1～3周龄易感，可垂直传播，成年鸡隐性感染	运动失调，两腿不能自主，东倒西歪，头颈阵发性震颤	腺胃、肌胃的肌肉层及胰脏中有白色病灶，其他脏器无明显肉眼变化	
马立克氏病	B群疱疹病毒	2周内雏鸡易感，但2～5月龄时出现病症，如免疫失败，发病率5%～30%	一肢或两肢麻痹，步态失调，有时翅下垂、扭颈、仰头，呈"劈叉"姿势	神经型可见坐骨神经肿大2～3倍，内脏型可见各个脏器有肿瘤结节	琼脂扩散试验、分离病毒
维生素B₁和维生素B₂缺乏症	饲料有问题、肠道合成不足或抗硫胺素酶存在	多见于2～4周龄的鸡	头颈向后牵引，足趾向内卷曲，跗关节着地，不能行走，呈观星姿势，肌痉挛	无明显病理变化	检查饲料中维生素 B_1、维生素 B_2
药物中毒	主要为呋喃西林、喹乙醇等中毒	各种年龄鸡均可发病，主要是药物的添加量过多或搅拌不均	精神沉郁，有的转圈、惊厥、抽搐，角弓反张，昏迷死亡	消化道出血、心、肝肿大变性	检查饲料中药物含量

图书在版编目（CIP）数据

养鸡疑难300问/席克奇等编著 . —4版 . —北京：
中国农业出版社，2020.1
ISBN 978-7-109-25295-0

Ⅰ．①养… Ⅱ．①席… Ⅲ．①鸡—饲养管理—问题解
答 Ⅳ．①S831.4-44

中国版本图书馆CIP数据核字（2019）第044748号

中国农业出版社出版

地址：北京市朝阳区麦子店街18号楼
邮编：100125
责任编辑：刘 玮
版式设计：王 晨 责任校对：周丽芳
印刷：中农印务有限公司
版次：2020年1月第1版
印次：2020年1月北京第1次印刷
发行：新华书店北京发行所
开本：880mm×1230mm 1/32
印张：15.25 插页：4
字数：440千字
定价：42.00元

彩图1　海兰白壳蛋鸡

彩图2　海赛克斯白壳蛋鸡

彩图3　海兰褐壳蛋鸡

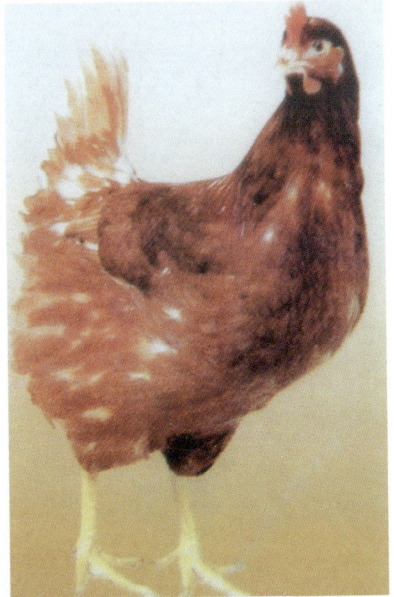

彩图4　伊莎褐壳鸡

彩图5 罗曼褐壳蛋鸡

彩图6 罗曼粉壳蛋鸡

彩图7 艾维茵肉鸡

彩图8 罗曼祖代肉用种鸡

彩图9　爱拔益加肉鸡

彩图10　哈伯德肉鸡

彩图11　快大型海新肉鸡

彩图12　优质型海新肉鸡

彩图13　江村黄JH-1号父母代肉鸡

彩图14　闽南麻鸡

彩图15　闽中麻鸡

彩图16　固始鸡

彩图17　产蛋鸡笼养

彩图18　肉用仔鸡地面平养

彩图19　网上平养育雏

彩图20　笼养育雏

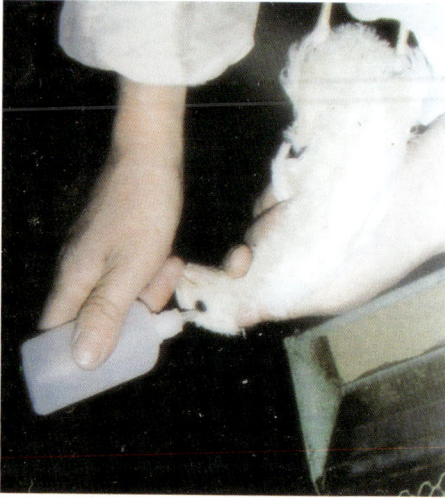

彩图21　点眼法免疫接种

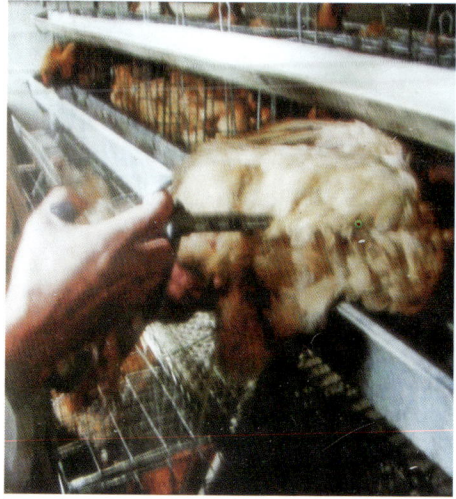

彩图22　肌内免疫接种

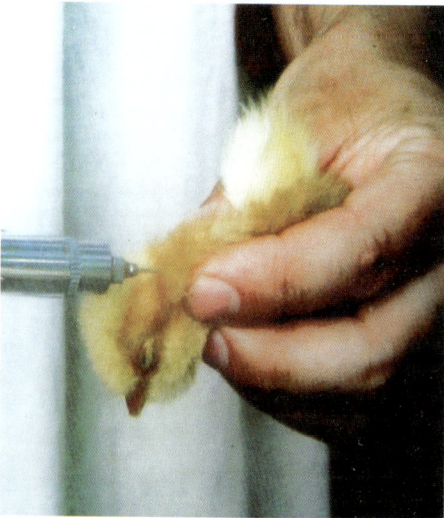

彩图23　皮下免疫接种

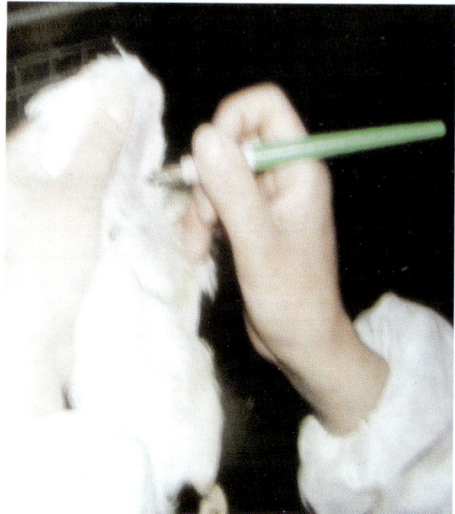

彩图24　翅膀下鸡痘刺种

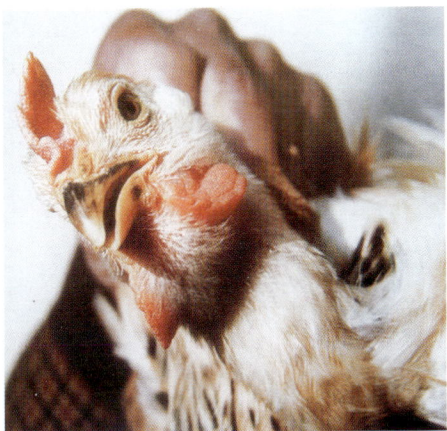

彩图25　禽流感：患鸡颌部高度肿胀
　　　　与发热（皮炎性肿胀）

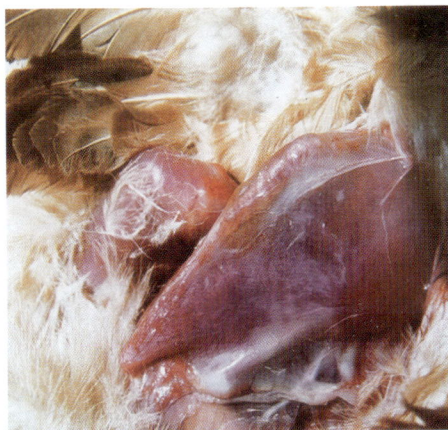

彩图26　禽流感：患鸡胸肌淤血，胸骨滑
　　　　液囊组织黄色胶冻样浸润

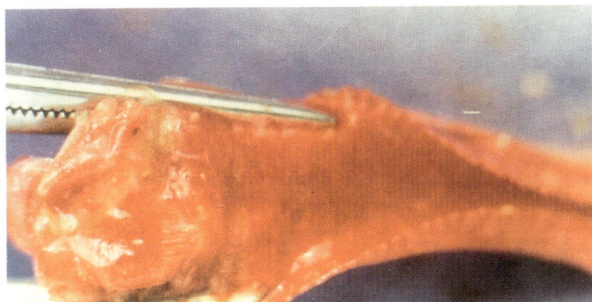

彩图27　鸡新城疫：患鸡喉头
　　　　气管黏膜出血

彩图28　鸡新城疫：患鸡腺胃黏膜及腺胃
　　　　乳头有点状白色坏死性变化，腺
　　　　胃与肌胃交界处隐约可见若干个
　　　　黄白色或红色的溃疡灶

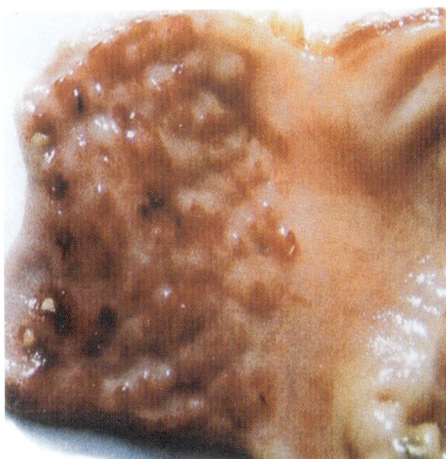

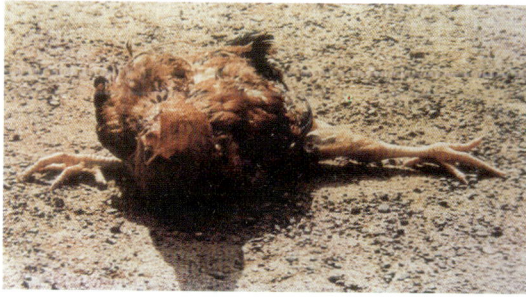

彩图29　鸡马立克氏病：患鸡（神经型）坐骨神经受侵害，双腿麻痹，呈"大劈叉"张开

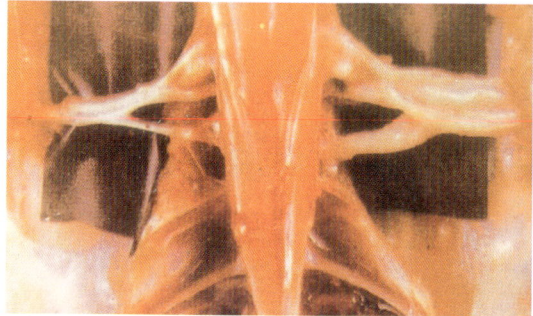

彩图30　鸡马立克氏病：患鸡（神经型）一侧坐骨神经肿粗

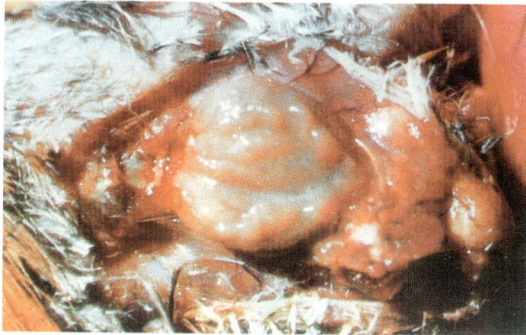

彩图31　鸡传染性法氏囊病：患鸡法氏囊黏膜水肿，黏膜表面附着多量奶油样黏液

彩图32　鸡传染性喉气管炎：患鸡呼吸困难，喘气时张口、伸颈、闭眼，并发出响亮的喘鸣声